U0690877

激光制造技术与工业应用

Laser Manufacturing Technology
and Industrial Applications

王明娣　赵　栋　赵圣斌

编著

化学工业出版社

· 北京 ·

内 容 简 介

《激光制造技术与工业应用》系统阐述了激光加工的基本原理与各类激光器件，详细介绍了激光加工材料的去除加工（如切割、打孔等）、激光焊接技术的原理与应用、表面加工（如表面熔覆、淬火等）、激光 3D 打印技术（如选择性光固化、选择性激光烧结等）、精密微细加工（如准分子激光微细加工、超短激光微细加工等）、其他激光加工技术（如清洗、抛光等）等各种激光加工方法的工艺、设备和应用、发展等。本书还总结了国内外激光加工的最新技术成果，为未来激光加工技术的研究和发展指出了方向，是一部既有理论基础，又有先进技术和工艺实践的综合性书籍。

本书可作为机械制造、精密仪器、光机电一体化、自动化等专业的教材或教学参考用书，也可供从事激光加工的工程技术人员、设备操作技术工人等学习参考。

图书在版编目（CIP）数据

激光制造技术与工业应用 / 王明娣，赵栋，赵圣斌编著. -- 北京 ：化学工业出版社，2025. 2. -- ISBN 978-7-122-46738-6

Ⅰ．TG665；T

中国国家版本馆 CIP 数据核字第 2024YU0680 号

责任编辑：王　烨　　　　　　　　　文字编辑：温潇潇
责任校对：赵懿桐　　　　　　　　　装帧设计：刘丽华

出版发行：化学工业出版社
　　　　　（北京市东城区青年湖南街 13 号　邮政编码 100011）
印　　装：天津千鹤文化传播有限公司
787mm×1092mm　1/16　印张 14½　字数 376 千字
2025 年 7 月北京第 1 版第 1 次印刷

购书咨询：010-64518888　　　　　　售后服务：010-64518899
网　　址：http://www.cip.com.cn

定　　价：69.00 元

激光制造技术作为 21 世纪最具潜力的先进加工技术之一，凭借其高精度、高效率、灵活性强的特点，在现代工业制造中占据了举足轻重的地位。

激光技术是 20 世纪 60 年代诞生的新光源技术。其基本原理是通过泵浦能量激发特定物质（如晶体、原子等）中的电子，使其达到高能态，并在受激辐照到低能态时释放光子，形成强烈的单色、定向光束。激光因其方向性好、亮度高、单色性好等特点，被广泛应用于加工、测量、科研等多个领域。

随着全球工业化的深入发展，特别是新型工业化的推进，制造业对高精度、高效率、智能化的加工技术需求日益增长。激光制造技术以其独特的优势，成为推动制造业转型升级的重要力量。在"中国制造 2025""工业 4.0"等战略背景下，激光制造技术正加速与数字化、网络化、智能化技术融合，推动工业制造向更高水平迈进。

激光制造技术具有的显著特点：①高精度，激光束可以聚焦到微米级光斑，实现精密加工；②高效率，非接触式加工，热影响区小，加工速度快；③灵活性强，适用于多种材料（金属、非金属、塑料等）的加工，且加工方式多样（切割、焊接、打孔、雕刻等）；④自动化程度高，易于与计算机数控技术结合，实现自动化生产。

激光制造技术在工业中的应用领域极为广泛，包括但不限于：①汽车制造，用于车身、发动机等部件的切割、焊接和打标；②航空航天，复杂构件的制造和修复，如飞机、火箭的零部件；③电子制造，电路板、半导体等精细加工。

近年来，激光制造技术在多个方面取得了核心技术突破：①激光器性能提升：通过优化光腔结构、增强聚焦效果和提高输出功率，激光器的性能显著提升。②激光切割技术：实现了高精度、高效率的切割，特别是在薄板切割和复杂形状切割方面表现出色。③激光焊接技术：激光焊接具有焊缝纯净、热影响区小、焊接强度高等优点，广泛应用于精密制造领域。④激光增材制造技术：通过逐层累加材料构建三维物体，为复杂结构件的制造提供了新途径。

激光制造技术具有显著的节能环保优势：①节能：激光加工为非接触式加工，能量利用率高，相比传统加工方式能显著降低能耗。②环保：激光加工过程中产生的废料少，且易于回收处理，对环境污染小。③清洁：激光束聚焦精确，加工部位周围材料受影响小，保持了加工面的清洁度。

随着全球制造业的快速发展和智能化转型的加速推进，激光制造技术的市场需求持续增长。据相关报告预测，未来几年内，激光设备制造行业将继续保持高速增长态势，主流应用场景如汽车、电子、航空航天等领域对激光制造技术的需求将进一步扩大。同时，随着技术的不断进步和成本的降低，激光制造技术的应用领域将进一步拓展，为更多行业带来革命性的变化。

综上所述，激光制造技术作为现代工业制造的重要支撑技术，以其独特的优势和广泛的应用前景，正引领着制造业向更高水平迈进。未来，随着技术的不断创新和市场需求的持续增长，激光制造技术必将为人类社会的进步和繁荣做出更大贡献。

本书将从激光制造技术理论基础、激光器件与技术、激光去除加工技术、激光焊接技术、激光表面改性技术、激光 3D 打印技术、激光微细加工技术以及其他激光加工技术等八个方面，全面探讨激光制造技术在工业中的应用及其深远影响。

本书由苏州大学王明娣、赵栋、赵圣斌编著。丁尧臣、汤雨晴为本书编写提供很多帮助，深表感谢。同时，感谢国家自然科学基金、江苏省自然基金等项目的资助。

限于编者水平和时间，书中不足之处，请广大读者批评指正。

编著者

第1章 激光制造技术理论基础 001

1.1 激光产生的机理 ·········· 001
1.1.1 电磁辐射特性·········· 001
1.1.2 激光产生的必要条件 ·········· 002
1.2 激光束特性 005
1.2.1 激光的方向性 ·········· 005
1.2.2 激光的单色性 ·········· 005
1.2.3 激光的高强度 ·········· 005
1.2.4 激光的相干性 ·········· 006
1.3 激光束的聚焦与传输特性 007
1.3.1 激光束聚焦 ·········· 007
1.3.2 激光束聚焦深度 ·········· 009
1.3.3 像差 ·········· 009
1.3.4 热透镜效应 ·········· 010
1.3.5 激光束的准直与整形 ·········· 010
1.3.6 激光束传输 ·········· 013
1.3.7 激光束扫描 ·········· 015
1.3.8 激光的合束与分束技术 ·········· 016
1.4 激光器光学元件与聚焦镜 018
1.4.1 激光器输出窗口和透镜材料 ·········· 018
1.4.2 反射镜 ·········· 018
1.4.3 镀膜技术 ·········· 019

1.5 激光束质量 ·········· 019
1.5.1 激光束质量标准 ·········· 019
1.5.2 光束参数乘积（BPP）评价方法 ··· 021
1.5.3 光束质量因子 M^2 的测量方法 ······· 022
1.6 材料的吸收和反射特性 ·········· 023
1.6.1 材料的吸收特性 ·········· 023
1.6.2 材料反射率 ·········· 025
1.7 激光与固体材料相互作用 025
1.7.1 激光束加热过程 ·········· 025
1.7.2 表面效应 ·········· 025
1.7.3 内部效应 ·········· 026
1.7.4 非线性效应 ·········· 027
1.7.5 激光诱导等离子体 ·········· 027
1.8 激光加工的热源模型 027
1.8.1 热物理常数 ·········· 027
1.8.2 激光打孔中的热源模型 ·········· 028
1.8.3 激光焊接热源模型 ·········· 029
1.8.4 激光切割的热传递 ·········· 030
1.8.5 激光热处理中的热量传递 ·········· 031
参考文献 031

第2章 激光器件与技术 032

2.1 固体激光器系统 ·········· 032
2.1.1 固体激光器的基本结构 ·········· 032
2.1.2 用于激光加工的几种常用固体
激光器 ·········· 033
2.1.3 半导体二极管激光泵浦 YAG 激光器······ 033
2.1.4 掺钛蓝宝石飞秒激光器 ·········· 035
2.2 气体激光器 035
2.2.1 CO_2 激光器系统 ·········· 035
2.2.2 横流 CO_2 激光器 ·········· 036
2.2.3 轴流 CO_2 激光器 ·········· 037
2.2.4 扩散冷却 CO_2 激光器 ·········· 038
2.2.5 准分子激光器 ·········· 039

2.2.6 高功率 CO 激光器 ·········· 039
2.3 高功率半导体激光器 040
2.4 光纤激光器 040
2.4.1 光纤激光器的基本结构 ·········· 041
2.4.2 光纤激光器的特点 ·········· 041
2.4.3 光纤激光器的种类 ·········· 042
2.4.4 高功率光纤激光器（HPFL） ·········· 042
2.4.5 超快光纤激光器 ·········· 043
2.5 其他激光器 043
2.5.1 化学激光器 ·········· 043
2.5.2 染料激光器 ·········· 044
参考文献 044

第 3 章　激光去除加工技术 046

3.1　激光打孔 ·················· **046**
3.1.1　激光打孔的原理及特点 ····· 046
3.1.2　激光打孔的分类 ········· 046
3.1.3　激光打孔的加工系统 ······ 047
3.1.4　激光打孔工艺 ·········· 047
3.1.5　典型材料的激光打孔 ······ 048
3.2　激光切割 ·················· **049**
3.2.1　激光切割的特点 ········· 049

3.2.2　激光切割的方式 ········· 049
3.2.3　影响切割质量的因素 ······ 052
3.2.4　常用工程材料的激光切割 ··· 054
3.3　激光打标、雕刻 ·············· **055**
3.3.1　激光打标 ············· 055
3.3.2　激光雕刻 ············· 056
参考文献 ····················· **056**

第 4 章　激光焊接技术 057

4.1　激光焊接原理与方法 ·········· **057**
4.1.1　激光焊接基本原理 ········ 057
4.1.2　激光焊接模式概述 ········ 058
4.1.3　基本激光焊接特性 ········ 065
4.1.4　激光焊接设备与应用 ······ 071
4.2　先进激光焊接工艺与应用 ······· **073**
4.2.1　激光填丝焊接 ·········· 073

4.2.2　激光-电弧复合焊接 ······· 075
4.2.3　双光束激光焊 ·········· 080
4.2.4　激光热丝焊接 ·········· 082
4.2.5　激光-感应热源复合焊接 ···· 083
4.2.6　激光钎焊 ············· 084
参考文献 ····················· **084**

第 5 章　激光表面改性技术 086

5.1　激光熔覆技术 ··············· **086**
5.1.1　激光熔覆基本原理 ········ 086
5.1.2　激光熔覆工艺与方法 ······ 092
5.1.3　激光熔覆的应用 ········· 099
5.2　激光表面合金化 ············· **105**
5.2.1　激光表面合金化原理 ······ 105
5.2.2　激光表面合金化工艺与方法 ·· 106
5.2.3　激光表面合金化的应用 ····· 108
5.3　激光冲击强化 ··············· **109**

5.3.1　激光冲击强化原理 ········ 109
5.3.2　激光强化工艺参数 ········ 111
5.3.3　激光冲击强化的应用 ······ 113
5.4　激光淬火技术 ··············· **113**
5.4.1　激光淬火技术原理 ········ 113
5.4.2　激光淬火工艺与方法 ······ 115
5.4.3　激光淬火技术应用 ········ 116
参考文献 ····················· **117**

第 6 章　激光 3D 打印技术 127

6.1　3D 打印技术概述 ············· **127**
6.1.1　3D 打印技术的概念 ······· 127
6.1.2　3D 打印技术的发展史 ····· 128
6.1.3　3D 打印技术的工作原理 ···· 128
6.1.4　3D 打印技术的特点和优势 ·· 129
6.2　3D 打印技术的全过程 ········· **129**
6.2.1　工件三维 CAD 模型文件的建立 · 129
6.2.2　三维扫描仪 ············ 130
6.2.3　三维模型文件的近似处理与切片
　　　处理 ················ 130
6.3　3D 打印机的主流机型 ········· **131**
6.3.1　立体光固化打印机 ········ 131

6.3.2　选择性激光烧结打印机 ····· 132
6.3.3　选择性激光熔化打印机 ····· 132
6.3.4　熔丝制造成形打印机 ······ 133
6.3.5　分层实体打印机 ········· 134
6.3.6　黏结剂喷射打印机 ········ 135
6.4　3D 打印技术的应用与发展 ······ **135**
6.4.1　3D 打印技术的应用 ······· 136
6.4.2　3D 打印技术与行业结合的优势 ··· 136
6.4.3　3D 打印技术在国内的发展现状 · 137
6.4.4　3D 打印技术在国外的发展趋势 · 137
6.4.5　3D 打印技术发展的未来 ···· 138
6.5　LMD 技术发展、工作原理和特点 ···· **139**

6.6 LMD 技术特点 ················ 139
  6.6.1 LMD 技术的优点 ········· 139
  6.6.2 LMD 技术的缺点 ········· 140
6.7 LMD 和 SLS \ SLA \ SLM 技术的
  差异性 ························· **140**
6.8 LMD 核心器件及典型商品化设备 ········ 143
  6.8.1 核心器件 ················ 143
  6.8.2 商品化 LMD 设备 ········· 143
  6.8.3 LMD 技术的典型应用 ····· 144
6.9 LMD 3D 打印材料与研究概述 ········· **145**
  6.9.1 LMD 3D 打印常用粉末材料种类及
    特性 ····················· 145
  6.9.2 LMD 常用材料的制备工艺及产品

特点 ······················· 151
  6.9.3 生物医疗 LMD 3D 打印金属材料的
    种类及应用 ············· 153
  6.9.4 航空航天 LMD 3D 打印金属材料的
    种类及应用 ············· 154
  6.9.5 模具 LMD 3D 打印金属材料的种类及
    应用 ····················· 155
6.10 LMD 3D 打印机制造系统实例 ········ **155**
  6.10.1 LMD 金属 3D 打印机系统组成及
     性能 ···················· 155
  6.10.2 LMD 成形系统的防护及安全 ··· 160
参考文献 ·························· **163**

第7章 激光微细加工技术   166

7.1 准分子激光微细加工 ········· **166**
  7.1.1 准分子激光加工的原理及特点 ······· 166
  7.1.2 准分子激光微细加工技术 ····· 168
  7.1.3 准分子激光微细加工的应用 ···· 170
7.2 超短脉冲激光的微细加工 ········ **172**
  7.2.1 超短脉冲激光的发展 ········· 172
  7.2.2 飞秒激光器的分类 ··········· 174
  7.2.3 飞秒激光加工的原理及特征 ···· 174
  7.2.4 飞秒脉冲激光的精细加工应用 ··· 176
7.3 激光微型机械加工 ············ **192**
  7.3.1 微型机械加工 ············· 192
  7.3.2 准分子激光直写微细加工 ····· 193
  7.3.3 激光 LIGA 技术 ············ 194
  7.3.4 激光化学技术 ············· 195
  7.3.5 微型机电系统的激光辅助操控与装配 ··· 195
7.4 激光诱导原子加工技术 ········· **197**
  7.4.1 原子层外延生长 ··········· 197
  7.4.2 原子层蚀刻 ·············· 198

7.4.3 原子层掺杂 ·············· 198
7.5 激光制备纳米材料 ············ **199**
  7.5.1 激光制备纳米材料的特点 ····· 199
  7.5.2 激光诱导化学气相沉积法 ····· 200
  7.5.3 激光烧蚀法 ·············· 206
7.6 脉冲激光沉积薄膜技术 ········· **207**
  7.6.1 脉冲激光沉积薄膜技术的特点 ··· 207
  7.6.2 脉冲激光沉积薄膜的原理 ····· 207
  7.6.3 脉冲激光沉积薄膜的装置 ····· 208
  7.6.4 脉冲激光沉积薄膜工艺 ······ 208
  7.6.5 脉冲激光沉积薄膜技术制备新材料
    应用 ···················· 209
  7.6.6 脉冲激光沉积薄膜技术的发展方向 ··· 210
7.7 激光-扫描电子探针技术 ········ **211**
  7.7.1 激光-扫描电子探针技术的基本原理 ··· 211
  7.7.2 纳米加工的应用 ··········· 211
  7.7.3 激光光谱 ················ 212
参考文献 ·························· **213**

第8章 其他激光加工技术   214

8.1 激光清洗技术 ··············· 214
  8.1.1 激光清洗基础 ············· 214
  8.1.2 激光清洗特点和分类 ········· 215
  8.1.3 激光清洗用激光器 ·········· 217
  8.1.4 激光清洗的应用 ··········· 217
  8.1.5 激光清洗技术的发展 ········· 217
8.2 激光抛光技术 ··············· **218**
  8.2.1 激光抛光的特点 ··········· 218
  8.2.2 激光抛光的原理 ··········· 219
  8.2.3 激光抛光系统的主要构成 ····· 219

8.3 激光复合加工技术 ············ **220**
  8.3.1 激光辅助车削技术 ·········· 220
  8.3.2 激光辅助电镀技术 ·········· 220
  8.3.3 激光与步冲复合技术 ········· 221
  8.3.4 激光与水射流复合切割技术 ···· 221
  8.3.5 激光复合焊接技术 ·········· 222
  8.3.6 激光与电火花复合加工技术 ···· 222
  8.3.7 激光与机器人复合加工技术 ···· 223
参考文献 ·························· **224**

第**1**章 激光制造技术理论基础

1.1 激光产生的机理

1.1.1 电磁辐射特性

（1）光的波动性

光波是一种电磁波，激光也是一种电磁波，它既存在电场分量，又存在磁场分量。

光波满足一维波动方程

$$\frac{\partial^2 E}{\partial Z^2} = \frac{1}{c^2} \times \frac{\partial^2 E}{\partial t^2} \qquad (1\text{-}1)$$

式中，E 是电场强度；c 为光速；Z 为空间坐标；t 为时间。

同时光波又遵循麦克斯韦（Maxwell）方程，即

$$S = EH \qquad (1\text{-}2)$$

$$S_{\overline{\Psi}} = \frac{1}{2} EH \qquad (1\text{-}3)$$

式中，S 是每单位面积的功率流；H 是磁场强度；$S_{\overline{\Psi}}$ 是单位面积的平均功率流。

光在真空中的传播速度 c 是 3×10^8 m/s，光波长 λ 和频率 ν 满足关系：

$$c = \lambda\nu; \text{ 或 } \lambda = \frac{c}{\nu}, \nu = \frac{c}{\lambda} \qquad (1\text{-}4)$$

当光在介质中传播时，其传播速度为

$$v = \frac{c}{n} \qquad (1\text{-}5)$$

式中，v 是光波在介质中的传播速度；n 为介质的折射率。

$$n = \sqrt{\varepsilon} \qquad (1\text{-}6)$$

式中，ε 是介质的介电常数。

（2）光的粒子性

1926 年，海森伯（K. Heisenberg）和薛定谔（E. Schrodinger）创立了量子理论。之后，由波耳（N. Bobr）在分析普朗克常数时，正式提出光既具有波动性，同时又具有粒子性。如果光波具有一个周期 T、波长 λ、粒子能量 E 和动量 P，波耳认为可得到：

$$h = ET = P\lambda \tag{1-7}$$

这里 h 是普朗克常数（6.625×10^{-34} J·s）。

从上式中可以看出，如果光的粒子性强，则光的波动性弱。这就是说，普朗克常数是由很强的粒子辐射转变到很强的波形辐射。由式（1-7）我们可以得到

$$\lambda = h/p \tag{1-8}$$

即得到所有具有动量的物质均具有一个波长，这就是通常所说的物质波。由于普朗克常数很小，故物质波的波长很短。例如，地球的波长，$\lambda = 6.625 \times 10^{-34}/(5.976 \times 10^{34} \times 3 \times 10^4) = 3.7 \times 10^{-73}$ m，这时地球质量 $m = 5.976 \times 10^{34}$ kg，地球自转速度 $v = 3 \times 10^4$ m/s。

1905 年，爱因斯坦在普朗克的量子假设的基础上，提出了光量子的学说，于是建立了光量子的理论，即光辐射是量子化的，将光辐射称为光量子（简称光子）。按照光量子的理论，光辐射是一种以光速 c 运动的光子流，光子（也称电磁场量子）和其他基本粒子一样，具有能量、动量和质量等性质，其中，光的粒子属性（例如具有能量、动量和质量等）和光的波动属性（频率、波长和偏振等）密切相关。表 1-1 列出了几种不同激光的光子性质，E_p 为光子能量，对于 CO_2 激光，从表 1-1 中可以查出其光子能量为 1.85×10^{-20} J。那么对于一台 1kW CO_2 激光器，光子流量为 $1000/1.85 \times 10^{20} = 5 \times 10^{22}$ 光子/s，得到的光压力为 6×10^{-6} N/m^2，如果将激光束聚集到 0.1mm 的光斑，则光压可达 $(4 \times 6 \times 10^{-6})/[\pi(0.1 \times 10^{-3})^2] = 750$ N/m^2。但在很多情况下，光压是可以忽略的。

表 1-1　几种不同激光的光子性质

激光器类型	波长 λ/μm	频率 ν/Hz	光子能量 E_p/eV	光子能量 E_p/($\times 10^{-20}$ J)
Nd：YAG	1.06	2.8×10^3	1.16	18.5
CO	5.4	5.5×10^{13}	0.23	3.64
CO_2	10.6	2.8×10^{13}	0.12	1.85
准分子	0.248	1.2×10^{15}	4.9	70.4
氩离子	0.488	6.1×10^{14}	2.53	40.4
He-Ne	0.6328	4.7×10^{14}	1.95	31.1
自由电子	$3 \times 10^{-3} \sim 8 \times 10^3$	$10^8 \sim 10^{11}$	1×10^{-6}	$10^2 \sim 10^5$

假定光子运动速度为 c，光子在真空中的传播速度（3×10^8 m/s）是一个常数，但光子是一个普通的粒子，光子的速度是可改变的，例如，光在一种介质传播到另一种介质时，光速是会发生改变的。这是因为光子在通过一种介质时，光子与物质分子相互作用而使光波波前运动变慢了。

1.1.2　激光产生的必要条件

1.1.2.1　光的辐射与吸收（爱因斯坦的辐射理论）

当原子从低能级跃迁到高能级时，就要从外界吸收能量；反之，从高能级跃迁到低能级时，就要释放能量。如果原子在跃迁过程中，能量以光的形式释放出来，则称为"辐射跃迁"，只有在原子两个能级之间满足跃迁选择定则时，才能实现辐射跃迁。当能量不是以光的形式释放出来，而是通过与外界碰撞等过程来进行能量交换（如变成热能时），即以热辐射形式释放能量，这时，从一个能级跃迁到另一个能级称为"无辐射跃迁"。

1917 年爱因斯坦从辐射与原子相互作用的量子观点出发，提出在光与物质相互作用中，包含光的自发辐射、受激辐射和受激吸收三个跃迁过程。尽管爱因斯坦当时提出的辐射跃迁理论带有假设性质，但这一理论为激光器和近代的微波量子放大器的发明奠定了理论基础。

（1）光的自发辐射跃迁

从经典力学的观点来讲，一个物体如果势能很高，它将是不稳定的。与此类似，当原子

被激发到高能级 E_2 时，它在高能级上是不稳定的，总是力图使自己处于低的能量状态 E_1。处于高能级 E_2 的原子自发地向低能级跃迁，并发射出一个能量为 $h\nu = E_2 - E_1$ 的光子，这个过程称为自发辐射跃迁，如图 1-1 所示。

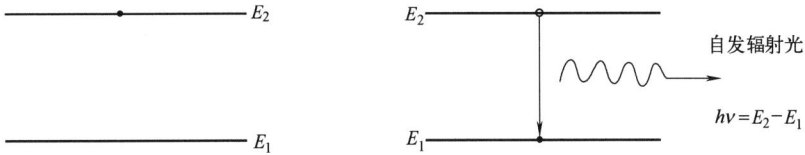

图 1-1 自发辐射跃迁示意图

自发辐射跃迁过程用自发辐射跃迁概率 A_{21} 描述。A_{21} 定义为单位时间内发生自发辐射跃迁的粒子数密度占处于 E_2 能级总粒子数密度的百分比，如下所示

$$A_{21} = \left(\frac{\mathrm{d}n_{21}}{\mathrm{d}t}\right)_{\mathrm{sp}} \frac{1}{n_2} = -\frac{1}{n_2} \times \frac{\mathrm{d}n_2}{\mathrm{d}t} \tag{1-9}$$

式中，$\mathrm{d}n_{21}$ 为 $\mathrm{d}t$ 时间内自发辐射粒子数密度；n_2 为 E_2 能级总粒子数密度；下标 sp 表示自发辐射跃迁。也可以说，A_{21} 是每个处于 E_2 能级的粒子在单位时间内发生自发辐射跃迁的概率。A_{21} 又称为自发辐射跃迁爱因斯坦系数。

由式（1-9）可得

$$n_2(t) = n_{20} \exp(-A_{21}t) \tag{1-10}$$

式中，n_{20} 为起始时刻（$t=0$）的粒子数密度。

原子停留在高能级 E_2 的平均时间，称为原子在该能级的平均寿命，通常用 τ_{s} 表示，它等于粒子数密度由起始值 n_{20} 降到其 $\frac{1}{\mathrm{e}}$ 所用的时间，由式（1-10）可推出

$$\tau_{\mathrm{s}} = \frac{1}{A_{21}} \tag{1-11}$$

可见，自发辐射跃迁爱因斯坦系数 A_{21} 的大小与原子处在 E_2 能级上的平均寿命 τ_{s} 有关。原子处在高能级的时间是非常短的，一般为 $10^{-8}\mathrm{s}$ 左右。由于原子以及离子、分子等内部结构的特殊性，各个能级的平均寿命是不一样的。

自发辐射过程只与原子本身性质有关，而与外界辐射的作用无关。各个原子的辐射都是自发地、独立地进行的，因而各光子的初始相位、光子的传播方向和光子的振动方向等都是随机的，因而是非相干的。除激光器以外，普通光源的发光都属于自发辐射，因为自发辐射光是由这样许许多多杂乱无章的光子组成，所以普通光源发出的光，包含许多种波长成分，向四面八方传播，如阳光、灯光、火光等。

（2）光的受激辐射跃迁

在频率为 $\nu = (E_2 - E_1)/h$ 的光照射（激励）下，或在能量为 $h\nu = E_2 - E_1$ 的光子诱发下，处于高能级 E_2 的原子有可能跃迁到低能级 E_1，同时辐射出一个与诱发光子的状态完全相同的光子，这个过程称为受激辐射跃迁，如图 1-2 所示。

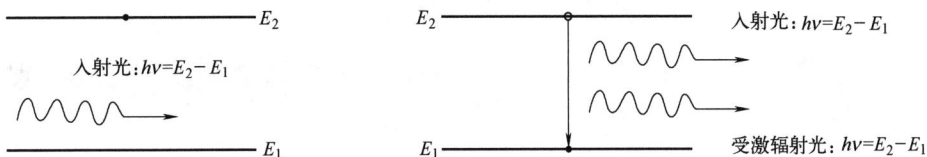

图 1-2 受激辐射跃迁示意图

受激辐射的特点是：

① 只有外来光子能量为 $h\nu = E_2 - E_1$ 时，才能引起受激辐射；

② 受激辐射所发出的光子与外来光子的频率、传播方向、偏振方向、相位等性质完全相同。

受激辐射跃迁用受激辐射跃迁概率 W_{21} 来描述，其定义与自发辐射跃迁概率类似，即

$$W_{21} = \left(\frac{\mathrm{d}n_{21}}{\mathrm{d}t}\right)_{\mathrm{st}} \frac{1}{n_2} = -\frac{1}{n_2} \times \frac{\mathrm{d}n_2}{\mathrm{d}t} \tag{1-12}$$

式中，$\mathrm{d}n_{21}$ 是 $\mathrm{d}t$ 时间内受激辐射粒子数密度；下标 st 表示受激辐射跃迁。

受激辐射跃迁与自发辐射跃迁的区别在于，它是在辐射场（光场）的激励下产生的，因此，其跃迁概率不仅与原子本身的性质有关，还与外来光场的单色能量密度 ρ_v 成正比，即

$$W_{21} = B_{21}\rho_v \tag{1-13}$$

式中，B_{21} 为受激辐射跃迁爱因斯坦系数，它只与原子本身的性质有关，表征原子在外来光辐射作用下产生 E_2 到 E_1 受激辐射跃迁的本领。当 B_{21} 一定时，外来光场的单色能量密度越大，受激辐射跃迁概率就越大。

（3）光的受激吸收跃迁

处于低能级 E_1 的原子，在频率为 ν 的光场作用（照射）下，吸收一个能量为 $h\nu_{21}$ 的光子后跃迁到高能级 E_2 的过程称为受激吸收跃迁，如图 1-3 所示。

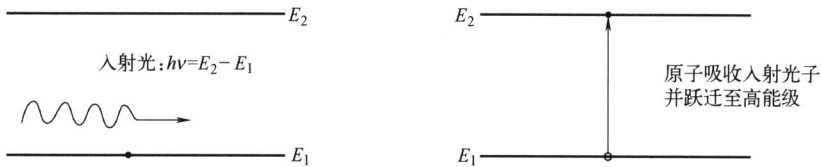

图 1-3 受激吸收跃迁示意图

受激吸收恰好是受激辐射的反过程。受激吸收跃迁用受激吸收跃迁概率 W_{12} 来描述

$$W_{12} = \left(\frac{\mathrm{d}n_{12}}{\mathrm{d}t}\right)_{\mathrm{st}} \frac{1}{n_1} = \frac{1}{n_1} \times \frac{\mathrm{d}n_2}{\mathrm{d}t} \tag{1-14}$$

式中，$\mathrm{d}n_{12}$ 是 $\mathrm{d}t$ 时间内受激吸收粒子数密度；n_1 是 E_1 能级粒子数密度。

受激吸收跃迁过程也是在辐射场作用下产生的，故其跃迁概率 W_{12} 也与辐射场单色能量密度 ρ_v 成正比

$$W_{12} = B_{12}\rho_v \tag{1-15}$$

式中，B_{12} 为受激吸收跃迁爱因斯坦系数，它也只与原子本身性质有关，表征原子在外来光场作用下产生从 E_1 到 E_2 受激吸收跃迁的本领。

1.1.2.2　激光产生的必要条件

当外来辐射作用于物体（原子）时，受激吸收和受激辐射将同时起作用，作用的结果是入射光被衰减还是得到放大，完全取决于两种过程哪一种占主导地位。如果受激吸收超过受激辐射，则光的衰减大于增益，则总的效果是光被衰减，反之，若受激辐射占主导地位，则光得到放大。

在物质处于热平衡状态时，各能级上的原子数服从玻尔兹曼的统计分布规律，即有：

$$\frac{N_2}{N_1} = \mathrm{e}^{-\frac{(E_2 - E_1)}{KT}} \qquad (E_2 > E_1) \tag{1-16}$$

在热平衡状态时，原子总是处于最小能量的能级上，故处于高能级的粒子数 N_2 总是小

于处于低能级上的粒子数 N_1，即有 $N_1>N_2$，故受激吸收过程超过受激辐射过程。只有在 $N_2>N_1$ 时，受激辐射过程才会超过受激吸收过程。因而，产生激光的一个必要条件是要获得受激辐射光的放大，则必须使介质处于粒子数反转分布状态，即需要高能级粒子数大于低能级粒子数：$N_2-N_1>0$ 或 $\Delta N_{21}>0$。

另外，要产生激光还必须使增益大于损耗。这也就是在设计实际激光器时，需要有一个光学谐振的缘故。因为只有受激辐射光在谐振内来回反射才可以得到光的振荡放大。

1.2 激光束特性

1.2.1 激光的方向性

从激光器射出的激光束基本上是沿轴向传播的，即激光束的发散角 θ 很小。通常就把发散角 θ 的大小作为光束方向性的定量描述，光束的发散角 θ 越小，其方向性越好。激光的高方向性主要是由受激发射机理和光学谐振腔对振荡光束方向的限制作用所决定的。除了半导体激光器和氮分子激光器等少数激光器外，激光束的发散角 θ 约为 $10^{-3}\,\text{rad}$ 量级，所对应的立体角 Ω 如式（1-17）所示：

$$\Omega=\frac{S}{R^2}=\pi\theta^2 \tag{1-17}$$

式中　S——表面积；

　　　R——从发射源到端面的半径。

普通光源是在 2π 立体角（面光源）和 4π 立体角（点光源）中发射，它们的发散角通常是激光束的 10^6 倍。所以说普通光源向四面八方发散，方向性很差。而激光束有很好的方向性，将能量集中在很小的立体角中。

激光的高方向性使激光能有效地传递较长的距离，能聚焦到极高的功率密度，这两点是激光加工的重要条件。基模高斯光束的直径和发散角最小，其方向性最好，在激光切割、焊接中得到很好的应用。

1.2.2 激光的单色性

如果一个光源发射的光的谱线宽度越小，则它的颜色就越纯，看起来就越鲜艳，光源的单色性就越好。如果光波的波长为 λ，谱线宽度为 $\Delta\lambda$，则光波的单色性表示为：

$$\frac{\Delta\lambda}{\lambda}\text{或}\frac{\Delta\nu}{\nu} \tag{1-18}$$

显然，谱线宽度 $\Delta\lambda$（或 $\Delta\nu$）越小，比值越小，单色性越好。单色性最好的普通光源是氪灯，其发射波长为 605.8nm，谱线宽度为 4.7×10^{-4} nm。激光的出现使光源的单色性有了很大的提高。例如，波长为 632.8nm 的氦氖激光器产生的激光的谱线宽度小于 10^{-8} nm，其单色性远远好于氪灯。对于一些特殊的激光器，其单色性还要好得多。

由于激光的单色性极高，几乎完全消除了聚焦透镜的色散效应（即折射率随波长而变化），使光束能精确聚焦到焦点上，得到很高的功率密度。

1.2.3 激光的高强度

描述光源相干性的另一重要参量是光子简并度，激光器可以很容易地产生很高的单模功率或光子简并度，这也是激光的重要特征。光源亮度 B 的定义是：单位面积的光源表面，在单位时间内向垂直于表面方向的单位立体角内发射的能量［式（1-19）］。

$$B = \frac{\Delta E}{\Delta S \Delta \Omega \Delta t} \tag{1-19}$$

式中　ΔE——光源发射的能量；

　　　ΔS——光源的面积；

　　　Δt——发射 ΔE 所有的时间；

　　　$\Delta \Omega$——光源的立体角。

通常，还用光源的光谱亮度来描述光源，光源的光谱亮度 B_v 的定义用式（1-20）表示：

$$B_v = \frac{\Delta E}{\Delta S \Delta t \Delta \nu} \tag{1-20}$$

式中，$\Delta \nu$ 为 ΔE 的谱线宽度。

因为激光束的方向性好，它发射的能量被限制在很小的 $\Delta \Omega$ 内，且能量被压缩在很窄的宽度 $\Delta \nu$ 内，这使激光的光谱亮度比普通光源提高很多。在脉冲激光器中，由于能量发射又被压缩在很短的时间间隔内，因而可以进一步提高光谱亮度。提高输出功率和效率是激光器发展的一个重要方向。目前，气体激光器（如 CO_2）能产生最大的连续功率，固体激光器能产生最高的脉冲功率。特别是采用光腔调 Q 技术和激光放大器后，可使激光振荡时间压缩到极小的数值（10^{-9}s 量级），并将输出能量放大，从而获得极高的脉冲功率。采用锁模技术和脉冲宽度压缩技术，可将激光脉冲宽度进一步压缩到 10^{-9}s。并且最重要的是激光功率（能量）可集中在单一（或少数）模式中，因而具有极高的光子简并度。例如，比较一下一个脉冲激光器和一个普通光源的光谱亮度，设两者的发光面积相等，脉冲激光器发射的能量为 1J，脉冲宽度为 10^{-9}s，谱线宽度为 10^9Hz，光束发射角为 10^{-3}rad；普通光源为白炽灯，功率为 1W，在 1s 内发射的能量也是 1J，它的光谱宽度为 10^{14}Hz。根据光谱亮度的定义计算，脉冲激光器的光谱亮度比白炽灯的大 2×10^{20} 倍，一台高功率调 Q 固体激光器的亮度比太阳表面高出几百万倍。激光束经透镜聚焦后，能在焦点附近产生几千甚至上万摄氏度的温度，因而能加工所有的材料。

1.2.4　激光的相干性

（1）时间相干性

时间相干性描述沿光束传播方向各点的相位关系，指光场中同一空间点在不同时刻光波场之间的相干性。时间相干性通常用相干时间 t_c 来描述，相干时间指光传播方向上某点处，可以使两个不同时刻的光波场之间有相干性的最大时间间隔，即光源所发出的有限长波列的持续时间。相干时间和单色性之间存在简单关系，即

$$t_c = \frac{1}{\Delta \nu} \tag{1-21}$$

可见，光源单色性越高，则相干时间也越长。

有时用相干长度 L_c 来表示相干时间，相干长度指可以使光传播方向上两个不同点处的光波场具有相干性的最大空间间隔，即光源发出的光波列长度。相干长度可表示为

$$L_c = t_c \times c = \frac{c}{\Delta \nu} \tag{1-22}$$

式（1-22）说明，相干长度实质上与相干时间是相同的，都与光源单色性密切相关。

普通光源中，相干性最好的 Kr^{86} 灯的相干长度为 800mm，而 He-Ne 激光的相干长度

为 1.5×10^{11} mm。

（2）空间相干性

空间相干性描述垂直于光束传播方向的平面上各点之间的相位关系，指光场中不同的空间点在同一时刻光场的相干性，可以用相干面积来描述，即

$$S = \left(\frac{\Delta\lambda}{\theta}\right)^2 \tag{1-23}$$

式中，θ 为光束平面发散角。由式（1-23）可以看出，光束方向性越好，则其空间相干性也越好。

对于普通光源，只有当光束发散角小于某一限度，即 $\Delta\theta \leqslant \dfrac{\lambda}{\Delta x}$ 时，光束才具有明显的空间相干性，Δx 为光源的线度。

对于激光来说，所有属于同一个横模模式的光子都是空间相干的，不属于同一个横模模式的光子则是不相干的。因此，激光的空间相干性由其横模结构所决定，单横模的激光是完全相干的，多横模光束的相干性变差。同时，单横模光束的方向性最好，横模阶次越高方向性越差，由此可见，光束的空间相干性和它的方向性（用光束发散角描述）是紧密联系的。

激光的相干性有很多重要应用，如使用激光干涉仪进行检测，比普通干涉仪速度快、精度高。全息照相也是成功地应用激光相干性的一个例子。

1.3 激光束的聚焦与传输特性

1.3.1 激光束聚焦

在激光材料加工中，最重要的参数是激光强度（或功率密度）。如果我们考虑让激光束通过一个光学系统传播，则光强将沿光路改变。随光程的增加，则光强变弱；随光束的会聚，则光强增强。当激光功率密度不变，光强仍会因光的吸收等损耗因素而发生改变，这种变化还随光束的衍射和聚焦而发生。对于激光热加工，激光焦点附近的光强分布是非常重要的。

激光束的聚焦形式可分为两类：一类是激光束的透射式聚焦（见图 1-4 和图 1-5）；另一

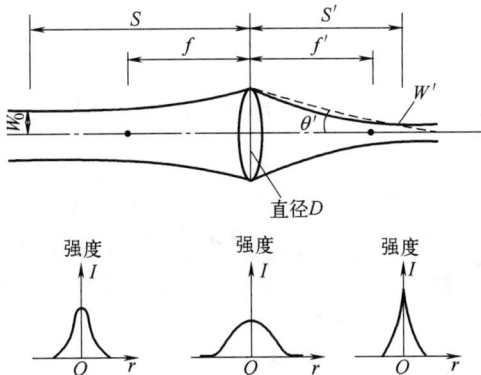

图 1-4 会聚透镜聚焦高斯

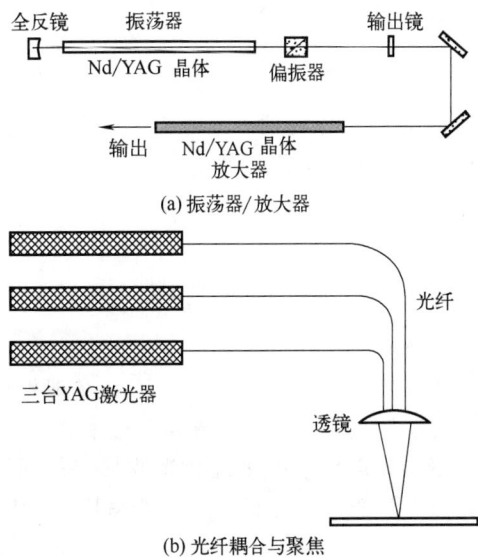

(a) 振荡器/放大器

(b) 光纤耦合与聚焦

图 1-5 三光纤束通过单透镜聚焦情况

类是激光束的反射式聚焦（见图 1-6）。激光器的基模光束经过一个单透镜聚焦后可得到衍射极限光斑尺寸，光束的每一个独立部分经过透镜后能成像为一个点辐射源的新的波前，并出现夫琅禾费衍射，透镜能将入射光束聚集在一个焦平面上，在焦平面中心集中了 86% 的入射光束的光功率，故将焦平面中心的 $\frac{1}{e^2}$ 处的光斑直径定义为聚焦光斑直径。

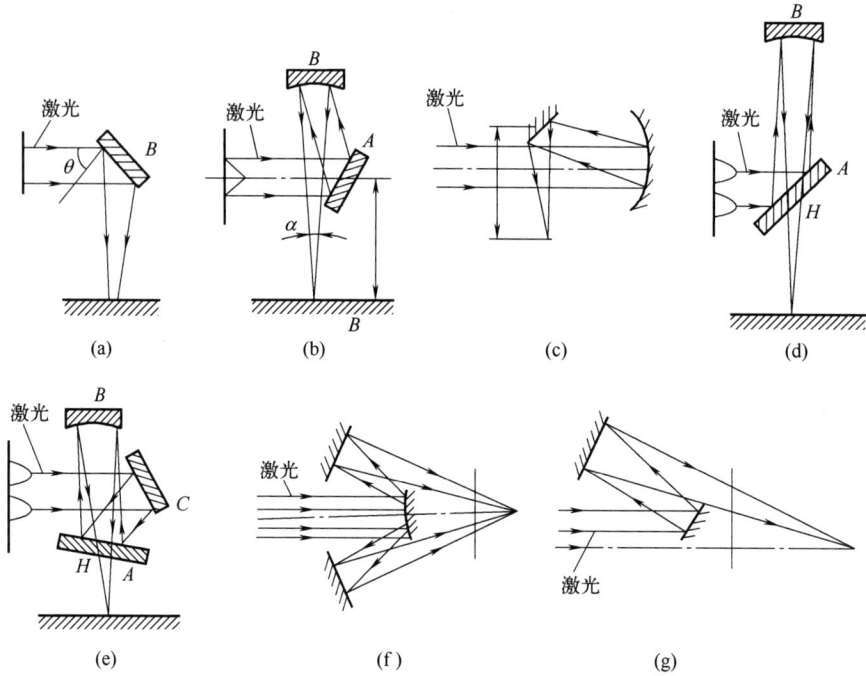

图 1-6 球面反射镜的聚焦光路

当激光束以高斯形式传播时，经过光学系统后仍是高斯光束，激光束聚焦在其焦点附近的光强分布是可以进行简单计算的，图 1-4 示出了激光束经简单聚焦后沿光轴三个点的光强分布情况。从图中可看到，初始入射光束发散较小，激光焦点位于几何焦点附近，并在几何焦点右边的 $S'-f'$ 处。

通过一个圆形孔径的衍射理论可证明：$W'=\dfrac{\lambda}{\pi\theta'}$，$\lambda$ 为激光波长，θ' 为焦点处透镜的会聚角，W' 为焦点处的高斯光束半径。由于光束充满整个透镜，故有 $\theta'\approx D/(2f)$，D 为透镜直径，f 为透镜焦距，并有

$$W'=\frac{2\lambda f}{\pi D} \tag{1-24}$$

W' 也是激光焦点处的光束衍射极限半径，因为 $f/D=f/n$（n 为透镜数），则有 $W'=\dfrac{2\lambda}{\pi}F$，$F=f/D$。

由于 f/n 通常不小于 1，故只在理想情况下，最小聚焦光斑尺寸可达到激光波长数量级，但实际上难以达到。在可见光和近红外波段运转的激光器，比较好的情况是基模光束的最小聚焦光斑尺寸可接近激光波长。然而要得到衍射极限光束，其光学系统的像差必须最小。最小聚焦光斑直径 $d_{\min}$（距束腰 z mm 处）可以按下式计算：

$$d_{\min}=\frac{4f^2M^2\lambda}{\pi D_0} \tag{1-25}$$

$$d_{\min} = 2f\theta$$

式中，M^2 为光束质量因子；D_0 为激光束腰直径；θ 为光束发散角。文献 [1] 列出了几种常用激光器的最小聚焦光斑尺寸。

1.3.2 激光束聚焦深度

激光聚焦的另一个重要参数是光束的聚焦深度（焦深）。聚焦深度 Δ 可按下式估算：

$$\Delta = \pm \frac{r_s^2}{\lambda} \tag{1-26}$$

式中，r_s 为光束的聚焦光斑半径。

当 r_s 接近 λ 时，则 $\Delta \approx \pm \lambda$。显然，当 $r_s > \lambda$ 时，Δ 大于 λ。

这里要说明的是，各种资料文献中对聚焦深度的截取位置各有不同，有些是从束腰向两边截取至光束半径增大 5% 处，此时聚焦深度为 $\Delta = \pm \dfrac{0.32\pi W_f^2}{\lambda}$，$W_f$ 为聚焦光斑半径。另外有些是以光轴上某点的光强降低至激光焦点处的光强一半时，该点至焦点的距离作为光束的聚焦深度，此时有 $\Delta = \pm \dfrac{\lambda f^2}{\pi W_1^2}$，$W_1$ 为光束入射到透镜上的光斑半径，可以看出光束的聚焦深度与入射激光波长 λ 和透镜焦距 f 的平方成正比，与 W_1^2 成反比，因此要获得较大的聚焦深度 Δ，就要选择长焦距透镜。例如在深孔激光加工以及厚板的激光切割和焊接中，要减小锥度，均需要较大的聚焦深度。

对于一台输出功率为 10W 的 Ar+ 激光器，采用 $f = 2$cm 的透镜，$D = 1$cm，我们考虑两种情况，一种是采用单透镜聚焦，第二种情况是在光束聚焦之前加扩束器，将入射光束直径扩大 10 倍。假设激光聚焦光斑半径为 1mm，发散角 $\theta = 0.5$mrad。

① 单透镜聚焦情况。由于 D 大于光束直径，$r_s = f\theta$，θ 为发散角，则可估算出 $r_s = 1.0 \times 10^{-3}$cm，在激光束焦点处的峰值光强与激光功率有如下的关系：

$$P = 2\pi \int_0^\infty I(r)r\,\mathrm{d}r = 2\pi I_0 \int_0^\infty \exp(2r^2/r_s^2)r\,\mathrm{d}r = \frac{\pi I_0 r_s^2}{2} \tag{1-27}$$

式中，$I_0 = \dfrac{2P}{\pi r_s^2} = 6.4 \times 10^6\,\mathrm{W/cm^2}$。这时的聚焦深度 Δ 为 $\pm 10^{-2}$cm。

② 透镜前加光束扩束器系统情况。当入射激光束被扩大 10 倍后再入射到聚焦透镜时，光束发散角压缩了 10 倍，即有 $\theta = 0.05$mrad，那么 $r_s = f\theta = 1 \times 10^{-4}$cm，$I_0 = 6.4 \times 10^8\,\mathrm{W/cm^2}$，这时聚焦深度 Δ 为 $\pm 10^{-4}$cm。通过上面计算结果可看出，经过扩束后聚焦深度会减小。

对于一些给定的光学聚焦系统，在不考虑光学系统的像差时，激光聚焦光斑尺寸可按式（1-29）或式（1-30）计算。但如果考虑光学系统的像差，采用式（1-29）或式（1-30）计算聚焦光斑尺寸就会产生偏差。故在实际的光学系统中，聚焦光斑尺寸通常采用实测的方法，有几种方法可用来实测激光束聚焦光斑尺寸。其中一个较为简单的方法是将激光束看做高斯分布，这些方法已由 Sliney 和 Marshal 在 1979 年公布出来。

1.3.3 像差

前面已经提到，激光束通过光学系统，如透镜，聚焦后会产生像差，激光聚焦光斑半径因光学系统的像差而远远大于理论计算值。

通常单色光经光学系统聚焦后会产生五种类型的像差。

① 球差。轴外和近轴外光线通过透镜聚焦后，不是会聚于一点，而是会聚在不同的位置（会聚成一个模糊圆），从而引起球差。球差随入射光束半径的平方改变，大光斑入射与短焦距透镜聚焦引起的球差最大，球差可通过改变透镜的形状，使透镜形状最佳化来减小。例如采用平凸或凹凸透镜，将透镜凸面朝向入射光方向时所引起的球差最小。

② 彗差。当旁轴（off-axis）光线在焦平面上成像成一个圆晕结构（类似于彗星成像）时，即引起彗差（见图 1-7）。彗差与 ϕW 成正比，ϕ 为光束入射角，W 为成像尺寸。彗差也可通过优化透镜形状来消除。

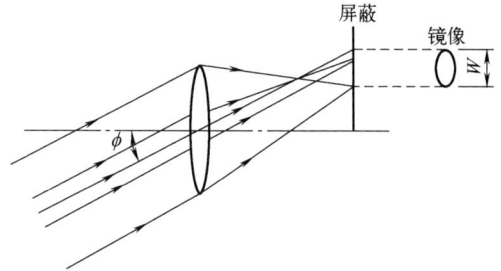

图 1-7　单透镜成像

③ 像散。像散是由旁轴光线通过一个透镜后产生的，它可以通过引入一个附加透镜来补偿，像散与 $\phi^2 W^2$ 成正比。

④ 场曲率。场曲率是指成像不在一个平面上，而是沿一个曲面成像，那么如果在一个平面屏上观察成像，则像边缘会变模糊（the edges may be blurred）。场曲率的大小与 $\phi^2 W^2$ 成正比，场曲率可以通过引入一个光阑来减小。

⑤ 畸变。光学畸变是由于成像因放大而发生改变，透镜往往不产生大的畸变，但畸变通常是引入附加光阑后而产生的，畸变与 $\phi^3 W^3$ 成正比。

在激光束通过透镜后引起的像差中，球差、彗差和像散是主要的像差，当然这也要视具体情况而定，但一个总的原则是要减少光束入射角。

1.3.4　热透镜效应

在高功率激光材料加工系统中，光学元件包括激光窗口和聚焦光学元件（例如透镜），在受到强光束入射时，光学元件因本身对激光的吸收产生变形和使光学元件材料的折射率发生变化，并随着入射激光功率和材料的吸收增大，会产生热透镜效应和焦点位置发生变化。这主要与激光输出窗口和聚焦透镜有关，热透镜效应产生的原因主要是温度升高引起折射率的增加 $\left(\dfrac{\mathrm{d}n}{\mathrm{d}T}\right)$，继而引起焦距变短。焦距的漂移量由下式计算，

$$\Delta f = \left(\frac{\alpha P f^2}{\pi K D_L}\right)\left(\frac{\mathrm{d}n}{\mathrm{d}T}\right) \tag{1-28}$$

式中，α 是光学元件的吸收率；P 为激光功率，W；T 是温度，K；K 是热导率，W/m·K；f 是焦距。

1.3.5　激光束的准直与整形

1.3.5.1　激光束的准直

通过对式（1-29）或式（1-30）进行简单计算可看出，在激光束聚焦前加准直扩束器对压缩光束发散、减小聚焦光斑尺寸和提高焦点处光强是非常有利的。

激光束的发散可通过合适的准直光学系统压缩，激光束的准直可分为透射式准直和反射式准直，图 1-8 示出了两种常用的透射式光束准直系统，这里采用发散透镜的目的是减少激光束在会聚处的空气击穿和使光学系统设计更紧凑，得到高强度光束。

当焦距 f 与透镜数匹配时，光束可充满两个透镜区域，这时输出光束的发散角 θ_1、θ_2

与入射光束的发散有如下的关系：

$$\theta_2 = \frac{\theta_1 D_1}{D_2} \qquad (1\text{-}29)$$

这里 D_1 和 D_2 是透镜 1 和透镜 2 的直径，如果 $D_2/D_1 = 10$，这意味着光束的发散压缩 10 倍。

伽利略准直系统只能在最短距离内改变光束尺寸，为了维持均匀的光束传输特性及适应高功率激光束传输（因为晶体光学元件在高功率下易损坏），应采用反射式准直系统，此时只能通过工作台的移动来维持光束的发散不改变，使得激光加工期间焦点位置不变和光束尺寸在较大的工作区间保持不变。对于透射式准直系统，在光束经扩束准直系统后，发散角 θ_2 为

$$\theta_2 = \frac{f_1}{f_2} \theta_1 \qquad (1\text{-}30)$$

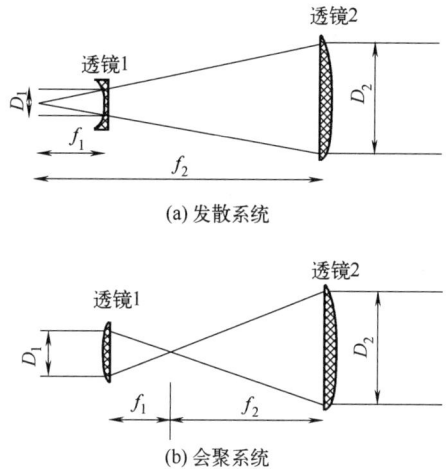

(a) 发散系统

(b) 会聚系统

图 1-8 光束准直系统

式中，f_1 和 f_2 分别是入射光束的焦距和出射光束的焦距；θ_1 是入射光束的发散角。

为了改变光束直径，反射镜也可用作准直系统，图 1-9 为反射式光束准直系统。

采用反射镜准直可以消除透射式准直的热透镜效应，因而特别适合高功率激光束。但是反射式准直系统最大的缺点是只要有一个小角度倾斜就会使球差比较大，对远距离扩展光束尺寸比较困难，故反射式准直系统的准直效果没有透射式好，这就限制了反射式准直系统的应用范围。

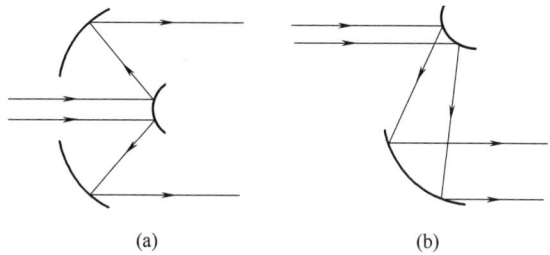

(a)　　　　　(b)

图 1-9 反射式光束准直系统

1.3.5.2　激光束的整形

（1）线形光束

通常从激光器中输出的光束是圆形光斑，且光斑内的光强分布呈高斯分布，光强分布不均匀，但在激光加工等实际应用中需要矩形（或线形）的较均匀光束，这就需要对光束进行处理。例如采用线形聚焦镜，可以将圆形光束转变成矩形（或线形）光束。线形聚焦镜的原理是通过一块反射式的线形聚焦光学系统构成一个倾斜可调镜，它能够产生一维积分线并将圆形光束转变成线形光束。通过改变可调镜与激光源之间的距离，并将转换镜向线形聚焦镜方向移动，可以改变线形聚焦镜的焦点位置并且能改变焦距。

（2）均匀光束

目前光束均匀化处理方法有很多种，下面只介绍几种典型的方法。

① 积分镜。积分镜是光束均匀化处理较常用的方法之一，它是采用按一定规律排列的多块小平面反射镜或透镜矩阵阵列将光强分布不均匀的光束进行分割，即产生积分，使入射的反射光束或透射光束在其焦平面上叠加，从而获得光强分布均匀的光束。图 1-10 为积分镜示意图。

例如，美国 Spawer 光学公司生产的积分镜由 32 块小平面镜组成，每块尺寸为 12.7mm× 12.7mm，小平面镜粘贴在一个曲率半径为 101.6mm 的球面镜衬底上。光束强度均匀度取决于小平面镜的数目，小平面镜数目越多，光束强度分布的均匀性越好。

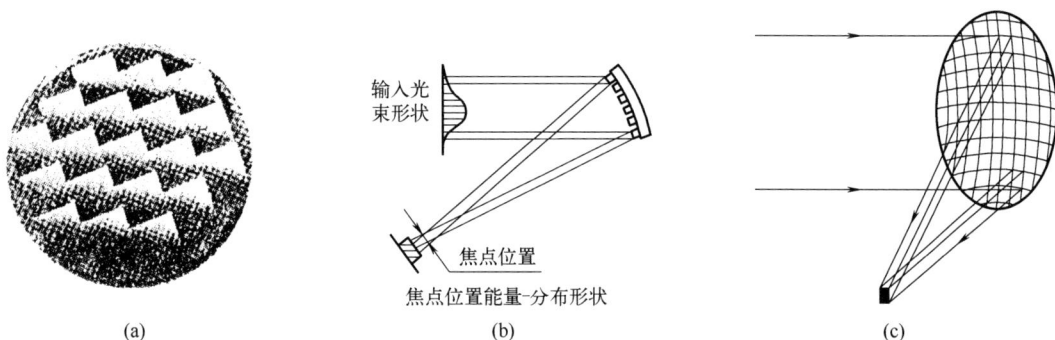

(a)　　　　　　　　　　　　　(b)　　　　　　　　　　　　　(c)

图 1-10　积分镜

② 振镜扫描。如图 1-11 所示，在光束扫描系统中，由两块反射镜构成，其中第一块反射镜通常为平面镜，第二块反射镜可以是球面镜。

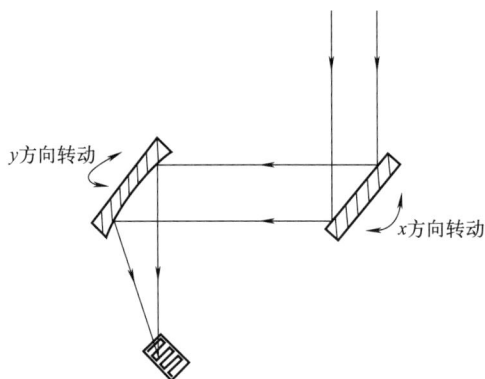

当两块反射镜沿两个正交轴做振动扫描时，可得到二维面形热源。而当只有一块反射镜做振动扫描时，则可得到光强均匀分布的线形热源。为了得到一个大的工作范围，可采用大的焦数 F（$100 \sim 150$），振动频率一般在 $100 \sim 400\mathrm{Hz}$。这样一种系统可以得到在空间和时间上均匀分布的光强，如果反射镜为金属铜镜，则能承受高于 $5\mathrm{kW}$ 的激光功率。当第二块反射镜为多面体反射镜时，则可将圆形光斑变成光强分布均匀的宽带光束，即所谓宽带扫描。另外如果第二块反射镜为棱镜时，通过旋转棱镜，则可获得环形光束。

图 1-11　振镜扫描示意图

总之，光束形状和光束强度可以通过采用不同类型的光束旋转装置而改变。例如采用一块棱镜将光束分开，每一束光再反射到抛物镜，在工件表面聚焦成一个平面，通过旋转棱镜可得到两个热源，并且通过改变转动的直径可改变光斑尺寸。这类系统应用在激光焊接和切割中，能产生宽带，并可增加激光焊接和切割的深度。

③ 矩形（线形）镜。线形光束其光强分布比圆形光束要均匀，一个短而宽的光斑可承受高激光功率密度，适合激光快速处理；长线形光束在增加激光作用时间后，适于激光均匀化的表面热处理。

④ 采用屋脊镜分束的光强均匀化。采用屋脊镜分束光学系统同样可得到焦平面上均匀分布的光强，图 1-12 为屋脊镜分束的光强均匀示意图。

它是将光束经屋脊镜分成两束光，每束光是原入射光斑的一半，每一半的光束再分别经一球面反射镜反射，通过调节两块球面反射镜，使原光强较强的中心部分与原光强较弱的边缘部分重叠，从而使光强的强弱叠加互相补偿，达到光强分布均匀的目的。该方法比较适合基模高斯光束的均匀化处理。

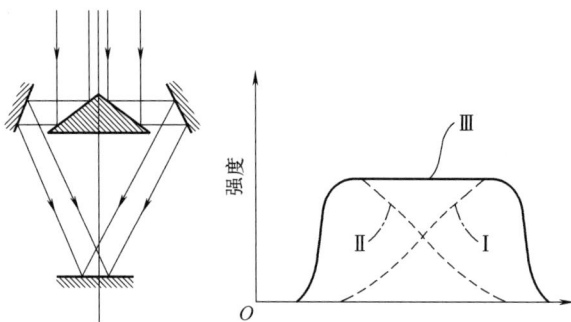

图 1-12　屋脊镜分束的光强均匀示意图

⑤ Kaleid 光学系统。Kaleid 光学系统可以获得相当均匀的光强分布，适合做大功率 CO_2 激光表面处理。Kaleid 光学系统由一个四方形管构成，在方管外面有水套冷却，光束从方管上方入射，并在方管内多次反射后再到达工件。为了接收入射光束和改变光束尺寸，可以将会聚透镜和成像透镜分别置于方管的入口和出口处，可获得 $10\sim20$mm 的均匀光束。

Kaleid 光学系统也可应用于 ND：YAG 激光器的光束传输中，如图 1-13 所示。然而由于多次反射也会引起光束传输的损耗（大约在 $20\%\sim30\%$），有效的冷却是必要的。此外为了得到光强分布均匀的激光光束，需将系统尽可能贴近工件（通常在 $0\sim10$mm），但距离太短不适于处理复杂零件。

Kaleid 光学系统应用于大功率 CO_2 激光和 ND：YAG 激光表面处理时，可获得均匀的硬化区。

（3）自适应反射镜

自适应反射镜适用于焦距可变的 CO_2 激光加工系统，KUGLER PL-/A90/70 型非球面自适应 90°光束偏转光学器件（见图 1-14），易在激光加工过程中实现动态光束的自适应，聚焦的焦点范围可调，对应于 -4m（凸面镜）至 +4m（凹面镜）的聚焦，当采用 200mm 焦距时，焦点调整范围在 ±9mm，反应时间（全程）小于 1s。

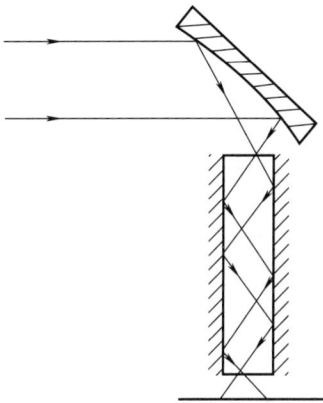

图 1-13 Kaleid 光学系统光路示意图

图 1-14 KUGLER 自适应反射镜

1.3.6 激光束传输

前面已提到激光束是高斯光束，高斯光束经过透镜和光学系统变换后仍是高斯光束。对于 10.6μm 红外 CO_2 激光器光束的传输与变换通常采用转折反射镜，近几年国外也有采用 10.6μm 红外光波导传输的，功率通常局限于 5kW 以内。对于 1.06μm 的 Nd：YAG 激光和光纤激光器，在激光材料加工中可以采用柔性光纤传输，见图 1-15。

采用光纤传输使输光路体积小、重量轻、方便灵活。但光纤传输也有几个问题亟待解决。①如何将激光束有效地耦合到光纤中去，光纤直径通常在微米数量级。②如何尽量减少光纤传输中的损耗，提高光纤传输效率。尤其是在传输高功率时光纤不至于破坏，例如将 2kW 的 Nd：YAG 激光，采用 0.5mm 直径的光纤传输，这时光纤中承受的激光功率密度达到 10^6 W/cm^2。

从图 1-15 中可看到，很显然如果减少光纤承受的功率密度，需要增大光纤直径，通常要传输 5kW 则需采用直径为 400μm 的光纤，那么增大光纤直径会降低激光束的聚焦性能，并丧失激光束的主要特性。此外，光纤由于拉曼散射（Raman scattering）等非线性的影响，使光纤损耗很高。这些限制了光纤高功率高质量地传输。

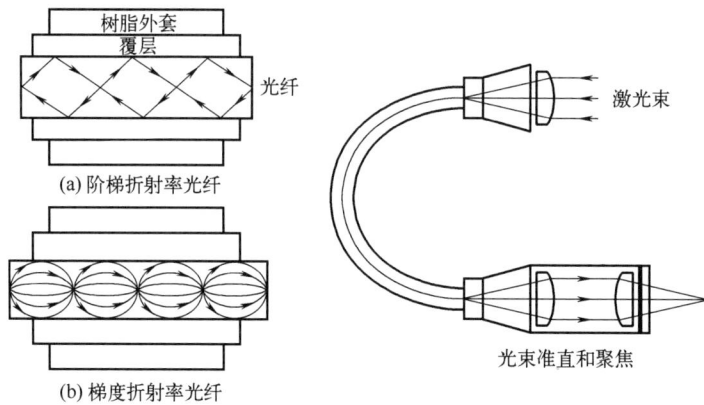

图 1-15　光纤传输

光纤传输系统在 Nd：YAG 激光加工中有很大的应用前景，目前许多大于 1kW 的 Nd：YAG 激光加工系统均采用光纤传输。对于多模输出的 Nd：YAG 激光加工系统，均采用直径小于 $400\mu m$ 光纤来传输，则光纤可传输较远的距离，传输的距离可达到几千米甚至更远，且光纤可将激光器输出光束同时传输到几个工作台。

光纤由高纯硅制作，为了避免铜或钴或其他杂质的影响，光纤通常在 $SiCl_4$ 或 Cl_2 中制作，其纯度保持在百万分之一之内。光纤是由光纤芯组成，纤芯四周镀低折射率材料且外面有塑料介质保护层（见图 1-15）。

在光纤外面通常有金属屏蔽。传输的光束在光纤纤芯与低折射率覆层之间的界面反射。目前有两种类型光纤，即阶梯型光纤和梯度型光纤（见图 1-15）。在阶梯型光纤中，光束在光纤中以"Z"字路径传输直至光线均匀地填充在纤芯内。尽管光纤是弯曲的，光纤传输后的输出光束的强度分布呈矩形。而在梯度型光纤中，折射率随着直径的增加而按一定的规律（如平方律、双正割曲线等）逐渐减小，通常折射率呈抛物线变化，光线在光纤内传输。

在光纤传输中，通常在激光束入射光纤前要加准直望远系统。

（1）光纤的选择和光纤传输系统的设计

目前 Nd：YAG 激光主要选择石英光纤，现已开发出塑料光纤。

阶梯折射率光纤芯和包层间的交界处的折射率呈阶梯形变化，这种光纤主要用作激光焊接、激光热处理等。

阶梯折射率光纤数值孔径

$$NA = \sqrt{n_1^2 - n_2^2} = \sqrt{(n_1 - n_2)(n_1 + n_2)} \approx \sqrt{\Delta n \times 2n} \tag{1-31}$$

在实际使用中，光纤常处于弯曲状态。在使用时，应该尽量避免光纤弯曲半径太小，以免降低光纤传输效率，甚至折断光纤。

NA_{eff} 为光纤有效数值孔径，设光纤弯曲半径为 R，那么可以得到

$$NA_{eff}(R) = \sqrt{(NA)^2 - \frac{D_n^2}{R}} \tag{1-32}$$

显然，$NA_{eff}(R) < NA$。

如果入射角一定，那么最小弯曲半径 R_{min} 为：

$$R_{min} = \frac{D_n^2}{(NA)^2 - (NA_{eff})^2} \tag{1-33}$$

激光加工所需光纤直径多在 $0.2 \sim 1\text{mm}$。在满足传输要求情况下，应该尽量选用较小直径的光纤，因为小直径光纤对光束质量的影响较小。此外，小直径光纤可使聚焦光斑更小，从而使激光加工能量密度更高，这对于某些激光输出能量受到限制的情况尤为重要。

（2）光纤耦合

当激光束以最大入射角 $\theta_{\max}$ 耦合到光纤中以低损耗传播时，其光纤的数值孔径（NA）计算如下：

$$NA = \sin(\theta_{\max}/2) \tag{1-34}$$

这里数值孔径是光纤纤芯的折射率平方与覆层的折射率平方之差的平方根，即 $NA = \sqrt{n_1^2 - n_2^2}$。式中，$n_1$ 为纤芯折射率；n_2 为光纤覆层折射率。

对熔融硅来说，它的数值孔径范围为 $0.17 \sim 0.25$（0.25 对应于入射角达到 $28°$）。更高的值需要增加掺杂浓度，光纤耦合示意图见图 1-16，激光束直径 $d_{\text{in}} < d_{\text{core}}$ 和 $\sin(\theta_{\text{in}}/2) < NA$，其中 d_{in} 值是激光束直径，是时间的函数，实际的光纤纤芯直径 d_{core} 和数值孔径是按入射激光束直径 d_{in} 和光束入射角 θ_{in} 分别为 1.5mm 和 $3°$ 来确定的。

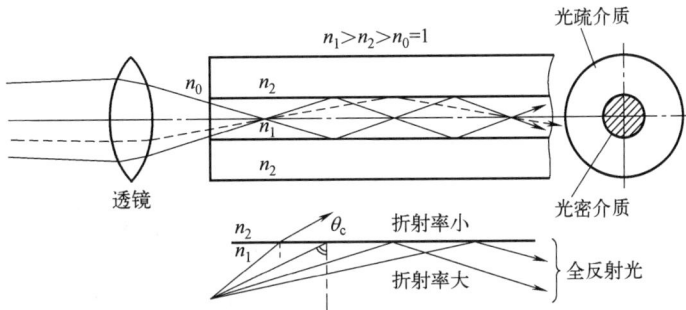

图 1-16 光纤耦合

光纤端面的制作通常要考虑能很好地接收聚焦激光束，其端面要求仔细清洗和抛光。

在实际中考虑到光纤耦合效率和光纤传输的光束质量情况下，需考虑光纤的纤芯直径必须大于光束聚焦的光斑直径，即 $d_{\text{core}} = f\theta$（$f$ 为聚质透镜的焦距，θ 为激光束发散角）。而光纤的数值孔径 NA 必须大于激光束的会聚角 α，即 $NA > W_0/f$（W_0 为光束束腰半径）。

（3）其他激光波长的传输光纤

对 CO 激光器输出的 $5.4\mu\text{m}$ 波的光纤材料可采用 CaF_2 和 Zn 来制作。对于 $10.6\mu\text{m}$ 的 CO_2 激光束可采用空心光波导来传输，由于传输损耗较大，使传输激光功率受到了限制，目前国际上空心 CO_2 激光柔性光波导传输激光功率可高达 5kW，激光束传输的距离已超过几米。

1.3.7 激光束扫描

在激光材料加工中有些情况需要线光束。线光束可通过圆柱透镜或光束扫描方法获得。图 1-17 示出了两种常见的光束扫描系统，一种是采用振镜扫描［见图 1-17（a）］，这种扫描方法在激光打标和雕刻中常用。采用这种方法，每次扫描的末尾由于返回点常出现激光功率分布不均匀。为了克服上述缺点，可采用旋转多面镜方法［见图 1-17（b）和（c）］，但这种方法由于光束出射角度的改变，也存在扫描速度改变的问题，通过设计一种二倍多面镜系统可解决上述问题。

(a) X-Y振镜扫描

(b) 旋转多面镜扫描

(c) 加柱面镜

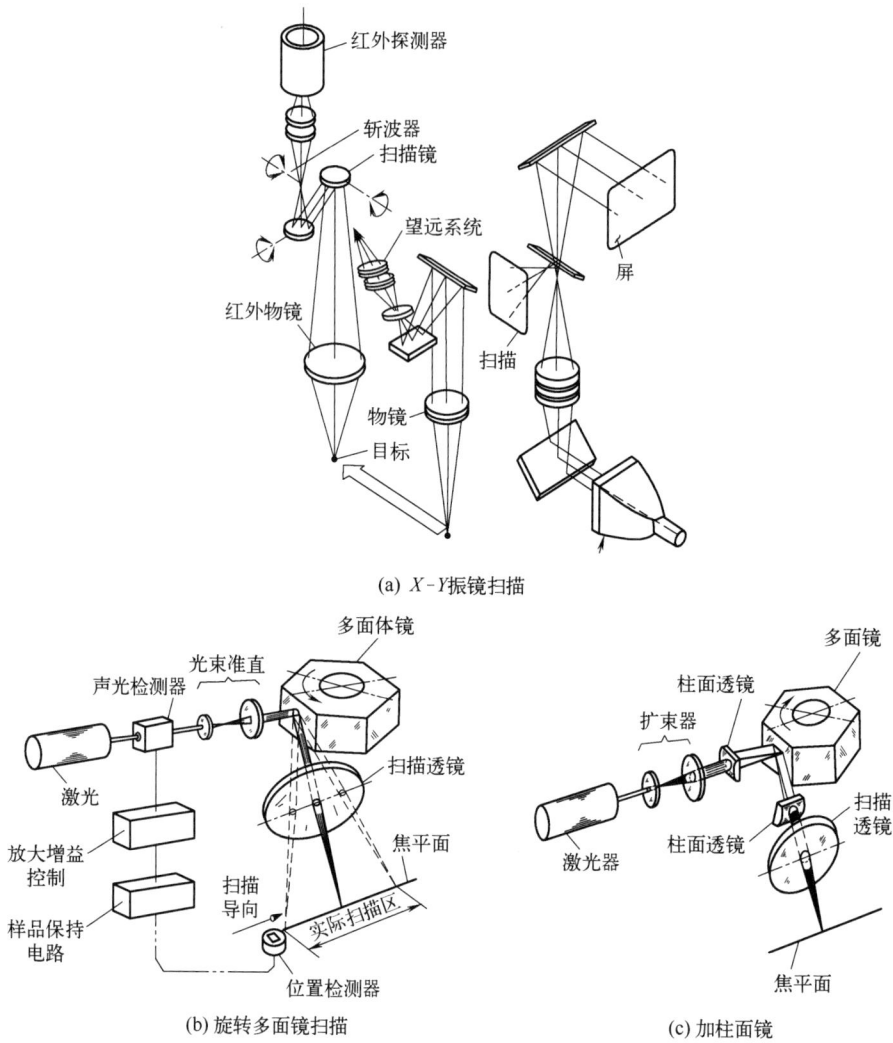

图 1-17 光束扫描系统

1.3.8 激光的合束与分束技术

（1）分束方式

在激光材料加工中，往往需要采用多工位（多个工作台）同时加工，以提高激光加工效率，为此通常将激光束分束。激光束的分束通常也有两种类型，一种是透射式分光［见图 1-18（a）、（c）］，另一种分束方式是反射式，如图 1-18（b）、（d）、（e）、（f）、（g）所示。

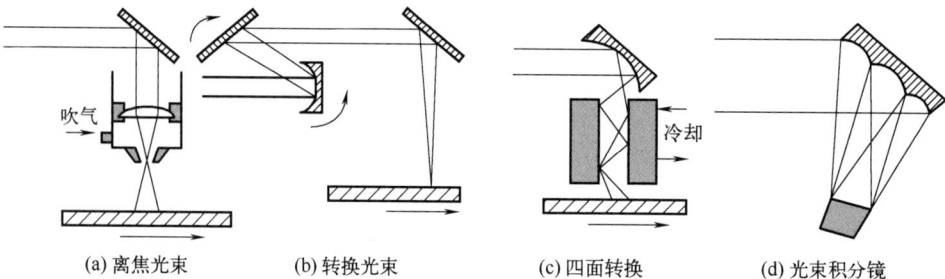

(a) 离焦光束   (b) 转换光束   (c) 四面转换   (d) 光束积分镜

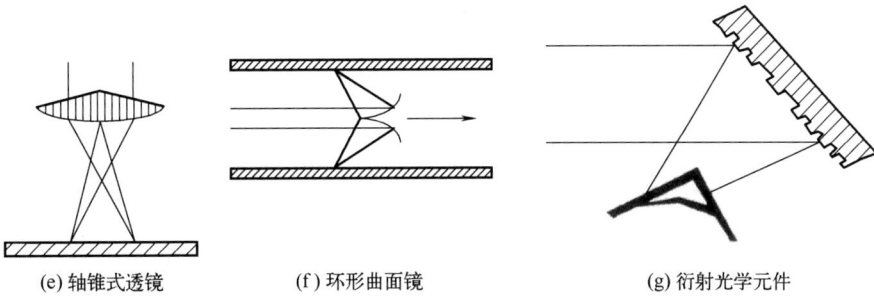

(e) 轴锥式透镜　　　　　　(f) 环形曲面镜　　　　　　(g) 衍射光学元件

图 1-18　分束方式

（2）合束技术

合束方式见图 1-19～图 1-21。

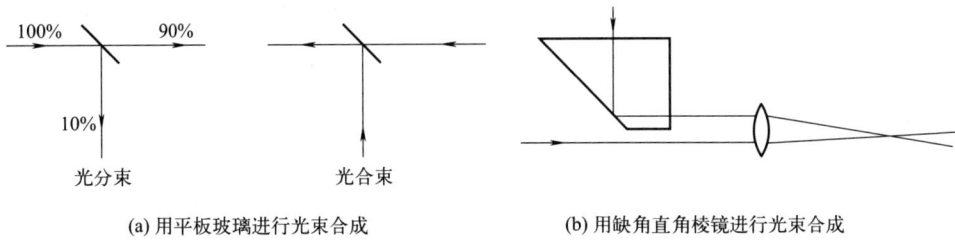

100%　　　90%

10%

光分束　　　　　　　　　光合束

(a) 用平板玻璃进行光束合成　　　　　　(b) 用缺角直角棱镜进行光束合成

图 1-19　激光合束方法

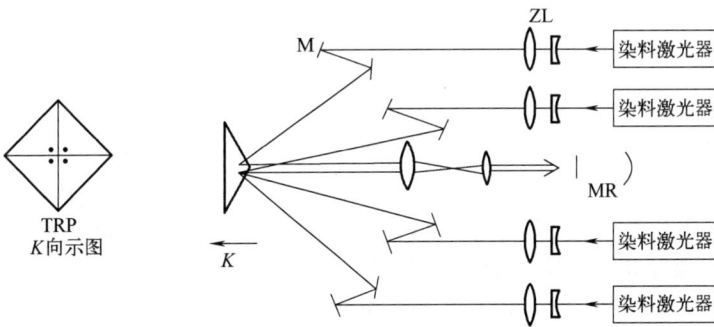

ZL

M

染料激光器

染料激光器

MR

TRP
K向示图

K

染料激光器

染料激光器

图 1-20　小角度全反射棱镜法

ZL—可调焦透镜；TRP—小角度全反射棱镜；MR—光学腔

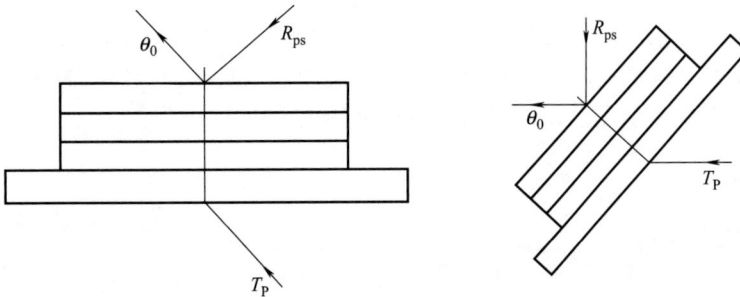

θ_0　　R_{ps}

R_{ps}

θ_0

T_P

T_P

图 1-21　平板偏振分光镜法

1.4 激光器光学元件与聚焦镜

1.4.1 激光器输出窗口和透镜材料

激光器中一个重要部件是输出窗口,尤其是对固体激光器和 CO_2 激光器,输出窗口的材料及参数对激光器的输出性能影响极大。

石英、帕克斯玻璃和其他玻璃通常可作为 $350 \sim 1000nm$ 波长范围的激光器窗口材料,而工作在紫外区的激光器需要由石英、氟化镁(MgF_2)或氟化锂(LiF)作为窗口材料。Nd:YAG 激光器的窗口材料一般是石英和玻璃,而这些材料在远红外区并不是透明的。许多半导体(如 Ge、GaAs、ZnSe、CdTe 等)材料和碱性卤化物(如 KCl、NaCl 等)材料可用来作为红外激光器的窗口材料和聚焦透镜材料。金属卤化物,如 NaCl、KCl,可以作为输出波长为 $10\mu m$ 的激光器(如 CO_2 激光器)的窗口材料,甚至还可用作高质量的化学涂层材料。半导体材料(如 Ge、GaAs、ZnSe、CdTe 等)有较高的化学抗腐蚀性能。

作为激光器窗口和聚焦透镜的材料,常需具备如下几方面要求和条件。

① 光学吸收性。将吸收率定义为

$$\alpha = -\frac{1}{x}\ln\left(\frac{I}{I_0}\right)$$

式中,I_0 为初始入射光强;I 为通过窗口或透镜后的光强;x 为窗口或透镜的厚度。用作窗口和透镜的材料要求其对入射光的吸收越小越好。

② 热导率。窗口和透镜材料要求热导率尽可能大。

③ 硬度和平滑度。窗口和透镜材料要求硬度高,以增加抗擦伤能力;平滑度要求高,以适应镀膜要求。

④ 化学阻抗性。光学组件要求在水中溶解度低和抗蚀能力强。

对于应用在高功率激光器的窗口和透镜材料,更加要求低吸收率和高热导率,在相同条件下,应尽可能选择低吸收率的材料,以降低光学组件对激光功率的吸收。

GaAs 和 Ge 具有很高的质量因子,但 Ge 的热导率小,不宜作高功率激光器窗口和透镜材料。GaAs 常用来作透镜和窗口材料,是因为它具有承受较高功率的能力,但 GaAs 的吸收系数较大,故不适宜作高功率激光器窗口材料。ZnSe 在可见光区有较好透过性,因此作为透镜在调整光路时非常方便。为了减少激光光学元件的反射损耗(增加透过率),或者为了增加光学元件反射率(减少其他类型损耗),通常需要在光学元件表面镀膜。对于 $10.6\mu m$ 波长的 CO_2 激光器,它的光学元件的镀层材料有 Ge、Si、ThF_4 和 ZnS 等。

商用的红外光学元件对光热特性有确定的指标。

透镜的两个面上通常镀增透膜以降低反射率,提高光透过率。其他组件,例如窗口、滤光片,则需在反射面镀增反膜,而在对应面镀增透膜。增反膜涂层需要镀多层,故在许多情况下,镀膜的费用要高于光学元件材料本身的费用。

1.4.2 反射镜

(1)反射镜的种类

反射镜是一种利用反射定律工作的光学元件。反射镜按形状可分为平面反射镜、球面反射镜和非球面反射镜三种;按反射程度,可分成全反反射镜和半透半反反射镜(又名分束镜)。平面反射镜、球面反射镜和自适应镜等都可用来作为激光器谐振腔内的全反射镜,球面反射镜和非球面反射镜（例如，抛物镜和积分镜等）可用作反射式聚焦镜。

（2）反射镜材料

反射镜材料的选择主要依据两项指标：热破坏性和热变形性。

① 对热破坏性能的评价指针 $(F, M)_f$，有

$$(F, M)_f \propto (T_c / A_s) K$$

式中，T_c 为材料破坏的临界温度；A_s 为表面吸收系数；K 为热导率。

② 对热变形性能的评价指针 $(F, M)_0$，有

$$(F, M)_0 \propto K / (\alpha A_s)$$

式中，α 为线胀系数。

反射镜基底材料分两类：一类是用于中小功率激光器及近红外、可见光及紫外激光器，大多采用玻璃或硅等材料，然后再在基底表面镀反射膜，另一类是用于红外区的 CO_2 激光器，其反射镜的材料有 Si、金属（如铜、钼等），在高功率 CO_2 激光器中的反射镜主要采用金属铜镜和钼镜，并且需对反射镜加水冷系统以防止产生热畸变。

为了提高反射镜的反射率，需在反射镜表面镀膜。通常在金属反射镜表面镀金属膜，但也有的镀多层介质膜，镀过膜的反射镜的反射率高达 99%。在金属表面镀多层介质膜时，每层的光学厚度（折射率×厚度）等于 $\lambda/4$（λ 为激光波长），反射率可通过每层增加 $\lambda/4$ 厚度得到增加。在紫外波段区域，用于真空镀膜的材料有 MgF_2、NaF、Al_2O_3、ZrO_2、ThF_4 和 Y_2O_3 等；在可见光区域，有 SiO_2 和 Al_2O_3 等；而在红外波段区域，有 Ge、Si、ThF_4 和 ZnS 等。

对于准分子激光器，Gill 和 Newman（1979 年）已经提供了紫外波段涂层在 266nm 和 355nm 处的破坏阈值。

1.4.3 镀膜技术

光学镀膜是指在光学零件表面镀上一层（或多层）金属（或介质）薄膜的工艺过程。在光学零件表面镀膜的目的是达到减少或增加光的反射、分束、分色、滤光、偏振等要求。常用的镀膜法有真空镀膜（物理镀膜的一种）和化学镀膜。

光学镀膜基本原理：光的干涉在薄膜光学中广泛应用。光学薄膜技术的普遍方法是借助真空溅射的方式在玻璃基板上涂镀薄膜，一般用来控制基板对入射光束的反射率和透过率，以满足不同的需要。为了消除光学零件表面的反射损失，提高成像质量，涂镀一层或多层透明介质膜，称为增透膜或减反射膜。随着激光技术的发展，对膜层的反射率和透过率有不同的要求，促进了多层高反射膜和宽带增透膜的发展。为了满足各种应用需要，利用高反射膜制造了偏振反光膜、彩色分光膜、冷光膜和干涉滤光片等。光学零件表面镀膜后，光在膜层上多次反射和透射，形成多光束干涉，控制膜层的折射率和厚度，可以得到不同的强度分布，这是干涉镀膜的基本原理。

1.5 激光束质量

1.5.1 激光束质量标准

激光束的光束质量是激光器输出特性中的一个重要指标参数。

评价光束质量的方法很多，曾采用聚焦光斑尺寸、远场发射角、β 值和斯特列尔比（Strehl ratio）等作为评价标准，这些评价标准各有优缺点，长期以来均未形成评价激光束

质量的统一标准。1988 年，A. E. Siegman 利用无量纲的量——光束质量因子 M^2，较科学合理地描述了激光束质量，并为国际标准组织（ISO）所采纳，作为国际标准。

（1）聚焦光斑尺寸

用聚焦光斑尺寸作为衡量光束质量标准是一种较为直观且简便的方法。一般而言，聚焦光斑大小除与聚焦光束本身特性有关外，还与所用聚焦光学系统特性有关。并且，聚焦光斑尺寸越小，光束远场发散角就越小，准直距离也越短，因此，只用聚焦光斑尺寸一个参数作为光束质量判据是不够的。

设一聚焦光学系统焦距为 f，光阑孔径为 D，在理想情况下均匀平面波聚焦后艾里斑（Airy disk）的宽度

$$r_s = 1.22 \frac{f\lambda}{D} \tag{1-35}$$

即可聚焦到波长 λ 的量级。若实际激光束聚焦光斑尺为 r_s 的 N 倍，则称其为 N 倍衍射极限。

（2）远场发散角 θ、β 值

激光远场发散角 θ 决定激光束可传输多远距离而不显著发散，它也与可聚焦多少能量（功率）有关，是激光许多实际应用中常作为判断光束质量的参数。设激光束沿 Z 轴传输，光束宽为 $w(z)$，定义远场发散角

$$\theta = \lim_{z \to \infty} \frac{w(z)}{z} \tag{1-36}$$

由于 θ 可以通过扩束或聚焦来改变，所以当用远场发散角作为光束质量判据时，必须将光束宽取为某一确定值，这样进行比较才有意义。

除 θ 外，文献中常用 β 值，即

$$\beta = \frac{\text{实际光束的远场发散角}}{\text{理想光束的远场发散角}} \tag{1-37}$$

作为光束质量判据。β 值一般大于 1，β 值越接 1，光束质量越高，$\beta = 1$ 为衍射极限。

（3）斯特列尔比

在大气光学中常用斯特列尔比 S_R 作为评价光束质量的参数，S_R 定义为

$$S_R = \frac{\text{实际光束焦斑处峰值功率}}{\text{理想光束焦斑处峰值功率}} \tag{1-38}$$

式中，$S_R \leqslant 1$，S_R 越大，则光束质量越好。

（4）光束质量因子 M^2

$$M^2 = \frac{\text{实际光束束腰宽度和远场发散角的乘积}}{\text{基模高斯光束束腰宽度和远场发散角的乘积}}$$

对于基模（TEM_{00} 高斯光束），$M^2 = 1$，光束质量好，实际光束 M^2 均大于 1，表征了实际光束衍射极限的倍数。光束质量因子 M^2 可表示为

$$M^2 = \pi D_0 \theta / (4\lambda) \tag{1-39}$$

式中，D_0 为实际光束束腰宽度；θ 为光束远场发散角。

M^2 参数同时包含了远场和近场的特性，能够综合描述光束的质量，且具有通过理想介质传输变换时不变的重要性质。对光束质量因子 M^2 的测量，可归结为光束束腰直径 D_0 和光束远场发散角 θ 的测量。或 $M^2 = \dfrac{\theta_\text{实}}{\theta_\text{远}}$，式中，$\theta_\text{远}$ 为远场光束发散角，$\theta_\text{实}$ 为实际光束发散角。

M^2 的倒数称为 K 因子

$$K = \frac{1}{M^2} \tag{1-40}$$

M^2 定义中同时考虑了束宽和远场发散角的变化对激光束质量的影响。一般情况下，激光束通过理想无衍射、无像差光学系统时，光束参数是一个不变量，这样就避免了只用聚焦光斑尺寸或远场发散角作为光束质量判据带来的不确定性。因此，M^2（或 K 因子）是一个判断光束质量较好的参数。

另一方面，K 因子有

$$K = \frac{\lambda}{\pi} \times \frac{4}{d_b \theta} \tag{1-41}$$

式中，d_b 是入射光束束腰的直径；θ 是光束发散角。对于 TEM_{00} 高斯光束有 $K=1$，如果 $K=1.2$，意味着它是光束衍射极限的 1.2 倍。高光束质量的 K 值小于 1，例如工业气体激光器 K 值范围为 $0.2 \sim 0.7$。在德国通常认为好的光束质量 K 值在 1 附近。那么

$$M^2 = \frac{\pi}{\lambda} \times \frac{d_b \theta}{4} \tag{1-42}$$

正如前述，对于 TEM_{00} 高斯光束有 $K=1$，则 $M^2 = \frac{1}{K}$。对于 M^2 值为 1.2 时，意味着光束质量因子 M^2 是衍射极限的 1.2 倍，也就是说实际聚焦光斑直径比 TEM_{00} 高斯光束的聚焦光斑直径大 1.2 倍。

对于圆形对称腔的高阶模 TEM_{pl}，有

$$M = \sqrt{2P + L + 1} \tag{1-43}$$

例如对于一个 TEM_{20} 光束，$M^2 = 5$，很显然 M^2 值越小，光束质量越好。在美国，常将 M^2 作为光束质量标准。

1.5.2 光束参数乘积（BPP）评价方法

在最新光束质量评价方法中，引入激光束质量的另一个评价方法，即 BPP 评价方法。光束在固体激活介质中或在光纤中传输时，BPP 与光束直径（光纤传输中的光纤直径）和光束发散角成正比，并定义 BPP 为

$$BPP = \frac{d_b \theta}{4} = M^2 \frac{\lambda}{\pi} \quad \text{或} \quad M^2 = \frac{\pi \times BPP}{\lambda} = \frac{\pi}{\lambda} BPP \tag{1-44}$$

$$r_s = \frac{4f}{d} BPP \qquad \text{或} \quad BPP = \frac{r_s d}{4f} \tag{1-45}$$

式中，r_s 是聚焦光束半径；f 是焦距；d 是光束直径。

从式（1-44）和式（1-45）中看到：光束聚焦后或经光纤传输后的光束参数不仅与光束质量因子 M^2 成正比，与光束直径和发散角的乘积成正比，同时也与光束直径和聚焦光斑的半径的乘积成正比，与透镜焦距成反比。在这里很显然将光束质量与实际激光加工系统的设计联系起来。也就是说，聚焦光斑尺寸越小，透镜焦距越长，则光束质量越好。

在激光材料加工中，采用好的光束质量其优越性体现在三个方面：① 采用较小的聚焦光斑，可提高加工效率，有低的能量输入，以及窄的切缝宽度和焊缝宽度；② 可设计紧凑的、细长的聚光头（例如光纤传输），可提高加工的柔性；③ 可适应远距离加工和几个工位同时加工，以及在加工期间采用大焦距、大焦深，能扩大激光焦平面附近的可加工范围。

1.5.3 光束质量因子 M^2 的测量方法

1.5.3.1 激光束束宽的测量

对一台激光设备，光束质量因子 M^2 是一个重要指标，因而往往需要对光束质量因子进行实际测量。要测量 M^2，先要测量束宽，国际标准化组织（ISO）推荐下面四种方法测量束宽。

（1）可变光阑法

可变光阑法测量束宽时，先将可变光阑中心与待测光束中心重合，然后由大到小改变光阑孔径，每改变一次光阑孔径都用功率计（或能量计）测量透过的激光功率（能量）。当通过光阑的功率（能量）为激光束总功率（能量）的 86.5% 时，此时光阑口径则对应于激光束宽（这一方法仅针对旋转光束）。

（2）移动刀口法

移动刀口法测量束宽时，测量步骤是在一个机械平台上沿光束截面移动刀口，探测器测量出的透射激光功率（能量）为刀口位置的函数。由透射激光功率（能量）的 84% 和 16% 的刀口位置可确定束宽。

（3）移动狭缝法

移动狭缝法测量束宽时，与移动刀口法的区别是用狭缝代替了刀口，在这里狭缝宽度应不大于被测光束宽度的 $\frac{1}{20}$。此时，探测器测出的透射激光功率（能量）为狭缝位置的函数，透过功率为最大功率（或能量）的 13.5% 时，所对应的狭缝两个位置之间的距离，是未修正光束的宽度。

以上叙述的三种测量方法测出的束宽均需采用适当的公式修正，才能得到用二阶矩阵定义的束宽。

（4）红外摄像（CCD）法

在实验室常采用 CCD 法来测量束宽，该方法较为简便。由 CCD 相机测量和记录光强分布，并配以计算机数值图像处理系统，可快速得到包括束宽在内的激光束参数。

1.5.3.2 M^2 的测量

对于 M^2 的测量通常有下述三种方法：

（1）三点法

由光束传输方程 $w^2(z) = w_0^2 + M^4\left(\dfrac{\lambda}{\pi w_0^2}\right)(z-L_0)^2$（这里 w_0 是束腰，L_0 是相对某一参考面束腰 w_0 的位置）可知，通过测量三处 z_i 的束宽（$i = 1，2，3$），就可确定 M^2、束腰宽度和束腰位置 L_0，这即三点法。采用三点法测量时，需做三次测量，或者采用三个探测器同时测量。

（2）两点法

如果知道束腰位置 L_0，测量两次即可确定 M^2

$$M^2 = \frac{\pi w_0}{\lambda} \times \frac{\sqrt{w_1^2 - w_0^2}}{z_1 - L_0} \tag{1-46}$$

（3）双曲线拟合法

采用多点测量，最少测量 10 次，5 次以上在瑞利尺寸内。拟合公式为

$$w^2 = Az^2 + Bz + C \tag{1-47}$$

式中，A、B、C 为拟合系数，与光束参数的关系为

$$M^2 = \frac{\pi}{\lambda}\sqrt{AC - \frac{B^2}{4}} \qquad (1\text{-}48)$$

$$w_0 = \sqrt{C - \frac{B^2}{4A}} \qquad (1\text{-}49)$$

$$L_0 = -\frac{B}{2A} \qquad (1\text{-}50)$$

$$\theta = \sqrt{A} \qquad (1\text{-}51)$$

测量 M^2 和激光束相关参数的仪器称为 M^2 测量仪或称激光束诊断仪，国际上有多家产品出售。实际测量中应考虑到不同测量方法引入的误差，需采取措施加以消除。

1.6 材料的吸收和反射特性

激光束入射到材料表面，会在材料表面产生反射、散射和吸收等物理过程。要进行材料的激光加工，必须弄清材料对激光的吸收与反射特性。

1.6.1 材料的吸收特性

当一束激光束照射到材料的表面时，除一部分光子从材料表面反射外，其余部分能量进入材料内部而被材料吸收。在金属表面为理想平面的情况下，垂直入射的材料对激光的反射率 R 可用式（1-52）表示：

$$R = \frac{(1-n)^2 + k^2}{(1+n)^2 + k^2} \qquad (1\text{-}52)$$

式中　n——材料的折射率；

　　　k——消光系数，对于非金属材料 $k=0$。

对于大部分金属材料，根据实验，反射率 R 在 $70\% \sim 90\%$。对激光不透明的材料其吸收率 α 可用式（1-53）表示：

$$\alpha = 1 - R\frac{4n}{(1+n)^2 + k^2} \qquad (1\text{-}53)$$

一般对金属材料来说，n 和 k 都是波长和温度的函数。图 1-22 为金属钛在 300K 温度下 n 和 k 以及 R 值随波长变化的曲线。

从图 1-22 中可以看出，在 $0.4\mu m < \lambda < 1.0\mu m$ 波长范围内，n 和 k 值变化较慢，而 R 值变化较大。在波长值较大时，n 和 k 值变化较快，而 R 降至较小值。在实际应用中，材料对激光的吸收率受到波长、温度、表面粗糙度、表面涂层等多种因素的影响。

（1）波长对材料吸收率的影响

导电性好的金属材料（如 Cu、Ag、Au），对于 CO_2 激光和 Nd：YAG 微光的反射率都很高。材料具有很高的反射率，意味着材料对激光能量的吸收率很小，这就增加了激光加工的困难。Fe 与不锈钢的吸收率随波长的变化基本上是相同的，说

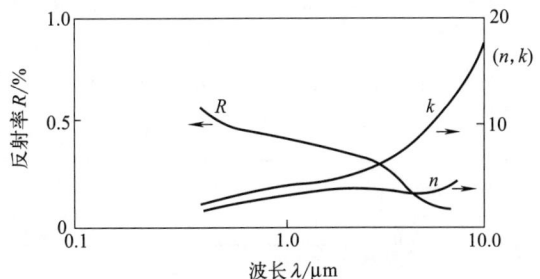

图 1-22　金属钛在 300K 温度下 n 和 k 以及 R 值随波长变化的曲线

明主要是 Fe 元素起作用。表 1-2 列出了常用金属材料对不同激光的吸收率与波长的关系，波长越短，材料的吸收率越高。

表 1-2　常用金属材料对不同激光的吸收率与波长的关系

材料(20℃)	吸收率			
	准分子(250nm)	红宝石(700nm)	Nd：YAG(1000nm)	CO_2 (10600nm)
Fe	0.60	0.64	—	0.035
Al	0.18	0.11	0.08	0.019
Cu	0.70	0.17	0.10	0.015
Ni	0.58	0.32	0.26	0.03
Mo	0.60	0.48	0.40	0.027
Ag	0.77	0.04	0.04	0.014
Au	—	0.07	—	0.017
Ti	—	0.45	0.42	0.08
Zn	—	—	0.16	0.027
W	—	0.50	0.41	0.026
Pb	—	0.35	0.16	0.045
Sn	—	0.18	0.19	0.034

（2）温度对材料吸收率的影响

材料对激光的吸收率随温度的升高而增大。金属材料在室温时的吸收率都较小，但当温度升高到接近熔点时，吸收率可达到 $40\%\sim50\%$，当温度接近沸点时，吸收率可达到 90% 左右，并且激光功率越大，金属的吸收率越高。

金属材料对激光的吸收率与温度和金属电阻率有关，金属的直流电阻率随温度升高而升高。吸收率 α 与温度 T 之间有式（1-54）所示的线性关系：

$$\alpha(T)=0.365\left[\frac{\rho_{20}(1+\gamma T)}{\lambda}\right]^{1/2}-0.0667\left[\frac{\rho_{20}(1+\gamma T)}{\lambda}\right]+0.006\left[\frac{\rho_{20}(1+\gamma T)}{\lambda}\right]^{3/2}$$

$$(1-54)$$

式中　ρ_{20}——20℃时金属的电阻率；

　　　γ——电阻率随温度的变化系数；

　　　T——温度。

对于固定波长的入射激光，当测出材料在温度 T 时的电阻率后，就可以计算出该温度下材料的吸收率。

（3）表面状态对材料吸收率的影响

除了波长和温度对材料吸收率有影响外，材料的表面状态也直接影响着其吸收率的大小。304 不锈钢表面在空气中进行氧化后将改善材料对激光的吸收状况，说明了氧化层的存在，使材料的吸收率明显增加。

在激光热处理工业中，为了提高金属激光热处理的光能利用率，经常采用在材料表面涂覆一层对激光吸收率较高材料的方法来达到提高激光的光能利用率的目的。因此，表面涂层也就放宽了激光热处理时对激光入射角的严格要求。表 1-3 列出了不同涂层的吸收率。

表 1-3　不同涂层的吸收率

涂层材料	吸收率	硬化层厚度/mm
石墨	0.63	0.15
炭黑	0.79	0.17
氧化钛	0.89	0.20
氧化锆	0.90	—
磷酸盐	＞0.90	0.25

注：材料为 40 钢，激光功率为 150W，扫描速度为 10mm/s。

增大材料表面粗糙度也可起到提高吸收率的作用，但对激光加工的实际应用作用不大。利用喷砂处理可提高不锈钢的吸收率仅约 2%，且当温度超过 600℃时，其作用就失效了。

（4）半导体和绝缘材料对激光吸收率的影响

当半导体和绝缘材料受到激光照射时，其吸收率是波长的函数。激光作用于半导体材料时通过晶格振动或有机固体的分子相互碰撞作用而使吸收增加。在这些材料中，吸收率 α 一般为 $10^2 \sim 10^4 \text{cm}^{-1}$。在可见光区域，如果晶体中含有杂质（如孔隙、缺陷中心等），或者由于在分子晶体中（有机材料）有强烈的紫外吸收，其吸收率也会因电子的跃迁而增加，这些材料的吸收率为 $10^3 \sim 10^6 \text{cm}^{-1}$。表 1-4 列出了几种绝缘体和半导体材料对红外辐射的透明范围。许多材料在 $\lambda = 1 \mu m$ 区是不透明的，而在红外区是部分透明的。原因在于在可见光区域有带隙之间吸收的影响，在红外区吸收主要是自由载体的吸收和跃迁的杂质能级，这也是为什么半导体激光退火常用 Nd：YAG 激光的缘故。

表 1-4　绝缘体和半导体对红外辐射的透明范围

材料	10%切割点之间的透明范围/μm	材料	10%切割点之间的透明范围/μm
Al_2O_3	0.15～6.5	Ge	1.8～23
Diamond(‖a)	0.225～2.5,6～100	Se	1～20
CdS	0.5～1.6	Si	1.2～15
CaF_2	0.13～12	TiO_2	0.43～6.2
GaAs	1～15	ZnS	0.54～10

1.6.2　材料反射率

材料的反射率是指材料表面反射的激光束辐射功率 $P_{反}$ 与入射激光功率 $P_{总}$ 之比。材料的反射率与其吸收率存在 $\alpha + R = 1$ 的关系，吸收率低的材料，其反射率就高，反之亦然。所以，影响材料吸收率的因素（波长、温度、表面状态等）也直接影响其反射率。材料的反射率可以直接测量，也可以通过测量电阻率求得。

1.7　激光与固体材料相互作用

1.7.1　激光束加热过程

激光束由于它的高亮度等特点，可用来作为一个热源。当激光束作用到固体材料表面时，被作用的材料经历加热（温度升高）和发生变化的过程。材料的加热与变化过程与辐照激光功率密度密切相关。当采用 10^3W/cm^2 左右激光功率密度的激光束作用材料时，加热的温度会超过材料的相变温度，材料的组织结构将产生变化，材料会产生相变过程（可用激光相变硬化）。当作用材料的激光功率密度在 10^4W/cm^2 左右时，加热的温度将升高至材料的熔点，材料在激光作用区将发生熔化过程（利用这个过程激光束可用于激光焊接、熔覆和合金化等应用）。当作用材料的激光功率密度达到 10^5W/cm^2 以上时，作用区温度升高至材料沸点，材料将被汽化，利用这个功率密度范围，激光可用于激光切割、打标、清洗等应用。一旦作用材料的激光功率密度超过离化温度，则在材料表面将产生等离子体。激光诱导等离子体是一个复杂过程。

1.7.2　表面效应

当激光照射到金属表面时，一部分激光能量被反射，另一部分能量被激光作用区的薄层吸收，并瞬时转换为热能，使表面温度升高。在这个过程中，激光束等效为一个具有一定时间和空间分布的热源，但在绝大多数情况下，人们感兴趣的是材料所真正吸收的那一部分激光的功率密度，它遵循玻意耳定律：

$$F_\nu(z) = F_\nu(1 - R_\lambda) \times \exp(-\alpha z) \tag{1-55}$$

式中，$F_\nu(z)$ 为距表面 z 处单位体积材料吸收的辐射功率密度，W/cm^2；F_ν 为材料表面吸收的激光功率密度，W/cm^2；$1 - R_\lambda$ 为材料的吸收率；α 为材料的吸收系数，单位为 cm^{-1}。激光作用在材料表面上，使材料表面粗糙度和表面成分发生变化。

1.7.3 内部效应

金属的光学性质可用自由电子模型来描述，当激光辐射作用在表面时，电子通过吸收光子使其能量增加，然后通过碰撞将能量传递给材料内部的晶格，由于电子和离子的质量差别很大，所以这种转换效率比较低，使得电子气比晶格变得更加过热。尽管金属中电子气和晶格的相互作用较弱，但电子、离子的弛豫频率大于它们之间转换的弛豫频率，即

$$\gamma_{ee} \propto \gamma_{ef} \tag{1-56}$$

$$\gamma_{ii} \propto \gamma_{ei} \tag{1-57}$$

式中，γ_{ee} 为电子-电子碰撞频率；γ_{ef} 为电子-光子碰撞频率；γ_{ii} 为离子-离子碰撞频率；γ_{ef} 为电子-离子碰撞频率。

式 (1-56) 表明电子气吸收的能量迅速传递给自由电子，而式 (1-57) 则表明自由电子传递给晶格的能量是通过离子与离子之间的碰撞实现的。

γ_{ef} 与入射功率密度 F_s 成正比，即

$$\gamma_{ef} = \frac{\alpha F_s}{h \nu n'} \tag{1-58}$$

式中，h 为普朗克常数；α 为材料的吸收系数；ν 为入射光频率；n' 为吸收光子的电子密度；$h\nu$ 为光子能量。

在金属中，γ_{ee} 主要由费米表面附近 $k_0 T_e$ 宽度的电子密度决定。

$$\gamma_{ee} = V_F \sigma_{ee} n(k_0 T_e / \varepsilon_F) \tag{1-59}$$

式中，V_F 为在费米表面的电子速度，其值约 $10^8 m/s$；n 为主量子数；σ_{ee} 为电子-电子相互作用的卢瑟福（Rutherford）截面，其值约为 $5 \times 10^{-16} cm^2$。当 $T_e \approx 10^3 K$ 时，$\gamma_{ee} \approx 10^{14} s^{-1}$，从而电子气平衡分布的弛豫时间 $\tau_{ee} = \gamma^{-1} \approx 10^{-14} s$。

电子气和晶格的能量转换由热源和电子对晶格的热转换系数 α_1 决定，且

$$\alpha_1 = \frac{\pi^2 m_e' S_u^2 n}{\sigma Q_D \tau_{ei}'(Q_D)} \tag{1-60}$$

式中，m_e' 为电子有效质量；S_u 为声速；σ 为电子与声子的碰撞截面；Q_D 为德拜温度（Deby temperature）；$\tau_{ei}'(Q_D)$ 为电子和声子碰撞的自由程时间。式 (1-57) 中的 γ_{ei} 可通过 α_1 来计算，

即有

$$\gamma_{ei} = \alpha_1(\rho_i c_i) \tag{1-61}$$

将 α_1 代入得

$$\gamma_{ei} = \pi^2 m_e' V_F k_0 n S_u^2 / (30 \rho_i c_i d_0 \varepsilon_F) \tag{1-62}$$

式中，k_0 为玻耳兹曼常数；ρ_i 为晶格密度；c_i 为晶格比热容；d_0 为晶格参数，且 $d_0 \approx 10^{-8} cm$。代入数值可得 $\gamma_{ei} \approx 10^{11}/s$ 及 $\tau_{ei} \approx 10^{-11} s$。式 (1-57) 中的 γ_{ii} 可表示为

$$\gamma_{ii} \approx k_0 r_0^2 T / (d_0 u_i S_u) \tag{1-63}$$

式中，r_0 为格林（Green）常数；u_i 为离子品质，$u_i \approx 10^{-22} \mathrm{g}$。由此可得 $\gamma_{ii} \approx 10^{13} \mathrm{s}^{-1}$ 和 $\tau_{ii} \approx 10^{-13} \mathrm{s}$。比较式（1-58）和式（1-60）可知，当 $F_s \leqslant 10^9 \mathrm{W \cdot cm^{-2}}$ 时，$\gamma_{ee} \geqslant \gamma_{ef}$ 总是满足的。

1.7.4 非线性效应

通常激光作用材料，在材料表面所产生的反射、折射、散射及吸收强度与入射激光作用光强成正比，与入射激光具有相同的频率。1961 年，Reter Franken 等人将高强度红宝石激光（波长为 694.3nm）作用到石英晶体，产生紫外透射光，于是诞生了非线性光学。

目前许多有重要应用的电学装置均与非线性光学效应有关。例如：Franken 和他的同事观察到的二次谐波（SHG）、普克尔电光效应、混频与差频、克尔电光效应、三次谐波振荡器、四波混频装置、光学克尔效应、受激布里渊散射、受激拉曼散射、相位共轨、自聚焦、自相位调制和双光子吸收、多光子吸收以及离化和发射等均与非线性光学效应有关。

高强度的聚焦激光束能产生巨大的电磁场，从而影响原子的偶极子（洛伦兹偶极子），使物理学开辟了一个新的领域。当采用强度为 $\mathrm{W \cdot m^{-2}}$ 级的激光束作用材料时，偶极子（dipole）与对应的驱动力呈线性关系，然而当激光作用的强度超过 $\mathrm{MW \cdot m^{-2}}$ 时，偶极子的对应光学将不再呈线性关系，而更多的是产生驱动振动并呈现出谐波振荡。

1.7.5 激光诱导等离子体

激光诱导等离子体是一种利用激光束来产生等离子体的技术。等离子体是一种高度电离气体，由带正电荷的离子和带负电荷的自由电子组成。它具有很多独特的物理和化学性质，因此在许多领域都有广泛的应用，如材料加工、光谱分析、等离子体显示等。

激光诱导等离子体的过程是通过激光束的能量来激发气体分子或原子中的电子，使其跃迁到高能级。当这些高能电子与其他分子或原子碰撞时，电子会将能量传递给分子或原子，从而使分子或原子也被激发到高能级。这个过程会不断地进行下去，直到足够多的分子或原子被激发到足够高的能级，从而形成等离子体。

激光诱导等离子体的过程需要满足一定的条件。首先，激光束的能量必须足够高，以激发分子或原子中的电子。其次，气体的密度和压力也是影响等离子体形成的重要因素。当气体的密度和压力足够高时，分子或原子之间的碰撞频率会增加，从而促进等离子体的形成。

激光诱导等离子体的应用非常广泛。在材料加工领域，激光诱导等离子体可以用于切割、焊接、打孔等工艺。在光谱分析领域，激光诱导等离子体可以用于分析样品中的元素和化合物。在等离子体显示领域，激光诱导等离子体可以用于制造高分辨率的显示器。

1.8 激光加工的热源模型

1.8.1 热物理常数

假定激光作用下材料是均匀和各向同性的，则三维热传导方程可简化为

$$\mathbf{\nabla}^2 T - \frac{1}{k} \times \frac{\partial T}{\partial t} = -A(x, y, z, t) / K \tag{1-64}$$

式中，$k = K/(\rho c)$ 为材料的热扩散率。在热稳态情况下，$\dfrac{\partial T}{\partial t} = 0$，则有

$$\mathbf{V}^2 T = -A(x, y, z, t)/K \tag{1-65}$$

在激光加工中，激光辐射一般能被材料表面吸收，不存在体积热源，所以 $A=0$，则式（1-64）和式（1-65）变成

$$\mathbf{V}^2 T = \frac{1}{k} \times \frac{\partial T}{\partial t} \text{（与时间相关情况）} \tag{1-66}$$

$$\mathbf{V}^2 T = 0 \text{（稳态情况）} \tag{1-67}$$

在通常情况下，在解热传导方程时可假定 K、k 与温度无关，或者将 K、k 取为一定温度范围内的平均值，即可写成

$$\mathbf{V}^2 T - \frac{1}{k_{av}} \times \frac{\partial T}{\partial t} = -\frac{A(x, y, z, t)}{K_{av}} \tag{1-68}$$

激光加热速度快，温度梯度大，激光作用有脉冲和连续之分，材料表面激光作用区内的激光光强分布不均匀；在激光加热过程中，材料的吸收率及一些热物理参数随温度升高而变化，故至今仍没有一个十分完善的、与实际情况吻合很好的激光加热的热源模型。目前大多数求解热传导的方程都是在如下假定条件下进行的：

① 被加热材料是各向同性物质；

② 材料的热物理参数与温度无关或取平均值；

③ 忽视传热中的辐射和对流，只考虑材料表面的热传导。

1.8.2 激光打孔中的热源模型

当表面温度达到熔化温度 T_m 时，在靠近表面处将形成熔化区，且熔化热将以速度 v_m 向基体内部传播。

$$v_m = \frac{\varepsilon I_0}{\lambda_m + \rho c T_m} \exp\left(\frac{v_m h_1}{k}\right) \tag{1-69}$$

式中，λ_m 为熔化潜热，$J \cdot kg^{-1}$；ρ 为密度，$g \cdot cm^{-3}$；c 为比热容，$J \cdot g^{-1} \cdot ℃^{-1}$；$h_1$ 为熔化区厚度，cm；v_m 为熔化波前速度，$cm \cdot s^{-1}$。

在 $v_m h_1/k \ll 1$ 时，激光打孔中常常去掉式（1-69）中的指数项得到最大熔化速度

$$v_m^* = \frac{\varepsilon F_0}{\lambda_m + \rho c T_m} \tag{1-70}$$

随着熔化区厚度随时间的扩展，熔化区宽度能从守恒方程得到：

$$A \frac{dh_1}{dt} = A v_m(h_1) - \frac{dV_{损耗}}{dt}$$

这里，$\dfrac{dV_{损耗}}{dt}$ 是由于一些外部力（如气流）每秒熔化损耗的体积，A 是熔化区面积。

当熔化材料被瞬时除去时，熔化波前的速度 v_m 与时间无关，这种情况下有

$$h_1(t) = v_m^* t$$

当液态熔融体没有随熔化波进入固态前被去除时，有

$$v_\nu = \frac{\varepsilon F_0}{\lambda_\nu + \rho c T_\nu} \tag{1-71}$$

式中，λ_ν 为蒸发潜热；v_ν 为蒸发波传播速度。当 I_0 增加时，v_ν 更接近于声速，当 $v_\nu \rightarrow v_s$ 时，则有

$$v = v_s \exp\left(\frac{-\lambda Z_0}{\rho N_A k_0 T_\nu}\right) \tag{1-72}$$

式中，Z_0 为材料的原子序数；N_A 为阿伏加德罗常数；k_0 为玻耳兹曼常数。因为在这个区域，v 不取决于 F_0，即在高能量流时，蒸发速率达到饱和。对于大多数金属来说，熔化饱和速率发生在 $v \approx 10^5 \sim 10^6\,\mathrm{cm \cdot s^{-1}}$ 和 $F_0 \geqslant 10^8\,\mathrm{W \cdot cm^{-2}}$ 处，显然对短脉冲作用来说，蒸发速率能够维持。

llmen 在 1976 年对激光脉冲金属打孔进行了分析，认为当液体和蒸气从金属中去除时，可以建立如下能量平衡公式：

$$F_0 = j_v L_v + j_l L_l \tag{1-73}$$

式中，j_v 和 j_l 分别为液态材料的蒸发比能和吸收比能，$\mathrm{J \cdot g^{-1}}$。在打孔时，孔顶部切向压力超过液态金属的张力时，液态材料的蒸发压力使液体从孔口喷射出来，其喷射速率为

$$u = (2P_v/\rho)^{1/2}$$

式中，P_v 为蒸气压力；ρ 为密度。

1.8.3 激光焊接热源模型

激光焊接是利用高能量密度的激光作为热源的一种高效精密的焊接方法。激光焊接热源区别于普通熔焊热源的特点是局部能量高度集中、瞬时和小孔效应。它是一个快速而不均匀的热循环过程，焊缝附近出现很大温度梯度。激光焊接后，其结构将出现不同程度的残余应力，并引起焊件变形，直接影响焊接结构的质量和使用性能。激光焊接温度场的研究是激光焊接应力应变分析的前提。准确认识焊接热过程，对焊接结构力学分析、显微组织分析以及最终的焊接质量控制具有重要意义。

热源模型的选择取决于熔池形态、传热区域、焊接模拟过程等。本书选取圆锥体热源模型，模型热作用半径沿深度方向线性减小，在热源的每个截面上热流呈高斯分布，但热流峰值在厚度方向不变。圆锥热

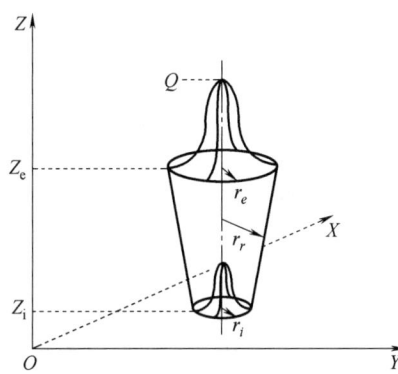

图 1-23　圆锥体热源模

源模型是热流作用半径在深度方向呈一定规律衰减的旋转体热源模型，这更符合实际激光焊接过程的特点，如图 1-23 所示。

圆锥热源模型的表达式为：

$$Q_v = \frac{9Q_0}{\pi(1-e^{-3})} \times \frac{1}{(Z_e - Z_i)(r_e^2 + r_e r_i + r_i^2)} \times \exp\left(-\frac{3r^2}{r_c^2}\right) \tag{1-74}$$

其中

$$Q_0 = \eta P \tag{1-75}$$

$$r_c = f(z) = r_i + (r_e - r_i)\frac{Z - Z_i}{Z_e - Z_i} \tag{1-76}$$

式中，Q_v 是体热流密度；Q_0 是净热流；P 是激光束能量；η 是效率值；r 是关于 X 和 Y 的半径函数；r_c 是关于深度 z 的热分配系数；r_e 和 r_i 是最大和最小半径；Z_e 和 Z_i 是 Z 方向最大最小值。

为简化计算，模拟过程仅考虑适用体积热源和准稳态条件下的焊接热传导问题。X 轴垂直于焊接方向，Y 轴沿工件厚度方向，Z 轴沿焊接方向，则热传导方程为：

$$\rho c_p \left(-v\frac{\delta T}{\delta z}\right) = k\left(\frac{\partial^2 T}{\partial x^2} + \frac{\partial^2 T}{\partial y^2} + \frac{\partial^2 T}{\partial z^2}\right) + q(x, y, z) \tag{1-77}$$

式中，ρ 为工件密度；c_p 为定压比热容；v 为焊接速度；T 为温度；k 为热导率；$q(x, y, z)$ 为体积热源。

在工件表面，

$$-k \frac{\partial T}{\partial z} = -h_c(T - T_a) \tag{1-78}$$

式中，k 为热导率；h_c 为对流系数；T_a 为室温。

1.8.4 激光切割的热传递

大多数激光焊接的理论已被扩展到激光切割中，尤其是高功率激光深穿透焊接理论。在激光切割中，需要在激光束的作用区内同轴吹气。在激光切割时，采用辅助吹氧，通过氧化反应对激光切割进行辅助加热。

Babenko 和 Tychinskii 在 1973 年以及 Duley 与 Gonslves 在 1974 年分别通过应用点源模型解三维热传导方程得到激光切割的近似解：

$$T(r,t) = \frac{\varepsilon P}{2\pi K l} \exp\left(\frac{vx}{2k}\right) \times K_0\left(\frac{vr}{2k}\right) \tag{1-79}$$

式中，v 为被切割板材沿 x 轴运动的速度；l 为板厚。如采用辅助吹氧切割，必须附加一个加热和冷却项，假定 P_1 为在切割中辅助吹氧的氧化反应所增加的功率，P_2 是对流冷却所消耗的功率，定义归一化因子：

$$C_0 = \frac{\varepsilon P}{2\pi K l T_0}, \quad C_1 = \frac{\varepsilon P_1}{2\pi K l T_0}, \quad C_2 = \frac{\varepsilon P_2}{2\pi K l T_0}$$

可得到 $C_0 + C_1 - C_2 = \dfrac{e^{-X}}{K_0(R)}$

式中，$X = \dfrac{vx}{2k}$ 和 $R = \dfrac{vr}{2k}$，T_0 为初始温度。

$$C_1 = \frac{2qY}{\pi c T_0}$$

式中，q 为化学反应中释放出的纯热，$J \cdot g^{-1}$；c 为比热容，$J \cdot g^{-1} \cdot {}^\circ C^{-1}$；$Y = \dfrac{vy}{2k}$。应用 $q/(cT_0) = \varphi$，则

$$C_0 - C_2 = \frac{e^{-X}}{K_0(R)} - \frac{2}{\pi} \varphi Y$$

对 X 进行微分后有

$$C_0 - C_2 = \frac{1}{K_0(R_m)} \exp\left[\frac{-R_m K_0(R_m)}{K_1(R_m)}\right] - \frac{2\varphi Y_{max}}{\pi}$$

式中，R_m 为 $Y = Y_{max}$ 时的 R 值。这时最大的激光切缝宽度可表示为

$$Y_{max} = R_m \left\{1 - \left[\frac{K_0(R_m)}{K_1(R_m)}\right]^2\right\}^{1/2} \tag{1-80}$$

φ 值可为正也可为负，取决于气体反应放出的热量或者是冷却时所消耗的热，例如喷射去除液体，这时 q 可认为是熔融潜热 L_m，则

$$\varphi \approx L_m/(cT_m) \rightarrow 0.4$$

1976 年，通过实验数据分析表明，激光切割不锈钢时可以通过 φ 值的大小来表征切割速度和切割质量之间的平衡关系，对于不锈钢，有一个近似的经验关系：

$$C_0 - C_2 = 1.34 Y_{max} + 0.3$$

1.8.5　激光热处理中的热量传递

在激光表面热处理中，激光加热待处理的零件，激光束的能量分布与激光打孔、切割和焊接不同，在激光切割和焊接中，通常采用 TEM00 基模或低阶模，而激光表面热处理则通常采用 TEMmn 高阶模，故在计算激光表面热处理（激光表面淬火）时的加热温度分布常采用均匀矩形面热源。图 1-24 为激光表面淬火处理的坐标示意图（ABCD 表示加热用矩形面热源），在 $z=0$ 平面内，在 $-b < x < b$，$-l < x < l$ 之间的热源强度是均匀的。川澄博通根据 Carlaw（卡勒）和 Jaeger（亚格）两人的分析，得到激光的加热温度分布，即有

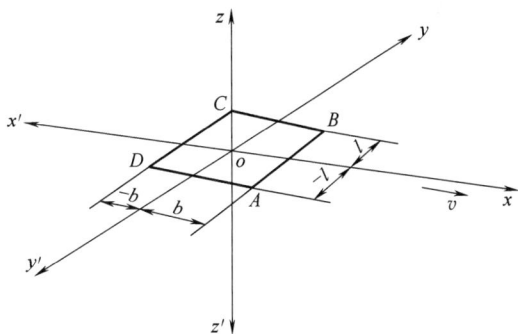

图 1-24　激光淬火坐标轴

$$T(x,y,z,t) = \frac{\alpha F k}{4 K v (2\pi)^{\frac{1}{2}}} \int_0^\infty \exp^{\left(\frac{z^2}{2u}\right)}$$

$$\left\{ erfc\left[\frac{Y+L}{(2u)^{\frac{1}{2}}}\right] - erfc\left[\frac{Y-L}{(2u)^{\frac{1}{2}}}\right]\right\} \cdot \left\{ erfc\left[\frac{Y+B+u}{(2u)^{\frac{1}{2}}}\right] - erfc\left[\frac{X-B+u}{(2u)^{\frac{1}{2}}}\right]\right\} \frac{\mathrm{d}u}{u^{\frac{1}{2}}} \quad (1\text{-}81)$$

式中，$erfc(s) = \frac{2}{\pi^{1/2}} \int_s^\infty \exp(-t^2)\mathrm{d}t$，$X = \frac{vx}{2k}$，$Y = \frac{vy}{2k}$，$Z = \frac{vz}{2k}$，$L = \frac{vl}{2k}$，$B = \frac{vb}{2k}$；$v$ 为沿 x 方向的扫描速度；α 为材料的吸收率；X、Y、Z 为无量纲坐标。

参考文献

[1] 陈鹤鸣，赵新彦，汪静丽. 激光原理及应用 [M]. 北京：电子工业出版社，2017.

[2] 曹凤国. 激光加工 [M]. 北京：化学工业出版社，2015.

[3] 林岳凌. 激光束加工技术的应用现状与发展 [J]. 中国新技术新产品，2012，14：138.

[4] 尚晓峰，寒冬雪，于福鑫. 金属粉末激光快速成型技术及发展现状 [J]. 机电产品开发与创新，2010，23（5）：14-16.

[5] 王鹏冲. 激光束远场聚焦控制与效果测试方法研究 [D]. 沈阳：沈阳理工大学，2013.

[6] 郑启光. 激光先进制造技术 [M]. 武汉：华中科技大学出版社，2002.

[7] 罗威，董文锋，杨华兵，等. 高功率激光器发展趋势 [J]. 激光与红外，2013，43（8）：845-852.

[8] 卢宇峰，陆皓. 激光焊接圆锥体热源模型及参数研究 [C] //中国机械工程学会焊接学会及压力焊专业委员会，高能束及特种焊接专业委员会，熔焊工艺及设备专业委员会，计算机辅助焊接工程专业委员会，机器人与自动化专业委员会. 第十六次全国焊接学术会议论文摘要集. 2011：5.

第**2**章 激光器件与技术

激光热加工的热源是激光束，产生激光束的设备是激光器。用于激光加工的激光器有：固体激光器，通常是掺钕钇铝石榴石激光器（简称 Nd∶YAG 激光器）、钕玻璃激光器和红宝石激光器等；气体激光器，通常是 CO_2 激光器、准分子激光器等；光纤激光器。

2.1 固体激光器系统

固体激光器系统包括激光器、光学聚焦和观察系统、工作台系统及电源供电系统。

2.1.1 固体激光器的基本结构

固体激光器的基本结构如图 2-1 所示，包括激光工作物质、谐振腔（由全反射镜和输出镜组成）、光泵浦灯、泵浦腔和 Q 开关等。

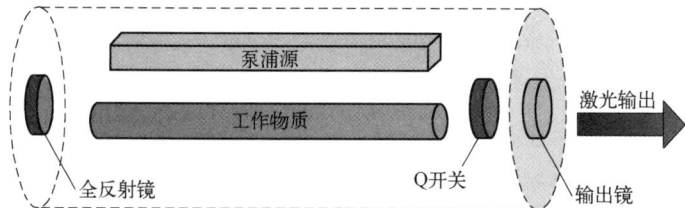

图 2-1 固体激光器的基本结构示意图

（1）固体激光工作物质

固体激光工作物质是激光器的核心，只有能实现能级跃迁的物质才能作为激光器的工作物质。目前，激光工作物质已有数千种，激光波长已由 X 射线远至红外光。例如氦氖激光器中，通过氦原子的协助，使氖原子的两个能级实现粒子数反转。

（2）谐振腔

激光谐振腔是由两块平面或球面反射镜按一定方式组合而成的。其中一个端面是全反射膜片，另一个端面是具有一定透过率的部分反射膜片。谐振腔是决定激光输出功率、振荡模式、发散角等激光输出参数的重要光学器件。为了提高激光器效率，全反射介质膜片（镀 17～21 层介质膜）应具有较好的光学均匀性；输出反射镜的透过率一般由实验来确定。

（3）泵浦灯

在固体激光器中，激光工作物质内的粒子数反转是通过光泵的抽运实现的。目前常用的光泵源是脉冲氙灯和连续氪灯，泵浦灯发光的光谱特性应与被泵浦的工作物质的吸收光谱特性相匹配。

（4）聚光腔（泵浦腔）

为了提高泵浦效率，使泵浦灯发出的光能有效地会聚，并均匀地照射在棒上，可在激光棒和泵浦灯外增加一个聚光腔。常见聚光腔的形式有单、双椭圆腔，圆形腔，紧裹形腔。除了采用上述聚光腔外，还可使用一种漫反射腔。

聚光腔的材料以往大多采用铜、铝，然后在聚光腔内壁镀金、银或介质膜。但近几年也采用聚四氟乙烯或陶瓷制作聚光腔。这些聚光腔具有抗擦伤和聚光效率高等特点。

（5）调 Q 技术

为了压缩脉冲宽度，提高峰值功率，在脉冲激光器中使用调 Q 技术。

调 Q 技术主要分为主动调 Q 技术和被动调 Q 技术。主动调 Q 技术又分为电光调 Q 和声光调 Q 两种。电光调 Q：主动通过电压的变化来控制增益介质，调制光路的 Q 值，从而控制输出激光的脉冲。声光调 Q：主动通过超声波的变化来控制增益介质，调制光路的 Q 值，从而控制输出激光的脉冲。被动调 Q 技术是在激光器谐振腔内设置可饱和吸收体（常用固体可饱和吸收体，如 Gr：YAG），利用其饱和吸收效应的周期性，来周期性地控制谐振腔损耗以获得脉冲光输出。

2.1.2 用于激光加工的几种常用固体激光器

用于激光加工的固体激光器主要有三种，即红宝石激光器、钕玻璃激光器和 Nd：YAG 激光器，其中 Nd：YAG 激光器是应用最多的一种激光器。

Nd：YAG 激光器是在钇铝石榴石（$Y_3Al_5O_{12}$）基体中掺入氧化钕（Nd_2O_3）而制成的。激活离子也是钕离子，输出波长为 $1.06\mu m$。由于 Nd：YAG 具有荧光谱线窄、量子效率高、导热性好等优点，使之成为三种固体激光器中唯一能够实现连续运转的固体激光器。一般商用 Nd：YAG 激光器输出功率已达 10kW 以上（见图 2-2）。

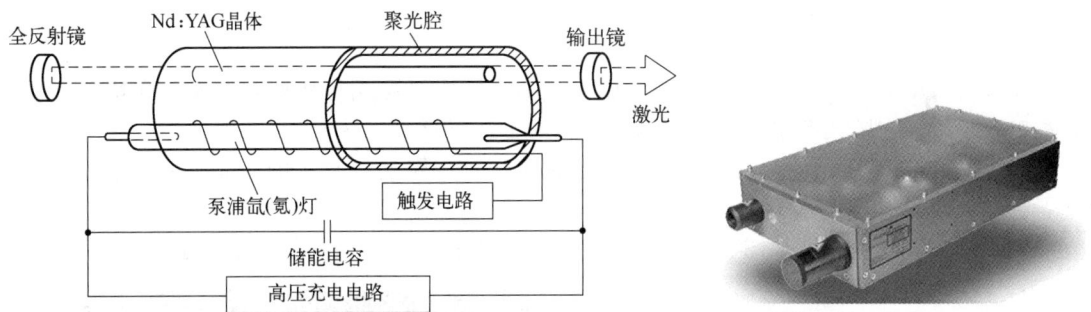

图 2-2 ASTRUM 10kW 的 Nd：YAG 激光器 MDP FR-10

Nd：YAG 激光器在高功率运转时，会产生热透镜效应，热透镜效应将严重影响激光器输出的光束质量。随注入功率的改变，光束发散角发生改变，光束直径也发生变化，且光束聚焦的焦点位置也发生改变，从而对激光加工质量带来不良的影响。激光棒的热透镜效应越大，光束质量越差。可通过改善冷却条件（例如采用低折射率材料保护板条表面的技术）和设计热不灵敏腔等措施加以解决。

2.1.3 半导体二极管激光泵浦 YAG 激光器

近年来开发的半导体二极管泵浦（简称 LD 泵浦）的 YAG 激光器发展非常迅速。YAG

激光器是以激光二极管（laser diode，LD）作为泵浦源的固体激光器，大大减少了非吸收带光能转换的热量，和其他灯泵方式相比，具备泵浦效率高、工作寿命长、功率稳定性好等优势，有利于激光器的产品化。其应用范围之广、波长覆盖范围之宽、发展速度之快都是其他类型的激光器所不能比拟的。目前，半导体二极管泵浦固体激光器应用的领域非常广泛，如军事、医学、工业等众多领域。

半导体二极管泵浦方式通常有两种：一种是端面泵浦；另一种是侧面泵浦。图 2-3 为半导体二极管泵浦方式示意图。

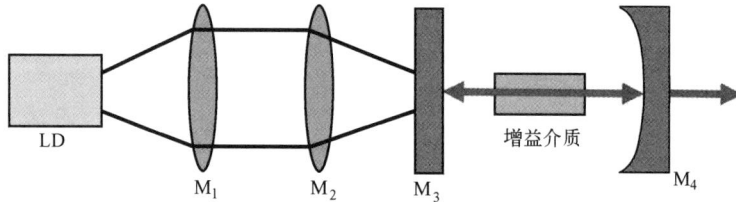

(a) 常见的端面泵浦激光器示意图，其中 LD 为激光二极管，M_1 和 M_2 为凸透镜，
M_3 为平面反射镜，M_4 为输出镜

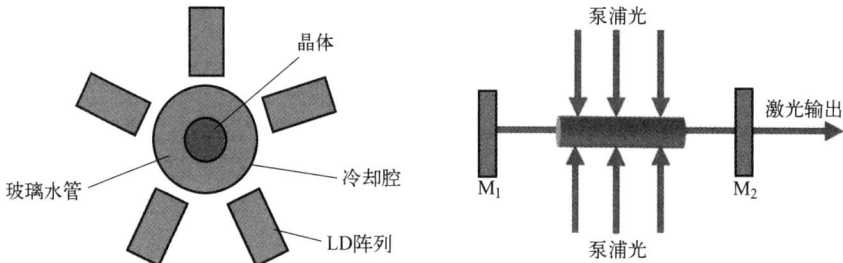

(b) 侧面环形泵浦(左)和侧面水平泵浦(右)

图 2-3　LD 泵浦的 Nd：YAG 激光器的两种激励方式

端面泵浦见图 2-3（a），从图中可看到在端面泵浦中泵浦光是从轴向进入激光增益介质，从而使得泵浦光与腔模有很好的空间匹配，使泵浦光的转换效率很高。

侧面泵浦见图 2-3（b），从图中可看到在侧面泵浦中泵浦光是从侧面辐照激光增益介质，与普通灯泵浦固体激光器类似。

半导体二极管激光器如图 2-4 所示，梅萨二极管泵浦 Nd：YAG 激光器如图 2-5 所示。

图 2-4　德国 JENOPTIK Laser GmbH
公司光纤耦合半导体激光模块

图 2-5　梅萨二极管泵浦 Nd：YAG 激光器

2.1.4 掺钛蓝宝石飞秒激光器

掺钛蓝宝石激光器是一种固态激光介质，可以在比较宽的近红外（NIR）波长范围内进行可调谐激光操作，如图 2-6 所示。由于在光谱的绿色和蓝色区域具备宽的吸收带，激光过程中需要的能量可由标准连续波氩离子激光器或 532nm 高功率二极管泵浦持续固体激光器提供。通过选择适合的光学器件，锁模钛宝石激光器能够覆盖 690～1080nm 的波长范围，脉冲宽度小于 10fs。

除了锁模钛宝石脉冲激光器，人们还开发了许多新的固体材料，例如 Cr：LiSAF、Cr：forsterite、Cr：YAG 等，波长从 850nm 到 1570nm，这些材料均有很宽的发射光谱，因此都有潜力做成飞秒脉冲激光器，此外，掺铒（Er）和镱（Yt）光纤激光器和半导体激光器也加入到飞秒脉冲行列。

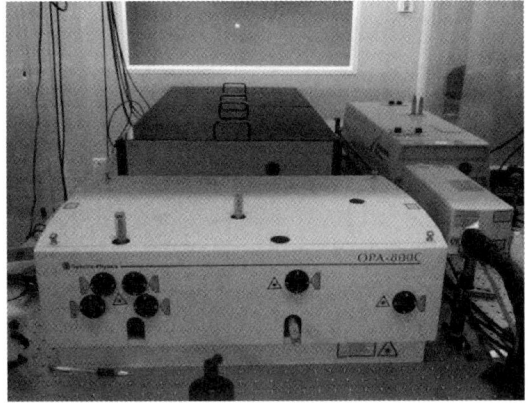

图 2-6 掺钛蓝宝石飞秒脉冲激光器 SP-5W

2.2 气体激光器

在激光先进制造技术（包括激光热加工、激光快速成形和激光制膜等）中，常用的气体激光器有 CO_2 激光器和准分子激光器。

2.2.1 CO_2 激光器系统

高功率 CO_2 激光器是目前工业应用中功率最大、种类较多、应用较广泛的一种常用的气体激光器，这类激光器因其输出功率大，光电转换效率高（理论值可达 40％以上，一般可达 15％～20％），在激光焊接、切割、表面改性等领域有着广泛的应用。

按运转方式分类，CO_2 激光器可分为连续 CO_2 激光器和脉冲 CO_2 激光器。高重复频率脉冲 CO_2 激光器可用于激光打标、精密切割和焊接。高功率连续 CO_2 激光器是激光切割、焊接、表面改性领域主要采用的激光器。

按结构分类，根据气体流动方向、放电方向和光轴方向的相互位置不同，CO_2 激光器可分为横向流动（简称横流）CO_2 激光器和纵向流动（简称纵流或轴流）CO_2 激光器两大类，此外还有封离式 CO_2 激光器（工作气体不流动）。

按激励方式分类，CO_2 激光器的激励方式分为电激励、化学激励、热激励、光激励与核激励等。在医疗中使用的 CO_2 激光器几乎都是电激励。

横流 CO_2 激光器的内部结构原理图见图 2-7。横流 CO_2 激光器的最大特点是：可以获得体积均匀的辉光放电，因而可获得更大的激光输出功率。目前根据美国军方公布的部分数据，研制的 CO_2 激光器输出功率已达到千万瓦级别。

轴流 CO_2 激光器的气流方向是沿光轴方向。这类 CO_2 激光器的最大优点是可以获得高光束质量的激光，尤其是在激光切割和焊接中得到了广泛的应用。轴流 CO_2 激光器又分为快流 CO_2 激光器和慢流 CO_2 激光器。由于快流 CO_2 激光器具有体积小、输出功率大的特点，现已成为最常用的 CO_2 激光器。目前轴流 CO_2 激光器的最大输出功率已达到或超

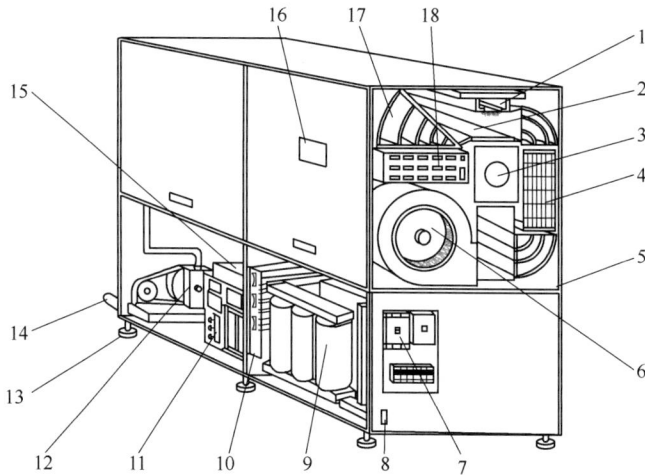

图 2-7 横流 CO_2 激光器内部结构原理图

1—阴极针；2—阳极板；3—光桥；4—副热交换器；5—箱体；6—风机；7—主电源开关；
8—通信接口；9—变压器；10—硅堆；11—充气部分；12—真空泵；13—支脚；15—冷却水管；
15—电阻箱；16—气压显示器；17—导流板；18—主热交换器

过 25kW。

2.2.2 横流 CO_2 激光器

横流 CO_2 激光器的基本特征是工作气体的流动方向与激光光轴相互垂直。由于气体流动的路径短，通道截面积大，较低的流速即可达到快轴流激光器的冷却效果。横流 CO_2 激光器通常采用电场与光轴垂直的横向激励方式，即形成所谓的三轴（光、电、气）正交。横流 CO_2 激光器也是一种可产生高功率输出的气体激光器，每米的输出功率达到数千瓦。

横流 CO_2 激光器根据电极形状可分为管-板电极结构 CO_2 激光器和针-板电极结构 CO_2 激光器（见图 2-8）。

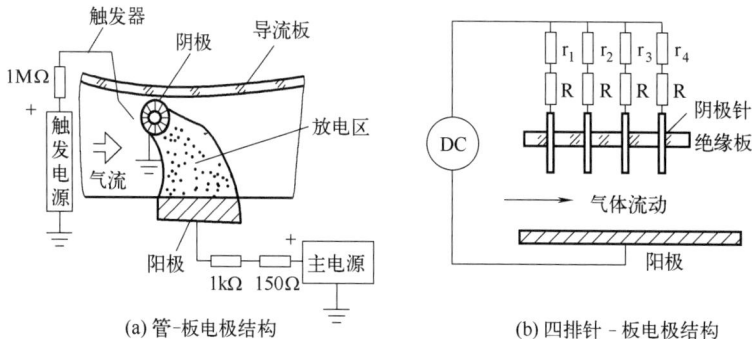

(a) 管-板电极结构   (b) 四排针-板电极结构

图 2-8 横流 CO_2 激光器电极结构

管-板电极结构的主要特点是阴极为管状（管内充水冷却），阳极为板状。在放电状态下，由于电化学反应，阴极（管）表面会产生一层黑色氧化物，氧化物的积累不利于阴极表面电子发射，使极间电压升高，影响气体放电。氧化物的剥落也会污染真空室，故千瓦级激光器一般工作 300～500h 就要清洗一次电极。管-板激光器的特点是结构简单，电极本身充水冷却，冷却效果好，电极放电电流大，但腔内充气压，放电均匀性比针板式稍低。

在针-板电极结构中，阴极为数百根针（钨针或钼针），阳极为板状。针-板式结构允许腔内高气压工作（一般在 $8\times10^2\sim1.33\times10^4\,\text{Pa}$）。针-板式放电 CO_2 激光器具有放电稳定性好，电极工作寿命长，注入、输出功率高等特点。

1991 年，华中科技大学激光研究院研制的针-板式横流 CO_2 激光器输出功率已达到 10kW，图 2-9 为郑州大学材料物理教育部重点实验室研发的 2kW 和 5kW 横流 CO_2 激光器。

(a) 2kW CO_2 激光加工系统HJ-4　　(b) 5kW CO_2 激光加工系统TJ-HL-5000

图 2-9　高功率横流 CO_2 激光器

2.2.3　轴流 CO_2 激光器

轴向流动型激光器是指激光工作气体沿放电管轴向流动，气流方向与电场方向和激光束光轴方向一致。快速轴流（简称快轴流）CO_2 激光器诞生于 20 世纪 70 年代初。快轴流技术的引入，大幅度提高了单位体积的注入功率，并保证了激活介质良好的均匀性和对称性。由于它具有优良的光束质量，能长时间稳定可靠运行，迅速成为主流工业激光器。图 2-10 为快轴流 CO_2 激光器结构示意图。它主要由石英玻璃放电管、谐振腔、高压直流电源、高速风机（罗茨真空泵）、热交换器等部分组成。快轴流 CO_2 激光器的谐振腔结构如图 2-11 所示。

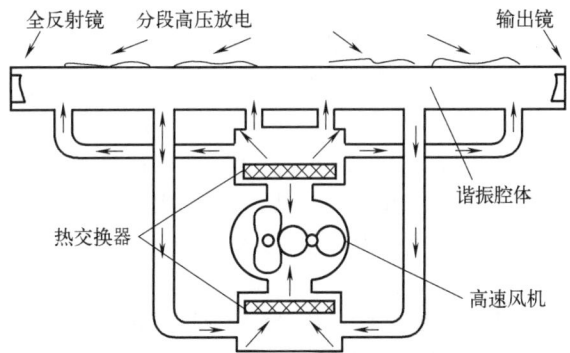

图 2-10　快轴流 CO_2 激光器结构示意图

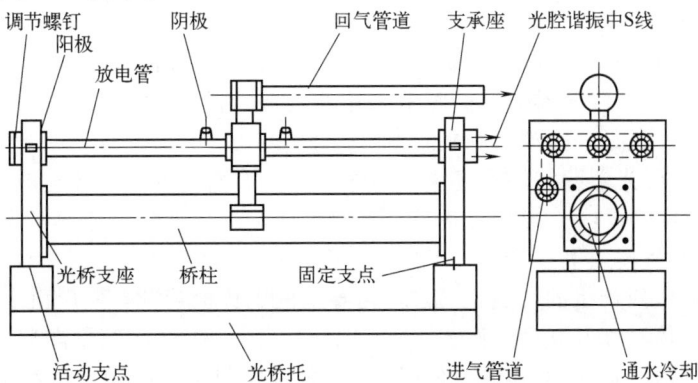

图 2-11　常见的快轴流 CO_2 激光器谐振腔结构图

快轴流 CO_2 激光器具有输出功率大，光电转换效率高，光束质量好等特点，与其他类型激光器（如横流 CO_2 激光器、Nd：YAG 激光器等）相比，其最大的优点是输出光束质量好。快轴流 CO_2 激光器易输出基模，在高功率（大于 2kW）情况下也能获得较好的低阶模，这类模式对激光加工，尤其激光切割有利，这也是目前大部分激光切割机主要采用快轴流 CO_2 激光器的最主要原因。在选择最佳的 CO_2：N_2：He 混合比，降低 E/N 值，最佳气体压力和最佳透过率情况下可获得较高的光电转换效率，例如大族粤铭快轴流 CO_2 激光器 YMF-1200W 光电转换效率达到了 30%，如图 2-12 所示。

图 2-12　YMF-1200W 快轴流 CO_2 激光器

2.2.4　扩散冷却 CO_2 激光器

（1）封离式扩散冷却型 CO_2 激光器

在 CO_2 激光器中，工作气体受激励温度升高，需对气体进行冷却，因此激光器内废热的排除、工作气体的冷却是提高 CO_2 激光器输出功率和效率的重要条件。目前按照气体冷却形式可将高功率 CO_2 激光器分成流动冷却和扩散冷却两大类。流动冷却又可分为纵向流动、横向流动和螺旋流动等类型。在扩散冷却 CO_2 激光器中工作气体是由气体自身的热扩散来冷却。小型封离型 CO_2 激光器已趋成熟，由拉克曼公司最早开发的 CO_2 波导激光器，功率范围为 $10\sim25$W，从激光塑料加工（包括激光标刻、雕刻）到激光外科手术都获得广泛的应用。这种激光器主要采用射频激励气体等离子体。封离型 CO_2 激光器要获得高的输出功率，需加长放电管长度，一台 800W 的封离型 CO_2 激光器需 12m 放电激活区。国外最长放电区长达 200m。单管封离型 CO_2 激光器输出功率一般均小于 1000W，通常商品化的封离型扩散冷却 CO_2 激光器输出功率在 $200\sim500$W。

为了缩短 CO_2 激光器长度，常采用将放电管折叠起来的方法，工作在 $100\sim1000$W 的 CO_2 激光器常采用此种方法。目前国外已有 3kW 直流激励封离型 CO_2 激光器，国内也有千瓦级封离型 CO_2 激光器。封离型 CO_2 激光器的特点是光束质量好，发散角接近衍射极限，激光器运行寿命长，可靠性高，维修使用方便，运行费用低，造价低，但缺点是占地面积大。由于光束质量好，该类激光器仅用来进行薄板的激光切割。

（2）扩散冷却板条 CO_2 激光器

扩散冷却板条 CO_2 激光器内部无气体流动，且不用密闭气体放电管，与轴流 CO_2 激光器相比扩散冷却 CO_2 激光器结构非常紧凑。

该激光器常采用射频激励，电极形状为板条（片）状，由于电极之间的间隔极小，激光工作气体的热量能有效地被冷却的电机带走，因此可获得极高的等离子体密度。

扩散冷却板条 CO_2 激光器的谐振腔常采用非稳腔。因而激光器的输出光束质量好，故常进行激光切割，尤其是非金属材料的切割。

扩散冷却 CO_2 激光器除结构紧凑体积小外，气体消耗也少。扩散冷却 CO_2 激光器一次充气可使用 $1\sim2$ 年，在 $1\sim2$ 年后才需填充新鲜气体，这样省去了外部气源的充气系统。

在 CO_2 激光器气体放电过程中，工作气体会产生大量的废热。对于传统的封离型 CO_2 激光器，工作时放电所产生的废热是通过热传导扩散到放电管壁，然后由水冷套中的冷却水带走。放电管的气体温度升高受到激光增益阈值的限制，使得这种封离型 CO_2 激光器的输出功率存在一个上限，输入的电功率必须等于径向传导到管壁的功率，由于热效应的影响，使得这类激光器的输出功率仅和放电长度有关，而和管径无关。为了在较短的放电长度上获得尽可能高的激光输出功率,采用平板波导放电结构。图 2-13 为扩散冷却板条 CO_2 激光器示意图。

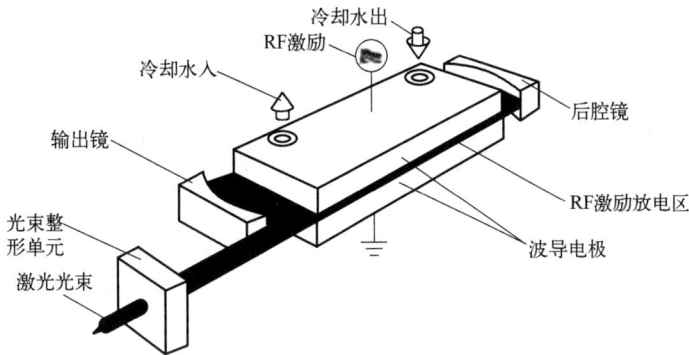

图 2-13 扩散冷却板条 CO_2 激光器示意图

2.2.5 准分子激光器

所谓准分子,是指在激发态结合为分子、基态离解为原子的不稳定缔合物。用作激光介质的准分子有 XeCl、KrF、ArF 和 XeF 等气态物质,其发出的激光波长属紫外波段,波长范围为 $193\sim351nm$,如 XeCl 为 308nm,KrF 为 248nm。准分子激光器的基本结构与 CO_2 激光器相同,图 2-14 为准分子激光器结构组成示意图。

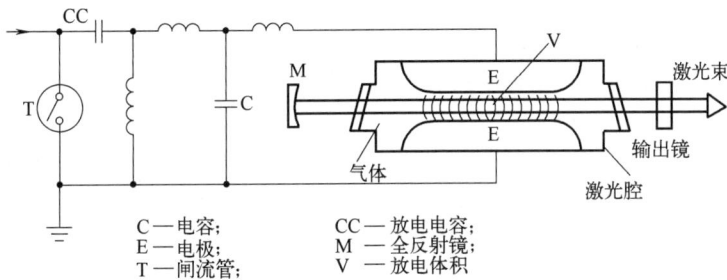

C—电容;　　　　　CC—放电电容;
E—电极;　　　　　M —全反射镜;
T—闸流管;　　　　V —放电体积

图 2-14 准分子激光器结构组成示意图

目前准分子激光器主要为脉冲工作方式,商品化的准分子激光器平均功率为 $100\sim200W$,最高功率已达 $750W$。现国际上有 Labe Physic 和日本三菱电机等公司生产的商用准分子激光器。中国科学院大学(中山)创新中心准分子激光器 PLD20 和相干公司 ExciStar 准分子激光器如图 2-15 所示。

2.2.6 高功率 CO 激光器

CO 激光器一般采用电激励 CO 混合气体,使 CO 分子从基态跃迁到激发态,产生局部粒子数反转,从而满足激光跃迁条件。CO 激光器的波长覆盖范围很广,基频波长在 $4.8\sim8\mu m$,高功率 CO 激光器工作在 $5\mu m$ 左右,主要应用于工业加工。

CO 激光器的一个重要特点是只有在低温下才能保持高效率运行,获得较高电光效率。低温冷却技术一般采用液氮冷却或气动膨胀冷却,使工作气体温度保持在 100 K 以下,因而经济的冷却方式和稳定的激励方法是高功率 CO 激光器广泛应用中需要解决的技术难题。高功率 CO 激光器的冷却方式有气动膨胀冷却、液氮冷却、常温水冷等几种,激励方式为气动膨胀冷却射频激励、气动膨胀冷却电子束维持放电、液氮冷却自持放电、液氮冷却电子束

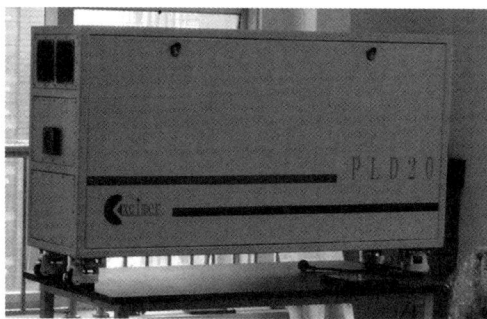

(a) 中国科学院大学（中山）创新中心准分子激光器PLD20　　(b) 相干公司ExciStar准分子激光器

图 2-15　准分子激光器

维持放电。

CO 激光器的电光转换效率很高，一般是 CO_2 激光器的 2 倍以上，达到了 47% 甚至更高。针对在低温冷却状态下才能实现高功率的问题，2015 年相关公司推出了一系列工业密封 CO 激光器，它们能在室温下高效运转，其运行寿命可与 CO_2 激光器媲美。

2.3　高功率半导体激光器

自从 1962 年半导体二极管激光器发明以来，由于其具有高的微分增益和量子效率、低的阈值电流密度、高的特征温度而得到迅速的发展。半导体激光器具有尺寸小、重量轻、光电转换效率高、寿命长及稳定可靠性高和易于集成等特点，使其在电子、计算机、印刷、照明和材料加工等领域具有广泛的应用。此外，近几年采用半导体激光来作固体激光器和光纤激光器的泵浦源，为半导体激光器开辟了另一个重要应用领域。

半导体激光器常用工作物质有砷化镓、硫化镉等，激励方式有电注入、电子束激励和光抽运三种方式。以电注入式半导体激光器为例，半导体材料中通常会添加 GaAs（砷化镓）、InAs（砷化铟）、InSb（锑化铟）等材料制作成半导体面结型二极管，当对二极管注入足够大的电流后，中间有源区中电子（带负电）与空穴（带正电）会自发复合并将多余的能量以光子的形式释放，再经过谐振腔多次反射放大后形成激光。半导体激光器的构成如图 2-16 所示。

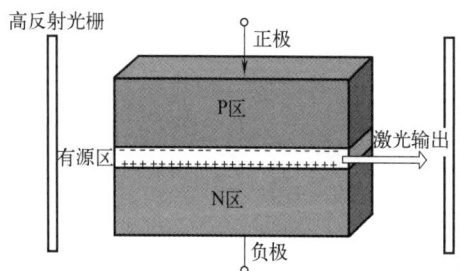

图 2-16　半导体激光器的构成

2.4　光纤激光器

最近几年，光纤激光器发展迅速，光纤激光器已成为工业激光加工中的重要激光器之一，同时它在医疗和其他方面也有广阔的应用前景。

1993 年，Hong Po 等人研制出掺钕双包层光纤激光器。2002 年，J. Limpert 等人研制出铒镱（Er3＋/Yb3＋）共掺的双包层光纤激光器，实现了 150W 的单模连续激光功率输出，大大推动了高功率掺镱光纤激光器的开发。2009 年，IPG 公司基于同带泵浦技术使用 $1.018\mu m$ 的激光作为泵浦光，首次实现了单纤单模输出 10kW，光束质量因子 $M^2 < 1.31$。 2012 年，IPG 公司的单纤单模功率达到了 20kW。截至 2019 年 1 月，IPG 公司的光纤激光器最高输出水平为单模 20kW 与多模 500kW。2022 年，武汉光电国家研究中心和武汉锐科光纤激光技术股份有限公司相关团队研发出全国产化工业光纤激光器，实现单纤 22.07 kW 功率稳定输出。

2.4.1　光纤激光器的基本结构

光纤激光器是一类以石英光纤为导光介质的利用受激辐射原理使光在受激发物质中振荡放大而发射激光的装置，必须包含三个组成要素才能实现激光输出：工作介质、激发来源和共振结构。工作介质一般是稀土离子掺杂光纤；激发来源则通常采用半导体激光器等光泵浦方式，泵浦光波长根据工作介质选择；而共振结构则要求激光器具有完整的光学谐振腔。最简单的光纤谐振腔结构为图 2-17（a）所示的线形腔，它的工作原理同固体激光器中的平行谐振腔，腔内激光相向传播，如同驻波发生共振。图 2-17（b）是目前更加常用的环形激光谐振腔设计，通常在腔内加入隔离器，使得激光单向循环运转以降低阈值，提高光束质量。与线形腔的设计相比，环形腔体设计虽然有着较长的腔长，但是在增益介质中没有驻波干涉引入的空间烧孔效应，因而更受单频激光器的青睐。

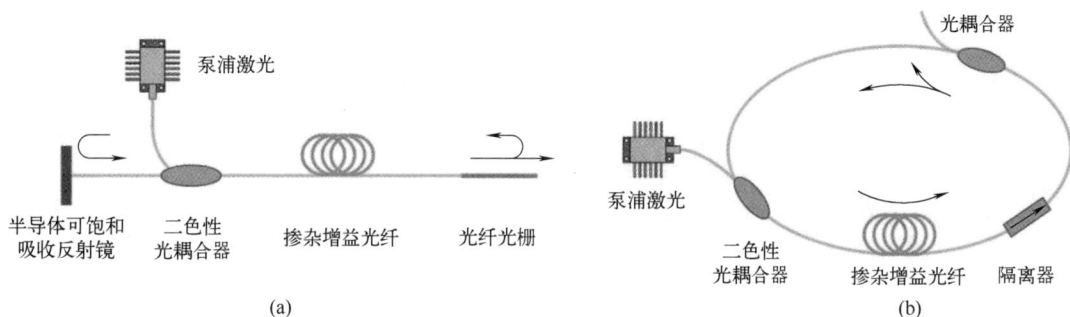

图 2-17　光纤激光器的基本结构

在光纤激光器中，为降低损耗，光学谐振腔常以光纤两端面构成。光纤端面经过抛光，镀上介质膜构成 F-P 谐振腔，为了保证端面平行，端面不平行度要尽可能小（$<1''$）。由于介质膜对端面的缺陷极为敏感，且泵浦光经由同一端面入射，所以当泵浦光经过聚焦且功率较高时容易损坏介质膜。

2.4.2　光纤激光器的特点

光纤激光器具有连续、脉冲输出功率高等特点。中国科学院上海光学精密机械研究所构建了全国产化光纤激光系统，单纤输出功率突破万瓦级。而光纤集成的光纤激光器已达到 50kW。

① 光纤激光器的转换效率非常高，可达到 20%～80%，泵浦阈值低（如 Yb^{3+} 离子光纤激光器泵浦阈值功率可小于 $10^{-4}W$）。

② 光纤激光器光束质量好，由于光纤激光器的光束限制在细小的光纤纤芯内，衍射损耗大，使光束质量好，容易接近衍射极限。一台 2kW 光纤激光器的光束质量其 M^2 达到 1.4。

③ 光纤激光器的光束传输性能好，由于本身是光纤，可实现远距的柔性传输。

2.4.3　光纤激光器的种类

光纤激光器可从物理结构、能量输出方式等角度出发，按增益介质、谐振腔结构、光纤结构、输出波长等方式划分类别。

（1）按增益介质分类

晶体光纤激光器：该类激光器以激光晶体光纤为增益介质，包括红宝石单晶体光纤激光器、钇铝石榴石单晶体光纤激光器等。该类激光器具备单模特性，在光信号色散控制方面具备优势。

非线性光学光纤激光器：以拉曼散射光纤激光器、受激布里渊散射光纤激光器为代表的非线性光学光纤激光器具备较高光电转化效率，其输出激光能量较为稳定，并可通过光学系统实现激光全耦合。其中，拉曼散射光纤激光器通过谐振腔单模振荡可限制频谱宽度至1.5kHz左右。

稀土掺杂光纤激光器：该类激光器增益介质为掺杂稀土元素光纤，基质包括石英玻璃、氯化钻玻璃等。

塑料光纤激光器：该类激光器以塑料光纤为增益介质，塑料光纤纤芯或包层内部掺有激光染料。

（2）按谐振腔结构分类

光纤激光器谐振腔包括环形腔、环路反射谐振腔、8字形腔、DFB等结构。

（3）按光纤结构分类

光纤可按结构分为单包层光纤、双包层光纤、光子晶体光纤、特种光纤等。单位包层外直径介于 $100\mu m$ 至 $200\mu m$ 之间。特种光纤用于特定波长，或用于保持偏振光独立、稳定传播。不同光纤结构的光纤激光器可用于不同工业加工领域。

（4）按输出激光特质分类

光纤激光器输出激光方式包括连续输出、脉冲输出等。其中，脉冲输出激光器可根据脉冲宽度不同细分为Q开关光纤激光器及锁模光纤激光器等。

2.4.4　高功率光纤激光器（HPFL）

目前，全光纤结构的高功率光纤激光器主要有直接振荡器结构与主控振荡器功率放大器（MOPA）结构两种。前者通过一对光纤光栅构成谐振腔，在振荡过程中由光栅进行波长选模，输出目标波长。后者则通过振荡器结构的激光器输出某一波长的激光作为种子光，该种子光在后一级的放大器（有源光纤与泵浦光的作用）中被功率放大形成更高功率的激光输出。虽然直接振荡器结构中振荡器输出的激光模式在空间分布上优于MOPA，但谐振腔提升了激光功率密度，从而对有源光纤的损伤阈值要求较高，同时还受制于光纤光栅的功率承受水平。因此，在很长一段时间内MOPA结构被认为是高功率输出的首选结构，但最近研究发现MOPA结构在高功率下容易出现模式的空间分布不稳定，降低激光的亮度，阻碍了光纤激光器的高功率输出。

在高功率光纤激光器中采用的泵浦方式主要有前向泵浦与双向泵浦两种。相比于前向泵浦方式的单侧泵浦注入导致的高发热，双向泵浦方式可优化为双端泵浦的低发热，有效分散光纤的发热。图2-18示出了采用前向泵浦方式与双向泵浦方式时沿光纤长度方向的光纤温度分布，可见采用前向泵浦方式时，泵浦注入端光纤最高温度达到85.7℃，而采用双向泵浦方式时，两个泵浦注入端光纤最高温度为62.1℃，显然光纤温度低更利于冲击高功率，并且失效概率大幅降低。2018年，清华大学搭建了典型的MOPA结构的高功率光纤激光器，如图 2-19 所示，在其放大器部分采用了双向泵浦方式，最终实现了 3.1kW 输出。

截止到 2019 年，IPG 公司生产的光纤激光器的最高输出水平是多模 500kW，单模 20kW。其已经研发了多种光纤激光器，在高功率光纤激光器的市场上占据很大的比例。2020 年，国防科技大学全光纤激光振荡器输出功率突破 6kW。2021 年 5 月，中国工程物理研究院化工材料研究所采用同带泵浦方式，利用自制的掺镱有源光纤，实现了单纤 20kW 的激光输出。2023 年，国防科技大学实现了 LD 直接泵浦的单链路 20kW 光纤激光输出，输出功率为 510W、中心波长为 1080nm 的种子激光经模场适配和包层滤除一体化器（MFA＋CLS1）后进入放大器的双包层掺镱光纤（DCYDF）中。IPG 光纤激光器 YLS-AMB 系列如图 2-20 所示。

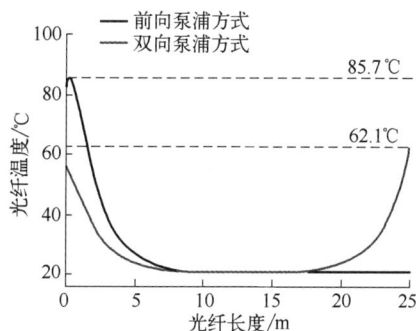

图 2-18 两种泵浦方式下沿光纤长度方向的光纤温度分布

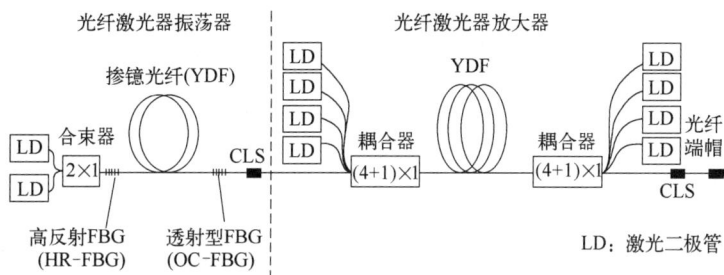

图 2-19 典型 MOPA 结构的高功率光纤激光器

2.4.5 超快光纤激光器

随着光纤制造和激光技术的快速发展，超快光纤激光器的性能得到极大的提升，甚至在某些参数上已经可以与固体激光器相媲美。作为产生超短脉冲的优质平台之一，超快光纤激光器已被广泛应用于激光微加工、生物医学、光通信等领域。事实上，不同应用领域对超快光纤激光器的性能参数具有不同的需求。因此，自从激光诞生以来，研究人员一直致力于开发不同种类、不同指标的超快光纤激光光源以满足应用需求。

图 2-20 IPG 光纤激光器 YLS-AMB 系列

2.5 其他激光器

2.5.1 化学激光器

化学激光器是另一类特殊的气体激光器，即一类利用化学反应释放的能量来实现粒子数反转的激光器。化学反应产生的原子或分子往往处于激发态，在特殊情况下，可能会有足够数量的原子或分子被激发到某个特定的能级，形成粒子数反转，以致出现受激发射而引起光放大作用。

2020年，中国科学院大连化学物理研究所研制的燃烧驱动HBr化学激光器首次实现了连续波千瓦级输出，创造了4.0～5.0μm波段HBr激光输出功率国际最高纪录，该成果也大大高于同波段固态激光器的功率水平。此激光器输出波长丰富，可为长波中红外激光的应用提供良好的高能激光光源。2022年，研究所研制的燃烧驱动的HF-HBr化学激光器首次实现了中红外双波段激光的连续波输出，输出功率超过100W，激光输出谱线丰富而且可调，其有望为中红外应用领域提供宽谱高能激光光源。HBr化学激光器激光烧蚀斑如图2-21所示。

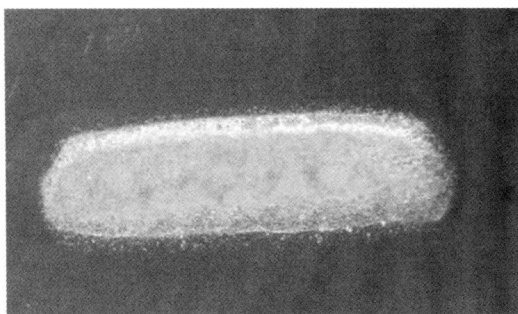

图 2-21 HBr化学激光器激光烧蚀斑

2.5.2 染料激光器

染料激光器（dye laser），使用有机染料作为激光介质，通常是一种液体溶液。相比气态和固态的激光介质，染料激光器通常可以用于更广泛的波长范围。由于有宽阔的带宽，使得它们特别适合于可调谐激光器和脉冲激光器。

染料激光器主要分为液体染料激光器和固体染料激光器。

液体染料激光器是最早研制成功并面世的，也是目前为止研究人员最为关注的对象之一。在液体状态下，染料激光器提供了最具有标志性的性能，例如在可见光范围内可以产生高功率的窄线宽可调谐激光输出，或者在可见光范围内产生高单脉冲能量的激光输出等。虽然固态可调谐激光器（包括固态染料激光器）最近的研究成果十分显著，但它的主要研究方向在于低功率的连续光抽运、低平均功率以及低单脉冲能量的激光器。此外，固态染料激光系统由于热效应明显，仍然需要液体循环来消除高功率固态激光器产生的多余热量。

综合来说，液体染料激光器的优点有很多，比如输出激光波长具有宽带可调谐的特性，可以通过腔外调谐装置实现超短脉冲激光输出、激光光谱带宽窄，等等。由于液体形态的激光染料结构的特殊性，还可以将两种或者多种激光染料进行混合，产生新的激光波长。而且激光染料具有较大的增益系数以及较高的量子效率，输出功率可以达到很高的值。此外，激光染料的种类丰富，价格低廉，选择余地非常大。

参考文献

[1] 王兴. LD泵浦高功率窄脉Nd：YAG激光器热效应研究 [D]. 哈尔滨：哈尔滨工业大学，2018.

[2] 方泽鹏. 高功率LD侧面泵浦全固态激光器研究 [D]. 重庆：重庆邮电大学，2022.

[3] 马思烨，张闻宇，邱佳欣，等. 高功率连续光纤激光器技术发展概述 [J]. 光纤与电缆及其应用技术，2019，276（05）：1-6＋34.

[4] 柳博文. 超快光纤激光器及其复用的理论与实验研究 [D]. 武汉：华中科技大学，2020.

［5］ 贾雁. 2019 年光纤激光器在中国工业加工领域应用研究［R］. 头豹研究院. 2019.［19RI0796］

［6］ 林傲祥，肖起榕，倪力，等. 国产 YDF 有源光纤实现单纤 20kW 激光输出［J］. 中国激光，2021，48（09）：233.

［7］ 奚小明，杨保来，张汉伟，等. LD 直接泵浦全光纤激光器输出功率突破 20kW［J］. 强激光与粒子束，2023，35（2）：1-2.

［8］ 战泽宇，陈吉祥，刘萌，等. 1.7μm 超快光纤激光器研究进展（特邀）［J］. 红外与激光工程，2022，51（01）：223-237.

［9］ 王增强，多丽萍，周冬建，等. 连续波千瓦级燃烧驱动 HBr 化学激光器［J］. 中国激光，2020，47（12）：354.

［10］ 王增强，周冬建，李留成，等. 燃烧驱动的 HF-HBr 双波段激光器［J］. 中国激光，2022，49（17）：178.

［11］ 方昱玮. 新型液体染料激光器的研究［D］. 合肥：中国科学技术大学，2021.

第**3**章 激光去除加工技术

3.1 激光打孔

3.1.1 激光打孔的原理及特点

激光打孔主要是利用材料的蒸发去除原理。红宝石激光器是最早用于激光打孔的激光器，以后相继采用钕玻璃激光器、脉冲 Nd：YAG 激光器和脉冲 CO_2 激光器，近几年随着准分子激光器技术的成熟和飞秒激光器技术的发展，准分子激光器打孔技术得到了实际应用。飞秒激光在 FPC 材料上打孔，可获得最小 $2.90\mu m$ 的微孔结构。

激光打孔和常规机械钻孔相比有如下优点：

① 激光打孔属于非接触加工，没有像普通钻头打孔时所产生的钻头磨损、断裂及损坏。

② 几乎所有的材料均可采用激光打孔，无论是金属还是非金属（如陶瓷、玻璃、石英、金刚石、塑料等），尤其在高硬度、脆性材料上打孔更具有优越性，且打孔速度快、效率高、没有污染。被加工件的氧化、变性也非常少。

③ 激光能打微型孔（孔径可达微米至亚微米级），也可打深孔和深宽比（孔深与孔径之比）很大的孔。例如在 20 钢板打孔，最大深宽比达 65：1。

④ 激光打孔方便灵活，易对复杂形状零件打孔，也可在真空中打孔。

⑤ 激光打孔对工件装夹要求简单、易实现生产线上的联机和自动化。

3.1.2 激光打孔的分类

激光打孔按激光运动方式分为以下两种。

（1）复制法

激光束以一定的形状及精度重复照射到工件固定的一点上，在和辐射传播方向垂直的方向上，没有光束和工件的相对位移。复制法包括单脉冲法和多脉冲法。目前一般采用多脉冲法，其特点是可使工件上能量的横向扩散减至最小，并且有助于控制孔的大小和形状。毫秒级的脉冲宽度可以使足够的热量沿着孔的轴向扩散，而不只被材料表面吸收。激光束形状可用光学系统获得。如在聚焦光束中或在透镜前方放置一个所需形状的孔阑，即可以打出异形孔。

（2）轮廓迂回法

加工表面形状由激光束和被加工工件相对位移的轨迹决定。

用轮廓迂回法加工时，激光器既可以在脉冲状态下工作，也可以在连续状态下工作。用脉冲方式时，由于孔以一定的位移量连续地彼此叠加，从而形成一个连续的轮廓。采用轮廓迂回法加工，可把孔扩大成具有任意形状的横截面。

3.1.3 激光打孔的加工系统

通常激光打孔的加工系统由五大部分组成：固体激光器、电气系统、光学系统、投影系统和三坐标移动工作台。五个组成部分相互配合从而完成打孔任务。

① 固体激光器主要负责产生激光光源。

② 电气系统包括对激光器供给能量的电源和控制激光输出方式（脉冲式或连续式等）的控制系统。在后者中有时还包括根据加工要求驱动工作台的自动控制装置。

③ 光学系统的功能是将激光束精确地聚焦到工件的加工部位上。为此，它至少含有激光聚焦装置和观察瞄准装置两个部分。

④ 投影系统用来显示工件背面情况，在比较完善的激光束打孔机中配备。

⑤ 三坐标移动工作台由人工控制或采用数控装置控制，在三坐标方向移动，方便又准确地调整工件位置。工作台上加工区的台面用玻璃制成，因为不透光的金属台面会给检测带来不便，而且台面会在工件被打穿后遭受破坏。工作台上方的聚焦物镜下设有吸、吹气装置，以保持工作表面和聚焦物镜的清洁。

激光打孔设备如图 3-1 所示。

(a) 日本武井电机工业株式会社　　　　　(b) 上海费米激光微孔加工系统FM-UVM3A
激光打孔设备 TLSM-401

图 3-1 激光打孔设备

3.1.4 激光打孔工艺

在激光打孔时，功率密度很高的短脉冲激光在很短时间内向工件传导了巨大能量，这样就使工件材料被熔化和蒸发。脉冲能量越高，被熔化和蒸发的材料就越多。在蒸发过程中，孔眼中的材料体积急剧膨胀，产生了很大的压力。这个压力将熔化的工件材料从孔眼中推出。

随着时间的推移，人们根据这个基本原理研制出了几种不同的激光打孔工艺。

（1）单脉冲打孔和冲击打孔

在最简单的情况下，由脉冲能量相对比较高的单脉冲激光束生成孔眼。通过这种方式，可以非常快地生成很多孔眼。在冲击打孔时，由脉冲能量和脉冲周期很小的多脉冲激光束生成孔眼。这个打孔工艺所产生的孔眼深度比单脉冲的更大、加工更精确。此外，冲击打孔工艺可以使孔眼直径比较小，如图 3-2 所示。

（2）旋切钻孔

在旋切钻孔时，同样由多脉冲激光束生成孔眼。首先，激光器利用冲击打孔工艺打出一个初始孔。然后激光器在工件上方几个越来越大的环形轨道中移动，将初始孔扩大。在这个过程中，绝大部分的工件材料熔体被向下从孔眼中推出，如图 3-3 所示。

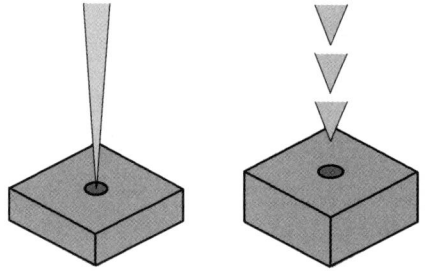

图 3-2　单脉冲打孔和冲击打孔示意图

（3）螺旋打孔

与钻孔工艺不同，螺旋打孔时不生成起始孔。在开始发射激光脉冲时，激光器在工件上方的一个环形轨道中移动，使很多材料向上溢出。激光器的运动轨迹就如同一个螺旋楼梯，逐渐向下伸。在这个过程中可以一直引导焦点的位置，使其始终位于孔眼的底部。如果激光已经穿透了工件材料，则激光器还要再转几圈。目的是将孔眼的底侧扩大，使边缘更加平滑。利用螺旋打孔，可以生成尺寸和深度大、加工质量高的孔眼，如图 3-4 所示。

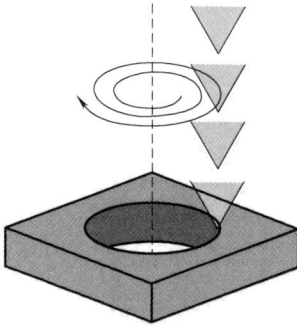

图 3-3　旋切钻孔示意图

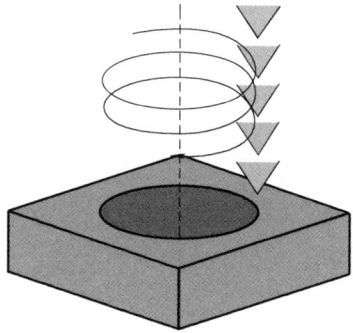

图 3-4　螺旋打孔示意图

3.1.5　典型材料的激光打孔

激光可在各类难加工材料上打孔。大多数难加工材料都具有较高强度和刚度、化学亲和力强、表面加工易硬化、热导率低等特点，因此在机械切削加工中存在钻孔时受阻力影响较大、切削温度高而容易变形等特点。而用激光在这些难加工材料上打孔，高能量激光束不接触材料表面，不受材料强度、硬度、刚度和脆性等限制，所以以上问题将得到解决。随着激光加工技术日趋成熟，其发展更加趋于多样化、高速度、高效益。

1993 年，孔径为 0.01～0.6mm 的深度微孔被我国科研人员在 8mm 厚的硬质合金上用激光打出；而在人造钻石、玻璃、陶瓷等非金属材料上使用激光打孔也非常成功，最小孔径可达到 6μm，而孔深度能小于 10mm，并且孔径质量和孔的圆度也较为理想化。在研究高速打孔技术上，丹麦的一家公司以 65 孔/s 的速度在 3mm 厚的不锈钢上激光打孔，并且在同一时间段以 100 孔/s 的速度在 1mm 厚的不锈钢板上也能打出理想孔径。日本一家公司在 0.05mm 厚的陶瓷薄膜上加工出直径为 0.02mm 的孔，在厚度为 1mm 的非金属氮化硅板上打直径为 0.2mm 的小孔也已实现，很多难以加工的材料上，比如白金、铝、钨等材料也能进行相关的激光加工。图 3-5 示出了典型材料的激光打孔实例。

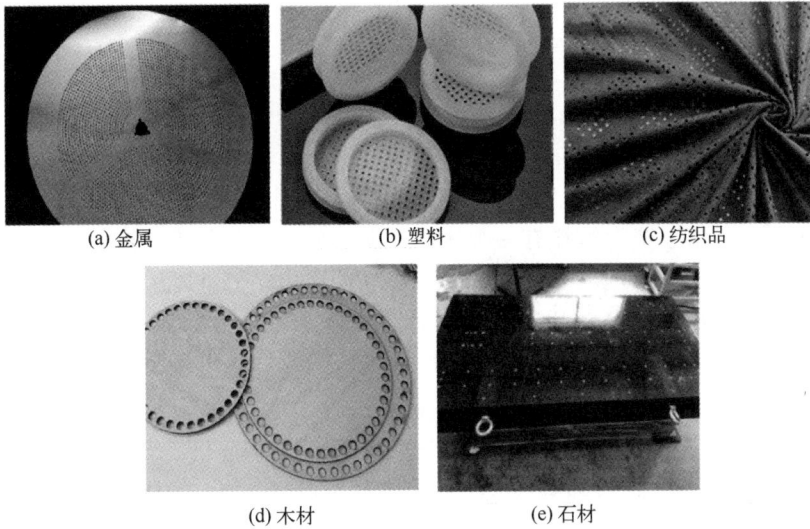

(a) 金属　　　　　　　(b) 塑料　　　　　　　(c) 纺织品

(d) 木材　　　　　　　(e) 石材

图 3-5 典型材料的激光打孔实例

3.2 激光切割

3.2.1 激光切割的特点

激光切割有以下特点：①激光切割无接触，无工具磨损，切缝窄，热影响区小，切边洁净，切口平行度好，加工精度高，光洁度高；②切速高，易于数控和计算机控制，自动化程度高，并能切割盲槽或多工位操作；③噪声低，无公害。

3.2.2 激光切割的方式

激光切割可分为气化切割（$>10^7\,\mathrm{W/cm^2}$）、熔化切割（$>10^4\,\mathrm{W/cm^2}$）和氧助燃切割，其中以氧助燃切割应用最广。根据切割材料可分为金属激光切割和非金属激光切割。

（1）气化切割

气化切割是激光束加热工件至沸点以上的温度，部分材料以蒸气形式逸出，部分材料作为喷射物从切割底部吹走，其所需的激光切割能量是熔化切割的 10 倍。气化切割只应用于那些不能熔化的木材、塑料和碳素材料等，其机制如下：①激光加热材料，部分反射，部分吸收，材料吸收率随温度升高而下降；②激光作用区温升快，足以避免热传导造成的熔化；③蒸气从工件表面以近似声速飞快逸出。激光在工件中的穿过速度能够通过求解一维热流方程来计算，并只考虑在蒸发情况（假定热传导速度等于 0，激光蒸发去除速度远大于热传导速度）。

激光在工件内蒸发去除速度（即材料每单位面积每秒内蒸发去除的体积）V（m/s）：

$$V=\frac{F_0}{\rho[L_v+C_p(T_v-T_0)]} \tag{3-1}$$

式中，F_0 是激光功率密度，$\mathrm{W/cm^2}$；ρ 是材料密度，$\mathrm{kg/m^3}$；L_v 是蒸发潜热，J/kg；

C_p 是材料比热，J/(kg·℃)；T_v 是蒸发温度,℃；T_0 是室温,℃。

可得到

$$T(0,t)=\frac{2F_0}{K}\left(\frac{Kt}{\pi}\right)^{\frac{1}{2}} \tag{3-2}$$

$$t_v=\frac{\pi}{K}\left[\frac{T(0,t)K}{2F_0}\right]^2$$

计算出几种材料蒸发所需要的时间。

从式（3-1）的计算，可看出激光功率密度对蒸发去除是非常重要的。

在激光切割中，由于蒸发爆炸有一个侧面（壁）效应。这是因为蒸发反弹压引起蒸气加速的缘故。蒸气反弹（冲）速度高达 1000m/s，反冲压力达到 4×10^6 N/m²，而大气压仅为 10^5 N/m²。蒸气反冲压力还会引起激光作用区在激光纳秒内产生很大的热应力，此机制可用于激光表面冲击强化。表 3-1 给出了几种材料的热物理参数和蒸发去除速度。

表 3-1　几种材料的热物理参数和蒸发去除速度

材料	ρ /(kg·m⁻³)	L_f /(kJ/kg)	L_v /(kJ/kg)	C_p /(J/kg·℃)	T_m /℃	T_v /℃	K /(W/mK)	V /(m/s)	t_v /μs
W	19300	185	4020	140	3410	5930	164	0.64	3
Al	2700	397	9492	900	660	2450	226	1.9	0.6
Fe	7870	275	6362	460	1536	3000	50	1.0	0.3
Ti	4510	437	9000	519	1668	3260	19	1.2	0.09
不锈钢	8030	~300	6500	500	1450	3000	20		

注：激光束功率密度为 6.3×10^{10} W/m²。L_f—熔化潜热；L_v—蒸发潜热；C_p—比热容；K—热导率；V—蒸发去除速度；t_v—达到材料蒸发所需时间；T_m—熔点；T_v—沸点。

（2）熔化切割

熔化切割是当激光束功率密度超过一定值时，工件内部蒸发形成孔洞，然后与光轴同轴吹辅助惰性气体，把孔洞周围的熔融材料去除带走。熔化切割的机制为：①激光束照射工件，除一部分能量被反射外，其余能量加热材料并蒸发成小孔；②一旦小孔形成，它以黑体吸收光能，小孔被熔化金属壁所包围，依靠蒸气流高速流动使熔壁保持相对稳定；③熔化等温线贯穿工件，依靠辅助吹气将熔化材料吹走；④随工件的移动，小孔横移一条切缝。

基于材料去除的平衡，可以得到一个简化的集总热容方程：

$$\gamma P = wtV\rho\left[C_p\Delta T+L_m+mL_v\right] \tag{3-3}$$

式中，P 是激光功率；w 是激光切缝宽度，m；t 是切割材料的厚度，m；V 是切割速度，m/s；m' 是熔化材料中的蒸发部分；L_m 是熔化潜热，J/kg；L_v 是蒸发潜热，J/kg；ΔT 是由熔化引起的升高温度；γ 是材料的耦合效率；ρ 是材料密度，kg/m³。

重新整理方程（3-3）得：

$$\frac{P}{tV}=\frac{w\rho}{\gamma}(C_p\Delta T+L_m+m'L_v)=f(材料)\text{J/m}^2 \tag{3-4}$$

从式（3-4）可看到：在给定激光切割速度、材料耦合效率以及其他材料常数时，切缝宽度 w 是光斑直径的函数。那么，在切割的材料确定后，$\dfrac{P}{tV}$ 是常数，并且可以找到在不同切割参数下的 $\dfrac{P}{t}$ 与切割速度的关系和不同材料每单位面积所需的切割能量（见表 3-2）。

表 3-2　不同材料每单位面积所需的切割能量

材料	$\dfrac{P}{tV}$（高值）/（J/mm²）	$\dfrac{P}{tV}$（低值）/（J/mm²）	$\dfrac{P}{tV}$（平均值）/（J/mm²）
中碳钢＋O_2	4	13	5.7
中碳钢＋N_2	7	22	10
不锈钢＋O_2	3	10	5
不锈钢＋Ar	8	20	13
钛＋O_2	1	5	3
钛＋Ar	11	18	14
铝＋O_2	—	—	14
铜＋O_2	—	—	30
树脂	2.7	8	5
聚丙烯	1.7	6.2	3
聚碳酸酯	1.4	4	2.3
PVC	1	2.5	2
ABS	1.4	4	2.3
木材	20	6.5	31
硅	—	—	120
皮革	—	—	2.5

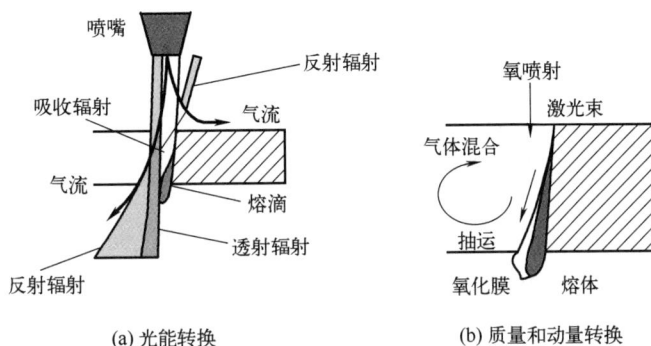

(a) 光能转换　　　　(b) 质量和动量转换

图 3-6　激光切割波前运动情况

图 3-6 为激光切割波前运动情况，激光束到达工件表面，大部分激光进入孔或前切缝壁面，一部分被熔化的表面反射，一部分直射孔底。如果被切割材料很薄时，光束边缘作用区材料熔化速度较慢，大部分光束直接通过切缝，其吸收发生在与切割波前近似成 14°角处，吸收机制有两个：一是通过激光与材料相互作用的菲涅耳吸收；另一个是通过等离子体辐射吸收。因为吹气使等离子体强度变大，熔体将被快速气流带走。在切缝底部，由于熔体表面薄膜的张力作用使熔渣变得较厚，金属蒸气将熔渣向上喷射出来。辅助吹气与切缝内的高压蒸气混合形成一个低压区而扩宽了切缝。故激光切割很薄的白口铸铁很困难。

在激光熔化切割中，吹气的目的是将金属熔体吹走。在设计吹气嘴时要考虑这个问题。

随着激光切割速度的增加，光束能量更有效地耦合到工件，增加激光功率密度会使激光切缝处形成波纹状，使激光切缝变得粗糙。可以通过采用辅助吹气或者采用脉冲激光切割方法克服这个问题，脉冲切割的频率需与切缝所形成的波纹相匹配。

（3）氧助燃熔化切割

氧助燃熔化切割的机制是：①在激光照射下，材料达到熔化温度，随之与氧接触，发生剧烈燃烧反应，放出大量热量，在激光和此热量共同作用下材料内部形成充满蒸气的小孔，小孔周围被熔融气体包围；②蒸气流动使孔周围熔融金属壁向前移动，并发生热量和物质转移；③氧和金属的燃烧速度受燃烧物质转换成熔渣的限制，氧气通过熔渣扩散带动，其速度可达到点火前沿的速度，氧气流速越高，燃烧的化学反应越快；④在未达到燃烧温度的区域，氧气流作为冷却剂，缩小切割热影响区；⑤氧助燃切割存在激光辐射和化学反应热两个热源。

图 3-6（b）示出氧助燃熔化切割。从图中可看到，通过切缝的气体不仅能阻止熔体的消耗，而且能在切缝中产生氧化反应。氧燃烧反应的速度随材料而异，对于中碳钢和不锈钢能达到 60%，对于钛可以达到 90%。采用氧助燃反应切割，切速可以是未加氧的 2 倍。

在氧助燃切割中，氧助燃切割的厚度可大于 25mm。切割速度越快，热穿透越小，切割质量越好。然而在切缝中也会发生一些化学变化。例如在激光切割钛板时，由于氧的存在使切缝区变硬并易产生裂纹。对于激光切割中碳钢，只有在切割薄板时，切缝表面才会形成氧化层。对于切割不锈钢板，会产生高熔点的氧化铬而形成熔渣。在切割铝板时也有类似现象。在切速低时，易在切缝内产生皱纹，其机理见图 3-7。

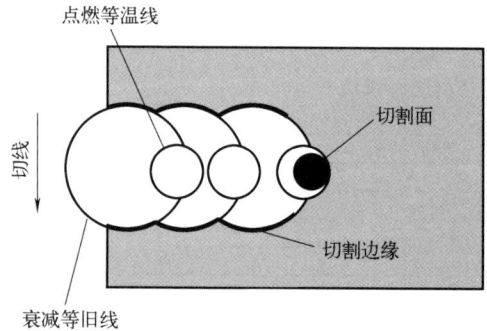

图 3-7 由侧向燃烧形成的激光切割条纹

3.2.3 影响切割质量的因素

在激光切割系统中，影响激光切割质量的主要因素有切割工件、切割工艺、切割参数。

（1）切割工件对切割质量的影响

① 工件材料特性对切割质量的影响主要有以下两个方面：

a. 材料成分：对于不同材料和厚度的工件，其切割的参数也应适当改变。

b. 材料表面反射率：一般来说，材料对激光光束的吸收率越高，切割效果越好，反之越差，且影响设备寿命。例如，切割铝、铜等高反射材料，设备需要配置"防反射装置"进行切割。

② 材料表面状态对切割质量的影响主要表现在以下两个方面：

a. 材料表面氧化严重，出现锈斑等氧化层时，会影响切割质量，如切缝不规则、有断续挂渣等现象，图 3-8 示出了氧化层板材切割挂渣。

b. 材料覆膜切割时，须先蒸发去膜。有时蒸发去膜效果差，板材上会留有一层淡淡的覆膜氧化物，这时切割质量会下降，出现起火、挂渣、切割不透等现象。建议切割前覆专用的激光膜，覆膜应平整、严密。

图 3-8 氧化层板材切割挂渣

（2）参数设置对切割质量的影响

① 焦点位置。焦点位置直接影响加工质量，不同的板材焦点位置也不同。如果焦点位置错误，容易造成切割端面表面质量差、切缝熔渣多，甚至割不透。例如，切割碳素钢，焦点在板材的上表面；切割不锈钢，焦点在板材厚度的 1/2 左右；切割铝合金，焦点位置接近下表面。同时随着使用过程中聚焦镜片的污染，焦点位置会适当向上移动，因此调整焦点位置时需考虑聚焦镜片污染的影响。

② 切割速度。在一定的板厚和激光功率下，有一个最佳的切割速度，此时的切割面粗糙度值最小。偏离最佳切割速度时表面粗糙度值就会增加，如切割速度太小，会造成热输入

过大而产生过烧；如切割速度太大，热输入不足，温度低引起熔融产物黏度大，切割前沿向后倾斜（后拖量增大），不利于气流对熔融产物的吹除，则产生挂渣，甚至切割不透。一般切割速度与板材厚度成反比，板材越厚切割速度越低。当遇到切割不掉的情况时，可适当调整切割速度，提高切割效率与质量。在低碳钢板厚 2mm、激光功率 1000W 的情况下，切割速度与切割质量的关系如图 3-9 所示。

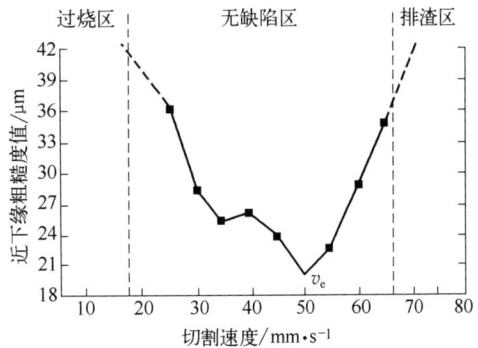

图 3-9 切割速度与切割质量的关系

③ 切割功率。当焦点调整到位时，要有一定功率才能熔化、气化并切割透板材，一般切割功率随板材厚度的增大而增大。在一定的板厚和切割速度下，如果激光功率过大，造成热输入过大，会使工件的熔化范围大于气流所能吹除的范围，熔融物未能被气流完全吹除而产生过烧；如激光功率太小，热量不足，越靠近下缘熔融物的温度越低，黏度越大，而未能被气流彻底吹除而滞留在切割面的下缘产生挂渣，严重时甚至切割不透。

④ 辅助气体、气体纯度与气压的影响。在激光切割过程中必须添加与被切割材料相适宜的辅助气体。同轴的气体除了吹走切缝内的熔渣外，还能冷却加工表面，减少热影响区，冷却聚焦透镜，防止烟尘进入透镜座内污染镜片导致镜片过热。

通常采用氧气、氮气、氩气作为切割辅助气体，根据工件材料的不同与对切割表面质量的需求选择不同的辅助气体。其中氩气与氮气作为辅助气体得到的切割质量比氧气好，但因其成本高，所以通常使用氧气作为辅助气体。氧气纯度要达到 99.9％以上才能有较好的加工质量，纯度过低会造成切割不透或使零件切割面有熔渣等多种情况。

气体压力对切割质量也有较大影响，当气压过低时加工板材面会出现挂渣；气压过高，工件的切割面会出现锯齿状波纹，影响切割面质量。根据不同板材类型，需调节合适的气体压力。薄碳素钢穿孔气体压力一般为 0.1～0.2MPa；中厚板气体压力一般为 0.03～0.06MPa；不锈钢、铝板、黄铜一般采用低压（0.1～0.2MPa）氮气穿孔。当采用氧气切割时，钢板越厚，采用的气压越低。因为氧气作为切割气体，与工件接触起到燃烧和氧化作用，过低会出现粘连，过高会造成断面纹路过大，加工零件粗糙。气压大小因板材而异，应该通过试验确定合适的加工气体参数。

（3）切割工艺对切割质量的影响

① 微连接切割。当切割细长工件时，随着切割头的移动，工件渐渐脱离板材，没有受力牵扯，逐渐热胀冷缩卷曲、变形，从而影响切割精度，存在碰撞切割头的可能。一般可以通过微连接的切割方法，使工件受板材的牵扯而达到反变形的效果。根据板材厚度、边长等因素，一般微连接长度设置为加工工件厚度的 20％左右。

② 共边与补偿。为提高切割效率、节省板材，有时会采用共边切割工艺。共边是指两个零件共用一条切割边，可减少切割路径，提高板材利用率，减少辅材的使用成本。但同时应考虑在共边情况下工件的尺寸变化，实际切割操作中应把切缝所占尺寸考虑进来，设置共边切割的补偿量，以保证工件的加工精度。根据设备性能不同，补偿量不尽相同。在设备性能、切割参数一定的条件下，针对不同板材进行实际切割时，测量切缝宽度，确定切割补偿量是十分重要的。并且根据加工部件轮廓，设置补偿量时，应注意补偿方向。

③ 工件的放置。切割工件的放置对切割质量也有一定的影响。一般需要平整且垂直切割头放置，下方也要尽量留出较大吹渣空间。如放置不平整，可能会出现切口断面倾斜或切

割不透的现象，从而影响切割质量。切割时，板材下方应尽量留空旷的空间保证顺利吹渣。如果板材下方有其他物体垫在下面，或下方吹渣距离较短影响到吹渣效果，板材下方可能会出现挂渣等现象。应及时清理工件放置平台，保证切割时的平整及板材下方的空间。

3.2.4 常用工程材料的激光切割

（1）金属材料的激光切割

虽然几乎所有的金属材料在室温对红外波能量有很高的反射率，但发射处于远红外波段 $10.6\mu m$ 光束的 CO_2 激光器还是成功地应用于许多金属的激光切割实践。金属对 $10.6\mu m$ 激光束的起始吸收率只有 $0.5\%\sim10\%$，但是，当绕线机具有功率密度超过 $106W/cm^2$ 的聚焦激光束照射到金属表面时，却能在微秒级的时间内很快使表面开始熔化。处于熔融态的大多数金属的吸收率急剧上升，一般可提高 $60\%\sim80\%$。

① 碳钢。现代激光切割系统可以切割碳钢板的最大厚度可达 20mm，利用氧化熔化切割机制切割碳钢的切缝可控制在满意的宽度范围，对薄板其切缝可窄至 0.1mm 左右。

② 不锈钢。激光切割对利用不锈钢薄板作为主构件的制造业来说是个有效的加工工具。绕线机在严格控制激光切割过程中的热输入措施下，可以限制切边热影响区变得很小，从而很有效地保持此类材料的良好耐腐蚀性。

③ 合金钢。大多数合金结构钢和合金工具钢都能用激光切割方法获得良好的切边质量。即使是一些高强度材料，只要工艺参数控制得当，可获得平直、无粘渣切边。不过，对于含钨的高速工具钢和热模钢，激光切割时会有熔蚀和粘渣现象发生。

④ 铝及合金。铝切割属于熔化切割机制，所用辅助气体的主要作用是从切割区吹走熔融产物，通常可获得较好的切面质量。对某些铝合金来说，要注意预防切缝表面晶间微裂缝产生。

⑤ 铜及合金。纯铜（紫铜）由于太高的反射率，基本上不能用 CO_2 激光束切割。黄铜（铜合金）使用较高激光功率，辅助气体采用空气或氧，可以对较薄的板材进行切割。

⑥ 钛及合金。纯钛能很好耦合聚焦激光束转化的热能，辅助气体采用氧时化学反应激烈，切割速度较快，但易在切边生成氧化层，不小心还会引起过烧。为稳妥起见，采用空气作为辅助气体比较好，以确保切割质量。飞机制造业常用的钛合金激光切割质量较好，虽然切缝底部会有少许粘渣，但很容易清除。

⑦ 镍合金。镍基合金也称超级合金，品种很多。其中大多数都可实施氧化熔化切割。

（2）非金属材料的激光切割

$10.6\mu m$ 波长的 CO_2 激光束很容易被非金属材料吸收，导热性不好和低的蒸发温度又使吸收的光束几乎整个输入材料内部，并在光斑照射处瞬间汽化，形成起始孔洞，进入切割过程的良性循环。

① 有机材料。可用激光切割的有机材料包括塑料（聚合物）、橡胶、木材、纸制品、皮革等。

② 无机材料。可用激光切割的无机材料包括石英、玻璃、陶瓷、石头等。

③ 复合材料。新型轻质加强纤维聚合体复合材料很难按常规方法进行加工。利用激光无接触加工的特点可以对固化前的层叠薄片进行高速切割修剪、定尺，在激光束的加热下，薄片边缘被融合，避免了纤维屑生成。

对完全固化后的厚工件，尤其是硼纤维和碳纤维合成材料，激光切割要注意防止切边可能会有碳化、分层和热损伤发生。正如塑料切割一样，合成材料切割过程中需要及时排除废气。还有一种类型的复合材料，就是单纯由两种性能不同的材料上下复合在一起，为了获取较好的切割质量，激光切割总的原则是先切割具有较好切割性的那一面。

3.3 激光打标、雕刻

3.3.1 激光打标

激光打标是利用高能量的激光束照射在工件表面，光能瞬时变成热能，使工件表面迅速产生蒸发，从而在工件表面刻出任意所需的文字和图形，以作为永久防伪标志。

（1）激光打标的种类

激光打标主要可分为桁架式激光打标、振镜式激光打标和掩膜式激光打标三种。

① 桁架式激光打标的运动方式有两种：一种是工作台在 x、y 轴方向运动；另一种是光束沿 x、y 轴方向运动。

② 图 3-10 为振镜式激光打标原理图。它主要由调 Q Nd：YAG 激光器件、高速振镜系统和计算机控制系统三部分组成，可实现高速激光打标。

③ 图 3-11 为掩膜式激光打标原理图，它主要由 TEA CO_2 激光器和掩膜组成。

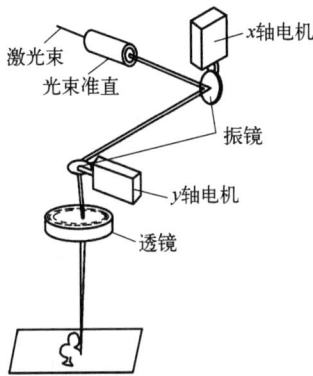

图 3-10 振镜式激光打标原理图

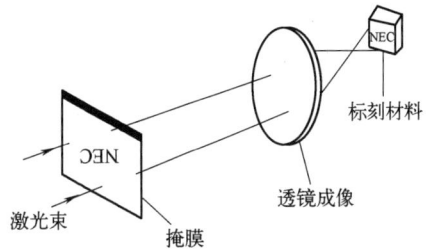

图 3-11 掩膜式激光打标原理图

（2）激光打标的应用

激光打标的特点是非接触加工，可在任何异型表面标刻，工件不会变形和产生内应力，适于金属、塑料、玻璃、陶瓷、木材、皮革等各种材料；标记清晰、永久、美观，并能有效防伪；具有标刻速度快、运行成本低、无污染等特点，可显著提高被标刻产品的档次。

激光打标广泛应用于电子元器件、汽（摩托）车配件、医疗器械、通信器材、计算机外围设备、钟表等产品和烟酒食品防伪。

激光打标用于通信行业，可以对各种塑料或金属封装电子组件（如二极管、三极管、IC 电路芯片等）标刻商标图案。

例如，美国电子振荡器集成电路的生产商伯克莱（Bekey）公司采用了 25W CO_2 激光对 IC 电路芯片做标记，该公司以前是采用油墨打标系统打标，标记质量不好，或标记保留时间不够长，标记一个 IC 电路芯片要花几秒时间，限制了产量。现采用 CO_2 激光打标，很容易去掉白色漆层，露出下面的黑色集成电路片，从而留下对比度高的标记（标记区尺寸仅为 12.5mm×6.25mm），现给一个 IC 电路芯片打标只需 0.25s。

用激光几乎可对所有机械零件打标（如活塞、活塞环、气门、阀座等），且标记耐磨，生产工艺易实现自动化，被标记部件变形小。例如，汽车发动机采用激光打标，其优点是标记区即使在标记去除后仍能辨认。Nd：YAG 和 CO_2 激光可用于各种不同材料的打标，且能产生不同颜色的标记，如 CO_2 激光在 PVC（聚氯乙烯）上可打出金色标记。

随着人们对产品责任法（PL）和 ISO 产品标准质量控制的重视，要求质量控制具有跟踪制造过程和工艺的能力。激光打标作为准确跟踪质量信息的一种手段，其需求正在扩大。另一方面，随着激光打标技术的成熟和发展，近几年激光打标开辟了许多新方法和新应用。

3.3.2 激光雕刻

激光雕刻是一种通过激光光束对材料表面进行高精度刻画和雕刻的技术。激光在材料表面产生热能，使其蒸发、熔化或氧化，从而形成各种图案、文字或图像。激光雕刻可以应用于多种材料，包括木材、塑料、皮革、纸张、玻璃、陶瓷、金属和石材等。不同类型的激光器和参数适用于不同的材料。实际应用中有以下两种基本工艺。

（1）激光直接雕刻法

利用高能量激光直接雕刻滚筒金属表面，形成凹版网穴。该方法的一个突出问题就是对激光器的能力要求过高，激光直接雕刻铜需要用激光将铜气化掉。而凹印中使用的铜版滚筒表面是经过抛光的，光洁度非常高，反射率达到 90% 以上，大量能量将被反射掉，剩余能量难以使铜气化。这使得普通 CO_2 激光的能量输出无法满足要求。另一方面，直接雕刻铜滚筒制版时会产生固体废料，回收和处理比较麻烦，而微量废料残留在版滚筒上又会对印刷造成灾难性的影响。

（2）激光雕刻腐蚀法

首先，对基材（镀铜滚筒）表面进行彻底的脱脂清洗处理，并均匀涂布一层黑胶，胶层厚度可根据工艺要求而定。然后，将印前工序制作好的文件转换成雕刻数据，使用激光直接灼烧基材表面的胶层，形成网点。雕刻完成后，用腐蚀液进行腐蚀，黑胶层上有网点的部分经腐蚀后形成网穴，无网点部分由于有胶层保护而不会被腐蚀。其实质是充分利用激光记录的高分辨率，使激光在基漆上烧蚀出的网穴轮廓，文字、图形轮廓达到高精度。其网穴轮廓面积随图像颜色的深浅明暗而变化，且可完美再现任意圆弧、倾斜线条等，质量和效率较电子雕刻有很大提高。激光雕刻腐蚀法技术是目前凹印制版前沿高端技术中应用最广泛的一种。以下以激光雕刻机 Lasergravure 700 为例简要介绍激光雕刻机的工作过程。在雕刻前，首先对凹版滚筒进行全面腐蚀，使其表面形成传统的着墨孔（孔深约 $50\mu m$），同时确定网格的角度和套印标记。然后，采用静电喷涂工艺，将特定配方的环氧树脂涂布在凹印滚筒表面，进行热处理以使树脂固化，经研磨使表面平滑。雕刻时，滚筒以 1000r/min 速度旋转，采用大功率的 CO_2 激光束以 75mm/min 的速度横向扫射滚筒表面，使表面的环氧树脂气化。调整激光束的聚焦程度，使着墨孔达到所需深度和大小。经多次扫射，使着墨孔光滑清晰，形成凹版网穴。图 3-12 是激光电子雕刻机的构成示意图。

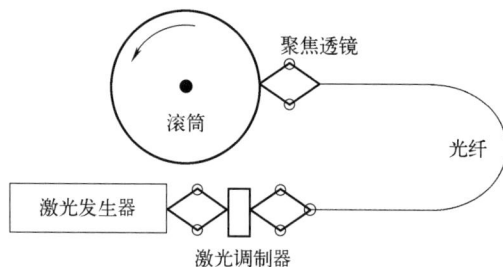

图 3-12 激光电子雕刻机的构成

参考文献

[1] 马国庆，肖强. 飞秒激光微孔加工发展综述 [J]. 激光与红外，2020，50（06）：651-657.

[2] 汪军. 橡胶阻尼材料激光打孔研究 [D]. 武汉：湖北工业大学，2016.

[3] 马启明，马金成，马门强，等. 浅谈激光切割质量控制 [J]. 金属加工（热加工），2020，827（08）：43-45.

第**4**章　激光焊接技术

4.1　激光焊接原理与方法

4.1.1　激光焊接基本原理

　　焊接过程的物理本质是：被焊工件的材质（同种或异种）通过加热或加压或二者并用，并且用或不用填充材料，使工件的材质达到原子间的结合而形成永久性连接。不仅在宏观上形成了永久性的接头，而且在微观上建立了组织上的内在联系。要实现焊接过程必须由外界来提供相应的能量，对于熔化焊来讲，所用的能量主要是热能。而激光焊接则是采用高能量密度的激光束作为热源对材料（主要是金属材料）进行熔化而形成焊接接头的熔焊方法。根据激光焊接的物理过程，也可以将激光焊接接头的形成归纳为以下过程：首先激光被材料吸收，材料吸收激光后产生物态变化，由于物态的不同，激光焊接可以分为热导焊接和深熔焊接。在激光焊接过程中，会发生一些重要的物理现象，如热传导、热对流、热辐射等。这些物理现象对焊接过程和焊接质量有着重要的影响。在各种新技术中，激光焊接被认为是一种适应性强的、迅速发展的方法，在工业和工程领域找到了无数的应用。它能够精确地焊接狭窄的和难以达到的接头，并能通过电脑控制进行操作。

　　在激光焊接过程中，光波的反射、吸收和透射在材料表面上的行为本质上是光波的电磁场与材料中的带电粒子相互作用的结果。在激光焊接过程中，主要考虑激光与固体相互作用以及激光与等离子体相互作用。激光与固体作用机制包括吸收、散射、透射、反射、折射和衍射，如图 4-1 所示。当激光束照射到工件材料上时，部分能量在工件表面被散射或者反射；而进入到工件内部的激光能量部分被材料吸收；其余部分能量则根据材料的光学特性，或在透明材料中穿透材料继续传播（透射和折射），或者于不透明材料中做有限深度的穿透。由于焊接材料一般都为

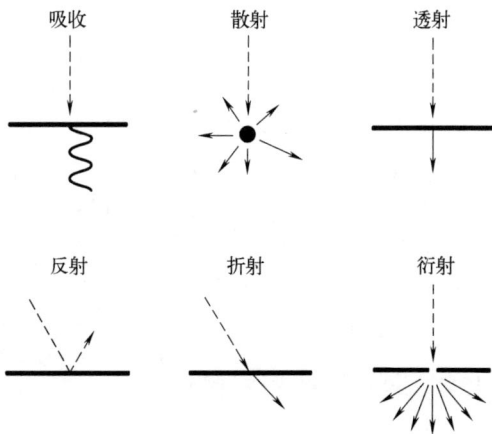

图 4-1　激光与物质作用机制

连续介质，极少发生激光衍射。由于金属中存在大量自由电子，这些自由电子受到光波电磁场的强迫振动激发出次电磁波。这些电磁波之间相互干涉，产生了强烈的反射波和较弱的透射波，透射波在金属表层被迅速吸收。当材料吸收激光后，带电粒子受到激发产生谐振振动，同时粒子间相互碰撞，光能被转换为热能。这个过程在极短的时间内完成。对于一般的激光加工而言，可以认为材料吸收的激光能在瞬间转化为热能。在这个瞬间，热能仅局限于材料的激光照射区域。随后，通过热传导，热量从高温区域流向低温区域。

综上所述，激光焊接的本质是光子的能量转化为晶格的热振动能，进而引起材料表面以及材料内部的温度发生改变。如图 4-2 所示，随着激光功率密度不断升高，激光与金属材料相互作用的典型阶段具体包括固态加热、表面熔化、表面气化产生金属蒸气和等离子体。

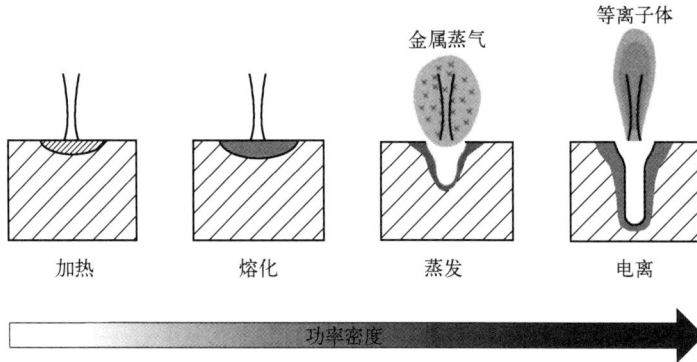

图 4-2　激光与金属相互作用的典型阶段

① 当激光功率密度较低时，金属表面所吸收的激光能量从材料表面往内部传递，温度也由表及里逐渐升高。此时，最高温度低于材料的熔化温度，材料处于固体状态。在这个阶段，激光能量的吸收率波动较小，主要由激光波长和材料热物性参数（如材料温度、表面粗糙度等）决定。因为激光辐射照度较低，金属吸收激光的能量只能够引起材料表层温度的升高，但维持固相不变，主要用于零件的表面退火和相变硬化。

② 当激光功率密度在 $10^5 \sim 10^6 \, \mathrm{W/cm^2}$ 范围时，材料的最高温度开始超过材料的熔点，材料表层发生熔化。材料状态从固态变为液态，激光吸收率提高。此时的焊缝宽而浅，横断面呈半圆形，焊缝深宽比小。由于激光辐射照度提高，材料表面将发生熔化，熔池深度随着激光功率密度的增加和辐照时间的加长而增加，主要用于金属的表面重熔、合金化、熔覆和热导型焊接。

③ 当激光功率密度高于 $10^6 \, \mathrm{W/cm^2}$ 数量级时，材料表面最大温度超过材料的蒸发温度（沸点），材料开始气化。材料气化会在相反方向产生反冲力，将液体往下推，形成凹陷，在各种作用力的平衡作用下，会在材料内部形成小孔，所得的焊缝窄而深，焊缝深宽比大。

④ 随着激光功率密度的继续提高，材料表面强烈气化，蒸气中自由电子受到激光光子的加速作用，当自由电子的动能达到一定阈值，蒸气被电离。高密度的等离子体，对激光束有显著的吸收、折射和散射作用，使得进入小孔的激光功率比例减少，所以熔深不能随辐照激光功率的密度增加而按比例增加。而小孔出口处由于等离子体对工件表面的辐射加热，使该处受热范围扩大，适用于激光深熔焊接，将得到酒杯状的焊缝。

4.1.2　激光焊接模式概述

（1）激光热导焊接

激光焊接可以分为激光热导焊和激光深熔焊两种焊接模式，如图 4-3（a）所示。当照射在工件表面的激光辐射照度在 $10^4 \sim 10^5 \, \mathrm{W/cm^2}$ 范围内时（一般小于 $10^6 \, \mathrm{W/cm^2}$），激光能量被表层 $10 \sim 100 \mu \mathrm{m}$ 的薄层所吸收。表层的热量靠热传导向下层传导。激光照射经过一定时间后，表面熔化，熔化等温线向着材料深处传播。表面温度继续升高，但是最高只能达到材料的沸点（金属表面的温度在熔点和沸点之间），温度再高材料将气化成凹坑。随着激光束与工件的相对运动，便形成了一条宽而浅的焊缝。其熔深轮廓近似为半球形，热导焊的机理类似于钨极惰性气体保护焊（TIG）过程。热导焊的局限性是熔深浅，传热过程热损失较大，焊接效率相对较低。优点是焊接过程稳定，熔池平静，不易产生各种焊接缺陷（与激光深熔焊相比），焊接规范简单，易于掌握。

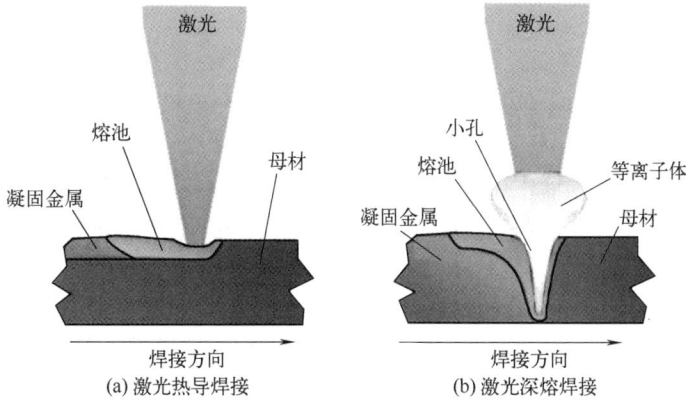

图 4-3 激光焊接模式

激光热导焊接所能达到的熔化深度受到气化温度和激光功率密度的限制，一般较适用于薄板（1mm 左右）的焊接，尤其对于微细部件的精密焊接更有独特的优势。其中，薄片状工件焊接形式有对焊、端焊、中心穿透熔焊。细丝与细丝之间焊接形式有对焊、交叉焊、搭接焊、T 形焊等。丝与块状零件之间的焊接形式有细丝插入预钻孔中、T 形连接、细丝嵌入槽中以及端焊若干种形式。激光热导焊接也可以用脉冲激光来完成，其脉冲波形对焊接质量有很大的影响。焊接铜、铝、金、银等高表面反射率的材料时，为了突破高表面反射率的局限性，可使用一个带有前置尖峰的脉冲使金属瞬间熔化把反射率降下来，实现后续的热导焊过程。而对于铁、镍、钼和钛等黑色金属，表面反射率较低，应采用较为平坦或平顶激光波形来进行焊接。其中，脉冲宽度影响焊接熔深、热影响区的宽度等。脉冲宽度较大，焊接熔深热影响区就较大，反之则小。因此要根据激光功率的大小、目标焊接熔深和热影响区宽度来选择合适的脉冲宽度。

（2）激光深熔焊接

当激光功率密度足够高时，一般高于 $10^6 \, \mathrm{W/cm^2}$ 以上，金属材料表面在激光的作用下，被迅速加热并熔化，并引起材料表面金属的强烈蒸发和气化。金属蒸气离开熔池表面时具有一定的速度，对熔池表面产生一个反冲力，使得熔池表面下陷，形成凹坑。随着激光对工件的持续加热，所产生的金属蒸气压力会不断地压迫周围的液态金属，使凹坑进一步加深，逐渐形成一个孔状的结构，习惯上将其称作"小孔"，如图 4-3（b）所示。小孔形成以后，当金属蒸气对周围液态金属的反冲压力与液态金属的表面张力及自身重力相平衡时，小孔的深度将维持在一个稳定的状态，因此激光深熔焊接也称激光小孔焊接。如果激光功率足够大而材料厚度相对较小，则激光焊接形成的小孔可贯穿整个板厚（基板背面也可以接收到激光能量），这种焊接方法也可称为薄板的激光小孔效应焊接。从焊接原理上看，深熔焊接和小孔效应焊接都是焊接过程中存在着小孔，二者并没有本质的区别。进入小孔内的入射激光能量被吸收后，热能将通过小孔壁传导出去，使周围固态金属材料熔化。随着激光束的移动，小孔不断向前推进，熔融金属填充小孔移开留下的空隙并冷却、凝固，在焊接过程中，小孔始终处于流动的稳定状态，于是便形成了稳定的深熔焊接过程，如图 4-4 所示。

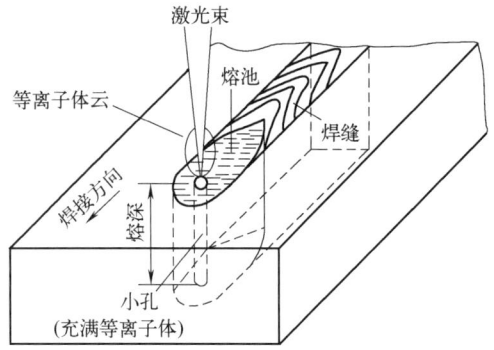

图 4-4 激光深熔焊过程示意图

随着激光束与工件的相对运动，小孔呈现前沿略向后弯、后沿明显倾斜的倒三角状。小孔前沿是激光的作用区，温度高，蒸气压力大，而后沿温度相对较低，蒸气压力较小，在此压力差和温度差作用下，熔融液体绕小孔周边由前端向后端流动，并在小孔后端形成一个旋涡，最后在后沿处凝固。图 4-5 所示为通过激光烧蚀玻璃观察到的，行进中的小孔形态和周边熔融液体流动的情况。由于小孔的存在，使激光束能量深入到材料内部而形成了这种深而窄的焊缝。焊缝的熔深基本上等于小孔的深度，激光辐射照度越大，小孔就越深，焊缝的熔深也就越大。在特大功率的激光焊接中，焊缝深宽比最高可达 12∶1。激光辐射照度必须大于某一数值，才能使材料表面气化蒸发，才能引起小孔效应。这一数值，称为临界辐射照度。这是获得激光深熔焊必需的最低辐射照度。

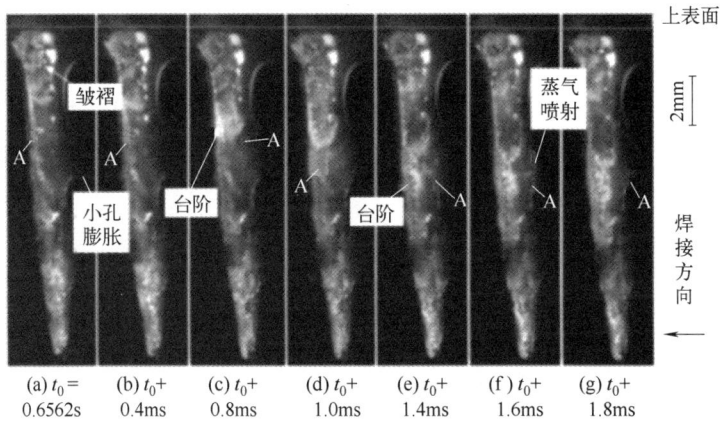

图 4-5 三明治法观测到的 10kW 光纤激光深熔焊小孔动态

激光深熔焊接过程中产生的典型小孔形貌如图 4-6 所示。在能量平衡和液体流动平衡的条件下，可以对小孔稳定存在时产生的一些现象进行分析。只要光束有足够高的功率密度，小孔总是可以形成的。小孔中充满了被焊金属在激光束连续照射下所产生的金属蒸气及等离子体。这个具有一定压力的等离子体向工件表面空间喷发，在小孔之上形成一定范围的等离子体云。小孔周围被液体金属所包围，在液体金属的外面是未熔化金属及一部分凝固金属，熔化金属的重力和表面张力有使小孔弥合的趋势，而连续产生的金属蒸气则力图维持小孔的存在。小孔将随着光束运动，但其形状和尺寸却是稳定的。当小孔跟着光束移动时，在小孔前方形成一个倾斜的烧蚀前沿。在这个区域，随着材料的熔化、气化，在小孔周围存在着压力梯度和温度梯度。在此压力梯度的作用下，熔融材料绕小孔周边由前沿向后沿流动。另外，温度梯度的存在，使得气液分界面的表面张力随温度升高而减小，从而沿小孔周边建立了一个表面张力梯度，前沿处表面张力小，后沿处表面张力大，这就进一步驱使熔融材料绕小孔周边由前沿向后沿流动，最后在小孔后方凝固形成焊缝。并且，小孔的稳定与否是决定焊接质量的关键因素。如图 4-6，小孔的不稳定主要是因为小孔前壁吸收激光能量不均匀，形成了一定的凸台，当激光照射到凸台上时，产生了强有力的金属蒸气，从而对小孔后壁形成了强烈的冲击作用，使得小孔后壁产生剧烈波动，导致气孔缺陷。

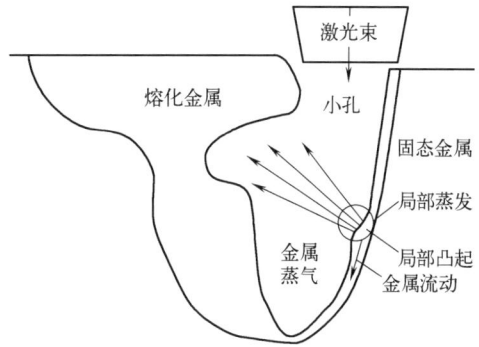

图 4-6 激光深熔焊过程中产生的小孔形貌

激光深熔焊是激光焊接的典型代表，是一种高质、高效且易于自动化的焊接方法。根据其基本原理和方法，可将激光深熔焊的优点总结如下：

① 激光辐射照度高，能量集中，加热范围小，热输入小，因此焊接变形和焊接残余应力较小，提高了焊件精度。

② 激光焊接具有加热和冷却速度快、热影响区窄的特点，从而使得接头的力学性能得到优化。

③ 激光焊接可焊接一般方法难以焊接的高熔点材料，如 Zr、W、Mo、Nb、硬质合金、陶瓷等。这一点对于一些特殊材料和复杂环境下焊接具有重要意义。

④ 激光焊接可实现异种材料的焊接，拓宽了其应用范围。激光焊接的深宽比较大，焊接速度快，生产效率高，这对于提高工业制造的产量和效率具有积极意义。

⑤ 激光焊接可进行远距离或难以接近部位的焊接，使得一些难以到达的位置也能够实现有效的焊接。

⑥ 激光焊接易于控制，可实现自动化生产，降低了人为因素对焊接质量的影响。与同样高能量密度的电子束焊比较，激光焊接不需要真空室，降低了焊接的设备成本和操作复杂性。

但是激光深熔焊接也存在以下局限性：

① 对焊件坡口加工、装配的精度要求高，光斑对中要求严格，而且装配和对中精度不能因焊接过程的干扰而改变。

② 焊接时有等离子体产生，有小孔效应，物理过程十分复杂，控制不当易产生小孔型气孔、过程和成形不稳定、咬边凹陷等焊接缺陷。

③ 用于高功率激光的光学系统，有老化、被污染问题，焊接过程中会产生热透镜效应等现象，对焊接过程和焊接质量产生影响。

除了激光热导焊接和激光深熔焊接模式外，在这两种焊接模式之间还存在一种热导/深熔焊接模式，如图 4-7 所示。这种模式发生在每单位面积中等能量密度的情况

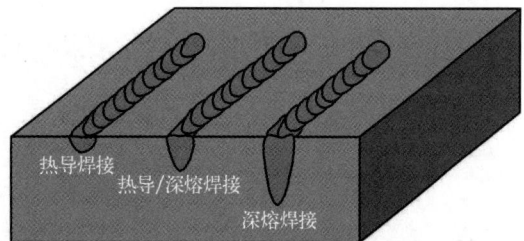

图 4-7 不同激光焊接模式的激光焊接图示

下，并导致比传导状态更大的渗透。在这种情况下，小孔深度较低，可认为是热导焊接与深熔焊接之间的异种特殊过渡模式。

在实际焊接过程中，可根据实际应用需求调整激光焊接工艺参数，来获得不同的焊接模

式。例如当保持焊接速度为 6mm/s，离焦量为 −1mm，侧吹保护气流量为 20L/min 不变的情况下，逐渐提高激光输入功率（从 800W 逐渐提高至 1300W），对所得到的焊缝分别横向切割，在经过打磨、抛光、腐蚀后在光学金相设备下进行观察，得到的焊缝横截面金相形貌如图 4-8 所示。当激光功率为 800W 时，如图 4-8（a）所示，激光功率不足以在熔池中形成小孔，焊缝横截面呈"浅滩"状，说明焊接模式为典型的激光热导焊模式。当激光功率增加至 900W 时，得到的焊缝横截面形貌如图 4-8（b）所示。可以发现，增加了激光功率后，由于热输入量的增加，导致焊缝熔化金属增加，具体表现为焊缝的熔深和熔宽有了一定程度的增加，但还是呈现"碗状"形貌，说明焊接模式依然为激光热导焊。而对应的等离子体电信号特征，如图 4-8（b）所示。当激光功率增加至 1000W 时，得到的焊缝横截面形貌如图 4-8（c）所示，焊缝熔深增加，呈现"钉形"形貌，这说明在焊接过程中出现了"小孔"，焊接模式已经从热导焊模式向深熔焊模式转变。当激光功率由低向高增加时，焊接模式会从激光热导焊向激光深熔焊模式转变，但是在稳定热导焊模式和稳定深熔焊模式之间存在着一种不稳定焊接模式。1000W 焊接功率是形成小孔即出现深熔焊的临界功率，此阶段的功率密度可初步形成小孔，但是在其他焊接条件一定的情况下，此时形成的小孔并不稳定，会有小孔坍塌的现象出现。在焊接过程中小孔从出现到成形后，会存在周期性的坍塌过程，即小孔刚开始形成时，等离子体喷发，当小孔因为外界的影响（例如熔池内液态金属的流动等因素）而坍塌后，会再次向热导焊接模式转变。总之，在激光功率为 1000W 时，认为是从激光热导焊模式向激光深熔焊模式转变的一个过渡模式，此阶段小孔状态并不稳定。当激光功率增加到 1100W 时，如图 4-8（d）所示，与图 4-8（c）（激光功率为 1000W 时的焊缝横截面金相图）相比，焊缝熔深有了较大的增加，为典型深熔焊模式下的焊缝形貌。在激光功率为 1100W 的焊接条件下，焊缝为部分熔透。当激光功率继续增加至 1200W 时，在其他焊接条件不变时，通过增加激光输出功率，增加了焊缝热输入，所以相比于激光功率为 1100W 时，焊缝从部分熔透变成了全熔透，如图 4-8（e）所示。当激光功率为 1300W 时，同样获得了稳定的深熔焊过程，如图 4-8（f）所示。相比于激光功率为 1200W 时的焊缝形

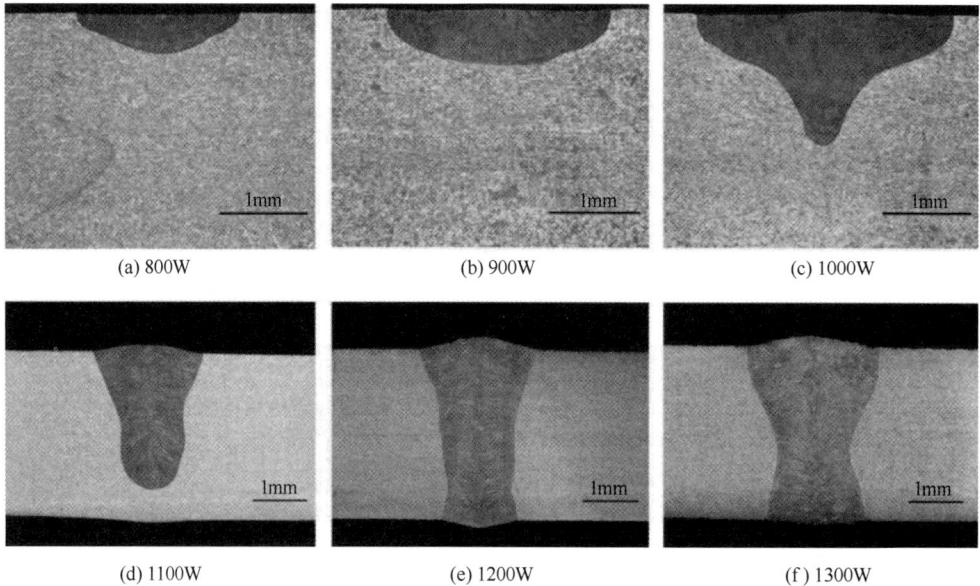

| (a) 800W | (b) 900W | (c) 1000W |
| (d) 1100W | (e) 1200W | (f) 1300W |

图 4-8 焊缝横截面金相图

（a）、（b）热导焊接模式焊缝横截面金相图，（c）激光热导焊接/深熔焊接临界过渡模式焊缝金相图，（d）～（f）激光深熔焊接模式焊缝金相图

貌，虽然都是全部熔透，但是由于激光输入能量的增加，导致了焊缝熔宽有了一定程度的增加，其对应的焊缝呈现"X"形，如图4-8（f）所示，说明焊接过程为典型的深熔焊过程。

相比于激光热导焊接，激光深熔焊接过程中产生的典型物理现象包括激光焊接等离子体和小孔，若要对激光焊接过程有深入的理解和认识，则首先需要了解等离子体和小孔的基本特征。

（3）激光焊接等离子体

任何物质在接收外界能量而温度升高时，原子或分子受能量（光能、热能、电场能等）的激发都会产生电离，从而形成由自由运动的电子、带正电的离子和中性原子组成的等离子体。电离产生等离子体是激光焊接过程中的重要物理现象。在激光焊接过程中，当激光功率密度达到某一阈值时，金属与激光束相互作用，将激光能量转换成热能，金属表面材料发生剧烈的熔化、气化，在熔池上方形成高温金属蒸气。金属蒸气中有一定的初始自由电子，处在激光辐照区的自由电子将吸收能量而被加速，当自由电子具有足够的能量时，就会碰撞周围的金属蒸气粒子和气体粒子，使其发生电离，从而使电子密度雪崩式地增大，形成致密的激光焊接等离子体。激光焊接过程中形成的等离子体是等离子体中的一种。等离子体被称为物质的第四态，是由带电粒子（包括电子、正离子、负离子）和各种中性粒子（包括各种中性分子、原子、活性基团和自由基团等）组成的集合体，等离子体在宏观上保持电中性。等离子体有多种分类方法，按照等离子体所处状态，激光焊接等离子体属于符合局部热力学平衡的低温热等离子体。等离子体电子密度最后达到的数值与复合速率有关，也与保护气体有关。激光加工过程中的等离子体主要为金属蒸气的等离子体，这是因为金属材料的电离能低于保护气体的电离能，金属蒸气较周围气体易于电离。如果激光功率密度很高，而周围气体流动不充分，则可能使周围气体电离而形成等离子体。

在激光焊接过程中，等离子体是激光与物质作用的中心环节。等离子体本身对激光的吸收、散射及折射作用会影响激光到达材料表面的功率密度，进而会对焊缝的质量产生影响。激光辐射材料产生等离子体，而等离子体反过来又会与入射激光发生相互作用，影响激光对工件的辐射。当激光在等离子体中传输时，其能量将部分被等离子体吸收，激光强度逐渐减弱，主要能量吸收机制是逆轫致辐射。入射激光在空气和等离子体的界面上以及穿透等离子体的过程中，都会发生折射，引起入射激光聚焦形态的变化。有文献表明，等离子体的折射率是等离子体电子数密度的函数，且折射率恒小于1，这说明相对于真空介质，等离子体是光疏介质。等离子体的电子数密度越大，折射率越小。当激光束从空气中入射到等离子体中时，就是从光密介质进入光疏介质，激光束的传播方向将会发生改变。而等离子体中在径向和高度方向上存在电子密度梯度，这会导致等离子体折射率发生变化。所以，激光穿过等离子体的过程中，传播方向也会发生变化，会向着等离子体密度较小的区域折射。

总之，由于等离子体折射效应的影响，会使得激光聚焦光斑扩大，相当于焦点向下移动。实际上等离子体相当于一个负透镜，对光束起散焦作用，扩大了激光能量在工件的加热区，降低了工件表面的激光辐射照度，如图4-9所示。负透镜效应的产生会对激光束起到散焦的作用，扩大了等离子体在工件上的加热区，降低了工件表面的激光辐射照度，会严重影响焊接质量。特别是高功率激光深熔焊时，位于熔池上方的等离子体，会引起光的吸收和散射，改变焦点位置，降低激光功率和热源的集中程度，会影响焊接过程。等离子体对激光的吸收率与电子密度和蒸气密度成正比，随激光功率密度增大和作用时间的增长而增加，并与波长的二次方成正比。同样的等离子体，对波长为$10.6\mu m$的CO_2激光的吸收率比对波长为$1.06\mu m$的Nd：YAG激光的吸收率高两个数量级。由于吸收率不同，不同波长的激光产生等离子体所需的功率密度值也不同。Nd：YAG 激光产生等离子体的功率密度比 CO_2 激光的高出约两个数量级。也就是说，用 CO_2 激光进行加工时，容易产生等离子体并受到其影响，而用 Nd：YAG 激光加工时，等离子体的影响较弱。

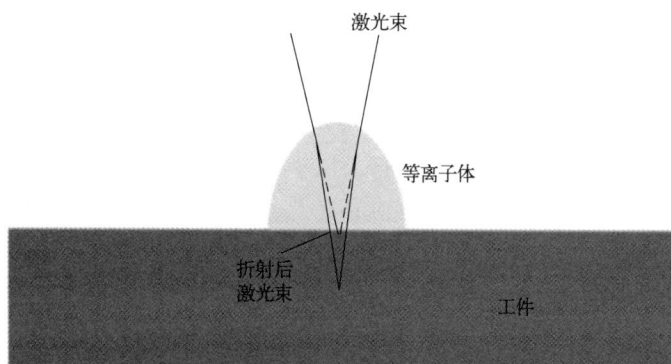

图 4-9　等离子体对激光的折射作用

需要说明的是：激光通过等离子体时，改变了吸收和聚焦条件，有时会出现激光束的自聚焦现象。等离子体吸收的光能可以通过这个渠道传至工件。如果等离子体传至工件的能量大于等离子体吸收所造成工件接收光能的损失，则等离子体反而增强了工件对激光的吸收，这时等离子体也可看作是一个热源，形成的新热源通过热传导的方式加热工件，会造成焊缝形状的改变，出现所谓"钉子状"焊缝。

激光功率密度对于等离子体的形成和作用具有重要影响。根据激光功率密度的不同，可将其划分为以下三个区间：

① 激光能量密度处于形成等离子体的值附近时，对于 CO_2 激光加工而言，相应的激光功率密度约为 $10^6 W/cm^2$。此时较稀薄的等离子体云集于工件表面，形成较稳定的等离子体层。其存在有助于加强工件对激光的吸收。由于等离子体的作用，工件对激光的总吸收率可由 10% 左右增至 $30\%\sim50\%$。

② 激光功率密度介于 $10^6\sim10^7 W/cm^2$ 时，等离子体温度高，电子密度大，对激光的吸收率大，会出现等离子体的形成和消失的周期性振荡，影响焊接过程的稳定性，必须加以抑制。

③ 当激光功率密度大于 $10^7 W/cm^2$ 时，除了金属蒸气外，周围的气体可能被击穿。气体击穿所形成的等离子体，其温度、压力、传播速度和对激光的吸收率都很大，形成所谓激光维持的爆发波，它完全、持续地阻断激光向工件的传播，应尽量避免。一般在采用连续 CO_2 激光进行加工时，其功率密度均应小于 $10^7 W/cm^2$。

另外，激光深熔焊时产生的等离子体或金属蒸气中，存在大量的由金属蒸气原子凝聚后形成的超细微粒子，对入射激光有散射作用。由于粒子的尺寸（<100nm）远小于入射激光的波长，其所产生的散射成为瑞利散射。由于激光焊接等离子体存在对激光的吸收、折射和散射作用，降低了激光到达工件表面的激光功率密度，扩大了激光光斑的加热范围，从而带来了熔深变浅、深宽比减小、热影响区和焊接变形增大等不利影响。为了确保激光焊接质量，国内外学者进行了广泛的研究。到目前为止，可以采取合理选择保护气体和气流量、增加侧吹辅助气体、真空法、横向约束法等对等离子体进行控制，从而保证焊接质量。

除了等离子体对激光的吸收、折射和散射作用，激光深熔焊过程中还存在小孔的壁聚焦效应和激光净化效用。激光深熔焊时，当小孔形成以后，激光束将进入小孔，与小孔壁相互作用时，入射激光并不能全部被吸收，有一部分将由孔壁反射在小孔内某处重新会聚起来，这一现象称为壁聚焦效应。壁聚焦效应的产生，使激光在小孔内部维持较高的功率密度，进一步加热熔化材料。对于激光焊接过程，重要的是激光在小孔底部的剩余功率密度，它必须足够高，以维持孔底有足够高的温度，产生必要的气化压力，维持一定深度的小孔。小孔效应和壁聚焦效应的产生改变了激光与物质的相互作用过程，使能量的吸收率大大增加。净化效应是指 CO_2 激光焊时，焊缝金属中有害杂质元素减少和夹杂物减少的现象。净化效应的产生与不同物质对激光的吸收率不同密切相关。有害元素在钢中主要以两种形式存在：夹杂物或直接固溶在基体中。当这些元素以非金属夹杂物存在时，对于波长为 $10.6\mu m$ 的 CO_2 激光，非金属夹杂物的激光吸收率远大于金属，非金属将吸收较多激光使其温度迅速上升而气化。当元素固溶在金属基体中时，由于非金属元素的沸点低，蒸气压高，会从熔池中蒸发出来，使焊缝中的有害元素减少，这对焊缝金属的性能，特别是塑性和韧性，有很大好处。

4.1.3 基本激光焊接特性

采用激光焊，不仅生产率高于传统的焊接方法，而且焊接质量也得到显著提高。用激光焊接法能焊接的工件厚度，可以从几微米到几十毫米。激光焊与其他焊接方法相比，具有以下优点：

① 焊接装置与被焊工件之间无机械接触，既可避免如热压焊时焊件的变形，又可避免如电阻焊、氩弧焊、气焊等给焊缝金属带来的污染，这对于真空仪器元件的焊接是极为重要的。

② 可焊接难以接近的部位。激光能反射、透射，能在空间传播相当距离而衰减很小，可进行远距离或一些难以接近部位的焊接。激光既可借助于偏转棱镜，也可通过光导纤维引导到难以接近的部位进行焊接，具有很大的灵活性。此外，激光还可以通过透明材料的壁进行焊接，如真空管中电极的焊接。

③ 能量密度大，适合于高速加工。聚焦后的激光具有很高的能量密度，焊接可以深熔方式进行，焊接速度高。由于能量密度大，加热范围小（直径＜1mm），所以加热和冷却速度快，热影响区极小。激光焊残余应力和变形小，能避免"热损伤"，可进行精密零件、热敏感性材料的加工，在电子工业和仪表工业的加工上有着广阔的发展前景。激光焊接与其他焊接热源功率密度比较见表 4-1。

④ 可焊接一般焊接方法难以焊接的材料，如高熔点金属等，甚至可用于非金属材料的焊接，如陶瓷、有机玻璃等。可对绝缘导体直接焊接。用激光焊能把带绝缘（如聚氨酯）的导体直接焊接到线柱上，而用普通焊接方法则需将绝缘层先行剥掉。

⑤ 异种金属的焊接。激光能对钢和铝之类物理性能差别很大的金属进行焊接，并且效果良好，激光焊的深宽比高（可达到 10：1）。和电子束焊相比，激光焊既无真空系统，也不像电子束那样有在空气中产生 X 射线的危险。一台激光器可供多个工作台进行不同的工作，既可用于焊接，又可用于切割、合金化和热处理。

表 4-1 激光焊接与其他焊接热源的功率密度比较

热源		功率密度/(W/cm²)
激光	脉冲	$10^{12}\sim10^{17}$
	连续	$10^{9}\sim10^{13}$
电子束	脉冲	10^{13}
	连续	$10^{10}\sim10^{13}$
电弧		1.5×10^{8}
氢氧焰		3×10^{7}

总之，由于激光焊有以上优点，因此在微型件上的应用日益广泛。随着大功率激光器的出现，激光焊在汽车、钢铁、船舶、航空等行业也得到了较多应用。然而激光焊也有不足之处，例如焊接一些高反射率的金属还比较困难。设备一次性投资比其他焊接方法大，对焊件加工、组装、定位要求均很高。但是随着激光器的快速发展，激光技术在工业上的应用逐渐增加，并慢慢占据主导地位。激光材料加工日益增长的需求可归因于激光加工是非接触式加工，具有高加工质量，低加工成本，高生产效率和柔性加工以及易于自动化等特点。激光材料加工最早和最广泛的应用之一就是激光焊接技术。作为一种无须添加焊料，同时能获得高成形质量、高连接精度、低变形焊件的连接方法，激光焊接技术在过去的几十年里得到了迅速的发展。由于具有其他熔焊方法无法比拟的优势，激光焊接技术越来越受到工业界的关注和认可，已经广泛地应用于众多工业制造领域，如航空航天、汽车与船舶制造等。传统的非激光热源焊接方法主要为电弧焊，包括 TIG、MIG/MAG。与 TIG 相比，采用激光焊接得到的焊缝热影响区窄，焊接残余变形小，几乎可实现焊后直接装配，因此，可以在较薄的材料中以较高的速度进行焊接。缺点是激光焊接需要更精确的焊接条件，严格的公差，投资成本更高。与 MIG/MAG 相比，激光焊接能够实现更高的焊接速度，更少的热输入，产生更少的变形，更高的精度，并且不需要填充材料。目前，激光焊接技术正在逐渐取代传统的焊接技术。

激光焊接技术经过 30 余年的发展，逐步形成了与传统焊接技术相互竞争的局面，是一种大有前途的焊接技术，尽管还存在着一些制约其发展的问题，例如焊接热效率不高、激光焊接等离子体效应、焊接过程中质量在线监控及焊缝纠偏、焊缝成形自适应等。目前各个国家，特别是发达国家，正在将这些问题作为技术基础领域的前沿课题进行研究，可以相信，经过努力，这些问题会得到妥善解决，激光焊接技术会发展得更加完善，应用范围会更加广阔。

按激光输出方式的不同激光焊接分为脉冲激光焊接和连续激光焊接两种。

（1）脉冲激光焊接工艺特性及参数

脉冲激光的作用类似于点焊，在脉冲激光作用的每个周期内激光作用一定时间（脉冲宽度）使金属材料熔化，然后激光关闭材料冷却。脉冲激光焊接时，焊缝的每一区域并不是受到单一脉冲的作用而是受到相邻脉冲的重复作用，可使焊缝得到明显的细化，并在一定程度上减少裂纹产生的倾向。目前，脉冲激光焊接主要用于超薄板材（<0.5mm）、微型结构件、精密光学元件、半导体微电子元件的焊接。脉冲激光焊接的主要工艺参数如下：脉冲宽度（t_p/ms）、脉冲频率（f/Hz）、单脉冲能量（E/J）、焊接速度（v/mm·min^{-1}）、离焦量（Δd/mm）等。在脉冲激光焊接时，脉冲宽度、单脉冲能量、脉冲形状、离焦量等对焊缝成形有重要影响。

① 脉冲能量：脉冲激光焊时，脉冲能量决定了加热能量的大小，它主要影响金属的熔化量；当能量增大时，焊点的熔深和直径增加。

② 脉冲宽度：脉冲宽度主要影响熔深，进而影响接头强度。脉冲宽度决定焊接时的加热时间，它影响熔深及热影响区（HAZ）大小。当脉冲宽度增加时，脉冲能量增加，在一定的范围内，焊点熔深和直径也增加，因而接头强度也随之增加。然而，当脉冲宽度超过一定值以后，一方面热传导所造成的热耗增加，另一方面，强烈的蒸发最终导致了焊点截面积减小，接头强度下降。脉冲能量一定时，对于不同材料，各存在着一个最佳脉冲宽度，此时焊接熔深最大。它主要取决于材料的热物理性能，特别是热导率和熔点。导热性好、熔点低的金属易获得较大的熔深。脉冲能量和脉冲宽度在焊接时有一定的关系，而且随着材料厚度与性质不同而变化。激光是个高能热源，焊接时要尽量避免焊点金属的蒸发和烧穿，这就要

求控制它的能量密度，使得在整个焊接过程中，焊点温度始终保持在熔点和沸点之间。因此金属本身的熔点与沸点之间的距离越大，焊接参数的适应范围就越宽，从而焊接过程越易控制，熔深也越合理。大量研究和实践表明，脉冲激光焊的脉冲宽度下限不能低于1ms，其上限不能高于10ms。

③ 脉冲形状：对大多数金属来讲，在激光脉冲作用的开始时刻，反射率都较高，因而可采用带前置尖峰的光脉冲。前置尖峰有利于对焊件的迅速加热，可改善材料的吸收性能，提高能量的利用率，尖峰过后平缓的主脉冲可避免材料的强烈蒸发，这种形式的脉冲主要作用于低重复频率焊接。而对高重复频率的脉冲激光焊来讲，由于焊缝是由重叠的焊点组成，光脉冲照射处的温度高，因而宜采用光强基本不变的平顶波。而对于某些易产生热裂纹和冷裂纹的材料，则可采用三阶段激光脉冲，从而使焊件经历预热→熔化→保温的变化过程，最终可得到满意的焊接接头。

④ 功率密度：在脉冲激光焊中，要尽量避免焊点金属的过量蒸发与烧穿，因而合理地控制输入到焊点的功率密度是十分重要的。对于大多数的金属来说，达到沸点的功率密度（即焊接的功率密度）在 $10^9 \mathrm{W/m^2}$ 以上。应该指出，只有焊点表面温度接近沸点时，由于温差大，热量传递快，所得到的熔化深度才能最大。激光焊时功率密度决定焊接过程和机理。在功率密度较小时，焊接以传热焊的方式进行，焊点的直径和熔深由热传导所决定，当激光斑点的功率密度达到一定值（$10^6 \mathrm{W/cm^2}$）后，焊接过程中将产生小孔效应，形成深宽比大于1的深熔焊点，这时金属虽有少量蒸发，并不影响焊点的形成，但功率密度过大后，金属蒸发剧烈，导致气化金属过多，在焊点中形成一个不能被液态金属填满的小孔，不能形成牢固的焊点。

⑤ 离焦量：以聚焦后的激光焦点位置与工件表面相接时为零，离焦量是离开这个零点的距离量，在实际应用中激光焦点超过零点时定为负离焦，其距离的数值为负离焦量。反之，在激光焦点不到零点的距离量称为正离焦量。激光焦点上的光斑最小，能量密度最大。通过调整离焦量，可以在光束的某一截面选择一光斑使其能量密度适合焊接。所以调整离焦量是调整能量密度的方法之一。

（2）连续激光焊接工艺特性及参数

与脉冲激光焊接不同，连续激光焊接时激光一直作用于被焊接件表面，连续激光焊接工艺参数主要有焊接功率（P/W）、焊接速度（$v/\mathrm{mm \cdot min^{-1}}$）、离焦量（$D_\mathrm{f}/\mathrm{mm}$）等。与脉冲激光相比，连续激光主要用于较厚的板材焊接。连续激光焊接也可分为热导连续焊接和深熔连续焊接两种。现在大功率激光器能一次焊接厚度达数十毫米的厚板，而其焊缝也是深而窄的。

激光焊由于聚焦后的光束直径很小，因而接头的间隙要小，对接头装配的精度要求高。在实际应用中，激光焊最常采用的接头形式是对接和搭接，此外还有角接和 T 形接头、卷边接头等，如图 4-10 所示。激光焊对接头装配间隙、错边量、焦点的离焦量、激光头运动轨迹与焊缝的平直度等都提出了非常高的要求。为了获得成形良好的焊缝，焊前必须将焊件装配良好。对接时，如果接头错边太大，会使入射激光在板角处反射，焊接过程不能稳定进行。薄板焊时，间隙太大，焊后焊缝表面成形不饱满，严重时形成穿孔。搭接时板间间隙过大，则易造成上下板间熔合不良。例如，对接时，装配间隙应小于板厚的15%，焊接接头的错边量和平面度不大于25%，搭接时，装配间隙应小于板厚的25%。

在激光焊接过程中，工件应该夹紧，以防止热变形。光斑在垂直于焊接运动方向对焊缝中心的偏离量应小于光斑半径。对于钢铁等材料，一般焊前工件表面除锈、脱脂处理即可，但是在要求严格时，可能需要酸洗，焊前用酒精或者丙酮进行清洗。激光深熔焊可以进行全

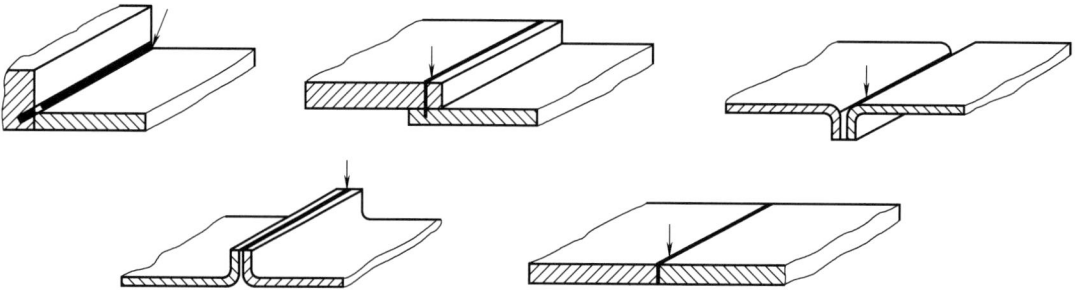

图 4-10 激光连续焊接常用的接头形式

位置焊，在起焊和收弧处的渐变过渡，可通过调节激光功率的递增和衰减过程或改变焊接速度来实现，在焊接环缝时可实现首尾平滑连接。利用内反射来增强激光吸收的焊缝能提高焊接过程的效率和熔深，它也反映了激光焊的优点。而且，虽然一般在激光焊接过程中不需要填充焊丝，但是对于一些特殊的场合，仍需要填充金属材料。其优点是：能改变焊缝化学成分，从而达到控制焊缝组织，改善接头力学性能的目的。在有些情况下，还能提高焊缝抗结晶裂纹的敏感性。另外，允许增大接头装配公差，实践表明，间隙超过板厚的 3%，自熔焊缝将不饱满。填充金属常以焊丝的形式加入，可以是冷态，也可以是热态。填充金属的施加量不能过大，以免破坏小孔效应。以下将说明连续焊接参数对焊接质量的影响。

① 激光功率与焊接速度。连续焊时，当激光功率达到 1kW 以上时，激光照射部位的蒸发会逐渐增强，焊缝的形状便成为深熔型。之所以如此，是因为存在于焊缝熔池处的熔化金属因蒸气压力而被排开，形成所谓的"小孔通道"。在移动加热时，"小孔通道"被光束照射部位后方的熔融金属所填充。由于蒸发所失去的金属可以忽略不计，为了填充难以避免的接头缝隙和蒸发等原因所造成的略为下凹的焊缝形状，也有采用加填充材料的。通常激光功率是指激光器的输出功率，没有考虑导光和聚焦系统所引起的损失。激光焊熔深与激光输出功率密度密切相关，是功率和光斑直径的函数。对一定的光斑直径，在其他条件不变时，焊接熔深 h 随着激光功率的增加而增加。尽管在不同的试验条件下可能有不同的试验结果，但熔深随激光功率 P 的变化可用公式近似地表示为：

$$h \propto P^k$$

式中，h 为熔深，mm；P 为激光功率，kW；k 为常数，$k \leqslant 1$，k 的典型试验值为 0.7 和 1.0。输出功率增大则焊接的穿入深度增大。

激光焊接的功率选用与焊接的工件厚度有关。材料的厚度越大，所用的激光功率就越大。采用的激光功率越高，就能获得更快的焊接速度和更深的焊缝，如图 4-11 所示。焊缝的深度和形状还受焊接速度的影响，焊接速度越快，焊缝越浅。

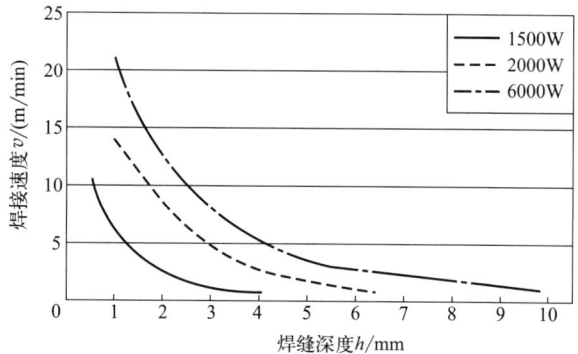

图 4-11 激光功率和焊接速度对焊缝熔深的影响

焊接速度是激光焊接中一个重要的工艺参数，它直接影响到焊接熔深和热输入。在一定的激光功率下，提高焊接速度会导致热输入下降，从而减小焊接熔深。焊接速度与熔深之间存在一个近似关系式：$h \approx 1/(v^r)$。其中，h 代表焊接熔深，v 代表焊接速度，r 是一个小于 1 的常数。这个关系式表明，随着焊接速度的增加，熔深逐渐减小，这主要是因为提高焊接速度会减小激光在焊接区域停留的时间，从而减小热量的输入。另外，焊接速度还影响焊缝金属的性能，因为焊接速度越快，冷却速度也越快，冷却速度过快会使焊缝金属变硬甚至产生开裂。尽管适当降低焊接速度可加大熔深，但若焊接速度过低，熔深却不会再增加，反而使熔宽增大。其主要原因是，激光深熔焊时，维持小孔存在的主要动力是金属蒸气的反冲压力，在焊接速度低到一定程度后，热输入增加，熔化金属越来越多，当金属气化所产生的反冲压力不足以维持小孔的存在时，小孔不仅不再加深，甚至会崩溃，焊接过程转变为传热焊型焊接，因而熔深不会再加大。

② 焦距。短焦距的穿入深度比长焦距的穿入深度大。图 4-12 是焊接不锈钢时，熔深与焦距大小的关系。该曲线是按 $f/6$ 和 $f/18$ 两种聚焦镜绘出的。可以看出，每种焦距的聚焦镜都有一最大的熔深，短焦距 $f/6$ 比长焦距 $f/18$ 的熔深大，$f/6$ 的熔深为 $1.25cm$。但是短焦距的透镜聚焦时聚焦光斑位置只允许很小的变化，离开最大熔深稍远处即使少量的变化，也会引起熔深很大的变化。

③ 光斑直径。指照射到焊件表面的光斑尺寸大小。对于高斯分布的激光，有几种不同的方法定义光斑直径：一种是当光子强度下降到中心光子强度 e^{-1} 时的直径；另一种是当光子强度下降到中心光子强度的平方 e^{-2} 时的直径。前者在光斑中包含光束总量的 60%，后者则包含了 86.5% 的激光能量，推荐 e^{-2} 光束直径。在激光器结构一定的条件下，照射到工件表面的光斑大小取决于透镜的焦距和离焦量。

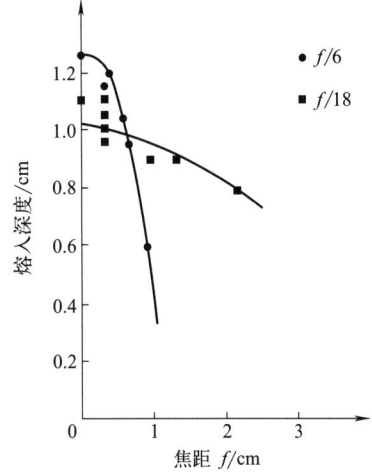

图 4-12 熔深与焦距大小的关系

④ 波长。激光焊接能否进行取决于激光束能量与材料的耦合效率，不同的材料对不同波长激光吸收率是不同的。铝及铝合金、铜及铜合金等非铁金属对 $10.6\mu m$ 波长 CO_2 激光吸收率很低，焊接效果不好；而采用波长为 $1.06\mu m$ 的 Nd：YAG 激光焊接非铁金属的效果比 CO_2 激光要好得多。激光焊接铁合金的效果很好，激光焊接镍铬合金钢时由于其导热性很低，可以获得很快的焊接速度。

⑤ 离焦量（D_f）。激光器发出的高斯光束，在光学系统中按照高斯光束传播变换的规律进行。激光束经过聚焦透镜后，会出现束腰，即最小光斑，最小光斑处就是激光束焦平面位置，是激光束功率密度最大的区域。对于能够正常焊接的激光功率（或是脉冲能量），在焦平面处的激光功率密度往往超过激光焊接所需的功率密度。在焦点位置焊接，可能出现金属气化、熔渣飞溅或是打孔现象。正确的焊接工艺是使焦平面离开工件表面一小段距离，这个距离称为离焦量，如图 4-13 所示。以工件表面为准，焦平面深入工件内部称为负离焦，焦点平面在工件之外称为正离焦。离焦量不仅影响焊件表面激光光斑大小，而且影响光束的入射方向，因而对焊接熔深、焊缝宽度和焊缝横截面形状有较大影响。在离焦量很大时，熔深很小，属于传热焊，当其减小到某一值后，熔深发生跳跃性增加，此处标志着小孔产生，在熔深发生跳跃性变化

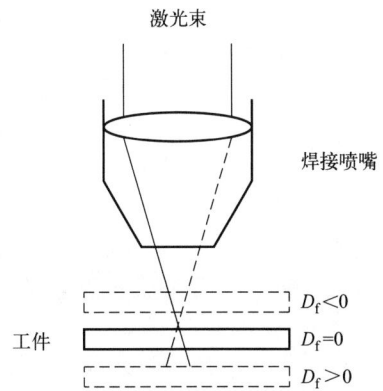

图 4-13 焦平面示意图

的地方，焊接过程是不稳定的，熔深随着离焦量的微小变化而改变很大。激光深熔焊时，熔深最大时的焦点位置位于焊件表面下方某处，此时焊缝成形也最好。在离焦量相等的地方，激光光斑大小相同，但其熔深并不同。其主要原因是壁聚焦效应对离焦量的影响。在离焦量 <0 时，激光经孔壁反射后向孔底传播，在小孔内部维持较高的功率密度。当离焦量 >0 时，光束经小孔壁的反射传向四面八方，并且随着孔深的增加，光束是发散的，孔底处功率密度比前种情况低得多，因此熔深变小，焊缝成形也变差。一般离焦量在焊件表面下 1.25～2.5mm 时较好。

⑥ 保护气体。激光焊时采用保护气体有两个作用：一是保护焊缝金属不受有害气体的侵袭，防止氧化污染，提高接头的性能；二是影响焊接过程中的等离子体，这直接与光能的吸收和焊接机理有关。特别是后一种作用，与所用气体种类关系都很大。气体还保护光学仪器免受焊接飞溅物的损害。快速流动的压缩空气形成的空气刀直接位于光学仪器下方，通过改变喷射物的方向来保护光学仪器以免受到焊接飞溅的影响。大功率激光焊时，在临近熔池表面之上会形成金属蒸气的激光等离子体。这种金属等离子体也就更加容易吸收激光束。由于等离子体的形成及散射现象，激光束的光难以达到焊缝，焊缝穿入深度也就不能增大，使焊接能力显著下降。因此在一段时期内激光焊曾停滞不前，只能焊一些薄件，因而认为激光焊没有发展前途。为了防止这样的激光等离子体的形成，需在激光束照射区喷送适当的气体以去除等离子体，常用的气体有氦气等。随着等离子体的消除，熔深有所增大。产生这样等离子体的激光功率尽管也取决于光束的聚焦性，但是从激光功率来说，大体上在 8kW 级以上。使用喷气体的方法对焊缝的形状也是有影响的，主要表现在焊缝中间稍有弯曲。激光焊时，为了避免焊缝金属的氧化，可像一般惰性气体保护焊一样，对熔池进行气体保护，有时还需要对焊缝背面进行气体保护，具体使用什么气体作保护气体，要根据所焊金属的性质而定。在激光焊过程中采用保护气体，可以抑制等离子体。

抑制等离子体，氦气有较好的优势。氦气有高的电离电位（抵抗等离子体形成），低的分子量（在离子体中有助于电子和离子的重组），良好的导热性（从相互作用区去除能量），但价格高。氦气的密度低，从而减少覆盖和保护焊接点的能力，必须采用高的流动速率。相较于其他工艺气体，氦气产生一个狭小焊缝剖面，高穿透，焊接热影响区狭窄，孔隙率低，焊接过程中能适应各种变化，认为可能是氦气的电离电位（25eV）大于氩气（15eV）的缘故。

使用二氧化碳激光进行焊接试验的结果证明：采用氦气保护比使用氩气时的熔深在熔池上完全排除空气有困难，加一点密度大的惰性气体有好处。在焊速大时，（氦＋10%氩）比用纯氦能提高熔深 30%。氩气是在激光焊接中常用的，特别是用近红外激光束焊接时，因为相对于更短的波长辐射产生的等离子体更透明。氩气的高密度有助于清除等离子体。比起氦气，氩气有一个较低的电离电位，因此也不作为控制等离子的有效手段，但是氩气的密度是氦气的 10 倍，所以用氩气保护焊接熔池更为有效。通过加入 1%～5%氧气或 3%～25%二氧化碳可以改善焊缝的成形，氧气和二氧化碳可以增加润湿，提高成形的质量。氦气里面添加氩的量增加到 50%，可改善焊接的经济效益且可抑制等离子体的产生。

在激光焊接过程中采用保护气体，可以抑制等离子体，其作用机理如下：

其一，通过增加电子与离子、中性原子的相互碰撞来增加电子的复合速率，降低等离子体中的电子密度。中性原子越轻，碰撞频率越高，复合速率越高。另外，保护气体本身的电离能要较高，才不致因气体本身的电离而增加电子密度。氦气最轻，而且电离能高，因而使用氦气作为保护气体，等离子体的抑制作用最强，焊接时熔深最大，氩气的效果最差。但这种差别只是在激光功率密度较高、焊接速度较低、等离子体密度大时才较明显。在较低功率、较高焊接速度下，等离子体很弱，不同保护气体的效果差别很小。

其二，利用流动的保护气体将金属蒸气和等离子体从加热区吹除。气体流量对等离子体的吹除有一定的影响。气体流量太小，不足以驱除熔池上方的等离子体云，随着气体流量的增加，驱除效果增强，焊接熔深也随之加大。但也不能过分增加气体流量，否则会引起不良后果和浪费，特别是在薄板焊接时，过大的气体流量会使熔池下塌形成穿孔。

不同的保护气体，其作用效果不同。一般氦气保护效果最好，但有时焊缝中气孔较多。

喷送气体的方法有以下几种：①侧向下吹气法。在熔池小孔上方，沿侧下方吹送保护气体，其作用是：一方面吹散电离气体，另一方面还有对熔化金属的保护作用。大功率焊接时，一般吹送氦气，因为氦元素位于元素周期表的最右上角，电离能高，不易电离。②同轴吹送保护气体法。与侧向下吹气相比，该方法可将部分等离子体压入熔池小孔内，增强对焊缝的加热。③双层内外圆管吹送异种气体法。喷嘴由两个同轴圆管组成，外管通氦气，内管通氩气。外管氦气有利于减弱等离子体以及保护熔池，内管的氩气可将等离子体抑制于蒸发沟槽之内，此方法适用于中等功率的 CO_2 激光焊。

4.1.4 激光焊接设备与应用

激光焊接是激光材料加工技术应用的重要方面之一，主要分为脉冲激光焊接和连续激光焊接两种。脉冲激光焊接主要应用于厚度在 1mm 左右薄壁金属材料的点焊和缝焊；连续激光焊接大部分采用高功率激光器，主要应用于厚度在 2mm 以上的厚板金属材料的焊接。激光焊接是一种无接触加工方式，对焊接零件没有外力作用。激光能量高度集中，对金属快速加热、快速冷却，对许多零件热影响可以忽略不计，可认为不产生热变形，或者说热变形极小。激光能够焊接高熔点、难熔、难焊的金属，如钛合金、铝合金等。激光焊接过程对环境没有污染，在空气中可以直接焊接。与需在真空室中焊接的电子束焊接方法比较，激光焊接工艺简便，焊点、焊缝整齐美观，易于与计算机数控系统或机械手、机器人配合，实现自动焊接，生产效率高。激光焊缝的机械强度往往高于母材的机械强度。这是由于激光焊接时，金属熔化过程对金属中的杂质有净化作用，因而焊缝不仅美观，而且强度高于母材。激光焊接不仅能焊接各类金属，而且能焊接非金属、半导体和陶瓷等材料。总之，激光焊接在汽车、电子、国防、钢铁和医疗仪器等领域有着广泛的应用。

（1）汽车激光焊接

在汽车工业中，激光技术主要用于车身拼焊和零件焊接，如图 4-14 所示。激光拼焊是在车身设计制造中，根据车身不同的设计和性能要求，选择不同规格的钢板，通过激光裁剪和拼装技术完成车身某一部分的制造，如前窗玻璃框架、车门内板、车身底板、中立柱等。激光拼焊具有减少零件和模具数量、减少点焊数目、优化材料用量、降低零件重量、降低成本和提高尺寸精度等优点，目前已经被许多大汽车制造商和配件供应商所采用。激光焊接还常用于车身框架结构的焊接，如顶盖与侧面车身的焊接，传统焊接方法中的电阻点焊已经逐渐被激光焊接所代替。用激光焊接技术，工件连接之间的接合面宽度可以减少，既降低了板材使用量，也提高了车体的刚度。激光焊接零部件，焊接部位几乎没有变形，焊接速度快，而且不需要焊后热处理，目前激光焊接零部件已经广泛采用，常见于变速器齿轮、气门挺杆、车门铰链等的焊接。使用的焊接机主要有 Nd∶YAG 激光焊接机、高功率 CO_2 激光焊接机和光纤激光焊接机。

（2）钢材激光焊接

硅钢板的厚度一般为 $0.2\sim0.7mm$，常用焊接方法为 TIG，但是焊接后接头脆性较大，

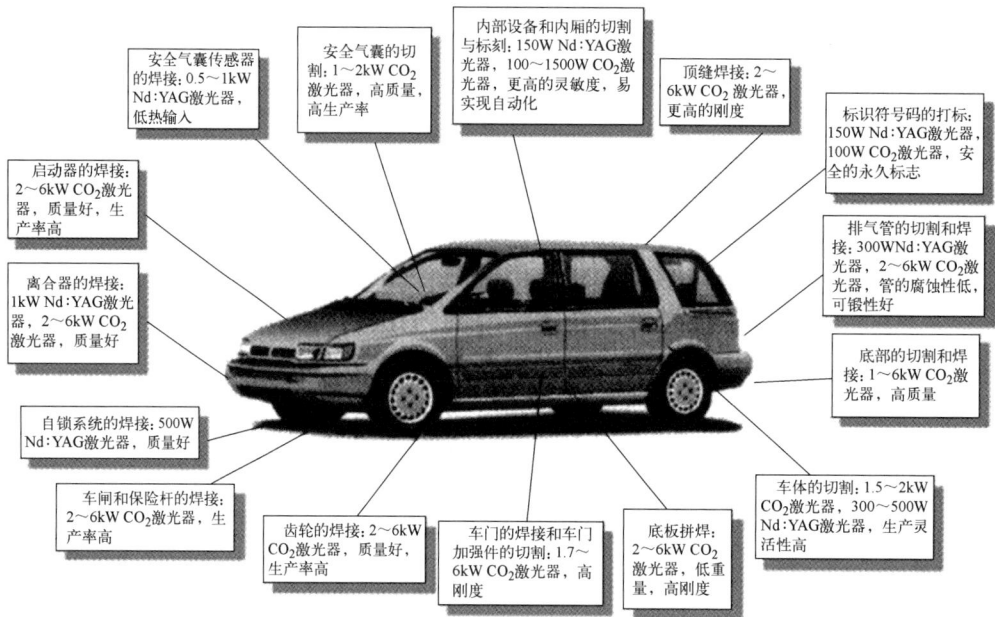

图 4-14 激光加工在汽车生产中的应用

而用激光焊接这类硅钢板，最大焊接速度可达到 $10m/min$，焊接后的接头性能得到了很大的改善。冷轧低碳钢板厚为 $0.4\sim2.3mm$，用 $1.5kW$ CO_2 激光器焊接，最大焊接速度为 $10m/min$，投资成本仅为闪光对焊的 $2/3$。酸洗线上板材最大厚度为 $6mm$，最大板宽为 $1880mm$，材料种类多，从低碳钢到高碳钢、硅钢、低合金钢等，一般采用闪光对焊。焊高碳钢时有不稳定的闪光及硬化，造成接头性能不良。用激光焊可以焊接最大厚度为 $6mm$ 的各种钢板，接头塑性、韧性比闪光对焊有较大改进，可顺利通过焊后的酸洗、轧制和热处理工艺而不断裂。激光焊接钢管的工艺流程：先将带钢制成管坯，再将管坯边部卷制出比激光束焦点直径还小的间隙，激光束的焦点均匀地落在所焊管坯的边部上。由于激光束的能量密度很高，因而在保护气氛中无论是否采用焊丝，都能以较高的速度完成焊接过程。

（3）电子产品激光焊接

由于激光焊焊接热影响区小，加热集中、热应力低，因此激光焊接在集成电路和半导体器件壳体的封装中显示出独特的优越性。在真空器件研制中，显像管电子枪的组装焊接，电子枪由数十个小而薄的零件组成，传统的电子枪组装方法是用电阻焊。电阻焊时，零件受压畸变，使精度下降，并且因为电子枪尺寸日益小型化，焊接设备的设计制造越来越困难。采用脉冲 Nd：YAG 激光焊，激光能通过光纤传输，自动化程度高，易实现多点同时焊，且焊接质量稳定，所焊接的阴极芯装管后，在阴极成像均匀，亮度均匀性方面都优于电阻焊。每个组件的焊接过程仅需几毫秒，而用电阻焊需 $5.5s$。传感器或温控器中的弹性薄壁波纹片其厚度在 $0.05\sim0.1mm$，采用传统焊接方法难以解决，TIG 容易焊穿，等离子焊稳定性差，影响因素多。而采用激光焊接效果很好，得到广泛的应用。激光焊接还可以用于核反应堆零件的焊接、仪表游丝的焊接、混合电路薄膜元件的导线连接等。

用于激光焊接的激光器有很多，最常用的有 Nd：YAG 激光器、高功率 CO_2 激光器、半导体激光器和光纤激光器，如表 4-2 所示。

表 4-2 典型激光器特征及其应用领域

激光器类型	波长/nm	光束模式	输出功率/kW	主要应用领域
Nd:YAG 激光器	1060	多模	0~4	航空、机械、电子、通信、动力、化工、汽车制造等行业的零部件,以及电池、继电器、传感器、精密元器件等工件的焊接,可用于多行业和多种工件的焊接
CO_2 激光器	10600	多模	0~10	齿轮、钢板、暖气片的焊接,用于大型金属零件的焊接
半导体激光器	800~900	多模	0~10	塑料焊接、PCB板点焊、锡焊 小型便携,适用于电子零件和塑料焊接,点焊精度高
光纤激光器	1060	TEMo	0~20	汽车车身焊接,高功率,高精度,对汽车车身材料无损伤,焊接效果好

4.2 先进激光焊接工艺与应用

4.2.1 激光填丝焊接

激光填丝焊与普通填丝焊工艺类似。在激光照射焊缝的同时,送入相应的焊丝。采用激光填丝焊解决了对焊件装夹要求严格的问题,可以实现用小功率激光器焊接厚大的焊件,更重要的是适当地填丝能够改善焊缝质量,获得硬度和塑性较好的焊接接头。

激光填丝焊接的原理如图 4-15 所示,在该工艺中,聚焦光斑不是直接照射到焊件表面,而是照射到焊丝表面。焊丝金属熔化后再进入焊接区。为了保护焊接区轴向气体和控制光致等离子体,需向激光束与焊丝焊枪正面及焊件作用部位吹送保护气体和辅助气体。在激光填丝焊接系统中,轴向气体沿激光束轴线加入,用于保护激光聚焦镜头不受熔滴的污染;第二路保护气体从焊枪侧面加入,以旁轴形式吹出,用于保护熔池和压缩由于激光激励产生的等离子体;第三路气体从焊接夹具背面加入,可直接保护焊缝背面熔池。该工艺的关键是焊丝的

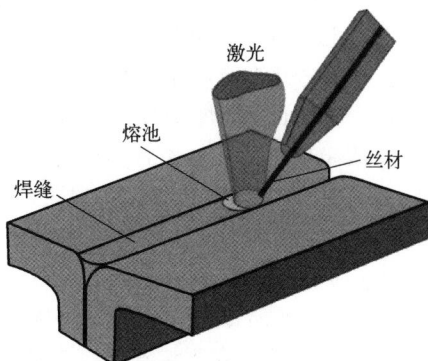

图 4-15 激光填丝焊接原理

送进方式和送进设备,由于激光是一个聚集点热源,光斑直径很小,一般在 1mm 以下,为使焊接时焊丝始终处在聚焦光斑的照射之下,要求焊丝必须具有良好的指向性。大厚度板窄间隙焊时,焊丝的伸出长度很长,对焊丝指向性的要求更高,采用填充焊丝激光焊送丝系统必须具有较传统焊接方法更加优异的焊丝校直功能。激光深熔焊时不可避免地会产生光致等离子体,等离子体对激光能量的吸收和散射将显著降低加工效率,窄间隙焊时光致等离子体的热作用还会导致坡口塌陷从而使焊接过程无法进行,因此对焊接过程中形成的等离子体必须加以控制。填充焊丝激光焊的等离子体控制技术是实现该工艺的另一关键,根据激光功率、被焊材料的性质、使用要求等可分别使用 CO_2、He、Ar 或其混合气体来消除等离子体的影响。

（1）激光填丝焊接特点

在无填丝的薄板焊接时，是由母材的自熔化将被焊金属焊接在一起的，很容易产生焊缝金属下塌，特别是较大功率条件下，热输入较大时，下塌现象更严重。此外，在无填丝情况下，对母材的加工和装配的精度要求都较高，如对接间隙太大或不均匀都会造成焊缝质量不稳定。而激光填丝焊具有以下特点：

① 添加有用的合金成分改变和控制焊缝的成分，提高接头质量。在激光填丝焊中，焊缝的化学成分及冶金性能是由母材和焊丝的成分按一定熔合比共同确定的。调整填丝成分和焊接参数可以实现对焊缝成分和冶金性能的控制。采用激光填丝焊还可以直接实现各种异种金属的对接，由于可选择任意合金成分的焊丝作为最佳的焊缝过渡合金，因而可以保证两侧母材的连接具有最佳性能，只经一次焊接即可实现异种金属的对接。

② 母材的加工和装配精度要求降低，节省成本。无填充焊丝激光焊对焊件坡口的准备要求很高，坡口间隙要求达到0.1mm的数量级。采用填充焊丝后，对激光切割坡口和普通剪切坡口都可进行激光焊，且焊缝成形好。采用激光填丝焊不仅降低了激光焊对焊件坡口加工精度的要求，而且降低了对焊件装配精度的要求，当装配间隙达到1mm时仍然可以得到良好的焊接结果。

③ 可以焊接更厚的材料，容易实现多层焊。不采用填充焊丝Ⅰ形坡口单道激光焊时，焊接熔深有限，无法实现大厚度焊件的激光连接。例如采用6kW CO激光在焊接速度为0.2mm/min的极慢情况下，熔深也只有10mm左右。由于焊接速度慢，热输入增加，焊缝宽度和热影响区明显增大，失去了激光焊的特点和优势。采用填充焊丝，实现了小功率激光焊接大厚度焊件，解决了常规激光焊不可能解决的工艺难点。焊缝深宽比高达5∶1～7∶1，而且热影响区小，焊接质量高。

综上，激光填丝焊具有广阔的应用前景。

（2）激光填丝焊焊接参数

激光填丝焊的主要焊接参数包括激光功率、焊接速度、送丝速度、坡口间隙、送丝角度等，由于激光填丝焊焊接参数增多，因此必须解决好焊接参数的匹配问题。

① 激光功率要足够大，焊丝才能获得较好的加热并熔化，否则焊丝熔化较差，焊缝成形不好。激光功率对焊接质量的影响主要表现在对熔池温度和熔池存在时间的控制上。如果激光功率过小，则熔池温度和存在时间不足，导致焊缝熔合不良，甚至无法形成焊接接头。而当激光功率过大时，可能会引起熔池过热和存在时间过长，这会使得焊接接头过热，导致母材热影响区的晶粒粗大和脆化，从而降低焊接接头的强度和韧性。

② 送丝速度与焊接速度。过大的送丝速度将导致焊缝余高增大或焊丝来不及熔化，如果送丝速度太小则会产生不规则的焊缝成形。焊接速度不能太快，否则熔化的焊丝与母材无法充分融合，导致焊接质量下降。因此，在激光填丝焊过程中，需要根据激光功率、母材厚度、坡口形状和焊接质量要求等因素来确定合适的送丝速度和焊接速度。

③ 焊丝直径必须适宜，在满足焊丝指向性的前提下，尽可能采用细焊丝。焊丝直径在0.8～1.6mm均可获得良好的焊缝。

④ 激光束的位置。焊丝相对于激光束的位置是一个重要焊接参数，焊丝末端对激光轴线的偏移量应控制在0.8mm之内，当偏移量大于这一值时，焊丝将不能完全熔化而触及熔池，造成不连续焊缝。

⑤ 送丝方式。由于激光光束聚焦光斑沿焊接方向的直径为0.3mm，而焊丝直径大于激光束聚集光斑直径，所以焊丝进入熔池比较困难，选择合理的送丝方式对焊缝成形起着重要作用。送丝方式分为前送丝和后送丝两种方式，如图4-16所示。

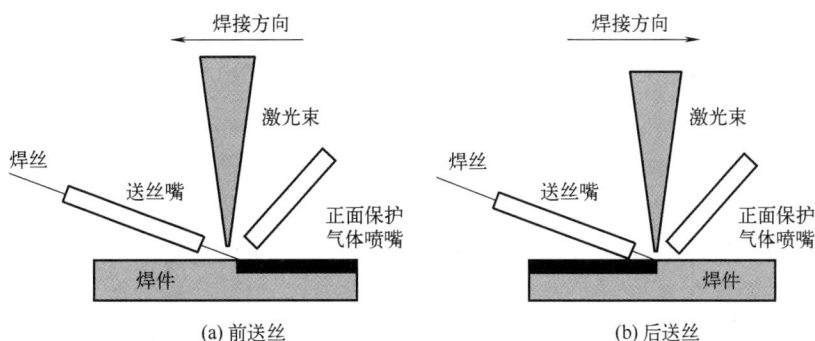

图 4-16 两种送丝方式示意图

前送丝是焊丝以一定的送丝角度从熔池前方送进，使焊丝端部处于激光聚焦光斑上，焊丝端部受到激光照射，迅速熔化进入熔池，并与熔池金属熔合。后送丝方式是焊丝以一定送丝角度从熔池后方送进，使焊丝端部处于激光聚焦光斑上，焊丝端部熔化后进入熔池尾部并迅速凝固。前送丝方式焊缝成形较好，这是因为激光直接照射焊丝，使得焊丝熔化更充分；而后送丝方式焊丝是通过熔池上方等离子体和熔池热辐射及热传导加热，热量不足以使焊丝与母材金属完全熔合。因此，一般选择前送丝方式。送丝角度是填充焊丝与焊件表面之间的夹角。送丝角度是否合适，会影响填充焊丝对激光的反射，从而影响到激光对焊丝的加热效果。送丝角度过小，一方面造成焊丝伸出长度变长，导致焊丝指向性下降，有时焊丝会偏离激光束；再者会影响填充焊丝对激光的反射。送丝角度过大，虽然焊丝对激光的反射减少，但给焊丝的调整带来困难，因为很小的位置偏差就会使聚焦光斑与焊丝的接触点在垂直方向上发生很大的变化。一般焊丝伸出长度应不大于 8mm，送丝角度控制在 20°～35°效果较好。

4.2.2 激光-电弧复合焊接

激光焊是一种高效率、高精度、适应性强的焊接方法。但在激光焊时，遇到以下一些问题：由于光束直径很小，要求被焊焊件装配间隙小于 0.5mm；在激光焊开始还未形成熔池时，热效率极低；在大功率激光焊时，产生的金属蒸气和保护气体一起被电离，在熔池上方形成等离子体，当激光束入射到等离子体时，会产生折射、反射、吸收，改变焦点位置，降低激光功率和热源的集中程度，即激光焊接时等离子体的负面效应，从而影响焊接过程。

为避免单独激光焊所存在的问题，激光-电弧复合焊成为最好的解决方案之一。激光-电弧复合热源既综合了两种焊接热源的优点，又相互弥补了各自的不足，还产生了额外的能量协同效应。激光-电弧复合焊的两种热源相互影响和支持，焊接速度比单纯激光焊高，是传统电弧焊速度的 5～10 倍。同时，其焊缝的熔深和根部焊缝的熔宽都比单纯的激光焊大，激光的热源有引导熔融填充金属流向焊缝底部的作用，所以复合焊的焊缝光滑、疲劳强度高，应力集中系数也得到了改善。它能充分发挥两种热源各自的优势，弥补单一热源焊接方法的不足，能较好地克服激光焊接存在的一些局限性，例如搭接能力差、对工件坡口加工装配精度要求高，大功率激光器价格昂贵，容易产生气孔、咬边等焊接缺陷，对铝、铜、金等高反射的金属焊接比较困难，等等。由于与电弧焊复合，使得熔池宽度增加，装配要求降低，焊缝跟踪容易。由于电弧可以解决初始熔化问题，对激光的反射减少，提高了激光的吸收率，从而可以大大降低激光器的输出功率。同时电弧焊的气流也可以解决激光焊金属蒸气的屏蔽问题，从而避免表面凹陷所形成的咬边，而激光焊的深熔和快速、高效、低热输入特点仍保持。激光-电弧复合焊是一种高效率的焊接方法。激光-电弧复合焊与其他焊接技术相比，无论是从工艺角度，还是从经济角度来看，复合焊接技术都有着无与伦比的优点，势必成为未来的焊接主力，成为目前工业上最具应用前景的焊接方法之一。

在过去的几年间，激光与次要热源（主要为电弧）的联合使用引起重大关注，原理如图 4-17 所示。激光-电弧复合焊接时，激光与电弧同时作用于金属表面同一位置，外加电弧后，低温低密度的电弧等离子体使光致等离子体稀释，激光能量传输效率提高。同时电弧对母材进行加热，使母材温度升高，母材对激光的吸收率提高，焊接熔深增加。另外，激光熔化金属为电弧提供自由电子，降低了电弧通道的电阻，电弧的能量利用率也提高，从而使总的能量利用率提高，熔深进一步增加。激光束对电弧还有聚焦、引导作用，使焊接过程中的电弧更加稳定。

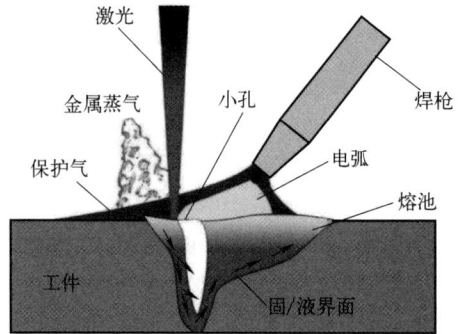

图 4-17 激光-电弧复合焊接原理示意图

激光-电弧复合焊主要有以下几种形式。在复合焊中，参与复合的激光包括 Nd：YAG 激光、CO_2 激光等。电弧包括 TIG 电弧、MIG/MAG 电弧以及等离子弧，称为激光-钨极惰性气体保护电弧（TIG）复合焊、激光-熔化极惰性气体保护电弧（MIG、MAG、CO_2）复合焊、激光-等离子弧复合焊等，利用各种复合形式焊接所得的结果也不尽相同。同时根据激光、电弧在焊接时的空间位置不同，又可将其分为旁轴和同轴两大类。与常用的旁轴激光-电弧复合焊相比，同轴激光-电弧复合焊可以在焊件表面提供对称热源，焊接质量不受焊接方向影响而适于三维焊接。

激光-电弧复合的形式一般是气态或固态激光器与 TIG、MIG 或等离子弧复合。在复合两种热源的过程中，形成了一种增强适应性的焊接方法。激光与电弧相互作用的机理主要包括以下几方面。

① 在激光束的辐射下，金属气化，电离产生高温、高密度的激光等离子体。在激光焊时，等离子体吸收、散射激光能量，降低激光束的穿透能力和焊接效率，它是不利因素。然而，当激光与电弧复合后，等离子体的作用有所不同，激光等离子体为电弧提供了一条导电通道，该通道的电阻最小，因此，大部分电子通过该通道流入焊件，电弧的体积被压缩了。随着电弧的体积被激光压缩，电弧的电流密度也增加了。图 4-18 所示为 TIG 电弧与激光-TIG 复合热源的电流密度分布。可以看出，激光改变了电弧的工作模式，使电弧电流在激光聚焦点处更为集中，复合激光后电弧的电流密度能够提高 2～4 倍。

② 电弧焊接阳极区的导电机构主要是通过热电离或电场电离产生的带电粒子形成阳极斑点，而且通常阳极斑点容易跳跃，当与激光复合后，激光焊

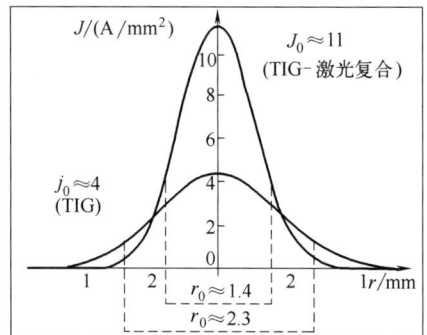

图 4-18 TIG 电弧与激光-TIG 复合热源的电流密度分布

接形成的小孔熔池附近的等离子体，为电弧提供了导电的带电粒子，使阳极斑点非常稳定，而且小孔处温度较高，从而导致电弧偏向小孔处。这种现象在高速焊接时尤为明显。对于电弧焊接，当焊接速度超过 2m/min 时，就不能形成稳定的电弧，而复合激光后，即使焊接速

度提高到 10m/min，电弧仍然被牢牢地固定在激光焊所形成的小孔处。另外，与激光复合能够使电弧引燃变得更容易。例如单独采用交流 TIG 焊接铝合金时，在电流的负半轴不易引燃。当采用激光与交流 TIG 复合焊后，由于激光与电弧之间的相互作用，交流电弧引燃变得很容易，电弧稳定。

③ 当附加小电流电弧时（30～50A），激光焊时等离子体的密度可以被降低。这种稀释作用能够降低激光焊时等离子体对激光的散射、吸收，进而增加材料对激光的吸收率，增加熔深。经测定单独电弧、单独激光和激光-电弧复合三种情况的电子密度后发现：激光与电弧复合后使电子密度降低，即等离子体被稀释了。

激光复合焊接的发展经历了三个阶段。第一阶段为激光复合焊接的发明阶段，约经历了 17 年的时间。由伦敦帝国理工学院的 Willian Steen 等首先引出了激光复焊的概念，将 CO_2 激光和电弧（TIG）联合应用于焊接和切割。在这些初始试验中，观察和描述了激光与电弧相互作用的基本特性。例如，在激光聚焦区域内，阳极斑点的收缩和激光辐射的影响能稳定电弧的行为。从实践的观点出发，激光复合焊接在焊接薄板时焊速可急剧增加。试验很清晰地表明，与单纯激光焊接相比，复合焊速提高了 50%～100%，熔深增加了 20%，而焊接过程更加稳定（焊缝更窄）。

激光复合焊接发展的第二阶段中，观察到激光会影响弧柱行为，改善弧焊功效，使激光强化电弧焊技术得到使用。工艺特征是仅需使用很低的激光功率，要求的功率比总电弧功率还小。激光复合焊的第三阶段起始于 1990 年，连续 CO_2 激光已经很好地用于工业中。将激光作为主要热源，附加电弧作为次要热源已成为可能。这种连接工艺有一些弱点。例如，对焊接装配和夹具要求很高，高的凝固速度会导致气孔和裂纹的产生，以及对激光设备高的投资和使用成本。另外，单独用激光不能满意地解决大规模的焊接应用，例如，汽车工程的剪裁板的焊接，造船工业条件下的厚板焊接技术，以及裂纹敏感材料的高速焊接。在过去 10 年间，研究开发了一些可行的重要的工业应用的复合焊接的工艺方法。试验了不同热源的组合以及大量不同工艺的配置。

总之，激光-电弧复合焊集合了激光焊接大熔深、快速、变形小的优点，又具有间隙敏感性低、焊接适应性好的特点，是一种优质高效焊接方法。其特点有以下几点。

① 有效地利用激光能量。激光焊的能量利用率低的重要原因是焊接过程中产生的等离子体云对激光的吸收和散射，且等离子体对激光的吸收与正负离子密度的乘积成正比。如果在激光束附近外加电弧，电子密度显著降低，等离子体云得到稀释，对激光的消耗减小，焊件对激光的吸收率提高，而且由于焊件对激光的吸收率随温度的升高而增大。电弧对焊接母材接口进行预热，使接口开始被激光照射时的温度升高，将母材熔化，也使激光的吸收率进一步提高，所以激光能量利用率提高。尤其对于激光反射率高、热导率高的材料更加显著。实现在较低激光功率下，获得更大的熔深和较快的焊接速度，有利于降低成本。

② 激光等离子体具有高温、高密度的特点，而电弧则是低温、低密度等离子体。激光复合电弧后使激光等离子体密度大大降低，使其对激光的吸收系数减小，增大了激光的穿透能力。另外，电弧首先对焊接部位进行加热，提高了焊件表面温度，预热后的焊件可以提高对激光的吸收率，从而提高激光焊接效果。在电弧的作用下，母材熔化形成熔池，而激光束又作用在电弧形成熔池的底部，加之液体金属对激光束的吸收率高，因而复合焊较单纯激光焊的熔深大。

③ 在电弧对激光产生作用的同时，激光对电弧的稳定燃烧也起到很好的作用。在一般 TIG 中，当焊接速度较快时，阳极斑点就不稳定，特别是在小电流情况下，产生电弧漂移现象。若并用激光焊，则 TIG 电弧就借助激光引起的等离子体而得以稳定。在激光作用下，

激光束焦点处产生金属蒸气,为电弧形成阳极斑点提供了条件。因此,电弧被激光吸引,激光束对电弧有聚焦、引导作用,在高速焊接条件下获得稳定燃烧的电弧,这对复合加热是极其有利的。电弧对等离子体有稀释作用,可减小对激光的屏蔽效应,同时激光对电弧有引导和聚焦作用,提高了焊接过程稳定性。

④ 在激光焊时,由于热作用和热影响区很小,焊接端面接口容易发生错位和焊接不连续现象;峰值温度高,温度梯度大,焊接后冷却、凝固很快,容易产生裂纹和气孔。而在激光与电弧复合焊时,由于电弧的热作用范围、热影响区较大,可缓和对接口精度的要求,减少错位和焊接不连续现象;而且温度梯度较小,冷却、凝固过程较缓慢,有利于气体的排出,降低内应力,减少或消除气孔和裂纹。由于电弧焊使用焊丝或容易使用填丝,对装配间隙要求降低,间隙适应性好,采用激光-电弧复合焊的方法能减少或消除焊缝的凹陷,有利于减小气孔生成倾向。

⑤ 用电弧焊的填丝能改善焊缝成分和性能,对焊接特种材料或异种材料有重要意义。

下文将对几种典型的激光-电弧复合焊工艺进行介绍。

(1)激光-TIG复合焊接

激光-TIG复合焊是最早出现的一种复合焊形式,主要用于薄板金属的焊接(板厚小于2mm),尤其适合于焊接高热导率的金属。激光可以通过一定方式与TIG电弧进行复合。采用激光与TIG旁轴焊接时,激光在前可以除去母材金属表面的氧化物及杂质,使得钨极所受污染大大减少,延长了钨极寿命。TIG采用直流正接,与交流TIG相比,能量输入、能量密度都有增加,明显地提高焊接速度,改善了单一TIG焊接速度慢、效率低的缺点。单独TIG小电流焊接时,电弧不稳定,断续漂移,焊缝成形不良,不均匀,有咬边产生。当采用激光与TIG复合焊后,电弧稳定,不再出现断弧现象,焊缝成形良好。由此可知采用激光与TIG复合焊后可提高焊缝稳定性,改善焊缝的表面成形质量。其原因是激光加入后,其熔化、蒸发金属为电弧提供了良好的导电通道,使电弧燃烧的阻力减小,电场强度降低,增加了电弧的稳定性。单独电弧焊因电弧能量不够集中而使熔宽较大,熔深较浅;单独激光焊因能量集中,产生小孔效应,熔深较大,深宽比较小;复合焊则形成熔透充分熔宽也大幅增加的焊缝。其原因是电弧对材料表面起预热作用,提高了材料的表面温度,增大了材料对激光的吸收率;再者激光改变了电弧热源特性,激光与电弧复合时,电弧被吸引到激光与材料的光斑上,电弧中心的温度急剧升高,可达2000K,当电弧中心与周围环境的温差越大时,焊接时电弧收缩越强烈,因此电弧能量越集中,这样就增大了焊接熔深,并且可以明显提高焊接速度,改善单一TIG时效率低的状况。激光束产生等离子体和小孔,使得薄板上的阳极斑点更加稳定,大大提高了焊接速度。并且激光复合电弧后,小孔的直径进一步扩大,有利于小孔中气体的逸出,这对于减少焊缝中的气孔非常有帮助。20世纪90年代又出现了激光与TIG同轴焊接,这种焊接方法无方向性,焊接过程比较稳定,焊接速度也大大提高。而且焊接过程中小孔直径可以达到单一YAG(钇铝石榴子石晶体)焊时的1.5倍,这非常有利于气体的逸出,可以减少焊缝中的气孔。

总之,激光-TIG焊接方法的工艺特点如下:

① 利用电弧增强激光作用,可用小功率激光器代替大功率激光器焊接金属材料;

② 在焊接薄件时可高速焊接;

③ 可增加熔深,改善焊缝成形,获得优质的焊接接头;

④ 可以降低母材端面坡口装配精度要求。

激光-TIG复合焊接方法的工艺参数选择应遵循一定规律。当焊接电流一定时,随着激光功率的增大而焊接熔深增加。激光小孔效应是提高焊件能量吸收率的决定性因素。激光小孔形成以后，焊件将通过激光光束在小孔壁上的菲涅耳反射和等离子体反转轫致辐射，大幅度提高激光能量吸收率，否则激光能量只能通过热传导传输，焊件对能量吸收率将急剧降低。当激光功率小时，作用在焊件上的能量有限，不能形成较强的光致等离子体和"小孔"，激光对电弧的引导和稳定作用有限，熔深仅随热输入的增加而缓慢增加，表现为热传导焊的特征。在激光功率增大时产生了小孔效应，电弧会因为小孔的吸引而不再漂移、跳跃，大量带电粒子从激光等离子进入电弧，导致电弧电阻降低，电流增加，根据最小电压原理，电弧将受到压缩，从而使电弧能量更为集中；其次，位于焊件表面的激光等离子体会因为带电粒子进入电弧而被稀释，有效抑制激光等离子体的膨胀，这将减少激光束在其中因为折射和散射而散失的能量，提高了焊件对激光能量的吸收，提高了焊接熔深，焊接过程由热传导焊变成深熔焊。电弧电流激光功率一定时，随着电弧电流的增加，熔深增加，电流越大，熔宽越大。由于焊接电流较大时热输入较大，故熔宽较大。但是在焊接电流较大的条件下，随着激光功率的增加，熔宽变化不大，因为激光功率的增加主要导致熔深的增加。而在焊接电流较小，激光功率由小变大时，熔宽变化缓慢，在激光功率较大（如 2～3kW）时熔宽变化十分显著。这是由于在小电流条件下，激光功率大于 2kW 时，会出现小孔效应，激光对小电流电弧的引导作用强，能够强烈压缩电弧，焊件对能量的吸收急剧增加，导致熔宽变化显著。电弧电流较大时，电弧弧柱尺寸较大，电弧弧柱发生阶跃式膨胀，电弧根部的压缩现象消失，等离子趋于稳定，激光对大电流电弧的引导作用有限，不能强烈压缩电弧，故熔宽随激光功率的变化不大，处于比较稳定的范围。由上可以看出，在小电流条件下，激光对电弧的压缩作用强，焊接熔宽与两热源的热输入关系密切；在大电流情况下，等离子膨胀、长大，激光对电弧的引导作用变弱，仅电弧电流是焊接熔宽的决定性因素。

另外，在激光-TIG 复合焊接中，热源的复合效果对两者间距十分敏感，存在一个最佳间距（2～3mm），该条件下焊接熔深最深。随着间距的变化，焊接熔深存在一个最大值。当间距为 1～2mm 时，焊接熔深较小，这是因为激光直接作用在钨极附近，部分能量用于加热钨极，导致激光能量散失严重，穿透能力下降，熔深较小。在间距为 2～3mm 时得到最大熔深（3mm），是其他参数下的 1.46～2.54 倍。随着间距的增加，激光与电弧两者等离子逐步分离，相互作用开始减弱；另一方面，保护气体由喷嘴至熔池的距离增加，对熔池的保护作用和激光等离子体屏蔽的抑制能力也相对减弱，降低了焊件的激光吸收率。在间距更大时，激光电弧等离子体完全分离，焊接熔深与单独激光焊熔深相当。此外，保护气体复合焊接焊缝熔深以及焊接过程的稳定性与保护气体密切相关，焊缝熔深取决于光致等离子体的高度，而光致等离子体的形状又取决于保护气体的参数。保护气体对等离子体形状的影响是通过激光与电弧等离子体的相互作用以及等离子流的方向及速度两种方式来实现的。

（2）激光-MIG/MAG 复合焊接

这种复合焊接方法利用了填丝焊的优点，增加了适应性。MIG/MAG 电弧的方向性要比 TIG 电弧方向性强，所以电弧与激光位置之间的关系尤为重要。与激光-TIG 复合焊接相比，激光-MIG/MAG 焊焊接板厚更大、焊接适应性更高。MIG/MAG 弧焊工艺的加入有助于提高间隙搭桥能力，降低了单一激光焊接时坡口制备的精度要求。复合焊接中电弧的能量输入可以方便地控制冷却状态。熔覆金属的加入可以改善单一激光焊接时的焊缝微观组织，提高焊缝的综合力学性能。激光前置时容易起弧，并且在合适的规范下可以改变熔滴过渡方式，使得焊接过程更加稳定，大量地减少了单一 MIG/MAG 焊接时的飞溅，同时也减少了焊接后处理的工作量。激光-MIG/MAG 复合焊由于存在送丝装置，所以大多数是采用旁轴复合，但是同轴复合也可以实现。研究中发现，当电弧与激光位置完全重合时，激光能量主要用于熔化焊丝而不是形成小孔，因此改变激光与电弧相对位置可增大熔深。并且在复合焊接时，焊接方向对接头形状会有一定程度的影响。

激光-MIG/MAG 复合焊的特点如下：

① 电弧增强激光的作用，提高焊接速度，可用小功率激光器代替大功率激光器进行焊接，改善焊接质量，减少坡口端面精度要求；MIG 电弧可以解决初始熔化问题，从而可以减小激光器的功率。MIG 的气流可以解决激光焊金属蒸气的屏蔽散射问题；在激光与电弧相互作用下，焊接过程变得更加稳定，而且能在增加熔深的同时提高焊接速度。

② 能够添加合金元素调整焊缝金属成分，并可消除焊缝凹陷。MIG 焊丝进入熔池，可调整焊缝金属成分，改善焊缝冶金性能，改善焊缝的微观组织，提高接头的综合力学性能，也可避免表面凹陷形成的咬边。同时，输入的电弧能量能够调节冷却速度，进而改善微观组织。焊接时，热输入相对较小，也就意味着焊后变形和焊接残余应力较小，这样可以减少焊接装夹、定位、焊后矫形处理等工序。

③ 熔池宽度增加，装配要求降低。通过激光和电弧的相互作用及焊丝材料的填充，激光-MIG/MAG 复合焊能够在较宽的装配公差内获得良好的成形焊缝，大幅度降低焊前装夹精度要求，提高焊接效率，拓宽了使用范围。所以，激光-MIG/MAG 复合焊不仅焊接过程更加稳定，而且形成的熔池也比激光焊大，因而搭接能力好，允许有更大的焊接装配间隙。

4.2.3 双光束激光焊

在激光焊过程中，由于激光功率密度大，焊接母材被迅速加热熔化、气化，生成高温金属蒸气。在高功率密度的激光继续作用下，极易生成等离子体云，不仅减少焊件对激光的吸收，而且使焊接过程不稳定。若在较大的深熔小孔形成后，减小继续照射的激光功率密度，而已经形成的较大的深熔小孔对激光的吸收较多，结果激光对金属蒸气的作用减小，等离子体云就能减小或消失。因而，用一束峰值功率较高的脉冲激光和一束连续激光，或者两束脉冲宽度、重复频率和峰值功率有较大差异的脉冲激光对焊件进行复合焊接。在焊接过程中，两束激光共同照射焊件，周期地形成较大深熔小孔后，适时地停止一束激光的照射，可以使等离子体云变得很小或消失，其对激光的吸收和散射减小，焊件对激光能量的吸收率提高，以加大焊接熔深，提高焊接能力。

双光束主要的实现方式有两种：一种是通过分光镜利用光学方法将一束激光分成两束；另一种为使用两束单独的激光束进行组合。将一束光分为两束，针对不同原理的激光器有不同的分光方法。常用的激光器有 CO_2 激光器和光纤激光器。对于 CO_2 激光器，常见的分光方法如图 4-19 所示，使用两个反射镜作为分光镜改变一部分光束的传播方向进行光束的分离，或通过调整两个可移动镜片模块之间的相对位置和大小使得同一束光的不同部分在不同位置聚焦，以形成双光束。对于光纤激光器，一般采用透射镜分光的方法，由激光器产生单光束，经过聚焦透镜之后形成平

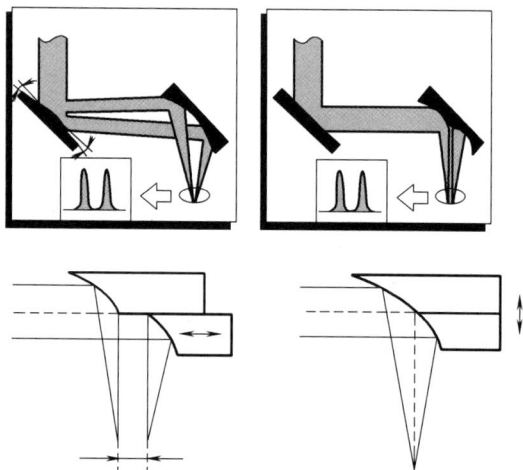

图 4-19　1CO_2激光器双光束出光示意图

行光，通过一个可调节的楔形透光镜片后一部分光束传播方向发生了改变，最后通过准直镜片形成两道平行光束。两道光束之间的能量比值和间距可以通过改变透光镜片的位置来

调整。

在双光束激光焊接过程中，常见的光束排布方式有三种，分别为串行排布、并行排布及混合型排布，即同时在焊接方向和焊接垂直方向上存在距离，如图 4-20 所示。通过实验观察，针对串行焊接过程中不同光斑间距下出现的小孔及熔池的不同形态，又可进一步划分为单熔池、公共熔池和分离熔池三种状态，其中单熔池和分离熔池呈现的特点与单激光焊接类似，如图 4-21 所示。

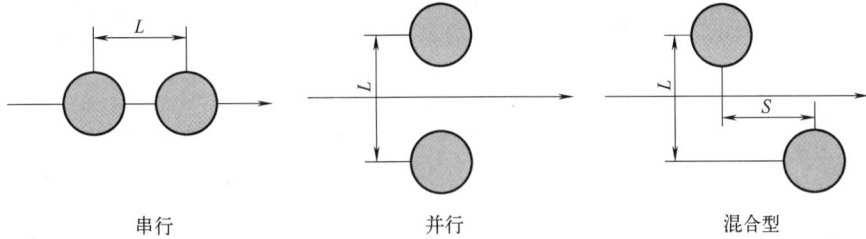

图 4-20 双光束排布方式

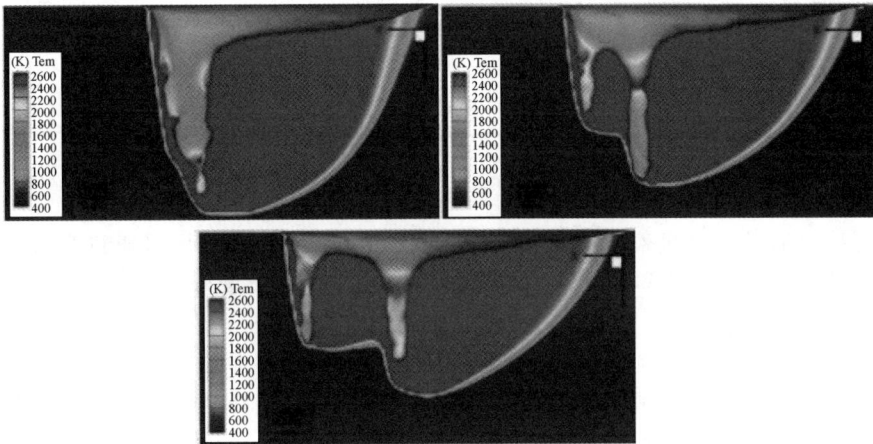

图 4-21 串行焊接的三种机制

在双光束激光焊接的焊接过程中，由于引入了第二道光束，增加了如能量比、光斑间距、排布方式等工艺参数，不同缺陷的抑制有了新的手段，使得激光焊接的工业应用范围得到扩展。与此同时，在一定的光斑间距条件下，焊接过程中将不可避免地出现双小孔逐渐分离的趋势。在表面张力及反冲压力的剧烈作用下小孔周围存在气液界面的剧烈波动，若存在分离的小孔，则小孔之间也将难以避免地发生复杂而剧烈的作用，如图 4-22 所示。

众多学者的研究结果表明，相较于常规的激光焊接，双光束激光焊接能改善表面成形、气孔、热裂纹及咬边等缺陷，可以显著提高焊接的稳定性。通过降低冷却速率可以明显改善接头性能，采用不同排布方式还能降低对间隙、对中、错边的敏感度，适合不等厚板的焊接。换句话说，双光束激光焊接也可看成激光复合焊接的特例，只是辅助热源是激光束。双光束激光焊接方法的提出是为了解决激光焊接对装配精度的适应性及提高焊接过程的稳定性、改善焊缝质量，尤其是对薄板焊接和铝合金的焊接。双光束激光焊接，可将同一种激光采用光学方法分离成两束，也可采用两个激光器发出的激光进行组合。双光束激光焊接在焊接过程中同时使用两束激光，光束排布方式、光束间距、两束光所成的角度、聚焦位置以及两束光的能量比，都有相关参数设置。

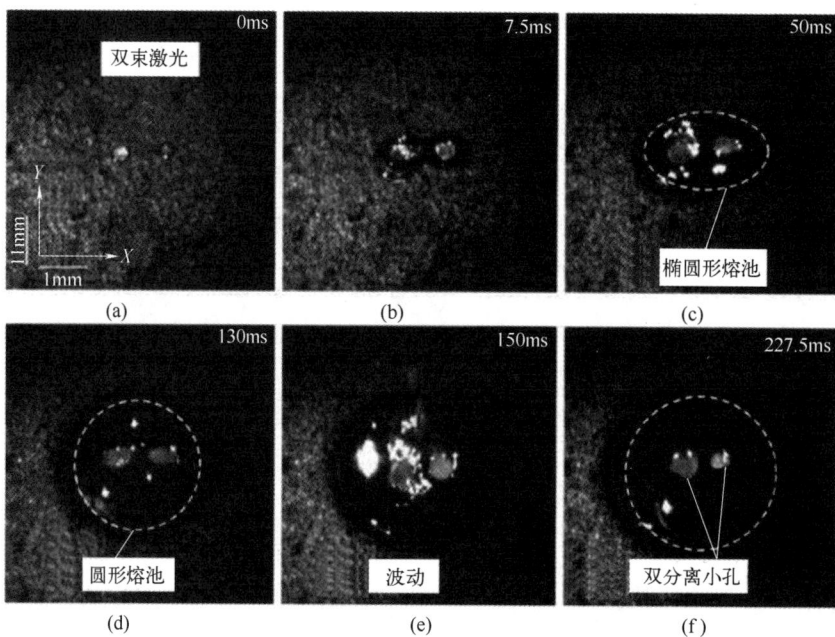

图 4-22 双光束激光焊接小孔之间的剧烈作用

4.2.4 激光热丝焊接

激光焊接具有功率密度高、热影响区（HAZ）小、形变小、焊接质量高等显著特点，对加工尺寸精度要求较高的零件尤其具有优势，已逐步应用于重型工业如汽车、航空航天、石油化工、核电制造等领域。但是，由于激光焊接加工的区域细小，对零件装夹精度要求较高，是激光加工应用中的瓶颈问题。激光填充冷丝焊接未采用加热措施，激光束的能量很大部分用于熔化焊丝上，导致焊接速度降低。激光填充热丝焊接时由于焊丝进行预热，在激光能量与电流热量的共同作用下实现焊丝熔化并形成焊接熔池，减少了焊接过程中金属熔化对激光能量的依赖，使得焊缝金属熔化与填充效率提高；同时，通过控制预热焊丝温度，可使焊接过程稳定，提高焊接效率与工艺过程能量利用效率。因此，激光热丝焊接在表面堆焊和窄间隙焊接中得到广泛应用。

激光填丝焊有传统的激光填充冷丝焊，及新近出现的激光填充热丝焊（简称激光热丝焊），两者在工艺过程上的能量效率存在差异。激光填充冷丝焊接未采用加热措施，激光束的能量有很大部分用于熔化焊丝上，导致焊接速度降低。激光填充热丝焊接时由于焊丝进行预热，不仅减少了焊丝所消耗的激光能量，还有效提高了焊接速度。激光热丝焊的原理示意图如图 4-23

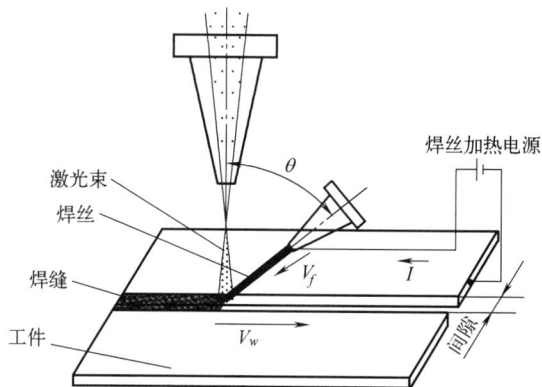

图 4-23 激光热丝焊接原理图

所示。通过增加一套焊丝预热和送丝设备，即采用电阻加热方式，对填充焊丝进行电阻预加热，在一定范围内电流将焊丝加热至近熔点温度。当被加热焊丝送至距激光光束与焊丝部位交汇点约 3~5mm 处，该距离能有效避免焊丝金属被氧化，且避免了加热焊丝温度降低过量的问题。此时，焊丝表面温度较高，较少的激光能量用于熔化焊丝，也有一部分激光能量被焊丝反射损耗，而大部分的激光能量用于熔化母材形成熔池。所以，激光热丝焊在激光能量与电流热量的共同作用下实现焊丝熔化并形成焊接熔池，减少了焊接过程中金属熔化对激光能量的依赖，提高了填充焊丝对激光光能的吸收，有效提高激光能量利用效率。

当未对焊丝采用加热措施时，激光束的能量有很大一部分作用在焊丝上，这无疑会降低焊接速度。为了充分利用激光束的能量优势，引入了热丝焊接工艺。热丝焊接减少了激光消耗在焊丝上的能量，从而提高了焊接速度。激光热丝焊接工艺需增加一套预热设备。一般采用电阻加热，可直接将电极接在送丝滚轮上，通过大电流将焊丝在瞬间加热至接近熔点温度。当焊丝被送到焊接熔池边时，由于焊丝表面温度很高，仅需很少的激光能量就能将其熔化。而熔化的焊丝能吸收大量的激光能量，并向基材传导。同自熔焊接相比，热丝焊接更有利于激光能量的吸收。因此，激光热丝焊接的焊接速度可以比自熔焊接更高。为了避免焊丝金属被氧化，被加热的焊丝部位距激光束与焊丝的交汇点仅有 3~5mm，这样可以避免加热的焊丝温度过度降低。聚焦镜与被焊工件之间应有足够的距离，用于安装加热装置，宜采用焦距较大的镜片。尽管焦距增大时，焦斑直径随之增大，降低了功率密度，不利于能量吸收，但增大焦距可以增大焦深，这对厚板焊接更有利。激光填丝焊接由于能够提高接缝间隙的宽度，改善焊接接头的组织和性能，增强焊接厚板和异种金属能力，极大地拓宽了激光器的应用范围。对填丝焊接的进一步研究，可以为能量激光器开拓市场，促进激光产业的发展，加快对传统工业的改造。填丝焊接的研究具有广阔的前景。

4.2.5 激光-感应热源复合焊接

将电磁感应和激光两种热源结合起来，形成激光-感应热源复合焊技术，用高频感应热源对焊件进行预热，在焊件达到一定温度后，再用激光对焊件进行焊接。这不仅使焊件预热到一定的温度，提高焊件对激光的吸收率，使激光能量利用率提高，而且实现了电磁感应和激光焊接过程的同步加热或后热，使热影响区温度梯度减小，降低焊接后焊件冷却速度，使凝固和随后的固态冷却过程变得缓慢，改善焊接接头的组织和性能，提高焊缝强度，减少或消除气孔和裂纹的生成，减少或防止薄壁焊件变形。可在激光功率一定的情况下增加焊接熔深，保证焊缝成形，提高焊接接头质量的可靠性。在这种复合焊工艺中，由于用高频感应热源对焊件进行预热，在焊件达到一定温度后，再用激光对焊件进行焊接，因此这种工艺要求焊件材料能被感应热源加热。为有效地将高频感应与激光两种热源结合起来，达到理想的焊接效果，对感应加热设备的体积、大小、感应线圈的效率等均提出了较高的要求。加热焊件的感应圈对焊件形状有所限制，根据高频感应线圈的形状，激光-感应热源复合焊主要有两种形式：一种是用于管状或棒状焊件的焊接；另一种是用于平板的焊接。激光-感应热源复合焊应用于钢管的焊接如图 4-24 所示，其原理是用高频感应线圈预热钢管，用激光进行焊接。

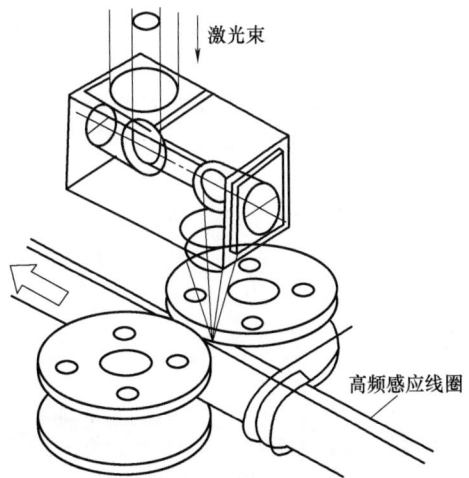

图 4-24 激光-感应热源复合焊应用于钢管的焊接

4.2.6　激光钎焊

熔钎焊是熔点相差较大的异种材料连接的理想的焊接方法。但是采用电弧作为热源需要克服很多问题。首先，为尽可能地抑制金属间化合物的形成，必须使高熔点合金保持在固态，但是由于两种合金的电子发射率及逸出功的不同会导致电弧的漂移，此外由于氧化膜、杂质等影响也会引起电弧的跳动，很难将高熔点合金完全保持在固态，容易引起接头脆化。其次，电弧的能量密度低，在焊接过程中为保证低熔点材料熔化需要较慢的焊接速度，致使热输入较高，固态的材料与液态金属在高温下相互作用的时间变长，致使界面反应过于激烈。虽然，近年来出现了一种CMT（冷金属过渡焊接）方法，用其来焊接异种合金可较为有效地控制界面反应，但是对界面反应控制得不够"精细"，对于对接接头的焊接仍然存在着上述的问题。

激光钎焊是以激光为热源加热钎料的钎焊技术。激光钎焊技术是近几年来随着激光技术的进步而迅速发展起来的一种新型焊接方法，它利用激光束的能量将两种金属材料熔化并连接在一起。激光钎焊具有高精度、高速度和高效率等特点，被广泛应用于各种材料的连接和加工。

在激光钎焊过程中，激光束首先将两种金属材料表面加热至熔点，然后将两种金属材料对接在一起。激光束的能量会通过两种金属材料的表面传递，使它们熔化并混合在一起。当激光束移开后，两种金属材料会迅速冷却并凝固，形成牢固的焊接接头。

激光钎焊可以分为几种不同的类型，其中比较常见的有激光反射熔钎焊和激光热导熔钎焊。激光反射熔钎焊是利用反射镜将激光束反射到金属材料表面，使金属材料熔化并形成焊接接头。这种焊接方法适用于连接表面不平整的金属材料，例如不锈钢板、铝板等。激光热导熔钎焊是利用激光束的热传导作用将金属材料加热至熔点并形成焊接接头。这种焊接方法适用于连接比较薄的金属材料，例如铜板、镍片、镀锌钢板等。

激光钎焊具有许多优点。首先，激光钎焊的加热速度非常快，可以在短时间内将金属材料加热到熔点，因此可以大大缩短焊接时间和提高生产效率。其次，激光钎焊的加热范围非常集中，可以将能量高度集中于焊接区域，从而减少了对周围区域的热影响和变形。此外，激光钎焊的接头强度高，可以获得高质量的焊接接头，避免了传统钎焊方法存在的气孔、裂纹等缺陷。最后，激光钎焊的设备成本相对较低，并且可以进行自动化和智能化生产，从而降低了生产成本和提高了生产效率。激光钎焊被广泛应用于各种材料的连接和加工。例如，它可以用于不锈钢、铝、铜、镍等金属材料的连接和加工；可以用于各种合金材料的连接和加工；可以用于各种非金属材料的连接和加工；可以用于各种复合材料的连接和加工；等等。此外，激光钎焊还可以用于各种工业制造领域，例如汽车制造、航空航天、电子设备、医疗设备等领域。

总之，激光钎焊是一种高效、高质量的焊接方法，具有广泛的应用前景。随着技术的不断发展和完善，激光钎焊将会在更多的领域得到应用和推广。

参考文献

[1]　张文钺. 焊接冶金学（基本原理）[M]. 北京：机械工业出版社，2012.
[2]　陈武柱. 激光焊接与切割质量控制 [M]. 北京：机械工业出版社，2010.
[3]　肖先锋. 基于光学诊断的激光焊接特性研究 [D]. 长沙：湖南大学，2019.
[4]　刘顺洪. 激光制造技术 [M]. 武汉：华中科技大学出版社，2011.
[5]　韩国明. 现代高效焊接技术 [M]. 北京：机械工业出版社，2018.

[6] 张明军，陈根余，毛聪，等. 高功率光纤激光深熔焊接小孔特征直接观测 [J]. 北京工业大学学报，2015，41 (12)：1822-1827.

[7] 庞盛永. 激光深熔焊接瞬态小孔和运动熔池行为及相关机理研究 [D]. 武汉：华中科技大学，2011.

[8] MATSUNAWA A，KIM J D，SETO N，et al. Dynamics of keyhole and molten pool in laser welding [J]. Journal of Laser Applications，1998，10 (6)：247-254.

[9] 赵圣斌. 不同焊接模式下的 YAG 激光等离子体电信号特征分析 [D]. 天津：天津大学，2017.

[10] M BECK，P BERGER，H HUGEL. The effect of plasma formation on beam focusing in deep penetration welding with CO_2 lasers [J]. Journal of Physics D：Applied Physics，1995，28 (12)：2430-2442.

[11] 金佑民，樊友三. 低温等离子体物理基础 [M]. 北京：清华大学出版社，1983.

[12] GRIEM H R. Principle of Plasma Spectroscopy [M]. Cambridge：Cambridge University Press，1997.

[13] GRIEM H R. Plasma spectroscopy. New York：Mc Graw-Hill publishing，1964.

[14] STEEN W M，MAZUMDER J. Laser material processing [M]. 4th ed. London：Springer，2010.

[15] 贝克非 G. 激光等离子体原理 [M]. 庄国良，褚成译. 上海：上海科学技术出版社，1981.

[16] WANG C，MENG X X，HUANG W，et al. Role of side assisting gas on plasma and energy transmission during CO_2 laser welding [J]. Journal of Materials Processing Technology，2011，211：668-674.

[17] MATSUNAWA A. Physical phenomena and their interpretation in laser materials processing [J]. ICALEO [C]，Orlando：Laser Institute of America，1984：35-42.

[18] P Yu SHCHEGLOV，A V GUMENYUK，I B GORNUSHKIN et al. Vapor-plasma plume investigation during high-power fiber laser welding [J]. Laser Phys，2013，23：016001-7.

[19] 肖荣诗，梅汉华，左铁钏. 辅助气体对激光焊接光致等离子体屏蔽的影响 [J]. 中国激光，1998，23 (11)：1045-1050.

[20] 史俊锋，肖荣诗，左铁钏. 激光深熔焊接光致等离子体行为与控制 [J]. 激光杂志，2000，21 (5)：40-42.

[21] LOCKE E V. Deep penetration welding with high power CO_2 lasers [J]. IEEE J. of Quantum Electronics，1972：QE-8 (2).

[22] SABBAGHZADEH J，DADRAS S，TORKAMANY M J. Comparison of pulsed Nd：YAG laser qualitative features with plasma plume thermal characteristics [J]. J. Phys. D：Appl. Phys，2007，40：1047-1051.

[23] 张林杰，张建勋，段爱琴. 侧吹辅助气流对激光深熔焊接光致等离子体的影响 [J]，焊接学报，2006，27 (10)：37-40.

[24] 王振家，苏严，陈武柱. 激光焊接侧吹工艺研究 [J]. 热加工工艺，2004，6 (4)：49-50.

[25] HAMADOU M，FABBRO R，CAILLIBOTTE G，et al. Study of assist gas flow behavior during laser welding [C]. Proceedings of ICALEO，2002.

[26] ZHAO Y，ZHU K L，MA Q J，et al. Plasma behavior and control with small diameter assisting gas nozzle during CO_2 laser welding [J]. Journal of Materials Processing Technology，2016，237：208-2015.

[27] LUO Y，TANG X H，DENG S J，et al. Dynamic coupling between molten pool and metallic vapor ejection for fiber laser welding under subatmospheric pressure [J]. Journal of Materials Processing Technology，2016，229：431-438.

[28] LUO Y，TANG X H，LU F G，et al. Effect of subatmospheric pressure on plasma in fiber laser welding [J]. Journal of Materials Processing Technology，2015，215：219-224.

[29] CHEN Q T，TANG X H，LU F G，et al. Study on the effect of laser -induced plasma plume on penetration in fiber laser welding under subatmospheric pressure [J]. The International Journal of Advanced Manufacturing Technology，2015，78 (1)：331-339.

[30] 王占宏. 脉冲激光焊接 Hastelloy C-276 合金熔池流动行为分析 [D]. 大连：大连理工大学，2012.

[31] 郑启光. 激光加工设备与工艺 [M]. 北京：机械工业出版社，2010.

[32] 毛睿. 双光束激光焊接熔池流动行为数值模拟及实验研究 [D]. 武汉：华中科技大学，2020.

[33] PANG S，CHEN W，ZHOU J，et al. Self-consistent modeling of keyhole and weld pool dynamics in tandem dual beam laser welding of aluminum alloy [J]. Journal of Materials Processing Technology. 2015，217：131-143.

[34] 马国龙. 双焦点光纤激光焊接特性及熔池行为研究 [D]. 哈尔滨：哈尔滨工业大学，2017.

[35] 韦海英. 激光热丝焊接工艺能效建模与应用研究 [D]. 长沙：湖南大学，2018.

[36] 陈树海. Ti/Al 异种合金激光熔钎焊工艺与连接机理 [D]. 哈尔滨：哈尔滨工业大学，2009.

第**5**章 激光表面改性技术

5.1 激光熔覆技术

5.1.1 激光熔覆基本原理

激光熔覆源于表面堆焊技术，是近几十年发展起来的一种重要的材料表面改性技术。它是以高能密度的激光为热源在基材表面熔覆一层熔覆材料，使之与基材实现冶金结合，在基材表面形成与基材具有完全不同成分和性能的合金层的表面改性方法。这种工艺技术可以用单独的轨迹相互交叠覆盖，应用于大面积的改性。但是它的独特功能是能够熔覆多种合金材料并且适合处理小面积区域。用激光熔覆可以使表面性质满足局部工作要求，开创了一种新的工程材料的表面处理方法。激光熔覆过程类似于普通喷焊或者堆焊过程，只是所采用的热源为激光束。因此，可采用与堆焊相同的技术指标评价其工艺特点，如熔覆速率、稀释率等。激光熔覆的目的是将具有特殊性能的熔覆合金熔化于普通金属材料表面，并保持最小的基材稀释率，使之获得熔覆合金材料自身具备的耐侵蚀、耐腐蚀、耐磨损性能和基材欠缺的使用性能。稀释率可以通过测量熔覆层横截面积的几何方法进行实际计算，如图 5-1 所示，具体计算公式如（5-1）。稀释率是激光熔覆工艺控制的最重要参数之一。激光熔覆过程中，在保证熔覆材料和基体材料达到冶金结合的前提下，希望基体的熔化量越少越好，以保证熔覆层合金原有的性能（高硬度、耐磨性、耐蚀性及抗氧化性）不受损害。

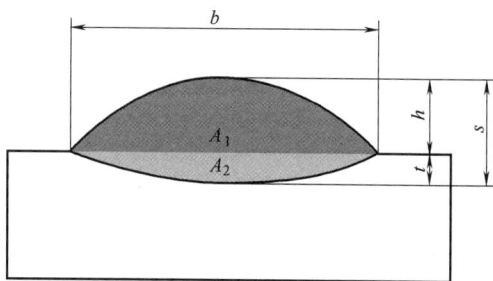

图 5-1 单道激光熔覆层横截面积示意图

稀释率的大小直接影响熔覆层的性能。稀释率过大，则基体对熔覆层的稀释作用大，损害熔覆层固有的性能，而且加大了熔覆层开裂、变形的倾向；稀释率过小，则熔覆层与基体不能在界面形成良好的冶金结合，熔覆层容易剥落。因此，控制稀释率是获得良好熔覆层的关键。激光熔覆层的稀释率应尽可能低，一般认为，稀释率应该小于 10%，以保证涂层的良好性能。

$$稀释率 = \frac{基体熔化面积}{涂层面积 + 基体熔化面积} \times 100\% = \frac{A_2}{A_1 + A_2} \times 100\% \qquad (5-1)$$

利用激光熔覆技术可以节约具有战略价值且昂贵的合金元素，在低成本基体上制备出性能上与传统冶金方法不同的高性能涂层，发挥合金的特殊性能，获得具有合金或其他复合材料所特有性质的表面涂层。这类表面涂层与制造部件的整体相比具有厚度薄、面积小的特点，但却承担着工作部件的主要功能，适用于高磨损、强冲击、高温或腐蚀环境下对局部有特殊性能要求零部件的表面性能改进。利用激光熔覆技术可以解决材料使用性能和加工性能之间的矛盾，实现传统方法难加工材料的加工或功能梯度材料的激光束制备，大大扩展材料的应用范围。激光熔覆可使熔层的升温和冷却速度都达到 $10^6℃/s$。激光束可瞬间熔化粉末层，同时使基体表面微熔并与熔层形成牢固的冶金结合。激光束对熔层快速加热和冷却，使热作用时间短，基体熔深小，熔层与基体间的元素互扩散大大降低，熔层稀释率小。同时，为保证基体材料和熔覆材料实现冶金结合，在激光熔覆过程中，客观上要求必须有一定量的基体熔化。

表 5-1 比较了激光熔覆和其他表面改性技术在金属和非金属熔覆材料应用上的优点和缺点，与其他材料表面改性技术如表面电弧堆焊、火焰喷涂和等离子体喷涂相比，激光表面熔覆技术具有以下几个方面的优点：

① 激光功率密度高，作用时间短，基体材料的热影响区和加工应力变形小；

② 熔覆层组织致密，晶粒细小，微观缺陷小，性能优异；

③ 熔覆层与基材呈良好的冶金结合，结合强度较高；

④ 激光熔覆过程加热冷却速度极快，合金熔池在快速凝固过程中易获得具有特殊性能的亚稳态合金；

⑤ 激光表面熔覆过程可精确控制，后续机械加工量小；

⑥ 激光熔覆对环境的污染小；

⑦ 熔覆层成分设计柔性大，易实现选区熔覆和自动化控制。

表 5-1　激光熔覆和其他表面改性技术的比较

特性	激光熔覆	焊接	热喷涂	CVD	PVD
结合强度	高	高	中	低	低
稀释	低	高	无	无	无
材料	金属陶瓷	金属	金属陶瓷	金属陶瓷	金属陶瓷
厚度	$50\mu m \sim 2mm$	$1\sim 10mm$	$50\mu m \sim 1mm$	$0.05\sim 20\mu m$	$0.05\sim 10\mu m$
可重复性	中到高	中	中	高	高
热影响区	低	高	高	非常低	非常低
可控性	中到高	低	中	中到高	中到高
费用	高	中	中	高	高

基材在激光熔覆以前，通常要进行表面预处理以去除熔覆部位的油污与锈蚀。二者是预置层或熔覆层产生裂纹、剥落等缺陷的重要原因。除油可采用低温加热（260～420℃）或溶剂清洗的方法。常用的溶剂有三氯乙烯、全氯乙烯、乳化液或碱溶液等。喷砂处理可以除锈并使基材毛化，增加激光的能量吸收。按照材料的送给方式可以将激光熔覆技术大致分为预置式激光熔覆和同步式激光熔覆。

（1）预置式激光熔覆

预置式激光熔覆是将熔覆材料通过热喷涂、电镀和手工黏结方法将之预先置于基材表面，然后采用激光束快速扫描使其熔化，待其凝固后形成熔覆层。如图 5-2 所示。预置式激光熔覆的主要工艺流程为：激光束材熔覆表面预处理—预置熔覆材料—预热—激光加载—后处理。熔覆材料以粉、丝和板的形式加入，其中以粉末的形式最为常用。预置扫描方向式激光熔覆可获得大面积涂层，涂层厚度均匀，与基体结合强度高。

当激光束加热材料时，首先熔化低热导率的粉末，进而熔化基材表面，再向中心部扩展。当熔化前沿达到基材时，由于基材的较高热导率，使得热传导会突然增加。如果能量足够，熔化前沿将渗透到基材里，覆层材料将与基体材料对流混合、稀释，但同时产生了基材与熔覆层的冶金结合。可以采用合适的足够的能量，仅熔化一很薄的基体层来获得良好的结合和低稀释的涂层。过大的能量会造成过多稀释，而能量不足会导致结合较差或粉末熔化不完全。为了获得良好的熔覆层，必须精确控制工艺获得合适的熔覆特性。

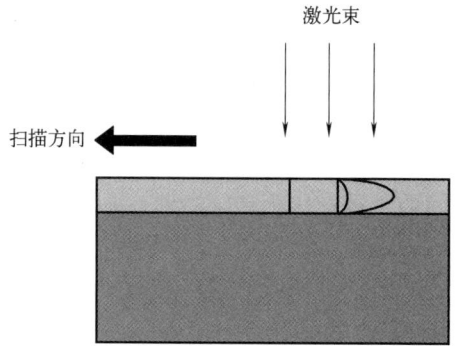

图 5-2　预置式激光熔覆技术原理示意图

早期的激光熔覆研究主要采用的就是预置式激光熔覆法。但是，预置式激光熔覆是一个"两步法"的工艺过程，预置粉末步骤降低了生产效率与制造柔性，在一些特殊表面，如叶片薄壁面、齿轮面等，粉末的预置较为困难。由于残余物的气化和分解，熔覆层通常是多孔和粗糙的。这些缺点可以使用物理气相沉积、电镀或热喷涂沉积的预涂覆层来消除。但是两步法激光熔覆工艺效率较低。

一般而言，预置层可有以下两种方法进行制备：

① 预置涂覆层。通常是用手工涂覆，方便经济，它是用黏结剂将涂覆用的粉末调成糊状放置于工件表面，干燥后再进行熔覆处理。

② 预置涂覆片。将熔覆材料的粉末加进少量黏结剂模压成片，放置于工件表面进行熔覆处理。对丝类合金材料，可以采用专门的热喷涂设备进行喷涂沉积，也可以采用黏结法预置，而板类合金材料主要采用黏结法或者将合金材料和基材预先压在一起。

（2）同步式激光熔覆

同步式激光熔覆技术是指采用专门的送料系统在激光熔覆的过程中将合金材料直接送进激光作用区，在激光的作用下，基材和合金材料同时熔化，然后冷却结晶形成合金熔覆层，这种方法的优点是工艺过程简单，合金材料利用率高，可控性好，甚至可以直接成形复杂三维形状的部件，容易实现自动化，国内外实际生产中采用较多，是熔覆技术的首选方法。合金同步法按供材料的不同分为同步送粉法和同步丝材法等，其熔覆原理如图 5-3 所示。

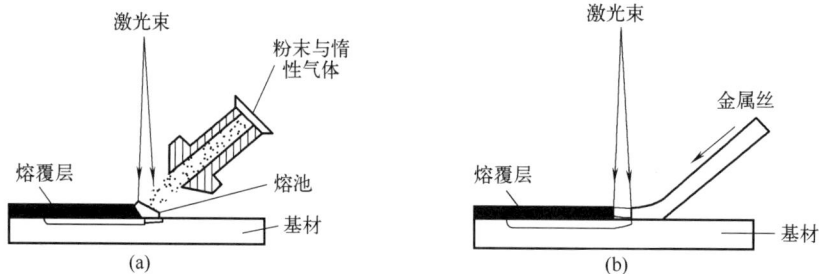

图 5-3　同步式激光熔覆技术

同步送粉激光熔覆能够在一定程度上克服预置粉末的熔覆方式的缺点，具有易实现自动化、熔覆层气孔少、激光利用率高、适用于复杂表面等优点。同步送粉激光熔覆是将熔覆粉末通过载粉气体直接输送到工件表面激光辐射区域，激光束熔化工件表面金属薄层，与输送至此区域的粉末共同形成熔池，随着工件与激光束的相对移动，熔池凝固而在工件表面形成熔覆层。送粉式激光熔覆过程是一个复杂的物理化学过程，过程中几何形状、边界条件不断变化，系统质量增加，其中包含激光-材料之间相互作用面产生的多尺度力学现象，如粉末浓度分布对激光能量的衰减、金属材料的快速熔化与蒸发、熔池中的对流传热传质、激光诱导等离子体等。其过程可概括为两个阶段：第一阶段，金属粉末通过载粉气体输送至熔覆区域，在粉末到达熔池之前，粉末流、气流与激光相互作用；第二阶段，金属基底吸收激光能量，与到达基底表面的粉末颗粒形成熔池，随着基体与激光束的相对移动，熔池快速凝固冷却，在基体表面形成冶金结合良好的熔覆层。上述两个阶段，在熔覆过程中其实是连续、同时进行的，并且相互影响、互为边界。从材料冶金学方面考虑，温度场分布及熔池固液界面的局部凝固条件是决定凝固材料的关键因素。以熔池和温度场为研究对象，粉末流的输送与经粉末遮蔽而衰减的激光功率是系统的质量与能量边界条件。

同步送粉法激光熔覆中，对送粉的基本要求是要连续、均匀和可控地把粉末送入熔区，送粉范围要大，并能精密连续可调，还有良好的重复性和可靠性。同步送粉对粉末的粒度有一定的要求，一般认为粉末的粒度在 $40\sim160\mu m$ 间具有最好的流动性。颗粒过细，粉末易结团，过粗则易堵塞送料喷嘴。熔覆材料主要以粉末的形式送入，也有采取线材或板材进行同步送料。根据送粉喷嘴形式的不同，送粉式激光熔覆可分侧向送粉、多向送粉以及同轴送粉方式，需要指出的是，送粉式激光熔覆与激光增材制造技术的基本原理是一致的，其加工机理和工艺方法没有本质的区别，国内外众多研究机构均使用激光金属沉积设备同时进行激光熔覆和激光增材制造的相关研究。

为了完整覆盖表面，可使熔覆轨迹相互搭接。为了得到无缺陷和完美的结合覆层，在熔覆新的熔覆层时，必须也熔化轨迹上的一薄层基材，如图 5-4 所示。为了减少熔覆后机加工量，可以控制搭接量使表面粗糙度最小。如果搭接量控制在 $50\%\sim60\%$，可以获得较低的粗糙度。同步送粉激光熔覆法要优于其他技术，并且是唯一得到实际应用的工艺。只要熔覆材料的熔化温度不比基材的熔化温度高太多，可以将多种材料熔覆在任何的基材上。这种工艺由于粉末微粒会强化对激光能量的吸收而有较高的能量利用率，并可进行局部熔覆或复杂形状零件的大面积熔覆。熔覆层结合性、熔覆稀释率和熔覆层厚度容易控制，工艺再现性好。

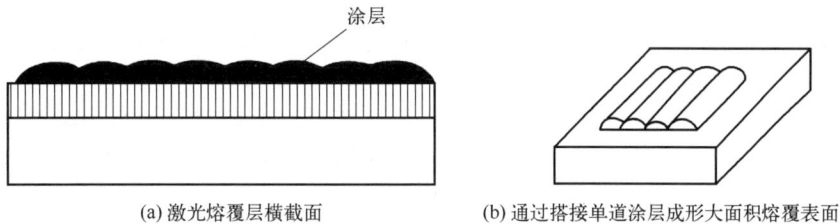

涂层

(a) 激光熔覆层横截面   (b) 通过搭接单道涂层成形大面积熔覆表面

图 5-4 熔覆层示意图

尽管送粉式激光熔覆已展现了其技术优势，但仍然存在着一些不足。由于送粉激光熔覆的熔覆材料为粉末，无论是在熔覆的过程中，还是熔覆后熔覆层性能的表现，粉末都有着不可忽略的影响。目前制造生产的金属粉末通常采用水雾化、气雾化或等离子雾化工艺制造，含有较多的氧、硫等杂质元素，会在熔覆的过程中形成缺陷，对熔覆层的致密度、孔隙率以及涂层质量造成巨大影响。此外，由于粉末的颗粒形貌、尺寸、流动性及化学成分对熔覆层的成形质量和结合界面也同样有着不可忽略的影响，界面结合处裂纹的形成，会极大地影响熔覆层的性能，减低服役寿命。同时，粉末作为熔覆材料，有不可避免的缺陷，主要表现在以下四个方面：

① 金属粉末利用率普遍较低，大量研究表明一般粉末的利用率仅为 $20\%\sim50\%$，大部

分未被熔覆利用的粉末由于熔池的作用和影响，改变了原始形貌状态不能进行回收再利用。

② 一般以粉末作为材料的熔覆，沉积过程相对较为缓慢，耗时较长，仅适用于小型结构件，且熔覆层组织的力学性能有待提升，同时由于粉末制备技术的限制，在熔覆过程中可能会产生气孔、裂纹及未熔合区域等缺陷，严重影响熔覆后工件整体使用性能。

③ 环境友好型较差，熔覆过程中污染严重，对工作的环境和设备的防护与清洁都要求极为严苛。

④ 金属粉末作为熔覆材料有一定的局限性，金属粉末易燃易爆极其危险，在一些场合下（如核电）禁止使用。

（3）激光熔覆前处理和后处理

基材熔覆表面预处理是为了除掉基材表面的污垢和锈蚀，使得其表面状态满足后续的预置熔覆材料或者同步供料熔覆的要求，主要包括喷涂表面的表面预处理和非喷涂表面的预处理。①喷涂表面预处理是指基材表面常用火焰喷涂或者等离子喷涂，因此需要进行去油和喷砂处理。去油一般用加热法，即基材表面加热到 $300\sim450℃$ 去油；也可用清洗剂去油，常用的清洗剂包括碱液、三氯乙烯、二氯乙烯等。喷砂是为了除掉基材表面的锈蚀，并使其毛化，从而有利于喷涂粉末的附着。经过表面预处理的零件不宜长久放置于空气中，以防再次污染。②非喷涂表面的预处理是指在采用黏结法预置熔覆材料或者同步法时，其表面也必须进行去油和除锈处理，但对毛化的要求没有喷涂表面那样严格。

预热是指将基材整体或者表面加热到一定的温度，从而使激光熔覆在热的基材上的一种处理工艺，其作用就是防止基材的热影响区发生马氏体相变从而导致熔覆层产生裂纹，因此，适当减少基材与熔覆层之间的温差来减小熔覆层冷缩产生的应力，增加熔层液相滞留时间有利于熔层内的气泡和造渣物质的排除。实际生产过程中常采用预热的方法消除或减少熔覆层的裂纹，特别是对于易于开裂的基材必须预热，在熔覆层裂纹倾向较小的情况下，有时也采用预热减小熔覆应力和提高熔覆质量。预热的方法主要有火焰枪加热、感应加热和火炉内加热等，其中前两种加热常用于基材表层一定范围内的预热，并可实现预热和激光熔覆同步进行。由于预热降低了表面的冷却速度，因此可能引起激光熔覆合金层的硬度有所降低，但是对于一些合金（Ni 合金等），则可以通过后续热处理恢复其硬度。

激光熔覆后的后热处理是一种保温处理，可以用于消除和减少熔覆层的残余应力；消除或减小熔覆产生的有害的热影响，并且可以防止冷淬火的热影响区发生马氏体相变。后热处理通常采用火炉内加热保温，经过充分的保温后，随火炉冷却或降到某一温度出炉空气冷却，包括加热温度、保温时间和冷却方式都要视后热处理的目的、基材和熔覆层的特性而定。

送丝激光熔覆的研究起步相对较晚一些，最早始于国外。20 世纪 90 年代末，Dilthey 等人采用合金钢丝材，通过激光焊接，对焊接过程的稳定性进行研究，探究送丝速度、送丝位置等工艺参数对焊接稳定性的影响。研究发现，送丝速度对激光焊接的稳定性尤为重要，可产生显著的影响。其中侧向送丝激光熔覆技术的基本原理如图 5-5 所示。侧向送丝激光熔覆过程的基本原理就是在自动送丝装置的送丝下，借助保护气体的保护，通过激光完全熔化被送到熔池的金属丝，依靠激光器的移动而熔覆出各种形状的熔道。

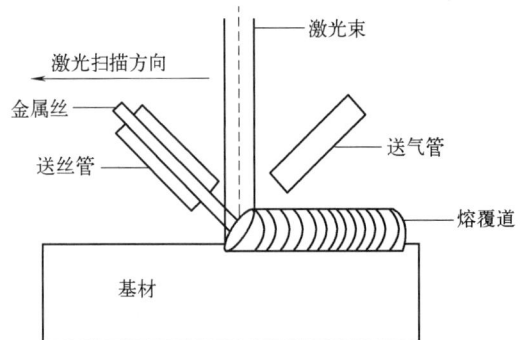

图 5-5 侧向送丝激光熔覆原理示意图

在整个侧向送丝激光熔覆修复过程中,激光、金属丝、基材三者之间存在着相互作用关系,即激光与金属丝、激光与基材以及金属丝与基材的相互作用。对于激光熔覆过程而言,金属丝和基体吸收的能量要足以使金属丝熔化以及在基体表面形成熔池,这样熔覆过程才能稳定进行。

当激光照射在基材上时,部分能量被金属丝吸收用来熔化金属丝,大部分能量被基材吸收用来形成熔池,其余能量则以反射、热量等其他方式散失。在不同的激光功率、扫描速度和送丝速度下,金属丝的熔化形式不同,根据激光熔覆过程中基体表面上是否形成稳定的熔池,可将金属丝的熔化形式分为熔滴模型和熔池模型两大类。熔滴模型是指金属丝末端受到激光束的加热后熔化而形成熔融金属液滴,该液滴在重力和表面张力的综合作用下滴落到基体表面,冷却后凝固成熔道。该模型下得到的熔覆层表面形貌不平整,应该尽可能避免,示意图如图5-6(a)所示。熔池模型是指熔池在已凝固熔道和金属基材上表面间形成,金属丝被送入熔池吸收其热量而熔化,冷却后凝固成熔道。该模型下得到的熔覆层表面较为平整,是理想的激光熔覆状态,如图5-6所示。

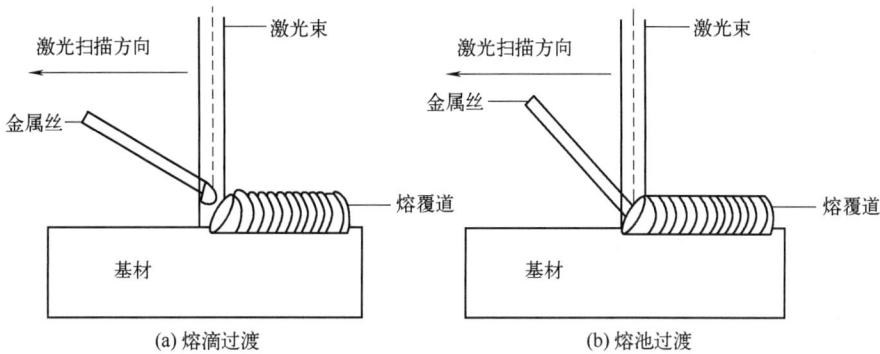

图 5-6 熔滴与熔池过渡模型示意图

激光能量大部分是用来使基材熔化产生熔池的,因此基材上激光光斑的大小很大程度上决定了熔道的宽度,而且这部分能量的大小还决定了熔道在基材上的深度,进而对熔覆层的稀释产生影响。一般基体的熔深越大,熔覆层的稀释率越大;同时熔深决定整个熔池的形状,基体的熔深越大,熔池的椭圆度越大,越有利于熔覆连续和稳定的进行。而金属丝位于基材上形成的熔池内时,一方面熔池的能量可以用来熔化金属丝;另一方面金属丝对熔池也会有一个搅拌作用,使熔覆层组织致密细小。

送丝激光熔覆区别于其他送粉式熔覆,送丝熔覆的熔覆材料为丝材。相较之下,在以下方面具有很多独特的优势,主要包括:

① 丝材的利用率高,丝材激光熔覆中选择恰当熔覆工艺,丝材的利用率几乎达到100%,极少的造成材料的浪费,相比于粉末,丝材可显著地降低生产成本,节约资源。

② 相较于粉末激光熔覆沉积过程缓慢、耗时长、仅适用于小型结构件等不足,丝材激光熔覆沉积过程稳定、沉积效率高,不受工件大小的限制,可适用范围广。

③ 相较于粉末激光熔覆沉积过程,丝材激光熔覆在沉积过程中不存在粉末扩散的问题,因此对设备及其周边的环境污染小。由于粉末熔覆的环境一般较为复杂,如果要设置粉末回收装置,对回收装置的要求较为严苛,成本也会增加。

④ 丝材熔覆设备稳定,熔覆过程中不会出现送粉不稳定、不均匀的现象,能够减少熔覆层缺陷的产生,有利于熔覆层的高质量沉积,生产过程也更容易实现自动化。

⑤ 金属粉末现在较为成熟的制备技术成本较高,过程不稳定。相较于昂贵的粉末造价,

丝材价格低廉，可使激光熔覆的使用成本降低。

⑥ 丝材可以通过电阻进行预热，极易达到设计的预热温度，能够精确地控制热输入，降低丝材的稀释率，获得的熔覆涂层性能优异，可以有效地提高熔覆效率和熔覆质量。

5.1.2 激光熔覆工艺与方法

激光熔覆过程中涉及多个工艺参数，具体包括激光功率、离焦量、送粉速度或预置粉末层厚度和激光扫描速度等。

① 激光功率：激光功率过低，将导致稀释率太小，熔覆层和基体结合不牢，容易剥落，熔覆层表面出现局部起球、空洞等现象；而激光功率密度过高，则会导致熔覆材料过热、蒸发，表面呈散裂状，而且还会导致稀释率过高，严重降低熔覆层的耐磨、耐蚀性能。激光功率密度控制在适当范围，能够避免出现气孔和开裂现象，获得高质量的熔覆层。

② 激光扫描速度：每一对熔覆和基体材料都存在一个极限扫描速度，在这个扫描速度下激光束只能使熔覆材料熔化，而几乎不能使基体材料熔化。要使熔覆层成形完好，激光扫描速度必须小于极限速度。熔覆层材料和基体材材不同，其极限扫描速度不同。在保持其他工艺参数不变的条件下，如果激光束扫描速度较小，熔覆材料容易被激光束加热过度，导致熔覆层表面的粗糙程度变大；但是如果扫描速度较快，短时间内熔覆材料熔化不透，也难形成完好的熔覆层，所以对扫描速度的控制也是一个很关键的因素。

③ 搭接率：大面积激光熔覆层需要采用搭接的办法，主要是因为激光束光斑尺寸有限，只能通过扫描带间的相互搭接扩大熔覆层面积。搭接率提高，会降低熔覆层表面粗糙度，但很难保证搭接部分的表面均匀性。熔覆道之间相互搭接区域的深度与熔覆道正中的深度有所不同，影响了整个熔覆层深度的均匀性。而且残余拉应力会叠加，使局部总应力值迅速增大，增大了熔覆层的裂纹敏感性。预热和回火能显著降低激光熔覆层的裂纹倾向性。搭接率也直接影响熔覆层表面的光洁度，搭接率过小会使各熔覆道之间出现凹陷，但是如果搭接率过高就有可能产生气孔和裂纹。因此，选择合适的搭接率也是获得具有平整表面成形件的关键。

④ 稀释率：稀释率是衡量熔覆层微观质量的主要指标之一。由于基体材料元素混入熔覆层，引起熔覆层元素稀释。基体材料元素在熔覆层中所占的百分比称为稀释率，通常用几何稀释率和熔覆层的成分实测值表示。高的稀释率会提高熔覆层和基体的结合强度，但是同时也会降低熔覆层的力学性能；而低的稀释率熔覆层凝固后呈球形，与基体结合较差。一般认为，稀释率保持在 10% 以下，最好在 5% 左右为宜。激光熔覆过程的稀释率主要取决于激光参数、材料特性、加工工艺和环境条件等。

影响稀释率的因素主要包括熔覆材料特性和工艺参数两个方面，其中熔覆材料的特性主要是指熔融合金的润湿性、自熔性和熔点。工艺参数指的是激光功率、光斑尺寸、送粉速率和扫描速度。在相同的比能量下，不同的功率密度所对应的稀释率并不相同，其稀释率随着功率密度的升高而增大。这主要是与基材的热传导有关，大功率能够使粉末层在比较短的时间内熔化，从而提高了熔覆层的稀释率。采用同步送粉法时，若激光功率和光斑尺寸相同，则基材的熔化深度和熔覆层的稀释率主要取决于光束的扫描速度和送粉速度。一定面积上单位时间内的粉末积累得越多，则所需的熔化能量也就越大，这样基材的熔化层就随之变浅，即送粉速度起到热屏蔽的作用。在相同的激光工艺条件下，随着送粉速度的增大，稀释率则显著下降。因此，可以认为送粉速度是决定熔覆层最为关键的因素。

近年来，国内外研究人员对激光熔覆技术的广泛关注也极大地促进了相关工艺方法的发展，具体可分为以下几种类型：

（1）丝-粉同步激光熔覆方法

丝-粉同步激光熔覆技术，是一种较为新颖的增材制造方法。如图 5-7 所示，在激光熔化金属的同时，同步送进丝材与粉材。丝粉同步添加激光熔覆综合了两种技术的优势，丝材的加入利于增大熔覆层的面积，可以制备表面层相对较厚的零件，提高制备复合材料的效率，同时根据服役环境的要求调节陶瓷增强相的比例，可以制备出颗粒增强相具有梯度分布的金属基复合材料。曼彻斯特大学的 Waheed 采用丝粉同步技术制造了 316 不锈钢沉积层。结果显示，相比于送粉，沉积效率极大地增加，气孔也减少了 20%～30%。

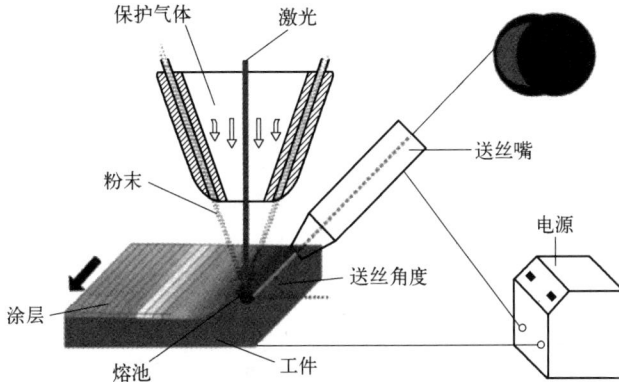

图 5-7　丝-粉同步送进激光熔覆技术

哈尔滨工业大学李福泉对丝粉同步熔覆制造研究较多，研究内容为不同的丝粉材料制备复合材料的冶金反应与组织变化。试验在 Ti-6Al-4V 表面制备了 WC/Ti-6Al-4V 涂层，WC采用同轴送粉器送入沉积层，Ti-6Al-4V 焊丝则旁轴送进。复合材料层成形质量受工艺参数的影响十分显著。研究表明，复合材料层中主要包括 WC、W_2C、TiC、α-Ti 和 W 相。复合材料层中 WC 颗粒呈现不同形态。TiC、W_2C 相形成并以不同形态分布于表面复合材料层中。WC 颗粒与 Ti 之间产生由内到外依次为 W_2C、W、TiC 的多相界面。性能分析发现，复合材料层的维氏硬度 $HV_{0.2}$ 达到了 5.70GPa，较基体提高了 1 倍。摩擦系数由 0.5（基体）下降为 0.3（复合材料），材料的摩擦系数显著降低。

丝-粉联合机器人光纤激光熔覆设备是由运动系统、能量系统、控制系统、送料系统和辅助系统相互配合的有效集成。其中能量系统由光纤激光器、激光熔覆光学组件组成；运动系统由六轴机器人组成；送料系统由送丝机和送粉器组成；辅助系统由水冷设备、保护气设备和电源系统组成。设备在工作时，首先接通集成电源系统，再由控制系统发出指令，冷却水开始运行，接着启动光纤激光器，再由控制系统发出指令送气系统开始工作；光纤激光器产生激光，经光纤传输，到达熔覆喷头；经熔覆喷头内的光学组件，实现激光的准直、聚焦，最终激光束打到基体表面，送料系统开始同步工作。同时机器人按人机界面（示教器）预定的轨迹带动熔覆喷头移动，完成整个丝-粉联合激光熔覆过程。如图 5-8 所示为丝-粉联合机器人光纤激光熔覆设备示意图。

（2）激光-感应复合熔覆

激光-感应复合熔覆技术是一种新型的表面工程方法，它将激光束和感应加热两种热源结合在一起，通过感应热源对激光熔覆过程中的基体进行同步预热或后热，与传统的激光熔覆技术相比，它能够在保持激光熔覆技术快速熔凝特性的同时，降低激光熔池和热影响区的冷却速率，使其内部应力大幅下降，避免高加工效率下覆层开裂问题。激光-感应复合熔覆的基本原理是利用高频感应加热线圈在工件表面产生的集肤效应，使工件表面在短时间内可

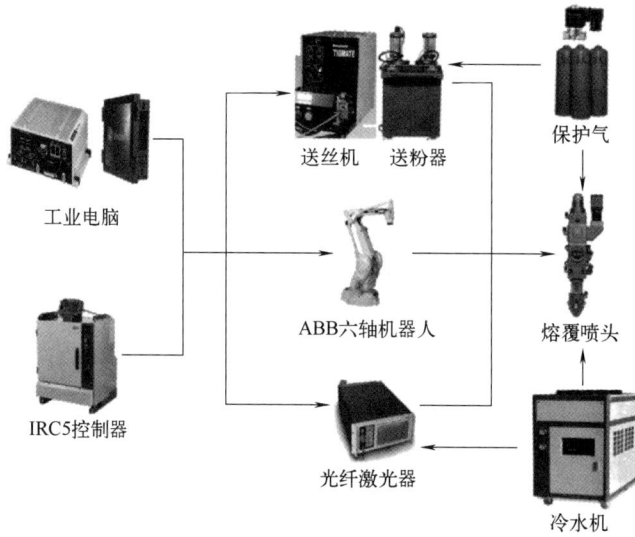

图 5-8 丝-粉联合机器人光纤激光熔覆设备

达到红热状态，然后将激光束与粉末喷嘴定位到感应加热区，实现激光热源与感应加热源的复合，其中感应加热线圈的特征如图 5-9 所示。图 5-10 为激光-感应复合熔覆系统平台结构示意图。如图所示，复合熔覆系统平台按功能可分为三个子系统：能量装置、熔覆材料供给装置和工作台。其中，能量装置包括激光器和固态高频感应加热器两部分，激光器配置有水冷机、冷却水路和导光光路等辅助设施，固态高频感应加热器包括感应电源主机、变压器、水冷系统等部分。

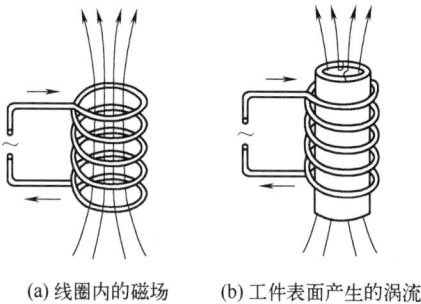

图 5-9 感应加热线圈内的磁场以及在工件表面产生的涡流

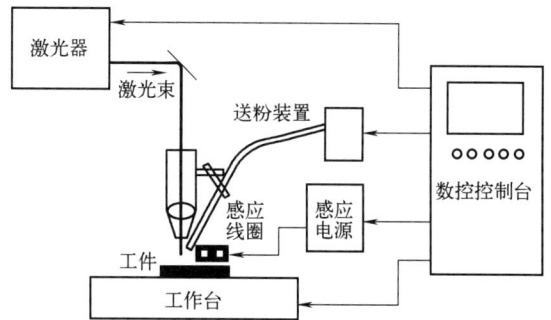

图 5-10 激光-感应复合熔覆系统平台示意图

　　基于激光-感应复合熔覆技术的上述优点，国内外展开了一系列研究。德国 Fraunhofer 材料与能束技术研究所是最早开展激光-感应复合熔覆技术工艺性能和系统装备的研究单位之一，图 5-11 为该研究所建立的激光-感应复合熔覆系统。他们在普通基材上分别沉积了 Inconel 625 覆层和 W_2C（质量分数为 60%）/NiCrB（质量分数为 40%）复合覆层。结果表明，激光-感应复合熔覆不仅可以有效减少覆层中的裂纹，还能将扫描速率比单纯激光熔覆增大 50%～100%、送粉量增大 42%～85%。其次，他们还采用有限元模拟对比分析了激光熔覆和激光-感应复合熔覆对覆层冷却速率和残余应力的影响。如图 5-12 所示，激光感应复合熔覆能够明显降低覆层的冷却速率，减小残余应力，并使其残余应力分布趋于均匀。美国南卫理公会大学 Parisa 等人在 ASTM A36 中碳钢（C<0.25%）上沉积了 Ni-60%WC 合金覆层，使熔覆层 WC 含量增大并提升了其硬度。

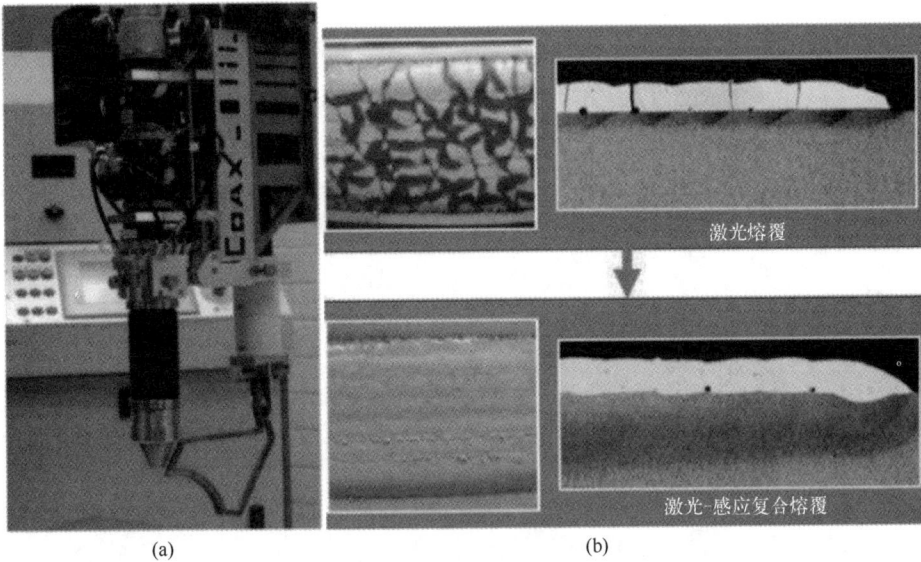

图 5-11 （a）Fraunhofer 材料与能束技术研究所搭建的激光-感应复合熔覆系统，（b）分别采用激光熔覆和激光-感应复合熔覆技术沉积的合金覆层

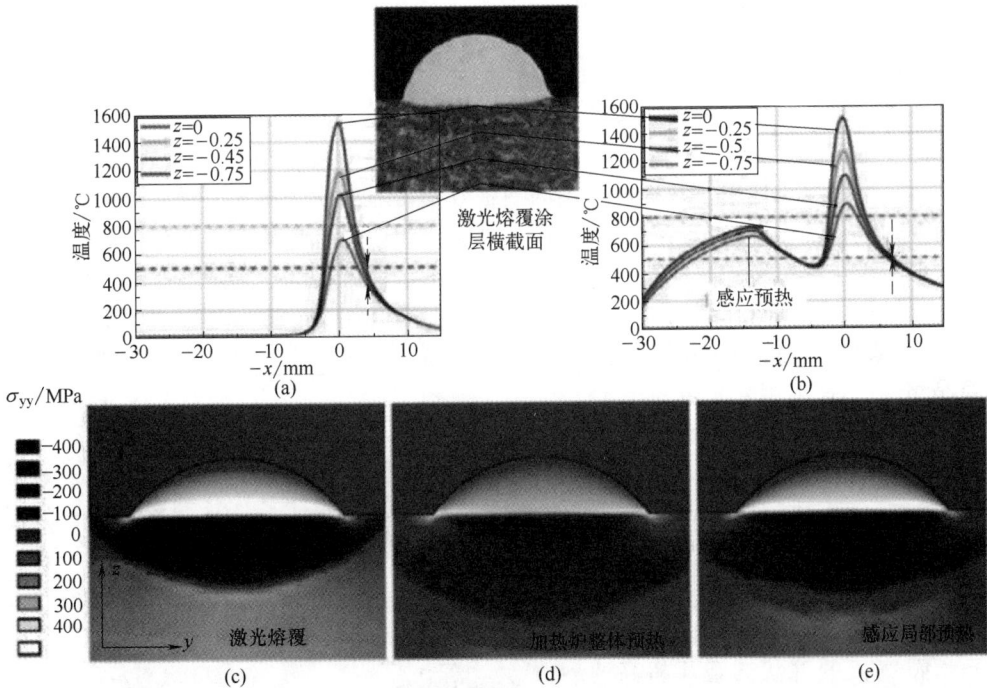

图 5-12 激光熔覆和激光-感应复合熔覆涂层中温度循环和残余应力分析

华中科技大学激光先进制造技术研究团队是国内最早开展激光-感应复合熔覆技术研究的机构。如图 5-13 所示，在低碳钢基材上沉积了高硬度金属基陶瓷复合覆层，并对复合覆层的开裂行为、沉积效率、界面特性和磨损行为进行了系统研究，显著提高了覆层的沉积效率和激光的能量利用率，并且使覆层的残余应力降低，耐磨性增大。天津工业大学周圣丰和南京航空航天大学高雪松等人采用激光-感应复合熔覆技术在 Ni 基高温合金表面成功制备了

NiCrAlY 热障涂层，并对其组织特征和抗氧化性能进行了分析。高频感应加热使覆层温度梯度降低，使得覆层中的 Al 元素有充分的时间上浮，在涂层表面形成了大量的 Al_2O_3 陶瓷相，从而可以有效地提高涂层的抗氧化性能。

(a)   (b)

图 5-13 华中科技大学激光先进制造团队搭建的（a）激光-感应复合熔覆系统和（b）熔覆过程

（3）超高速激光熔覆

超高速激光熔覆技术提出的主要背景是弥补常规激光熔覆技术在涂层表面改性方面不足之处，进而在轴类和盘类零件表面改性方向取代或者减少电镀 Cr 的应用。超高速激光熔覆技术以其超高熔覆线速度可大幅提高涂层的制备效率，通过改变粉末与激光的作用形式提高粉末利用率，优化了涂层的结构、组织进而提高涂层的性能。超高速激光熔覆通过高速的零件旋转实现了极快的熔覆线速度（15～200m/min），这种远超常规激光熔覆的熔覆线速度可以有效地降低线能量，进而减小对基体的热影响。在超高速激光熔覆过程中，粉末先汇聚在熔池上方，与激光有更长的作用时间，所以对于超高速激光熔覆来说，粉末在到达熔池之前就已经是熔化或者半熔化的状态，这使得粉末的利用效率大大提升。而常规激光熔覆涂层成形过程中，粉末主要靠熔池的热量熔化，所以常规激光熔覆对母材的热输入较大，不可避免地导致涂层的稀释率和热影响区增大。超高速激光熔覆单道较薄，区别于常规激光熔覆宽大的碗状熔池，超高速激光熔覆单道呈现扁平状，通过调节搭接率（30%～90%）可以实现 50～500μm 涂层厚度的调节。图 5-14 是超高速激光熔覆和常规激光熔覆方法的示意图。

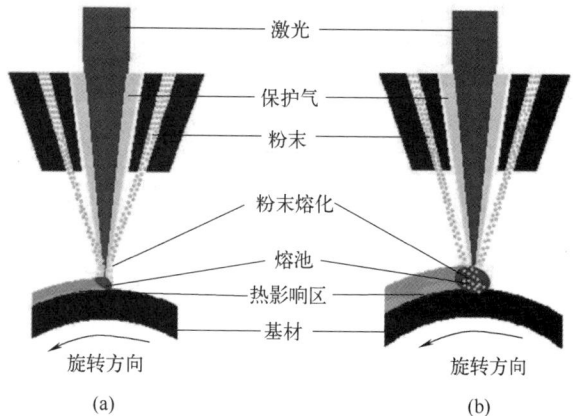

图 5-14 激光熔覆原理图（a）超高速激光熔覆；（b）传统激光熔覆

国内学者从材料、性能和工艺等方面对超高速激光熔覆技术进行了较为深入的研究，为超高速激光熔覆技术的应用奠定了扎实的理论基础。Frauhofer ILT 研究所于 2012 年提出了超高速激光熔覆概念，并在 2017 年由其孵化的高新技术企业亚琛联合科技有限公司（Acunity）引入中国并且实现工程应用。超高速激光熔覆技术因其显著的技术优势，在短短几年受到国内外学者的广泛关注。新技术的粉末利用率达到 90％以上，单层涂层可以给基材提供足够的保护，并且涂层更加致密。超高速激光熔覆技术通过基材的高速旋转达到极快的激光熔覆扫描速度，最高可以达到 200 m/min，将激光熔覆涂层的制备效率大大提高，这种超高的激光熔覆扫描速度可以有效降低基材的能量吸收，从而减小对基体的热影响。

Fraunhofer ILT 的 Thomas 博士等对超高速激光熔覆镍基合金 IN625 和 Metco-Clad 625F 涂层的工艺特性进行系统的研究，明确了超高速激光熔覆过程中工艺参数对熔覆涂层厚度的影响规律。结果表明，影响熔覆涂层厚度的主要参数为送粉速度、熔覆线速度和同轴保护气流量。超高速激光熔覆涂层的厚度随熔覆线速度的增加而减小；随送粉量的增加而增加；随保护气流量的增加而减小。基于他们采用的 3kW 激光功率

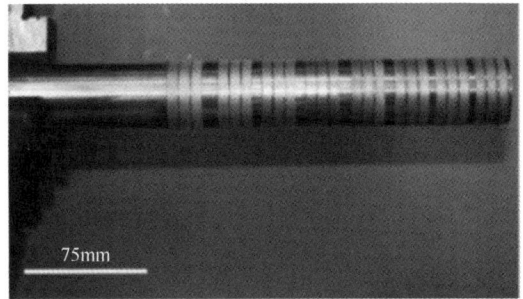

图 5-15 超高速激光熔覆 Inconel 625 合金涂层宏观形貌

激光器试验结果，得到超高速激光熔覆涂层可控有效厚度在 25～250μm 之间，图 5-15 展示了他们制作的超高速激光熔覆 Inconel 625 合金涂层的宏观形貌。

波兰弗罗茨瓦夫科技大学的 Piotr Koruba 等人采用红外测温装置对超高速激光熔覆过程中粉末与激光的交互作用进行了测试与分析。结果表明，粉末颗粒在粉末流焦点位置温度开始明显地升高，在聚焦位置以下达到了最高的温度，如图 5-16 所示，保持粉末汇聚焦点在熔池上方有利于提高粉末的温度，进而提高粉末的利用率。

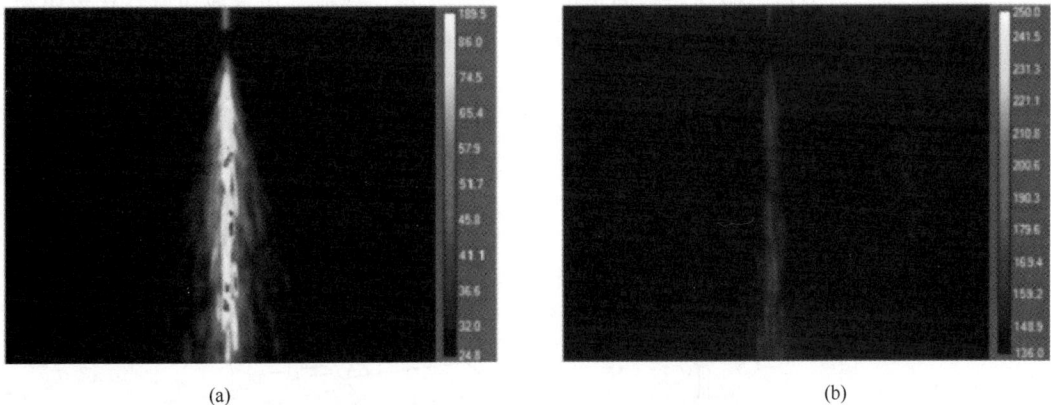

(a)   (b)

图 5-16 激光与粉末相互作用的热成像图

Schopphoven 等利用超高速激光熔覆技术在 Inconel 625 涂层的基础上，通过调节主要工艺参数，获得了厚度在 10～250μm 范围内的耐磨耐蚀涂层，且无气孔和裂纹。ShenBo-wen 等对比了常规激光熔覆层与超高速激光熔覆层在宏观形貌、微观结构、微观硬度及耐腐蚀性方面的差异，结果表明，超高速激光熔覆层的制备速度比常规激光熔覆层更快，同时，其宏观形貌更平坦，微观结构更精细，组分分布更均匀，耐腐蚀性能更好，稀释率及热影响区更小。墨尔本理工大学 WU 等人利用超高速激光熔覆技术在低碳钢基材上制作 Stellite® 涂层，研究激光能量密度与粉末焦点到基板的距离对超高速激光熔覆涂层的厚度和微观组织的影响。结果表明，激光能量密度对涂层厚度以及涂层微观组织起着主导性作用，激光能量

密度范围在 $2.56 \mathrm{J/mm^2}$ 到 $9.00 \mathrm{J/mm^2}$ 时，涂层厚度随着激光能量密度的增加而增加，当激光能量密度大于 $9.00 \mathrm{J/mm^2}$，涂层厚度将随着能量密度的增加而减小。西安交通大学的 Osama 等人利用超高速激光熔覆技术在 LA43M 镁合金基体上成功制备 Ni60 涂层，对涂层的显微组织性能进行详细地研究。结果显示，Ni60 涂层的主要成分是 γ-Ni 固溶体和硬相（碳化铬和硼化物），涂层硬度因此大大提高，大约是基体硬度值的 8 倍，如图 5-17 所示。哈尔滨工业大学的李俐群教授与德国 Fraunhofer ILT 合作，共同对超高速激光熔覆技术进一步开发，研发了超高激光熔覆的工艺与核心设备。其中一项重要的研究是采用超高速熔覆技术制备了 AISI431 双相不锈钢耐蚀涂层，并且率先实现了从理论基础向工业应用的跨步。娄丽艳等人在低能条件下，对 4 种典型的超高速激光熔覆涂层的微观结构与性能进行了分析，发现其具有致密、细小、无气孔、无裂纹的特点，且具有较小的稀释性和较好的基体性能。西安交通大学王豫跃等人利用自主研制的超高速激光熔覆装置，通过传统激光熔覆技术与超高速激光熔覆技术制备的涂层进行比较，发现用超高速激光熔覆技术制备的涂层具有更细、更均匀、更致密的微观结构。

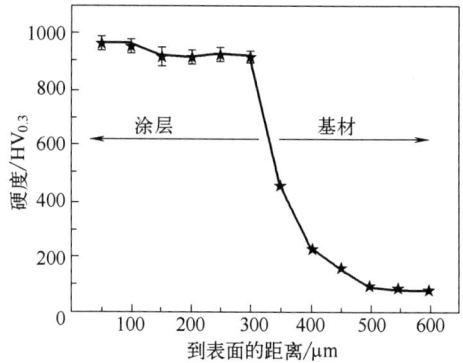

图 5-17 超高速激光熔覆 Ni60 涂层显微硬度分布曲线

（4）能场辅助激光熔覆

① 超声辅助激光熔覆　引入外加物理场被认为是一种可有效细化熔覆层微观组织和减少内部缺陷的方法，超声振动技术与激光熔覆技术的结合，可运用超声波在液态金属中发生作用，如空化效应等，能够防止元素偏析、细化组织以及去除夹杂等。图 5-18 为超声辅助激光熔覆示意图，由于超声振动产生的物理效应（包括谐振效应，声流效应、空化效应和热效应），熔体流动较高，导致溶质扩散系数增大，涂层中元素分布也会更加均匀；另外超声冲击可有效提升调控涂层表面应力，消除柱状晶，减少气孔等缺陷，细化晶粒，进而提高熔覆层的综合性能。

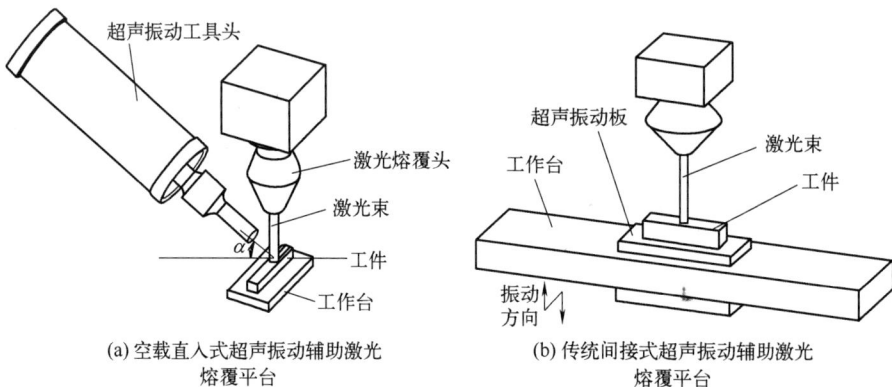

(a) 空载直入式超声振动辅助激光熔覆平台　　(b) 传统间接式超声振动辅助激光熔覆平台

图 5-18 超声辅助激光熔覆平台及工艺示意图

② 电磁场辅助激光熔覆　如图 5-19 所示，在激光熔覆过程中添加电磁场也可对涂层组织进行有效调控，结合超声能场后发展为多能场辅助的激光熔覆技术。施加不同的磁场对熔池流动分布的控制效果不同，如图 5-20 所示，则可通过施加不同的磁场来改善涂层的组织。稳定磁场辅助是熔池在稳定磁场的作用下产生电磁制动效应，抑制其内部熔液的对流，降低

熔池的冷却速度。交变磁场辅助技术是在交变磁场的作用下，熔池内部产生变化的感应电流，进而交变磁场和感应电流相互作用，在熔池内部产生交变电磁力，从而有效地对熔池进行连续搅拌，强化熔池内部的对流分布，促进其传质和传热。总之，电磁复合能场的加入可提高激光加工过程的稳定性，并有效优化涂层的微观组织结构。

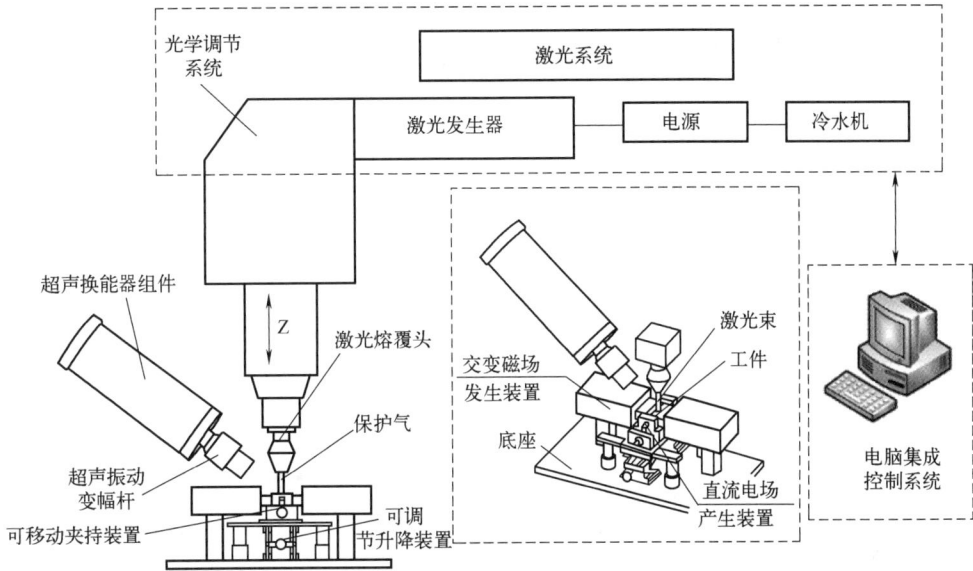

图 5-19 复合能场激光熔覆系统示意图

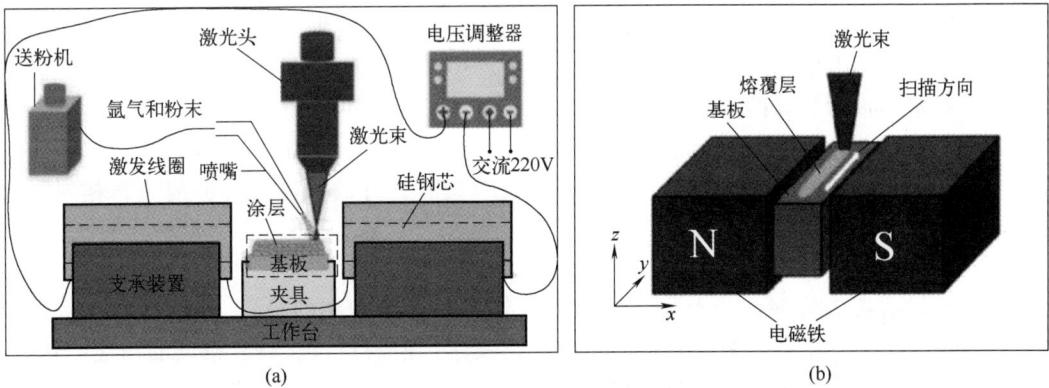

图 5-20 磁场辅助激光熔覆示意图（a）交变磁场；（b）稳定磁场

凝固组织电磁调控的机理是交变电流与静磁场彼此作用形成变化的电磁力，强迫熔体振荡，从而达到细化晶粒、去除气孔和改善凝固组织的目的。可以根据实际需要去设计电磁场复合方式，来提高加工过程稳定性。常见的电磁场施加方式如图 5-21 所示，在试样两边放置强磁铁并在试样两端连接导线通入电流。通过调节磁铁的间距来施加不同磁通量的磁场，通过调节电源功率来控制电流大小，进而调节熔覆层的组织性能。

5.1.3 激光熔覆的应用

激光熔覆的第一项工业应用是 RollsRoyce 公司在 1981 年对 RB211 涡轮发动机壳体结合部件进行表面熔覆。其后，众多公司采用激光熔覆技术应用于生产，表 5-2 列出了具有代表性的应用实例，其中一个重要应用就是增强零件表面耐磨损性能。

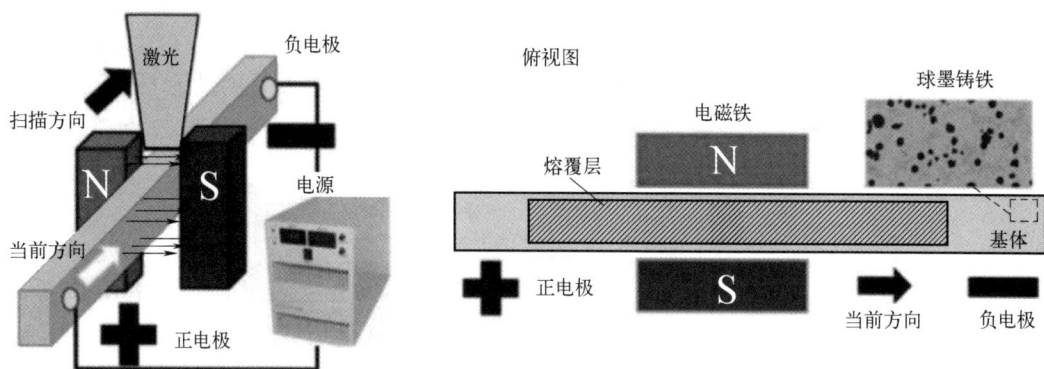

图 5-21 电磁场辅助激光熔覆的示意图

表 5-2　激光熔覆工业应用实例

熔覆部件	熔覆合金/粉末或方式
涡轮机叶片/壳体结合部件	钴基合金/送粉熔覆
涡轮机叶片	PWA694、Nimonic/预置粉末
海洋钻井和生产部件	Stellite/Colmonoy 合金和碳化物等
阀体部件	送粉熔覆
阀杆、阀座	铸铁/Cr、C、Co、Ni、Mo 预置粉末
涡轮机叶片	Stellite/Colmonoy 合金预制粉末和重力送粉熔覆

（1）激光熔覆在碳钢上的应用

低碳钢因生产成本低，在国防工业、航空航天以及日常生活中起着无法替代的作用，但其较低的硬度和耐磨性，容易使机械设备磨损失效或损坏，造成严重的经济损失，因此，激光熔覆技术在碳钢表面的高性能涂层制备方面有着越来越广泛的研究与应用。熔覆材料是对熔覆层性能影响极为关键的因素，目前主要使用的熔覆粉末为自熔性合金粉末、陶瓷粉末、金属基复合材料等。自熔性合金粉末主要包括 Ni 基自熔合金、Co 基自熔合金和 Fe 基自熔合金等。Co 基和 Ni 基自熔性合金粉末与基体材料具有良好的润湿性，但因成本相对较高，一般应用于航空航天和石油等工业领域中的精密零部件；Fe 基自熔性合金粉末有一定的耐磨性能，价格相对较低，但在熔覆过程中合金涂层易出现开裂、氧化和气孔等缺陷，大量应用于有一定耐磨需求的钢铁基工件。陶瓷粉末材料因具有较高的硬度、强度以及优异的耐磨、耐腐蚀和高温稳定性，引起科研人员的广泛关注；但陶瓷材料具有极低的韧性、较大的脆性及热胀系数，涂层易开裂。复合粉末是为了克服陶瓷涂层与基体之间因自身属性差异导致的开裂问题而研制的，它是指将各种高硬度的硬质材料添加到金属或合金粉末中混合均匀而形成的一种新型熔覆材料。硬质材料在激光熔覆层中作为强化相，金属或合金粉末则主要充当黏结相和过渡层，可促进硬质材料与金属基体良好的过渡，使熔覆层既成形良好，又具有较高的硬度。硬质材料主要是由高熔点和高硬度的陶瓷材料组成。金属合金粉末则主要是 Fe 基、Co 基和 Ni 基三种自熔性合金粉末。例如，疏达利用原位合成激光熔覆技术在低碳合金钢表面制备了 WC 颗粒增强金属基复合涂层，如图 5-22 所示，可以看出原位合成法制备的涂层成形良好，熔覆层与基体之间有一条熔合线，表明涂层与基体材料之间为冶金结合；此外，原位合成涂层中没有发现孔洞及裂纹，且增强相在涂层中分布均匀。

45 钢作为一种优质碳素结构钢，被广泛应用在各种结构零件的制造中，但其存在耐磨性差和硬度低等缺点。为有效解决零部件磨损失效问题，需对材料进行表面强化处理。故大量研究人员采用激光熔覆技术在 45 钢表面制备了陶瓷颗粒增强金属基复合涂层，研究结果

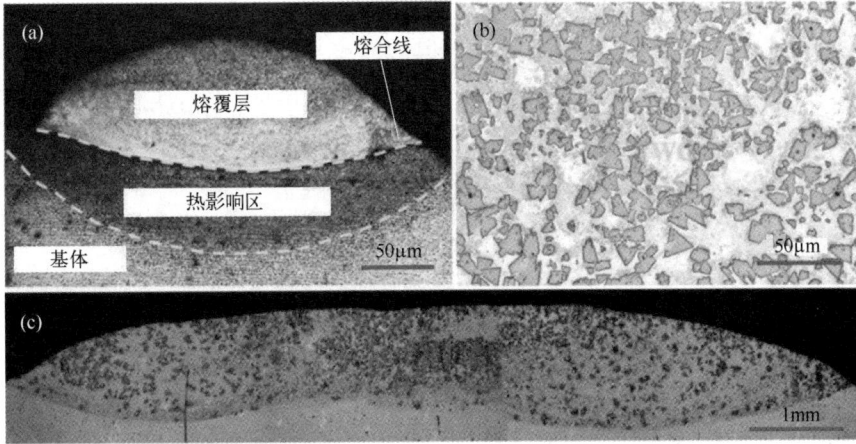

图 5-22 激光熔覆原位合成 WC 增强 Ni 基涂层的宏观形貌

(a) 原位合成 WC 增强涂层；(b) 原位合成 WC 增强涂层的局部放大图；

(c) 原位合成 WC 增强 Ni 基涂层的多层多道形貌

表明含有陶瓷增强颗粒的复合涂层可显著提升其本身的硬度和耐磨损性能。

（2）激光熔覆在不锈钢上的应用

激光熔覆技术不仅可以增加碳钢表面性能，还可以应用在不锈钢上。大面积钢板的不锈钢覆层通常采用辊压结合或爆炸包覆生产，但这种技术在复杂外形零件的局部保护中不太实用，而激光熔覆技术则由于其本身的优异特点被广泛应用在不锈钢表面增强及改性领域。如图 5-23 所示，丰玉强等采用激光熔覆设备在 316L 不锈钢基体上制备了熔覆涂层，显著提升了表面硬度和耐磨损性能。

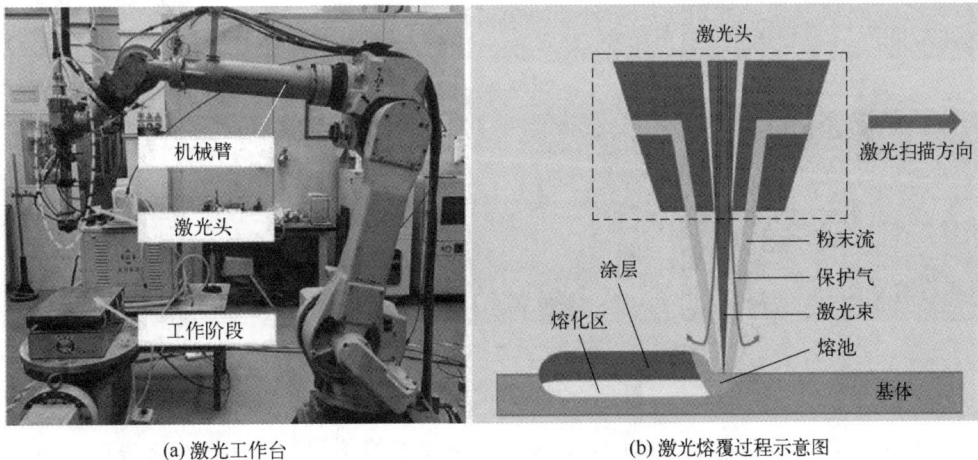

(a) 激光工作台 (b) 激光熔覆过程示意图

图 5-23 IPG YLS-10000 激光熔覆设备

图 5-24 （a）为采用上述设备和 55NiTi＋5Ti 混合粉末制备的表面涂层宏观形貌，熔覆轨迹清晰，无明显裂纹，并且多道搭接处光滑无毛刺。图 5-24 （b）是单道熔覆层的横截面形貌图，其中 h 为基材的熔深，H 为熔覆层高度。熔覆层内未发现裂纹、气孔等明显缺陷，同时熔覆层与基体之间的界面熔合线平整连续，说明熔覆层与基体形成了良好的冶金结合，结合性能测试充分说明了激光熔覆技术可有效提升不锈钢表面耐磨性能。

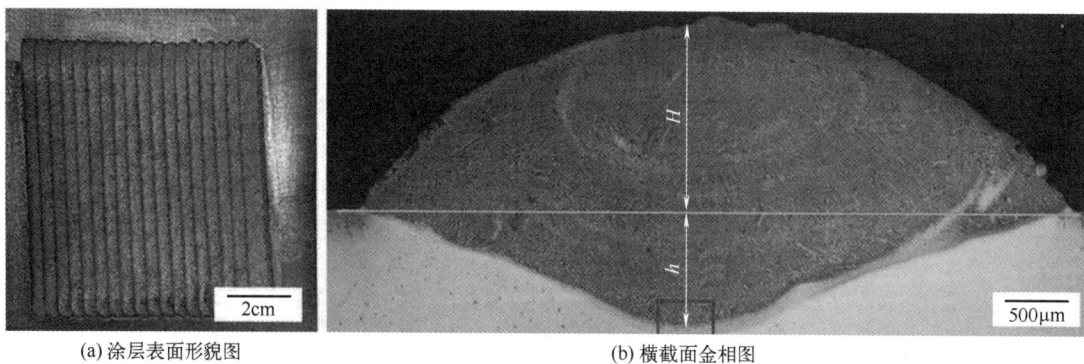

(a) 涂层表面形貌图   (b) 横截面金相图

图 5-24 激光熔覆样品形貌图

（3）激光熔覆在钛基合金表面的应用

钛合金由于具有密度低、比强度高、耐腐蚀性好以及优异的生物相容性等特点，如图 5-25 所示，在近几十年当中被广泛应用在石油化工、船舶运输和航空航天等领域，如汽轮机叶片、船舶壳体、人体关节、汽车气门弹簧、连杆传动结构件及叶盘等零部件的制造和加工方面。然而由于钛合金表面硬度低和耐磨性差，导致其在剧烈摩擦和潮湿腐蚀环境下出现磨损和腐蚀，极易给钛合金零部件带来安全隐患。如图 5-26 所示，汽轮机叶片根部被严重冲蚀，形成锯齿状冲蚀痕迹，水蚀痕处应力集中，裂纹萌生与扩展概率增大，引发断裂风险。

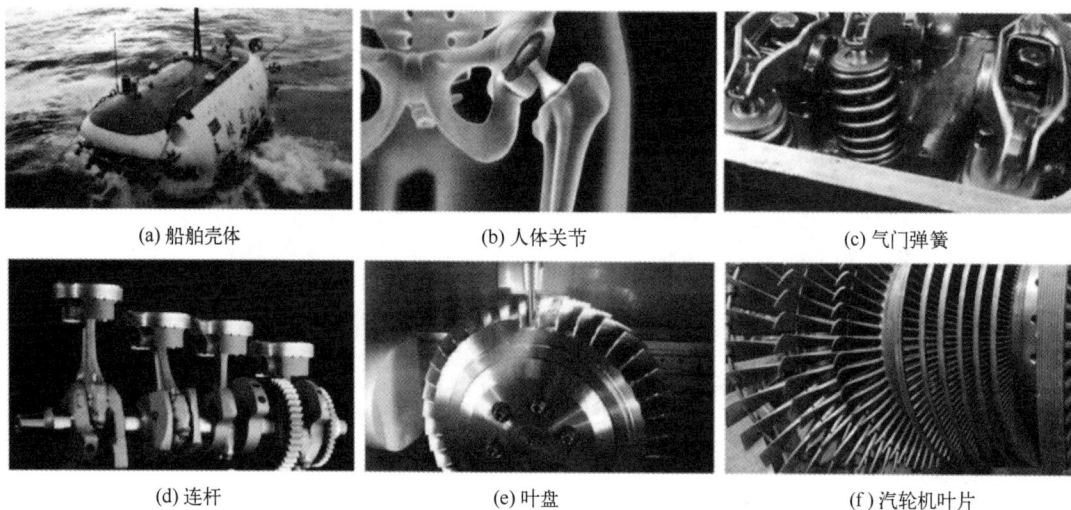

(a) 船舶壳体   (b) 人体关节   (c) 气门弹簧

(d) 连杆   (e) 叶盘   (f) 汽轮机叶片

图 5-25 钛合金材料的应用领域

为了解决钛合金应用中存在的问题，学者们针对激光熔覆技术在钛合金表面增强与改性方面的诸多问题开展了大量研究。为了充分发挥颗粒增强钛基复合涂层的优势，胡春亮等将 B_4C 颗粒加入钛基熔池中，利用高温熔池中钛与 B 和 C 之间的化学反应原位合成了 TiC、TiB 和 TiB_2 颗粒，使得钛基涂层耐磨性显著增加。另外，也有学者将自润滑效应引入耐磨体系中，如图 5-27 所示，在钛合金表面激光熔覆 WS_2-TiC-Ti 混合粉末制备了陶瓷增强复合涂层，由于自润滑和陶瓷颗粒的增强效应，使得涂层的磨损率远远低于基材。

（4）激光熔覆在铝合金表面的应用

铝合金密度低，导电性好，导热性能优良，并且还具有良好的加工性能和焊接性能。近

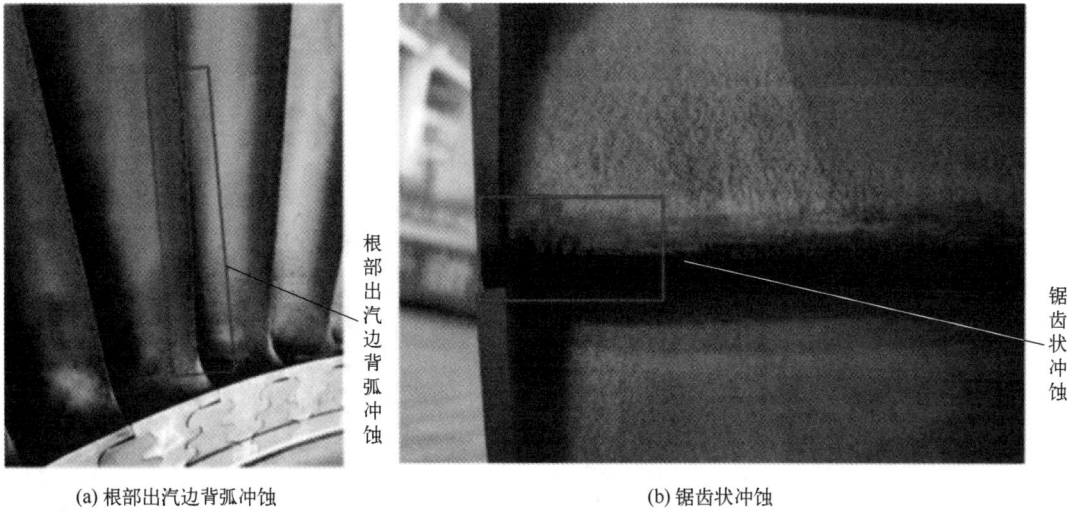

(a) 根部出汽边背弧冲蚀

(b) 锯齿状冲蚀

图 5-26　汽轮机叶片水蚀形貌

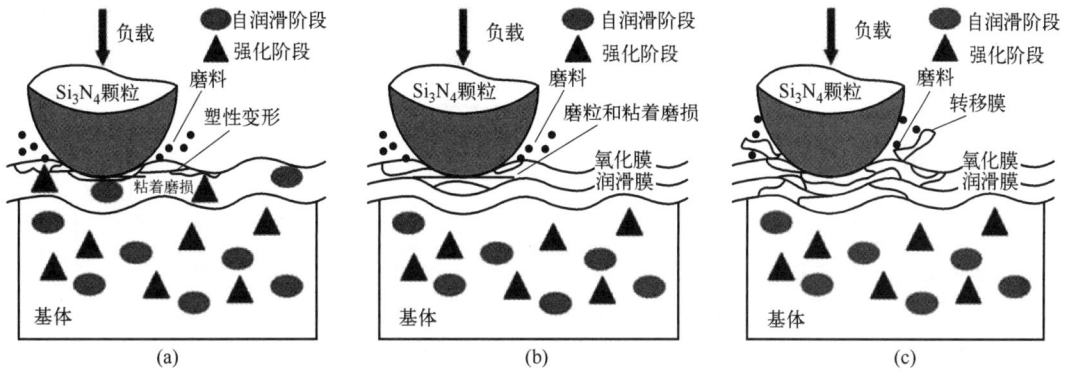

图 5-27　复合涂层在不同温度下的磨损机理模型

年来，铝及铝合金在航空航天、汽车、船舶、机械制造及化学工业等行业及领域得到越来越广泛的应用。但是铝合金也有其缺点，主要是硬度低和耐磨性能差，磨损、断裂和腐蚀是材料失效的主要形式，常发生在材料的表面，通过激光熔覆技术可以改善和解决这些问题，扩大铝合金使用范围，延长使用寿命。例如，如图 5-28 所示，Carroll 等将 Fe 粉预制在 319 铝

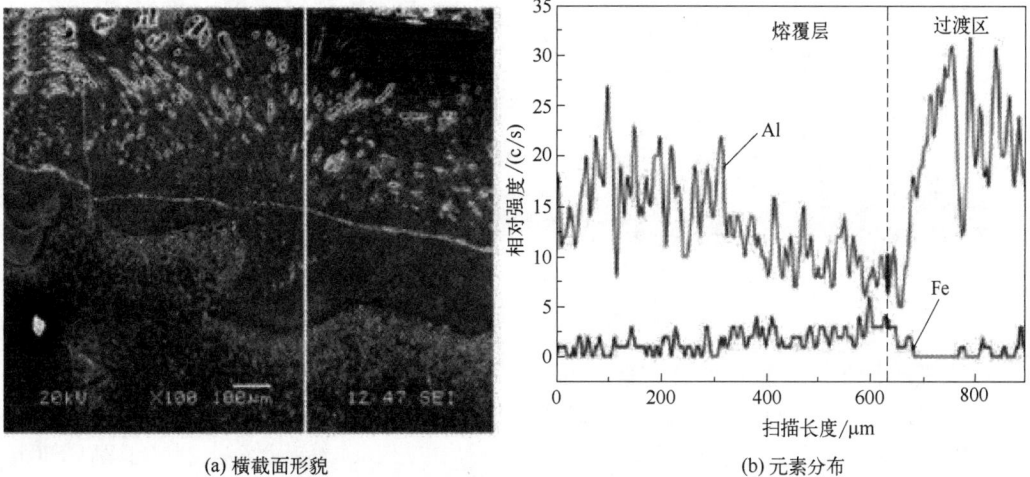

(a) 横截面形貌

(b) 元素分布

图 5-28　铝合金表面的 Fe 基涂层形貌和元素分布

合金表面进行激光熔覆，分布有较多的针状脆性金属间化合物（IMC），这些生成的硬质IMC能使涂层的硬度增加。彭世鑫在 ZL114A 铝合金表面制备了 Fe-Al 合金层，与基体相比，涂层硬度和耐磨性明显提高。如图 5-29 所示，He 等在 7005 铝合金上制备了 TiB_2 增强 Ni 基复合涂层，涂层中含有 NiAl、Ni_3Al、Al_3Ni_2、TiB_2、TiB、TiC、CrB 和 $Cr_{23}C_6$ 相，硬度是基体的 6.7 倍，质量损失最多降低 32.7%。

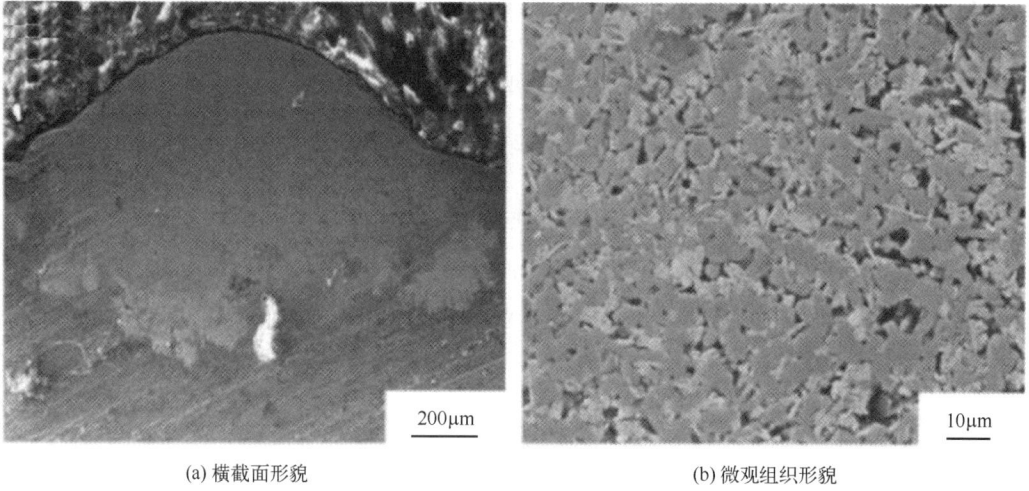

| (a) 横截面形貌 | (b) 微观组织形貌 |

图 5-29　TiB_2/Ni 基复合涂层形貌

如图 5-30 所示，魏广玲在 6061 铝合金表面制备了 Cu 基涂层，通过添加硬质 SiC 颗粒对 Cu 基涂层进行弥散强化，使涂层的组织更加细小致密，涂层硬度是基体的 4.5 倍，耐磨性提升明显，然而，产生的脆性金属间化合物容易导致涂层/基体界面处出现宏观裂纹。所以 Liu 等将 Cu 作为中间层沉积在铝合金表面，实现了 Ni 合金在铝合金上的熔覆，抑制了脆性相和裂纹的形成。

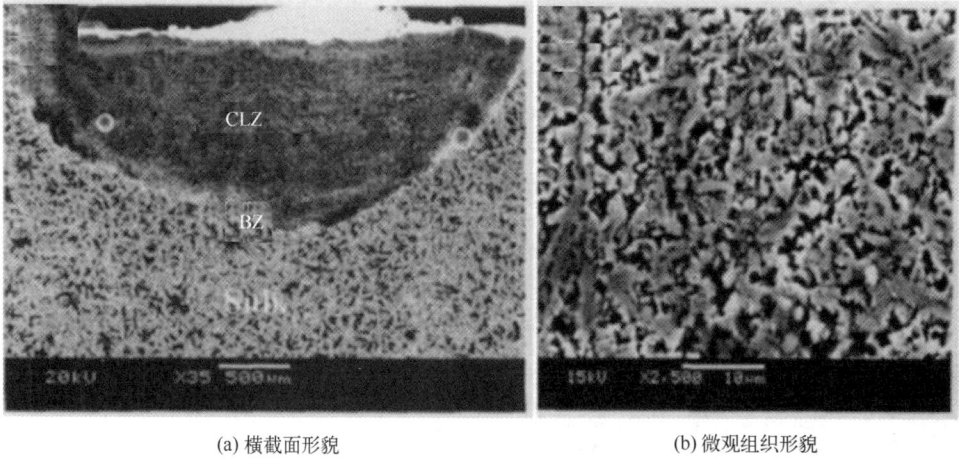

| (a) 横截面形貌 | (b) 微观组织形貌 |

图 5-30　SiC/Cu 基复合涂层形貌

陶瓷颗粒强化可显著提高铝合金的表面性能，利用激光熔覆技术在铝合金表面得到陶瓷硬质颗粒强化的复合涂层，该涂层既保持了铝合金的强度和韧性，又有陶瓷材料的耐高温、耐磨损、耐腐蚀和高硬度等优点。Riquelme 等在 AA6082 铝合金上制备了 Al/SiCp 涂层，由于激光功率较大，SiC 更倾向于熔化并与 Al 反应形成有害的 Al_4C_3。如图 5-31 所示，张鹏飞研究了 Ti/TiBCN 陶瓷复合粉末对涂层结构和性能的影响，当 TiBCN 质量分数为 15％时，涂层的硬度、耐磨性和耐蚀性均有所提高。

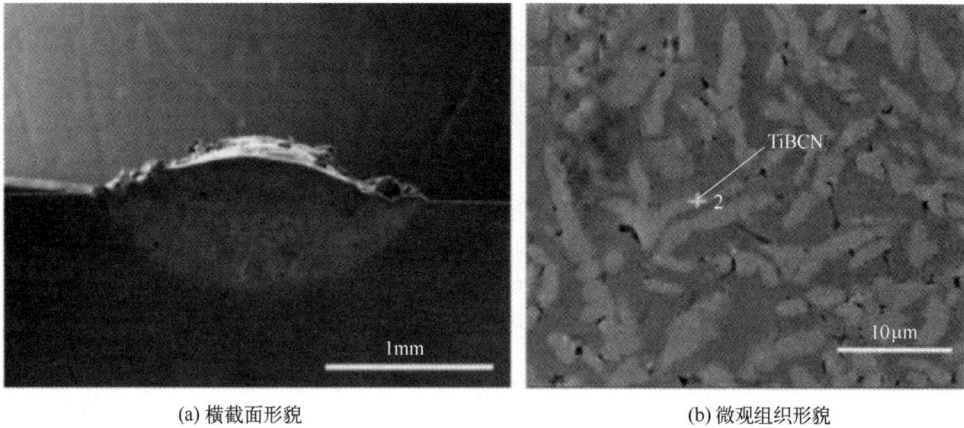

(a) 横截面形貌　　　　　　　　　　　(b) 微观组织形貌

图 5-31　85％Ti+ 15％TiBCN（质量分数）复合涂层形貌

5.2　激光表面合金化

5.2.1　激光表面合金化原理

激光表面合金化是激光表面改性的技术手段之一，如图 5-32 所示，通常在高能量激光束的辐射下，使工件材料表层与预先涂覆的合金粉末快速融化、混合、凝固，形成厚度约 0.01～1mm 的表面改性层。熔池凝固时冷却速度一般与急冷淬火工艺所能达到的冷却速度相近，工件表层与合金粉末形成的熔池，在极短的时间内（约 2ms 以内）形成深度一定且是预期化学成分的表面改性层。激光表面合金化对基体影响较小，工作效率非常高，改性层厚度容易控制，得到的组织细密，并且具有与基材冶金结合能力强等诸多优点。合金化层具有高于基材的某些性能，如高耐磨性、耐蚀性和高温抗氧化性，能够使廉价的普通金属材料表面获得优异的耐磨、耐蚀和耐热等性能，可取代昂贵的整体合金。

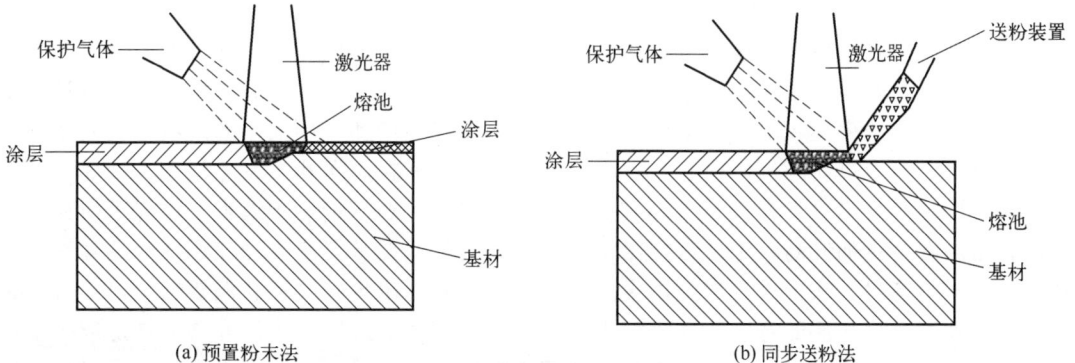

(a) 预置粉末法　　　　　　　　　　　(b) 同步送粉法

图 5-32　激光合金化工艺送粉方式

如图 5-32 所示，将合金化材料引入到高能激光与金属表面相互作用区的方式有多种，主要有：

① 预置法把合金化粉末材料用黏合液、喷涂或者蒸镀等方法预先放置于工件表面，然

后用激光束照射加热和熔化。预置合金材料方法获得的涂层比较致密，同基体结合好，而且合金层的成分和熔深的控制简单；但在合金元素添加种类比较多的场合，必须多层地涂覆，过程复杂一些。

② 同步送粉法在激光束辐照工件表面的同时，将合金化粉末直接送入相互作用区，合金粉末和基体熔化并生成合金化层。这个方法易于控制和调整工艺参数，可以充分利用激光能量，气孔率低，生产效率高。但合金化粉末在粒度、密度不一致时，难以保证送粉过程稳定、送粉率均匀，容易导致合金化层成分和组织不均匀。

与其他表面处理技术相比较，激光合金化技术具有以下优点：

① 激光能量密度高，能够在空气中远距离传播。

② 激光合金化是一种快速熔化快速凝固的过程，能量利用率高。

③ 激光功率密度与加热速度可控，因此基材变形较小。

④ 可以对基材局部区域实现合金化。

因此，激光合金化技术在金属表面处理中应用广泛。利用激光表面合金化技术可在普通材料表面获得所需的特定性能，以代替价格不菲的整体合金。

5.2.2 激光表面合金化工艺与方法

表面合金化时，选择的激光波长和功率大小会影响形成所需的合金化熔池的深度和时间。通常使用能量密度为 $10^4 \sim 10^6 \ \text{W/cm}^2$ 的激光进行表面合金化。激光合金化需要大功率激光束，因为用于激光合金化的最大光斑直径受到激光功率的限制。因受激光器功率制约，目前大面积的合金化都采用多道搭接扫描方式，如图 5-33 所示。第二次扫描是在第一次扫描的基础上完成的，存在一个搭接区，由于二次加热效应，其组织与性能均不同于正常合金化区的组织与性能。搭接区具有形态复杂的特殊组织特征，整体上表现为一种宏观的呈周期性出现的组织状态，这种组织的周期性必然带来性能的周期变化。

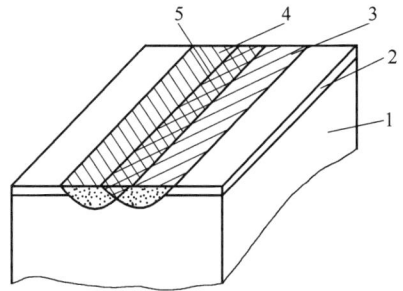

图 5-33 激光合金化时搭接扫描示意图
1—基体；2—预置层；3—合金化带 a；
4—合金化带 b；5—搭接区

对工件进行激光合金化时，对工件改性层质量优劣影响较大的工艺参数主要有三个，分别是激光器功率、光斑直径和扫描速度。通常以上述三个参数之一为变量，探究某一参数的变化对工件涂层质量的影响。发现当激光功率逐渐增大后，涂层中的缺陷（气孔、裂纹）呈先减少后增加的现象。将激光功率逐步增大后会引起工件表层熔池深度增加，熔池内的溶液也会发生强烈波动、对流，溶液里面的气体更容易冒出，熔池中的溶液在高温状态发生动态再结晶，所以得到的改性层其缺陷（气孔、裂纹）较少。此时若将激光功率进一步调大，激光束所照射的工件表层温度会更加升高，工件表层出现形变和开裂的状况。若激光器使用偏小的功率，则制备的涂层与基材无法形成良好的冶金结合，而且还容易出现裂纹和孔洞等缺陷，涂层质量不佳。此外，合金化层的宽度还受到激光功率和扫描速度的影响，当激光功率增加或扫描速度减小时，工件表层将吸收更多的能量，使熔池温度场中的等温线范围扩大，进而可以得到更宽的合金化层。扫描速度的大小对合金化层质量优劣的影响相近于激光功率的影响，使用更大的扫描速度，得到的合金化层质量先优后劣。另外，当扫描速度过快时，预涂覆的粉末吸收的能量不够，导致某些高熔点的粉末不易完全熔化，而且熔池冷却后组织分布可能不均匀，也容易产生裂纹等缺陷；同理，当扫描速度偏慢时，熔池长度方向扩大且存在时间增长，低熔点粉末易发生气化现象、工件改性层内易出现气孔等缺陷，导致涂层质量不佳。

对激光合金化技术的应用来说，选择合金化材料时，除了考虑所需要的性能外，还必须考虑在激光作用下，这些合金化材料在进入金属表面时的行为及其与基体金属熔体的相互作用（溶解性、形成化合物的可能性、润湿性、线胀系数和密度等物理性能的匹配性），以保证得到均匀连续和无缺陷的合金化层。例如润湿性对合金化的影响，如图 5-34 所示，只有合金化材料对基本材料的润湿性能较好时，才能获得比较满意的合金化效果。合金化层与基体要达到冶金结合状态，以提高合金化层的结合强度，并且合金化层的韧性、抗压和抗弯等性能指标要满足使用要求。

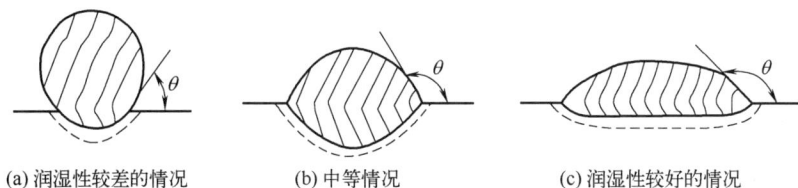

| (a) 润湿性较差的情况 | (b) 中等情况 | (c) 润湿性较好的情况 |

图 5-34　激光合金化层的形貌示意图

在激光表面合金化工艺的开发上，人们对基体材料的选择和合金成分的配比进行了大量深入的研究，其中基体材料的选择多数是铁基合金和非铁金属及其合金；此外，半导体与金属薄膜的合金化也是一个重要的应用领域。铁基材料中包括普通碳钢、合金钢、高速钢、不锈钢及各类铸铁；非铁金属的激光表面改性研究起步较晚，所研究的材料包括铝、钛、铜、镍及其合金。在合金化组元的选择上，既有铬、镍、钨、钛、钴、钼等金属成分，也有碳、氮、硼、硅等非金属成分，以及碳化物、氧化物、氮化物等难熔质点。对各类基材所选配的合金成分或硬质点，经合金化后均会大幅度提高基材表面的硬度、耐磨性以及耐蚀性等，如表 5-3、表 5-4 所示。

表 5-3　金属元素激光合金化

基体金属材料	添加成分(强化相)	硬度
45 钢，GCr15 钢	MoS_2，Cr，Cu	耐磨性提高 2～3 倍
T10 钢	Cr	900～1000HV
ZL104 铸造铝合金	Fe	≤4800HV
铁，45 钢，T8A 钢	Cr_2O_3，TiO_2	≤1080HV
铁，GCr15 钢	Ni，Mo，Ti，Nb，V	≤1650HV
铁，45 钢，T8 钢，YG 钢	硬质合金	≤900HV
铁	TiN，Al_2O_3	≤2000HV
45 钢	WC+Co，WC+Co+Mo	1450HV，1200HV
	WC+Ni+Cr+B+Si	700HV
铬钢	WC	2100HV
	TiC	1700HV
灰铸铁	Cr	700HV
球墨铸铁	Cr	600～750HV
AISI308 不锈钢	TiC	58HRC

表 5-4　非金属元素激光合金化

基体金属材料	添加成分(强化相)	硬度/HV
铁	石墨	1400
1Cr12Ni12WMoV 钢	B	1225
钛合金 AT3AT6	N	856～890
40 钢	B	显微硬度提高 1 倍

基体金属材料	添加成分(强化相)	硬度/HV
铁,45 钢,40Cr 钢	B	1950～2100
20 钢	C,B	1000～1340
20 钢	C-N,C-B	1000～1250
铸铁,45 钢	B-N	800～1400
45 钢,60 钢	C-N-B	900～1350
45 钢	C-N-B-Ti	1500

5.2.3　激光表面合金化的应用

（1）碳钢表面激光合金化

碳钢作为应用范围很广的结构材料，具有价格低廉、性能适中和来源广泛等优点，但是其表面性能不足，限制了其在严苛环境下的应用，故有众多学者用材料激光表面合金化技术对碳钢表面进行改性，来提升其表面综合性能。例如，崔祥鹏等人利用激光合金化技术在45 钢表面制备了铬钼硼合金化涂层，以期可以获得较高耐腐蚀性的合金化涂层，合金化层组织主要以胞状晶为主，在晶粒和晶界上分布着可以起到弥散强化作用使其硬度提高的碳化合物，这些化合物的存在使得硬度提升为 860HV，且合金化涂层在盐酸中的抗腐蚀性能也得到了显著提高。李刚等人在 40Cr 钢表面加 Ni60B 粉末进行激光合金化处理，并对其合金化层组织性能等进行了分析，合金化层显微组织由胞状和树枝状晶组成，热影响区组织为极细的马氏体，合金化区的物相中存在原位反应得到的 $Cr_{23}C_6$ 和 Cr_3C_2 等硬质相，硬质相的存在使得表面显微硬度提升至基体的近 3 倍，并且耐磨性以及耐蚀性都有所提高。

（2）镁合金表面激光合金化

镁合金激光表面合金化技术经过多年的研究，也得到了长足的进步和发展，目前得到了很多积极的研究成果。例如，R. Galun 等采用 5kW CO_2 激光器在镁合金表面激光合金化了Al、Cu、Ni 和 Si 等元素，当合金化层厚度达到 0.7～1.2mm 时，表面硬度可达到 $250HV_{0.1}$。Muralyama，Kyouji 等为了提高 AZ91D 镁合金的耐磨性，使用 2kW CO_2 激光器在 AZ91D 镁合金表面激光合金化了 Si 粉，与基体相比，合金化层的耐磨性能得到了显著提高。Yali Gao 等使用 5kW CO_2 激光器在 AZ91HP 表面合金化了 Al-Si 合金粉末。合金化层主要由 $Mg_{17}Al_{12}$ 基体和均匀分布其中的树枝晶 Mg_2Si、针状 Mg_2Al_3 组成，与镁合金基体相比，熔覆层的显微硬度提高了 3.4 倍，而耐磨性也提高了 90%。李达等采用同步送粉的方法，在 AZ91D 镁合金表面激光合金化了 Al-Si 合金粉末，合金化层新形成了 Mg_2Si、$Al_{12}Mg_{17}$ 和 Al_3Mg_2 等金属间化合物，由于这些强化相的存在使合金化层的显微硬度明显地高于基体，耐磨性明显增强，显著地提高了合金化层的耐腐蚀性能。Hiraga. H 等用 SiC、TiC、共晶 Al-Si 粉末对 AZ91E 镁合金进行了激光合金化处理，在注入 SiC、TiC 陶瓷颗粒情况下，镁合金表面形成了以软基体 Mg 或 Al 固溶体为基体，其上均匀分布着 SiC、TiC 硬质相颗粒的合金化层；而在注入共晶 Al-Si 粉的情况下，合金化层形成了均匀分布着硬质相 Mg_2Si 颗粒；在这两种情况下，由于合金化层都含有硬质相颗粒，合金化层的耐磨性与基体相比均得到显著提高。

（3）铝合金表面激光合金化

由于铝合金使用范围广，但其表面性能较差，故关于铝合金表面激光合金化的研究也较为广泛。例如，蔡丽芳等以 Si 粉作为预置涂层材料，利用 CO_2 激光器在铝合金表面采用激光合金化技术制备了高硅合金强化层，该强化层维氏硬度是基体的 2 倍，耐磨性提高了 3 倍；其原因在于激光表面合金化使添加的合金元素 Ni 与铝合金基体材料中的 Al 在表面形成 AlNi、Al_3Ni_2 和 Al_3Ni 等金属间化合物，使得铝合金表面硬度和耐磨性得以提高。H. C. Man 等在 AA6061 铝合金表面预置镍钛合金粉末进行激光合金化，通过优化合金元素配比，能得到尺寸细小的增强相且弥散分布在合金强化层中，弥散强化不仅使得铝合金表面的硬度提高，同时对合金强化层中裂纹的萌生具有较好抑制作用；合金强化层中形成大量细小的金属间化合物 TiAl 和 NiAl，使得合金强化层的平均显微硬度达 $350HV_{0.2}$，约为基体硬度的 3 倍，耐磨性约为基体的 5 倍。

（4）钛合金激光表面合金化

钛合金作为新一代金属材料在航空航天等高精尖工业领域已经得到了广泛的应用，但其表面性能不尽人意，故也有相当的学者采用激光合金化技术对钛合金进行表面改性。例如，刘庆辉等采用激光合金化技术，以 Ti、Si、C 元素混合粉末作为原料，在 TC4 钛合金表面制备出 Ti-Si-C 合金化层；合金化层主要由 α-Ti 基体、网状结构的 Ti_3SiC_2、$Ti_5Si_3/β$-Ti 共晶体及弥散分布的 TiC 相共同组成；其平均硬度可达 649HV，较 TC4 钛合金提高了 1.8 倍，合金化层的平均摩擦系数为 0.38，明显低于 TC4 钛合金的 0.5，且磨损体积仅为 $0.048mm^3$，耐磨性能是 TC4 钛合金的 2.71 倍。郑亮等在 TC4 合金表面激光合金化 Ti-30（Mo+Si）涂层，合金化层内的增强相包括 $TiSi_2$、Mo_5Si_3、$MoSi_2$ 等，其显微硬度可达 900HV 左右。另外，Y S Tian 等采用氮气和硅粉的激光合金化技术，在钛合金 Ti-6Al-4V 表面制备了含 Si_3N4、Ti_5Si_3、Ti_2N 等化合物的复合强化涂层，Si 的加入不仅提高了涂层的滑动耐磨性，该涂料还具有良好的耐磨性和抗氧化性。Yueying Li 等采用激光合金化技术制备了 TiB_2 颗粒增强钛基复合材料，其硬度可达 851.58HV。Tian 等对 Ti 合金进行激光表面碳-硼复合粉末合金化，在 Ti 合金表面成功制备出 TiC 和 TiB 为增强相的涂层，涂层的硬度高达 1700HV，而耐磨性为钛合金的 5 倍多。上述国内外学者的研究成果进一步表明激光表面合金化不仅应用范围广泛，而且在各种常用金属材料表面皆可使用，能够有效提升基材表面的硬度和耐磨损等性能，为极端服役环境下的金属零件再制造提供了一种高效绿色的再制造方法。

5.3 激光冲击强化

5.3.1 激光冲击强化原理

当高峰值功率密度（大于 $10^9 W/cm^2$）的短脉冲（几十纳秒）激光辐射金属靶材时，金属表面吸收层吸收激光能量，发生爆炸性气化蒸发，产生高温（大于 10000K）和高压（大于 1GPa）的等离子体。该等离子体受到约束层的约束时，产生高强度压力冲击波，作用于金属表面并向内部传播。当冲击波的峰值压力超过被处理材料动态屈服强度时，材料表层就产生应变硬化，残留很大的压应力。这种新型的表面强化技术就是激光冲击处理（Laser shock peening，LSP），由于其强化原理类似喷丸，因此也称作激光喷丸。一般而言，挤压和撞击强化等强化技术只能对平面或规则回转面进行处理，而激光冲击强化技术节能环保、非接触、无热影响区且高效可靠，对于传统加工手段难以解决的问题，往往也能够带来不同的解决方案，因而被称为"万能加工工具"和"未来制造系统的共同加工手段"。激光冲击处理还具有应变影响层深、冲击区域和压力可控、对表面粗糙度影响小及易于自动化等特点；与喷丸相比，激光冲击处理获得的残余压应力层可达 1mm，为喷丸的 2~5 倍；另外，激光冲击处理还能很好地保持强化位置的表面粗糙度和尺寸精度。

如图 5-35 所示，在冲击处理时，金属靶材表面要预置吸收层，其作用是吸收激光能量产生等离子体，并防止金属表面熔化和气化，因此对吸收层的基本要求是选用低热导率和低气化热的材料，增加自身吸热并减小对靶材的热传导，铅、锌、黑漆等都是较有效的表面涂层材料。在吸收层表面覆盖的一层对激光透明的材料为约束层。约束层的作用是限制气化，提高脉冲压力和作用时间。在激光冲击处理过程中，约束层是决定约束方式的主要因素，目前使用的约束层主要有固态介质和液态介质。固态介质为光学玻璃等硬介质，其优点是对激光能量吸收少，缺点是只适合对平表面强化，且冲击时产生爆破碎片，难以防护和清理。软介质对非平表面的冲击处理，可以做到很好地贴合，但软介质材料（如有机材料）对红外激光吸收率高于玻璃和水，并容易击穿，其应用还有待进一步研究和完善。

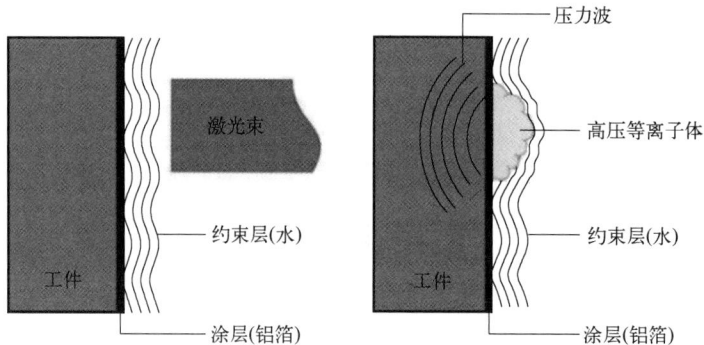

图 5-35 激光冲击强化原理示意图

液态介质的水是最经济的约束介质，使用水作为约束介质必须考虑与激光波长的匹配，如使用接近红外波段的波长激光容易被水吸收，紫外激光容易导致水击穿。常用的 Nd：YAG 激光器输出的 $1.06\mu m$、$10\sim50ns$ 脉冲激光用水作约束介质是可行的。水约束为静水和流水约束两种方式：静水在吸收层气化过程中容易受到污染，并且冲击波会使水表面波动，影响下一冲击工艺；而流水在精确处理中要获得平整的界面需要时间，因而激光冲击频率就不可能很高。约束层起到的主要作用是限制高温高压等离子体的膨胀空间并延长等离子体的喷射时间，获得比无约束材料时更高的温度和密度从而增大应力。综上，激光冲击强化技术的原理是：具有高功率密度的短脉冲激光束由激光器发出后穿过约束层材料作用在吸收层上，吸收层材料迅速吸收激光能量并瞬间演变成高温高压等离子体；在爆炸轰击期间，等离子体冲击波撞击材料内部，当该冲击波的峰值压力超过材料的动态屈服强度时，超高速率的塑性变形开始发生，同时随着冲击波深入材料内部与表面距离的增加效果随之减弱。与传统的表面强化技术相比，激光冲击强化技术的优势主要体现在以下几个方面。

① 高数值的冲击压力波：激光诱导的冲击波压力高达 GPa～TPa 数量级，它是常规冲压加工压力的数十倍到数百倍。高压冲击波向材料表面层引入高的残余压应力，在合金内形成比较深的塑性变形层，能达到 $1\sim2mm$，而传统的喷丸技术强化深度一般为 $0.25mm$。高压冲击波使得表层金属的晶粒细化甚至出现纳米晶，可以显著提高金属材料的性能。

② 可操控性强，应用范围广：与其他传统表面强化技术相比，激光冲击强化技术设备不需要针对不同零件进行专门设计，而且可以同时精确控制和准确定位从而可加工传统工艺无法处理的复杂结构部位，例如：沟槽、小孔以及轮廓线，除此之外产生的残余压应力大小和深度也可以精确控制。

③ 适用性好：与传统工艺如喷丸处理、冷挤压等相比，激光冲击强化后的金属不产生畸变和机械损伤；同时，由于激光脉冲短，与材料表面作用的时间短，大部分能量被吸收层

吸收后实际上传到材料表面热量很少，材料不会发生相变且无热应力损伤。除此之外，激光冲击强化工艺简单，对材料表面不会造成污染，强化的金属材料范围也很广泛，如：铜、高熵合金、钛合金、铝合金、双相不锈钢以及镍基合金等。

④ 高能低耗：可在几十纳秒内将几十焦耳的光能转变成机械能并对物体做功，节能环保，使用流水作为约束层，不会造成环境污染，还可循环利用。

5.3.2 激光强化工艺参数

影响激光冲击强化性能的参数主要有激光脉冲的脉宽、激光功率密度、冲击次数、光斑的形状和尺寸、激光模式、板料的力学性能、约束层的刚性以及吸收层的厚度等。

（1）激光功率密度

激光功率密度的选择非常重要，需要保证使用的激光功率密度在合适的范围内。激光功率密度过小，不能保证激光诱导的压力波峰值压力大于金属的动态屈服极限，也就不能在金属材料中产生高的位错密度和在其表层产生残余压应力，达不到改善金属材料表面特性的目的。为了获得比较好的强化效果，激光诱导产生的压力 p 需要满足条件：$p = (2 \sim 2.5) H_{el}$，H_{el} 是金属材料的 Hugoniot 弹性极限。该条件规定了需要的激光功率密度最低值。在一维应变压缩条件下，对于 1Cr11Ni2W2MoV 不锈钢，其 Hugoniot 弹性极限为 1.74GPa，按照上述推导可知需要压力为 4.4GPa。根据激光诱导压力估算简化模型，要获得这个数值的压力需要的激光功率密度起码需要达到 4.5GW/cm^2。随着激光功率密度增大，冲击强化层的硬度相应增强。图 5-36 所示是 TC17 钛合金采用不同功率密度强化后沿深度方向的显微硬度变化。经过激光冲击强化处理的工件，其显微硬度值在其表面最大，随着深度的增加逐渐下降，最后趋于平缓接近基体硬度。当激光功率密度为 4GW/cm^2 时由表面到基体硬度过程中的硬度梯度变化最大，表面硬度值最大，影响深度最深，强化效果最好。

照射的激光功率密度过高，激光

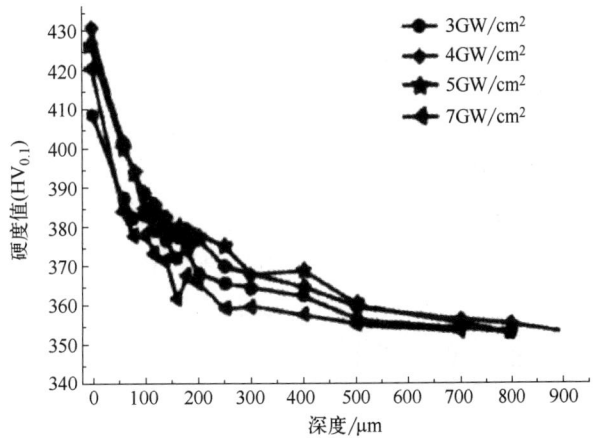

图 5-36 不同功率密度强化后沿深度方向的显微硬度变化

诱导的压力波峰值压力大于金属的极限强度，会使金属材料产生剥蚀和拉裂现象，反而起破坏作用。激光脉冲功率密度太大也可能对金属表面造成热损伤，金属表面发生局部熔化、气化等现象，影响金属表面状态。例如，当激光脉冲功率密度达到或超过 10^{10} W/cm^2 量级时，金属表面重熔，表面出现明显凹陷，而且表面粗糙度比没有受激光强化处理区域明显增大。这是因为脉冲功率密度过高时，脉冲激光的能量除将吸收涂层全部蒸发外，部分过剩脉冲激光能量还被金属表面直接吸收而发生局部熔化、蒸发现象，熔化金属重新凝固时由于受表面张力等的作用而在表面产生皱褶。

激光功率密度作为激光冲击强化技术中工艺参数之一，对于材料的微观组织结构和性能起着决定性的作用。当激光功率密度增加时，合金表面受到冲击波的能量在增大，材料内部受到的撞击也愈加剧烈，最终在材料表层产生的塑性变形速率也加快。但是功率密度存在临界值，也就是说每种材料都存在最佳的功率密度范围，一旦超过阈值，会起到相反的作用。功率密度对材料微观组织结构具有显著影响，U Tran 等人对 Al-Mg-Si 合金采用不同功率密度的冲击处理发现，合金表层形成 60～200nm 的超细晶和 20～50nm 的纳米晶；而且随着激光功率密度的增加，激光冲击强化后的金属材料内部会发生超高速率的塑性变形，在金属表层组织内的位错密度会显著增加，因此高密度的位错缠结和位错墙是强化后合金基体最常见也最为显著的微观结构特征。另外也有大量研究将关注点放在了功率密度对于材料的综合力学性能的影响上，例如，激光冲击后的镁合金、低碳钢、双相不锈钢、黄铜等材料的摩擦磨损性能会显著提高；当采用合适的激光功率密度对金属样品进行冲击处理后，该试件的疲劳寿命也会相对提高。另外，激光冲击强化后的金属耐腐蚀性能也会得到加强，有研究表明激光冲击强化工艺可以通过增加点蚀电位和降低试样表面的点蚀强度来提高腐蚀性，但是激光冲击强化工艺会影响材料在电解质溶液中表面钝化膜的构建和生长以及在溶液中的稳定性。因此，在确定工艺参数时选取合适的功率密度对于激光冲击强化材料的效果有着决定性作用。

（2）冲击次数

重复激光冲击强化，性能改善有累计效应，表面硬度在一次激光冲击后提高不多，但是多次重复激光冲击后会叠加提高。如图 5-37 所示，随着冲击次数的增加，显微硬度值的最大值也在增大，朝基体方向的深度也随之增加；冲击 1、3、5 次后的显微硬度值达到基体的深度分别为 $700\mu m$、$1100\mu m$、$1300\mu m$ 左右。多次冲击导致硬度累积提高的原因是位错密度的增加，材料的微观硬度

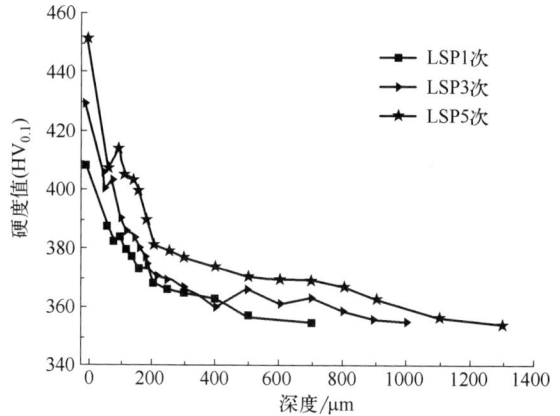

图 5-37　不同冲击次数沿深度方向上显微硬度值变化

HV 与位错密度 ρ 的关系是 $HV = HV_0 + aGb\rho^{1/2}$。式子中 HV_0 为基体的微观硬度；a 为材料有关的常数，G 为切变模量，b 为泊氏矢量。材料硬度 HV 和 $\rho^{1/2}$ 成正比，而随着冲击次数的增加，位错密度随之增加，因此材料的表面硬度得到改善，这就是位错强化现象。

江苏大学张永康教授及其团队对多次冲击强化后的金属晶粒细化机制和微观强化机理进行了系统的研究（如图 5-38 所示），该研究对于工业中广泛应用的面心立方金属从不同层错能来区分强化机制，对铜、AISI 8620 钢、铝及其合金等中、高层错能的金属主要依靠位错

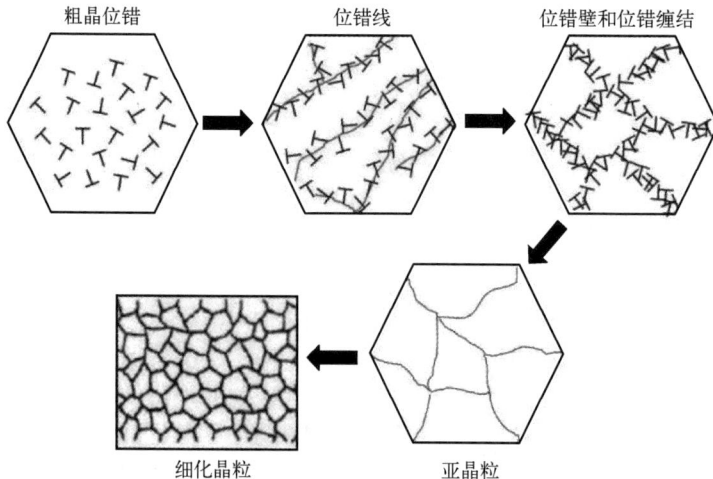

图 5-38　多次激光冲击铝合金晶粒细化机制示意图

的活动变形，而对于奥氏体不锈钢、纯钛诸如此类的低层错能金属主要通过机械孪晶（微孪晶）来协调进行塑性变形进而达到强化的目的。

在现有研究中，多次激光冲击对于材料性能的提高，其主要原因有以下几种。

一是表面粗糙度。多次激光冲击材料表面粗糙度是影响材料的腐蚀性能、疲劳寿命等方面的重要因素。关于多次激光冲击材料表面粗糙度的变化存在截然不同的两个观点。一种观点认为光斑与光斑之间的峰值随着冲击次数的增加而减小，从而使得材料表面粗糙度降低。材料表面较好的光洁度会延长疲劳寿命，甚至对于材料的耐磨性能有着极大的改善。而持有相反观点的研究者认为当冲击次数较多时，材料表面的吸收层可能会遭到破坏，试样表面受到烧蚀导致表面粗糙度升高。表面粗糙度的升高会增加金属的点蚀敏感性，同时表面在电解质溶液中形成的钝化膜往往包含缺陷。

二是残余压应力，不断叠加的光斑会增加残余压应力的引入。残余压应力一方面抵消局部拉应力延长疲劳寿命，另一面也可以抑制腐蚀产物的剥落。尽管冲击次数的增加会使得材料残余应力增大，但是激光冲击强化后残余压应力主要是存在材料的近表面，而且过度地增加冲击次数后材料的变形量达到饱和，使得下一次的塑性变形困难，应力层的深度难以增加。

三是硬度。多次冲击后，材料经过多重作用下的超高速率变形，晶粒尺寸减小。根据Hall-Petch 理论可知，显微硬度与晶粒尺寸呈负相关。激光冲击强化的作用使得材料产生加工硬化，表面硬度的提高使得材料的承载能力增加，从而提高材料的耐磨性。

同一材料激光冲击强化后表面粗糙度、残余压应力以及显微硬度的变化规律不同。功率密度对于同一材料的影响往往也是三种因素的协同作用或者耦合作用，从而达到提高材料某一或某几方面性能的作用。综上所述，不管是功率密度还是冲击次数，对于材料组织和性能的影响都存在最佳的工艺范围。

5.3.3 激光冲击强化的应用

激光冲击强化技术的应用在西方国家较为成熟，美国从 20 世纪 70 年代开始从事激光冲击处理研究，20 世纪 90 年代美国利弗莫尔国家实验室和 GE、MIC 公司等联合深入开展了激光冲击技术的理论、工艺和设备的研究，使激光冲击技术获得了很大发展并逐步走向实用。我国在 20 世纪 90 年代开始对激光冲击技术进行研究，目前国内针对激光冲击强化技术已具有良好的研发基础，并拥有独立专利，具备自主知识产权，研究成果总体上达到先进水平。

激光冲击强化主要在航空、航天、汽车、能源、医药等领域进行广泛的应用研究。在能源工业上，储能罐和核废料罐焊缝经强化后，抗疲劳裂纹和耐应力腐蚀的性能大大提高，核废料罐的使用寿命可以达到上万年的使用设计要求。汽车车框结构经激光冲击强化后，可以使重量减轻 10%，且具有同样的力学性能，实现了结构的轻量化设计并可节省能源。齿轮接触面经强化后可提高使用寿命。在医药上，人造膝关节经强化后使用寿命可以从 2～3 年提高到 10 年，减少病人的手术次数。美国 F110 型发动机上叶片的强化效率由每片 30min 提高到现在的 12min，预计以后还会提高到每片 4min。F119 型发动机使用激光冲击强化比人工喷丸效率提高 9 倍，每年节省数百万美元。

5.4 激光淬火技术

5.4.1 激光淬火技术原理

激光淬火，也称激光相变硬化，是激光表面强化处理工艺中研究最早且最先应用于工业生产的工艺，始于 21 世纪 70 年代初。从可锻铸铁开始进行激光淬火，以后相继对低碳钢、中碳钢、工具钢、合金结构钢、高强度及超高强度钢、不锈钢、耐热钢以及铝合金等材料进行了试验，涉及的金属材料已达几十种。对凸轮、轴承、齿轮等零件用激光表面淬火已逐步取代渗碳或渗氮工艺。一般来说，具有细小弥散碳化物显微组织的金属材料比较适宜采用激光淬火硬化处理。从材料看，低碳钢、合金钢等适合淬火硬化处理。从零件形状看，异型无须后续加工的工件适宜激光淬火处理，如凸轮轴齿轮、铸铁阀座等都是较成功的应用实例。如图 5-39 所示，单用激光淬火是将金属材料表面加热到相变点以上，移开激光束后，由于自身的热传导作用而冷却，金属材料组织的奥氏体将转变成马氏体，使表面硬化，并且硬化层内残留有相当大的压应力，增加了表面的疲劳强度。当温度升高时，材料膨胀，当温度降低时，材料收缩，内部温度分布不均匀，变形也不均匀，导致内部热应力。由于马氏体密度小于奥氏体的密度，当奥氏体发生马氏体相变时，体积膨胀。由于相变过程中存在厚向温度梯度，冷却时组织转变不可能同时进行，马氏体膨胀量的不同会导致相变应力。因此，残余应力是由热应力和相变应力共同作用的结果。如果在工件承受压力的情况下实施激光相变硬化处理，在处理过后撤去外加的压力，还可以进一步增大残留的压应力，能够大幅度提高工件的抗压和抗疲劳强度。

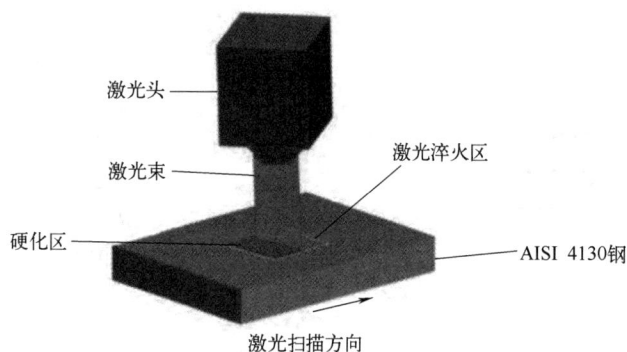

图 5-39 激光表面淬火原理示意图

另外，激光淬火与其他表面强化处理工艺结合，能进一步提高金属件表面性能。例如，英国 LIRI 研究所研发了一系列激光淬火与其他材料处理方法相结合的表面改性技术。如激光超声淬硬、激光塑性变形淬硬和液氮冷却激光淬硬等。激光超声淬硬是在超声频率振动引起的塑性变形条件下进行激光淬火。通过这种方式可以显著提高淬火硬度，并且淬火后材料表面形貌可以得到显著改善。激光塑性变形淬硬是将激光淬硬和塑性变形硬化相结合的一种方式。通过这种方式可以显著提高材料的疲劳强度和耐磨性。依据激光器的特点不同，激光淬火可分为 CO_2 激光淬火和 Nd：YAG 激光淬火。但不论哪种淬火方式，影响淬硬层性能的主要因素基本相同。激光淬火技术与其他热处理技术（如高频淬火、渗碳、渗氮等传统工艺）相比，具有以下特点：

① 无须使用外加材料，就可以显著改变被处理材料表面的组织结构，大大改善工件的性能。激光淬火过程中的急热急冷过程使得淬火后马氏体晶粒极细、位错密度相对于常规淬火更高，进而大大提高材料性能。

② 处理层和基体结合强度高。激光表面处理的改性层和基体材料之间是致密的冶金结合，而且处理层表面也是致密的冶金组织，具有较高的硬度和耐磨性。

③ 被处理工件变形极小，适合于高精度零件处理，可作为材料和零件的最后处理工序。这是由于激光功率密度高，与零件上某点的作用时间很短（0.01～1s），故零件的热变形区和整体变形都很小。

④ 加工柔性好，适用面广。激光光斑面积较小，虽然不能同时对大面积表面进行加工，但是可以利用灵活的导光系统随意将激光导向部分处理，从而可方便地处理深孔、内孔、盲孔和凹槽等局部区域。改性层厚度与激光淬火中工艺参数息息相关，可根据需要调整硬化层

深浅，一般可达 0.1~1mm。

⑤ 工艺简单优越。激光表面处理均在大气环境中进行，免除了镀膜工艺中漫长的抽真空时间，没有明显的机械作用力和工具损耗，噪声小、污染小、无公害、劳动条件好。激光器配以微机控制系统，很容易实现自动化生产，易于批量生产。效率很高，经济效益显著。

5.4.2 激光淬火工艺与方法

激光淬火技术应用广泛，可显著提升材料综合性能，以下对两种先进复合激光淬火工艺与方法进行概述。

（1）激光淬火-氮化复合技术

方法一，先激光淬火后氮化处理，简称激光-氮化复合处理；方法二，先氮化处理后激光淬火，简称氮化-激光复合处理。激光-氮化复合处理与氮化处理相比，硬化层深度可成倍地增加；与激光淬火相比，硬化层深度也有明显增加。氮化-激光复合处理后需进行 200℃以下的低温回火，以消除应力，降低脆性。

（2）激光淬火-冲击复合技术

激光冲击强化处理是指强脉冲激光产生的冲击波与材料表面相互作用使材料表面强化的技术。可将激光淬火处理后的 45 钢强化区域再进行激光冲击强化处理，比单纯激光淬火后的硬度增加了 15%；耐磨性分别比经渗氮和激光淬火处理区域提高了约 3 倍和 0.9 倍。

激光淬火的整体过程十分复杂，其作用在基体表面后所得到的淬火硬化层的尺寸参数（深度、厚度和粗糙度）与淬火硬化层的性能参数（硬度、表面耐磨度和表面组织变化）取决于激光功率、激光扫描速率、光斑尺寸、材料的成分和基体表面预处理等的影响。在其他外部条件不变的条件下，影响淬火硬化层参数的工艺参数主要有三种：激光器输出功率、激光束的扫描速率和光斑尺寸。三者对激光淬火效果的影响大致可以归为：$H \propto P/(D \times V)$。其中，H 为激光淬火后所得的基体表面淬火硬化层深度；P 是激光器的输出功率；V 是激光束的扫描速率；D 是作用在基体表面上的光斑尺寸。由此可以看出 P、D、V 三个参数之间可以互相弥补，经过一定的配比之后即使是不同的参数之间也可以得到相同的效果。考虑到激光淬火的特性，光斑尺寸和扫描速率不能太大、激光输出功率不能太小，否则基体表面的温度达不到奥氏体相变的温度，从而不能实现马氏体的转变，导致机体表面无马氏体形成，进而激光淬火失败；总之，激光输出功率 P、扫描速率 V 和光斑尺寸 D 三个参数之间相互影响，共同决定着淬火后基体表面淬火硬化层的性能。

激光硬化的指标包括 3 个，即硬化宽度、硬化深度和硬度。影响上述指标的参数主要有：激光功率、光斑尺寸、扫描速度、材料成分等。此外，工艺参数还包括热循环参数，即在一定工艺参数的激光作用下，光斑在移动过程中，工件上的点在激光的作用下所经历的升温和降温过程。相变硬化各点的热循环参数主要包括：加热速度、加热温度、冷却速度和保温时间。

基体对于照射在其表面上的激光束所蕴含的能量的吸收率主要取决于金属材料的表面状态，故激光淬火的效果也与材料表面预处理有关。激光淬火由于具有变形小、基体表面无机械变形等优点，一般作为零件加工的最后一道工序。而此时，金属基体表面经过大量的前期加工，表面非常的平滑光整，其对激光辐射能的反射率能够达到 80%~90%，会造成极大的浪费。因此为了提高基体对于照射在其表面上的激光束所蕴含的能量的吸收率，在对其表面进行激光淬火前，一般要对基体表面进行预处理。预处理的方法很多，包括磷化处理法、喷涂料法、氧化法和镀膜法等。

5.4.3 激光淬火技术应用

激光淬火技术作为一种新型的热处理工艺，与传统表面淬火技术相比，具有加热速度快、工艺周期短、工件变形小和无污染等特点，并且激光技术适用性广，不受工件复杂性和感应装置制作难度的限制，通过调控激光功率密度、材料表面状态和扫描速度等参数可优化激光淬火工艺，有效提高各种金属材料性能。目前，国内外研究人员对低碳钢、中碳钢和铸铁等材料的激光淬火应用已经做了大量研究，其中许多研究表明激光淬火后的硬度比常规淬火高 15%~20%。对激光相变硬化后所获得的高硬度，通常总结为以下两个方面：一是由于激光淬火的急冷急热过程导致奥氏体中的碳来不及均匀化，使淬火后马氏体中的含碳量增加，从而使硬度升高。二是激光淬火导致材料表层形成了大量空位、位错等晶体缺陷，使材料的细晶强化作用增强。由于激光淬火技术具有以上独特的特点和优势，其已成功地应用到冶金行业、机械行业、石油化工行业中易损件的表面强化领域，特别是在提高轧辊、导轨、齿轮和剪刀等易损件的使用寿命方面，效果显著，取得了很大的经济效益与社会效益。美国通用汽车公司于 20 世纪 80 年代建成 17 条激光表面相变处理生产线，日处理 33000 件，耐磨性较原工艺提高近 10 倍。同时，意大利菲亚特公司采用 HPL-10 型激光器处理发动机气缸孔内壁，取消了缸套，降低了油耗，节省了成本。德国奥格斯堡纽伦堡机械制造有限公司 1984 年就建成激光淬火生产线，对大型发动机缸套进行激光淬火，淬火带的布局有交叉网纹式、螺旋线式和正弦波式，大大提高缸套耐磨性。除此以外，日本丰田公司、美国的福特公司等，也相继将激光表面强化技术应用到汽车制造业中。总之，激光淬火所具有的强化效果好、效率高、工艺清洁和变形小等多种独特优势，使其在表面强化技术领域占有越来越重要的地位，它能很好地改善材料的表面性能，提高产品使用寿命，对于特殊的零件，如薄壁或形状复杂的零件，也可通过激光淬火来获得耐磨性很好的硬化层。虽然激光淬火技术在我国起步较晚，但近几年激光淬火技术的实际应用日趋广泛。

（1）激光淬火在汽车领域中的应用

汽车制造业是激光淬火应用最为广泛的领域，汽车的排气阀、缸体、凸轮轴及摇臂等关键部件均可进行激光淬火处理，处理后零件的寿命可提高 2~3 倍，能创造极大的经济价值。机车发动机气缸内壁经过激光淬火方后，不仅提高了淬火层的硬度，而且使未被淬火的部位经磨损后形成油池，使气缸内具有更好的润滑条件，提高了气缸的综合耐磨性。另外，激光淬火技术也可以在发动机曲轴上应用，采用激光淬火对曲轴进行修复，在过渡圆角及轴颈处均可获得淬硬层，能够与曲轴工作时形成的弯曲拉应力相互抵消，在提高其抗磨损性能的同时，也改善了曲轴的抗疲劳性能，使寿命提高了 3~4 倍。另外，也可对汽车模具进行激光淬火，解决了常规淬火技术淬硬层不均匀、热变形较大等问题，且模具表面经加工后硬度高，耐磨性好，是目前汽车模具中广泛应用的一项表面加工技术。

（2）激光淬火在冶金行业中的应用

工业轧钢设备中最主要的零件就是轧辊，它的性能及使用寿命决定生产轧钢的质量、效率和成本，因此，如何提高轧辊的表面强化效果是冶金行业一直在探索的问题。轧辊的工作条件较为恶劣，表面需承受巨大的交变载荷及应力，因此表面的磨损破坏是轧辊主要的失效形式。传统的轧辊表面强化方法有堆焊、整体淬火、感应加热淬火等技术，虽然可以改善轧辊的表面性能，但都存在一定程度的不足，如堆焊工艺的劳动条件差、易出现气孔、夹杂和裂纹等缺陷。而激光淬火技术很好地改善了传统强化方法存在的不足，具有自动化程度高、效率高、表面硬度及耐磨性好等优点，在轧辊的表面强化中应用较为广泛。

（3） 激光淬火在机械部件中的应用

齿轮是机械制造业中的常见部件之一，广泛应用于机车、机床和起重机等设备中，是传动系统的重要组成部分，在工作过程中，易发生疲劳、断齿等现象，从而导致齿轮失效，因此提高表面的耐磨性和疲劳强度，是齿轮发展的重要方向。目前广泛应用的齿轮表面处理方法有渗碳淬火、氮化及高频淬火等，但都存在一个共同的缺点：处理后齿轮的变形较大，硬化带的分布不可控，且淬硬层均匀性差。通过对齿轮进行激光淬火后发现，激光淬火可以很好地弥补传统处理方法的不足，齿轮处理后的变形小，硬化带分布及层深可控，且硬度与常规热处理相比，约提高 10%～20%，极大地增强了齿轮的综合性能。高精度机床齿轮经激光淬火后，变形量小于 5μm，硬度达到 58～62HRC，硬化层深度达到 0.4～0.6mm，硬化带的分布符合强度要求，且处理后齿轮的精度没有发生变化，不需要进行磨齿，可以直接投入使用。

激光淬火经过几十年的发展，应用范围日益增加，除上述的交通运输、冶金和机械制造领域外，在航天航空、纺织和精密仪器的制造等多个领域均有广泛的应用；处理的工件种类亦多种多样，包括转向器壳体、发动机缸体、刀具刃口、齿轮和曲轴等。激光淬火的显著优势使其拥有广泛的应用前景，但同时也存在一些不可忽视的问题。激光淬火设备的费用昂贵，成本较高，淬火过程中的影响因素多，需要工作人员具有较高的技术水平，且对于一些形状复杂或需大面积淬火的特殊零件仍有很多的问题，有待研究人员进一步研究解决。

参考文献

[1] 郑启光. 激光加工设备与工艺 [M]. 北京：机械工业出版社，2010.

[2] 何秀丽. 激光先进制造技术及其应用 [M]. 北京：国防工业出版社，2016.

[3] 刘顺洪. 激光制造技术 [M]. 武汉：华中科技大学出版社，2011.

[4] 李洋洋. 17-4PH 丝材激光熔覆层的制备及组织性能研究 [D]. 西安：西安建筑科技大学，2023.

[5] DILTHEY ULRICH, KELLER HANNO. Laser beam welding with filler metal [J]. Steel Research，1999，70（4-5）：198-202.

[6] 李凯斌. 不锈钢侧向送丝激光熔覆修复研究 [D]. 上海：上海工程技术大学，2015.

[7] 雷仕湛. 激光智能制造技术 [M]. 上海：复旦大学出版社，2018.

[8] 冯鑫友. 丝粉同步激光增材制备铝基复合材料薄壁件组织性能研究 [D]. 哈尔滨：哈尔滨工业大学，2018.

[9] Syed W U H, Pinkerton A J, Li L. Combining wire and coaxial powder feeding in laser direct metal deposition for rapid prototyping [J]. Applied Surface Science，2006，252（13）：4803-4808.

[10] Syed W U H, Pinkerton A J, Liu Z, et al. Coincident wire and powder deposition by laser to form compositionally graded material [J]. Surface and Coatings Technology，2007，201（16-17）：7083-7091.

[11] 李福泉，高振增，李俐群，等. TC4 表面丝粉同步激光熔覆制备复合材料层的微观组织和性能 [J]. 稀有金属材料与工程，2017，46（01）：177-182.

[12] 闫帅. 丝-粉联合 316L 不锈钢激光熔覆改性工艺及组织性能研究 [D]. 太原：中北大学，2023.

[13] 孟丽. 钢轨表面激光-感应复合熔覆技术基础研究 [D]. 武汉：华中科技大学，2021.

[14] 周圣丰. 激光-感应复合熔覆金属陶瓷层技术的研究 [D]. 武汉：华中科技大学，2009.

[15] 黄永俊. 激光-感应复合熔覆工艺及机理研究 [D]. 武汉：华中科技大学，2009.

[16] Aravind Jonnalagadda, Siegfried Scharek, Craig Bratt, et al. Induction assisted laser cladding for high deposition rates. ICALEO，Orlando，2011. 283-294.

[17] Frank Brückner, D Lepski, E Beyer. Finite Element Studies of Stress Evolution in Induction Assisted Laser Cladding. Proc. of SPIE，2013，6346：1-8.

[18] Farahmand Parisa, Liu Shuang, Zhang Zhe et al. Laser cladding assisted by inductionheating of Ni-WC composite enhanced by nano-WC and La$_2$O$_3$. Ceramics International，2014，40（10）：15421-15438.

[19] Parisa Farahmand, Radovan Kovacevic. Laser cladding assisted with an induction heater （LCAIH） of Ni-60%WC

coating. J Mater Process Tech.，2015，222（5）：244-258.

［20］ 黄永俊，曾晓雁，胡乾午，等. 激光感应复合熔覆中熔覆层有效能量分析. 金属热处理，2008，33（5）：44-47.

［21］ Wang，D.，Hu Q.，Zeng X.，Microstructures and performances of Cr13Ni5Si2 based composite coatings deposited by laser cladding and laser-induction hybrid cladding. Journal of Alloys and Compounds，2014，588（5）：502-508.

［22］ Zhou Shengfeng，Xiong Zheng，Lei Jianbo et al. Influence of milling time on the microstructure evolution and oxidation behavior of NiCrAlY coatings by laser induction hybrid cladding. Corrosion Science，2016，103（2）：105-116.

［23］ 高雪松，田宗军，黄因慧，等. 高频感应辅助激光熔覆 MCrAlY 涂层的微观组织及其抗氧化性能. 南京航空航天大学学报，2012，44（1）：37-42.

［24］ 申发明. 超高速激光熔覆 AlSi431 不锈钢涂层组织与耐蚀机理研究［D］. 哈尔滨：哈尔滨工业大学，2022.

［25］ Koruba P，Jurewicz P，Reiner J，et al. Ultra-High Speed Laser Cladding（UHSLC）technology for Stellite 6 functional coatings deposition in aviation industry［J］. Welding Technology Review，2017，89（6）：15-19.

［26］ Cai Z Q，Qin Z，Dong P，et al. Microstructure and corrosion properties of FeCoNiCrMn high entropy alloy coatings prepared by high speed laser cladding and ultrasonic surface mechanical rolling treatment［J］. Materials Letters，259：126769.

［27］ Wang H J，Zhang W，Peng Y B，et al. Microstructures and wear resistance of FeCoCrNi-Mo high entropy alloy / diamond composite coating by high speed laser cladding［J］. Coatings，2020，10（3）.

［28］ Schopphoven T，Gasser A，Wissenbach K，et al. Investigations on ultra-high-speed laser material deposition as alternative for hard chrome plating and thermal spraying［J］. Journal of Laser Applications，2016，28（2）：022501.

［29］ 严乾. 超高速激光熔覆 H13 涂层表面粗糙度优化及耐磨性能研究［D］. 南京：东南大学，2022.

［30］ Kelbassa I，Gasser A，Meiners W，et al. High speed LAM［C］. Manchester：Proceedings of the 37th International MATADOR Conference，2013，3：381-385.

［31］ Koruba P，Jurewicz P，Reiner J，et al. Ultra-high speed laser cladding（UHSLC）technology for Stellite 6 functional coatings deposition in aviation industry［J］. Welding Technology Review，2017，89（6）.

［32］ Koruba P，Reiner J. Thermal imaging of laser powder interaction zone in Ultra-High Speed Laser Cladding process［C］. 14th Quantitative InfraRed Thermography Conference. 2018：253-260.

［33］ Schopphoven T，Pirch N，Mann S，et al. Statistical/numerical model of the powdergas jet for extreme high-speed laser material deposition［J］. Coatings，2020，10（4）：416.

［34］ Schopphoven T，Gasser A，Wissenbach K，et al. In-vestigations on ultra-high-speed laser material deposition asalternative for hard chrome plating and thermal spraying［J］. Jounal of Laser Applications，2016，28（2）：22501.

［35］ Shen B，Du B，Wang M，et al. Comparison on micro-structure and properties of stainless steel layer formed by extreme high-speed and conventional laser melting deposition［J. Frontiers in Materials，2019，6：1-9.

［36］ Wu ZF，Qian M，Brandt M，et al. Ultra-High-Speed Laser Cladding of Stellite® 6 Alloy on Mild Steel［J］. JOM-US，2020，72（12）：4632-4638.

［37］ 李俐群，申发明，周远东，等. 超高速激光熔覆与常规激光熔覆 431 不锈钢涂层微观组织和耐蚀性的对比［J］. 中国激光，2019，46（10）：1002010.

［38］ 娄丽艳，张煜，徐庆龙，等. 超高速激光熔覆低稀释率金属涂层微观组织及性能［J］. 中国表面工程，2020，33（02）：149-159.

［39］ 李瑞雪. 超高速激光熔覆耐蚀镍基涂层的制备与性能研究［D］. 太原：太原科技大学，2023.

［40］ 王豫跃，李长久，杨冠军. 一种超高速激光熔覆工艺用同轴送粉头［P］. 陕西省：CN211665176U，2020-10-13.

［41］ 郭敏海. 超声辅助激光熔覆 YSZ 陶瓷涂层实验研究［D］. 大连：大连理工大学，2015.

［42］ 张翔宇. 超声振动辅助激光熔覆 3540Fe/CeO2 涂层工艺研究［D］. 青岛：青岛理工大学，2017.

［43］ 黄蕾. 超声辅助激光熔覆 IN718-Hf 复合涂层组织及性能研究［D］. 镇江：江苏大学，2021.

［44］ 马立群，舒光冀，陈锋. 金属熔体在超声场中凝固的研究［J］. 材料科学工程，1995（04）：2-7＋29.

［45］ 王战. 超声辅助激光熔覆制备 Ni60 涂层工艺及性能研究［D］. 乌鲁木齐：新疆大学，2022.

［46］ 胡国放. 电-磁-超声复合场辅助激光熔覆 NiCrBSi 合金熔覆层组织和性能研究［D］. 青岛：青岛理工大学，2022.

［47］ 黄蕾. 超声辅助激光熔覆 IN718-Hf 复合涂层组织及性能研究［D］. 镇江：江苏大学，2022.

［48］ 张杰，王玉玲，姜芙林，安相龙. 超声振动在激光熔覆中的应用研究进展［J］. 热加工工艺，2021（12）：22-25＋29.

［49］ 李成，王玉玲，姜芙林，等. 超声辅助对激光熔覆 Al2O3-ZrO2 陶瓷涂层力学性能的影响［J］. 表面技术，2020，

49（11）：309-319.

[50] 应卫龙. 外场辅助激光熔覆制备 TiB_2+TiC 增强 Fe 基复合涂层的研究 [D]. 济南：山东大学，2020.

[51] 俞晓文. 超声振动在激光熔覆成形中的作用机制及其建模方法 [D]. 杭州：浙江工业大学，2020.

[52] 申井义，林晨，姚永强，等. 超声振动对激光熔覆涂层组织与性能的影响 [J]. 表面技术，2019，48（12）：226-232.

[53] M. Zhang, G. L. Zhao, X. H. Wang, S. S. Liu, W. L. Ying. Microstructure evolution and properties ofin-situ ceramic particles reinforced Fe-based composite coating produced by ultrasonic vibrationassisted laser cladding processing [J]. Surface & Coatings Technology, 2020, 27 (08): 403-408.

[54] 靳继波. 超声辅助激光熔覆 Ni60 涂层工艺研究 [D]. 锦州：辽宁工业大学，2021.

[55] 李洋. 超声振动辅助激光熔覆制备 TiC/FeAl 原位涂层研究 [D]. 南昌：华东交通大学，2016.

[56] Han Xing, Li Chang, Yang Yanpeng, Gao Xing, Gao Hexin. Experimental research on the influence ofultrasonic vibrations on the laser cladding process of a disc laser [J]. Surface & Coatings Technology, 2021, 35 (12): 64-67.

[57] CHEN Lin, CHEN Wen-jing, HUANG Qiang, XIONG Zhong. Effect of ultrasonic vibration onquality and properties of laser cladding EA4T steel [J]. Journal of Materials Engineering, 2019, 47 (5): 214-217.

[58] 王战，孙文磊，黄海博，等. 超声振动对低搭接率激光熔覆层质量的影响 [J]. 激光与光电子学进展，2019，56（14）：178-183.

[59] 邵永录，陈秀萍，符道，等. 同步超声振动对激光熔覆层组织性能影响 [J]. 热加工工艺，2014，43（10）：160-162+165.

[60] Sidhu K S. Residual stress enhancement of additively manufactured inconel 718 by laser shock peening and ultrasonic nano-crystal surface modification [D]. University of Cincinnati, 2018.

[61] 张耀祖. 超声冲击辅助激光熔覆 Ti60 的组织及性能研究 [D]. 南昌：南昌航空大学，2021.

[62] Xing X D, Duan X M, Jiang T T, et al. Ultrasonic peening treatment used to improve stress corrosion resistance of AlSi10Mg components fabricated using selective laser melting [J]. Metals, 2019, 9 (1): 103.

[63] Zhang M X, Liu C M, Shi X Z, et al. Residual stress, defects and grain morphology of Ti-6Al-4V alloy produced by ultrasonic impact treatment assisted selective laser melting [J]. Applied Sciences, 2016, 6 (11): 304.

[64] Yang Y C, Jin X, Liu C M, et al. Residual stress, mechanical properties, and grain morphology of Ti-6Al-4V alloy produced by ultrasonic impact treatment assisted wire and arc additive manufacturing [J]. Metals, 2018, 8 (11): 934.

[65] Gale J, Achuhan A. Application of ultrasonic peening during DMLS production of 316L stainless steel and its effect on material behavior [J]. Rapid Prototyping Journal, 2017, 23 (6): 1185-1194

[66] 陈畅源，邓琦林，宋建丽. Ni 含量及超声振动对激光熔覆中裂纹的影响 [J]. 南京航空航天大学学报，2005（S1）：44-48.

[67] 王维，郭鹏飞，张建中，等. 超声波对 BT20 钛合金激光熔覆过程的作用 [J]. 中国激光，2013，40（08）：70-74.

[68] 沈言锦，李雪丰，唐利平. 超声功率对激光熔覆 WC 强化 Fe 基复合涂层组织与性能的影响 [J]. 金属热处理，2018，43（05）：168-172.

[69] 张安峰，付涛，王潭，等. 超声振动对激光熔覆及固溶时效 Ti6Al4V 合金组织和性能的影响 [J]. 中国激光，2018，45（12）：85-90.

[70] 高国富，郭子龙，李康，等. 超声振动辅助 Ni60WC25 粉末激光熔覆技术 [J]. 金属热处理，2019，44（01）：172-175.

[71] 祝志坤. 高性能铝合金特种工艺专用脉冲电源的研究与设计 [D]. 长沙：中南大学，2013.

[72] 谢德巧. 脉冲电流辅助激光快速成形镍基高温合金的工艺研究 [D]. 南京：南京航空航天大学，2014.

[73] 陈龙. 电、磁耦合场辅助激光熔 304 不锈钢粉末的实验和仿真研究 [D]. 青岛：青岛理工大学，2019.

[74] 陈耀邦. 电磁场辅助激光熔覆 IN718/WC 涂层参数优化及耐磨性能研究 [D]. 镇江：江苏大学，2023.

[75] 许亦鹏. 水平磁场下金属熔体粘滞性研究 [D]. 济南：山东大学，2017.

[76] 李庆玲. 稳恒磁场作用下激光熔覆铁基涂层的凝固机理及其微观组织 [D]. 昆明：昆明理工大学，2016.

[77] 刘洪喜，蔡川雄，蒋业华，等. 交变磁场对激光熔覆铁基复合涂层宏观形貌的影响及其微观组织演变 [J]. 光学精密工程，2012，20（11）：2402-2410.

[78] 梅国宏，朱立光，张庆军，等. 脉冲磁场细晶化技术的研究现状 [J]. 铸造技术，2015，36（2）：403-406.

[79] Huang L, Zhou J, Xu J, et al. Microstructure and wear resistance of electromagnetic field assisted multi-layer laser

clad Fe901 coating [J]. Surface and Coatings Technology, 2020, 395: 125876.

[80] 朱梓明, 赵微, 陈滋鑫. 探究磁场波形对激光熔覆再制造涂层影响的实验研究 [J]. 建设机械技术与管理, 2021, 34 (06): 94-97.

[81] Bachmann M, Avilov V and Gumenyuk A. Experimental and numerical investigation of an electromagnetic weld pool control for laser beam welding [J]. Physics Procedia, 2014, 53: 515-524.

[82] Pataric A, Mihailovic M and Gulisija Z. Quantitative metallographic assessment of the electromagnetic casting influence on the microstructure of 7075 Al alloy [J]. Journal of materials science, 2012, 47: 793-796.

[83] 赖三聘. 稳态磁场辅助激光熔注 WC 涂层的组织与性能研究 [D]. 杭州: 浙江工业大学, 2017.

[84] 宗磊. 交变磁场下铁基合金粉末激光熔层组织与性能研究 [D]. 秦皇岛: 燕山大学, 2016.

[85] 纪升伟. 旋转磁场辅助激光熔覆复合涂层的组织与性能 [D]. 昆明: 昆明理工大学, 2012.

[86] Xu J., Zhou J., Tan W., et al. Study on laser surface melting of AZ31B magnesium alloy with different ultrasonic vibration amplitude [J]. Corrosion Engineering, Science and Technology, 2018, 53 (1): 73-79.

[87] 徐家乐. 电磁超声复合能场辅助激光熔覆钴基合金涂层组织及性能研究 [D]. 镇江: 江苏大学, 2019.

[88] 石海. 复合场辅助激光熔覆 Fe60 涂层的显微组织及性能研究 [D]. 昆明: 昆明理工大学, 2018.

[89] ChVivès C. Effect of electromagnetic vibration on the microstructure of continuously cast aluminum alloys [J]. Materials Science and Engineering, 1993, A173 (1): 169-172.

[90] Vives C. Electromagnetic refining of aluminum alloys by the CREM process: Part I. Working principle and metallurgical results [J]. Metallurgical Transactions B, 1989, 20 (5): 623-629.

[91] Li S., Deng X., Wei K., et al. Effect of electromagnetic strengthening on microstructure of precipitates in metallurgical grade silicon [J]. Journal of Alloys and Compounds, 2020, 816: 152507.

[92] Yoshikawa T., Morita K. Refining of Si by the solidification of Si-Al melt with electromagnetic force [J]. ISIJ international, 2005, 45 (7): 967-971.

[93] Zhou J., Tsai H. L. Effects of electromagnetic force on melt flow and porosity prevention in pulsed laser keyhole welding [J]. International Journal of Heat and Mass Transfer, 2007, 50 (11-12): 2217-2235.

[94] Su Y. Q., Xu Y. J., Lei Z., et al. Effect of electromagnetic force on melt induced by traveling magnetic field [J]. Transactions of Nonferrous Metals Society of China, 2010, 20 (4): 662-667.

[95] Zhai L, Ban C, Zhang J, et al. Characteristics of dilution and microstructure in lasercladding Ni-Cr-B-Si coating assisted by electromagnetic compound field [J]. Materials Letters, 2019, 243: 195-198.

[96] Zhang Nan, Liu Weiwei. Effect of electric-magnetic compound field on the pore distribution in laser cladding process [J]. Optics & Laser Technology, 2018, 108: 247-254.

[97] Long Chen, Yong Yang, Fulin Jiang, et al. Experimental investigation and FEM analysis of laser cladding assisted by coupled field of electric and magnetic [J]. Materials Research Express, 2018, 6 (1): 1-14.

[98] Tsunckawa Y., Suzuki H., Genma Y. Application of ultrasonic vibration to in situ MMC process by electromagnetic melt stiring [J]. Materials and Design, 2001, 22: 467-472.

[99] 陈登斌. 超声/磁场下合成铝基原位复合材料微结构及其性能研究 [D]. 镇江: 江苏大学, 2012.

[100] Kai Feng, Yuan Chen, Pingshun Deng, et al. Improvedhigh-temperature hardness and wear resistance of Inconel625 coatings fabricated by laser cladding [J]. Journal of Materials Processing Technology, 2017, 243: 82-91.

[101] D Verdi, M A Garrido, C J Múnez, et al. Microscaleeffect of high-temperature exposion on laser cladded In conel625-Cr3C2 metal matrix composite [J]. Journal of Alloys and Compounds, 2017, 695: 2696-2705.

[102] 谢子豪, 刘博, 晁永礼, 等. 低碳钢表面激光熔覆涂层研究现状及进展 [J]. 金属制品, 2023, 49 (04): 35-39+43.

[103] 吴宏亮, 王文先, 崔泽琴, 等. TA2 钛合金表面激光熔覆 Ni60 涂层的研究 [J]. 热加工工艺, 2010, 39 (12): 140-143.

[104] Chao Zeng, Wei Tian, Wen He Liao, et al. Microstruc-ture and porosity evaluation in laser-cladding depositedNi-based coatings [J]. Surface & Coatings Technology, 2016, 294: 122-130.

[105] Lin W C, Chen C. Characteristics of thin surface depos-ited by laser cladding layers of cobalt-based alloys [J]. Surface & Coatings Technology, 2006, 200 (14-15): 4557-4563.

[106] Guo Huoming, Wang Qian, Wang Wenjian, et al. In-vestigation on wear and damage performance of lasercladding Co-based alloy on single wheel or rail material. Wear, 2015 (03): 329-337.

[107] Song W L, Echigoya J, Zhu B D, et al. Effects of Coon the cracking susceptibility and the microstructure ofFe-Cr-

Ni laser-clad layer [J]. Surface and CoatingsTechnology, 2001, 138 (2-3): 291-295.

[108] 杨森, 张庆茂, 陈娜, 等. 激光熔覆制备原位自生 Mo-Si$_2$/SiC 陶瓷复合涂层的研究 [J]. 金属热处理, 2002, 27 (4): 4-6.

[109] Hongxi Liu, Xiaowei Zhang, Yehua Jiang, et al. Micro-structure and high temperature oxidation resistance of in-situ synthesized TiN/Ti3Al intermetallic composite coat-ings on Ti6Al4V alloy by laser cladding process [J]. Journal of Alloys and Compounds, 2016, 670: 268-274.

[110] Zhang K M, Zou J X, Li J, et al. Surface modificationof TC4 Ti alloy by laser cladding with TiC + Ti powders [J]. Transactions of Nonferrous Metals Society of China, 2010, 20 (11): 2192-2197.

[111] M Li, J Huang, Y Y Zhu, et al. Effect of heat input onthe microstructure of in-situ synthesized TiN-TiB/Tibased composite coating by laser cladding [J]. Surface& Coatings Technology, 2012, 206: 4021-4026.

[112] Gao Yali, Wang Cunshan, Yao Man, et al. The resist-ance to wear and corrosion of laser-cladding Al$_2$O$_3$ ceramic coating on Mg alloy [J]. Applied Surface Science, 2007, 253: 5306-5311.

[113] 赵亚凡, 陈传忠. 激光熔覆金属陶瓷涂层开裂的机理及防止措施 [J]. 激光技术, 2006 (01): 16-19+22.

[114] 张凯, 陈小明, 张磊, 等. 激光熔覆制备耐磨耐蚀涂层技术研究进展 [J]. 粉末冶金材料科学与工程, 2019, 24 (04): 308-314.

[115] 叶宏, 喻文新, 雷临萍, 等. H13 钢激光熔覆 Co 基涂层工艺优化及组织性能 [J]. 金属热处理, 2016, 41 (12): 117-121.

[116] Cao Yabin, Zhi Shixin, Qi Haibo, et al. Evolution be-havior of ex-situ NbC and properties of Fe-based laserclad coating [J]. Optics & Laser Technology, 2020, 124: 105999.

[117] Zhao Yu, Yu Tianbiao, Sun Jiayu, et al. Microstructureand properties of laser cladded B4C/TiC/Ni-based composite coating [J]. International Journal of RefractoryMetals and Hard Materials, 2020, 86: 105112.

[118] Wang Kaiming, Du Dong, Liu Guan, et al. Microstruc-ture and property of laser clad Fe-based composite layercontaining Nb and B4C powders [J]. Journal of Alloysand Compounds, 2019, 802: 373-384.

[119] Yang Lin, Yu Tianbiao, Li Ming, et al. Microstructure and wear resistance of in-situ synthesized Ti (C, N) ce-ramic reinforced Fe-based coating by laser cladding [J]. Ceramics International, 2018, 44 (18): 22538-22548.

[120] Weng Fei, Yu Huijun, Liu Jianli, et al. Microstructureand wear property of the Ti5Si3/TiC reinforced Co-based-coatings fabricated by laser cladding on Ti-6Al-4V [J]. Optics & Laser Technology, 2017, 92: 156-162.

[121] 徐国建, 杨文奇, 杭争翔, 等. Stellite-6+VC 混合粉末激光熔覆性能的研究 [J]. 机械工程学报, 2017, 53 (14): 165-170.

[122] Dariusz Bartkowski, Andrzej Mlynarczak, Adam Piasec-ki, et al. Microstructure, microhardness and corrosion re-sistance of Stellite-6 coatings reinforced with WC particles using laser cladding [J]. Optics & Laser Technology, 2015, 68: 191-201.

[123] Yakovley A, Bertrand P, Smurov I. Laser cladding ofwear resistant metal matrix composite coatings [J]. Thin Solid Films, 2004, 453-454: 133-138.

[124] 疏达. 激光熔覆碳化钨增强镍基涂层的原位合成机制及性能研究 [D]. 上海: 上海交通大学, 2019.

[125] 刘亚. 激光熔覆 WC 增强金属陶瓷复合涂层组织与性能研究 [D]. 徐州: 中国矿业大学, 2023.

[126] Chen L Y, Yu T B, Guan C. Microstructure and properties of metal parts remanufactured by laser cladding TiC and TiB2 reinforced Fe-based coatings [J]. Ceramics International, 2022, 39 (1): 12-23.

[127] Zhu L, Wang S, Pan H, et al. Research on remanufacturing strategy for 45 steel gear using H13 steel powder based on laser cladding technology [J]. Journal of Manufacturing Processes, 2020, 49: 344-354

[128] 刘伟斌, 李新梅, 井振宇, 等. 激光熔覆镍基 WC 涂层的组织及性能研究 [J]. 应用激光, 2021, 41 (5): 7.

[129] 柴程, 李新梅, 王松臣, 等. SiC 增强 Ni35 合金激光熔覆层的组织和性能 [J]. 机械工程材料, 2021, 45 (9): 5.

[130] 李泽宇. 不锈钢表面激光熔覆涂层及其性能研究 [D]. 吉林: 东北电力大学, 2023.

[131] 徐泽洲. 王志英, 何志军, 等. 激光功率对激光熔覆 CeO$_2$ 改性 316L 涂层组织与性能的影响 [J]. 稀有金属, 2020, 44 (03): 281-286.

[132] Ertugrul O, Enrici T M, Paydas H, et al. Laser cladding of TiC reinforced 316L stainless steel composites: Feed-stock powder preparation and microstructural evaluation [J]. Powder Technology, 2020, 375: 384-396.

[133] Zhang L, Li D, Yan S, et al. Influence of the field humiture environment on the mechanical properties of 316L stainless steel repaired with Fe314 [J]. Frontiers of Mechanical Engineering, 2018, 13 (4): 513-519.

[134] Yan Z, Liu W, Tang Z, et al. Effect of thermal characteristics on distortion in laser cladding of AISI 316L [J].

Journal of Manufacturing Processes，2019，44：309-318.

[135] Zhang M，Li M，Wang S，et al. Enhanced wear resistance and new insight into microstructure evolution of in-situ (Ti，Nb) C reinforced 316L stainless steel matrix prepared via laser cladding [J]. Optics and Lasers in Engineering，2020，128：106043.

[136] Abouda E，Dal M，Aubry P，et al. Effect of Laser Cladding Parameters on the Microstructure and Properties of High Chromium Hardfacing Alloys [J]. Physics Procedia，2016，83：684-696.

[137] Duan X，Gao S，Dong Q，et al. Reinforcement mechanism and wear resistance of Al_2O_3/FeCrMo steel composite coating produced by laser cladding [J]. Surface and Coatings Technology，2016，291：230-238.

[138] Pejaković V，Berger L M，Thiele S，et al. Fine grained titanium carbonitride reinforcements for laser deposition processes of 316L boost tribocorrosion resistance in marine environments [J]. Materials & Design，2021，207：109847.

[139] 孙敏，吴国龙，王晔，等. Volodymyr S. Kovalenko. 316L 表面激光熔覆复合微弧氧化制备陶瓷涂层 [J]. 表面技术，2019，48 (02)：24-32.

[140] 钟晓康，王幸福，韩福生. 316L 不锈钢表面激光熔覆 Stellite-F 合金层的电化学腐蚀行为 [J]. 金属热处理，2019，44 (01)：176-179.

[141] 杨健，拓耀飞，孙志勇. 不锈钢激光熔敷 Ni-Cr-B-Si 合金涂层的组织及腐蚀行为 [J]. 兵器材料科学与工程，2018，41 (03)：77-81.

[142] 丰玉强，杜泽旭，胡正飞. 镍含量对激光熔覆镍钛合金涂层组织与性能的影响 [J]. 中国激光，2022，49 (08)：238-249.

[143] 龚玉玲. 钛合金表面激光熔覆复合涂层组织及增强机理研究 [D]. 无锡：江南大学，2023.

[144] 徐滨士，夏丹，谭君洋，等. 中国智能再制造的现状与发展 [J]. 中国表面工程，2018，31 (05)：1-13.

[145] 谢发勤，何鹏，吴向清，等. 钛合金表面激光熔覆技术的研究及展望 [J]. 稀有金属材料与工程，2022，51 (04)：1514-1524.

[146] 宫新勇. 激光熔覆沉积修复 TC11 钛合金叶片的基础问题研究 [D]. 北京：北京有色金属研究总院，2014.

[147] Saeedi R，Razavi R S，Bakhshi S R，et al. Optimization and characterization of laser cladding of NiCr and NiCr-TiC composite coatings on AISI 420 stainless steel [J]. Ceramics International，2021，47 (3)：4097-4110.

[148] 翁飞. 钛合金表面陶瓷强化金属基复合激光熔覆层的微观组织与耐磨性能研究 [D]. 济南：山东大学，2017.

[149] Lavella M，Botto D. Fretting wear of alloy steels at the blade tip of steam turbines [J]. Wear，2019，426 (A)：735-740.

[150] 谭金花，孙荣禄，牛伟，等. TC4 合金激光熔覆材料的研究现状 [J]. 材料导报，2020，34 (15)：15132-15137.

[151] 秦成，侯红苗，郭萍，等. 钛合金表面激光熔覆涂层及工艺研究进展 [J]. 钛工业进展，2023，40 (04)：44-48.

[152] 马玲玲. 钛合金表面激光熔覆 Ti-Ni 基复合涂层的微观组织与耐磨性 [D]. 大连：大连理工大学，2017.

[153] 姜淙元. 钛合金表面耐磨改性层的制备及性能研究 [D]. 镇江：江苏科技大学，2021.

[154] 魏亚风. 激光熔覆增材 TiCp/AlSi10Mg 复合材料工艺及组织性能研究 [D]. 华中科技大学，2021.

[155] 王胜，邵思程，毕少平，等. TC4 表层激光熔覆 Fe 基合金层组织及性能研究 [J] 激光技术，2022，46 (5)：653-656.

[156] Ortiz A，Garcia A，Cadenas M，et al. WC particles distribution model in the cross-section of laser cladded NiCrBSi＋WC coatings，for different wt% WC [J]. Surface & Coatings Technology，2017，324：298-306.

[157] Ma Q S，Li Y J，Wang J，et al. Investigation on cored-eutectic structure in Ni60/WC composite coatings fabricated by wide-band laser cladding [J]. Journal of Alloys and Compounds，2015，645：151-157.

[158] Tobar M J，Alvarez C，Amado J M，et al. Morphology and characterization of laser clad compositeNiCrBSi-WC coatings on stainless steel [J]. Surface & Coatings Technology，2006，200 (22-23)：6313-6317.

[159] Guo C，Chen J M，Zhou J S，et al. Effects of WC-Ni content on microstructure and wear resistance oflaser cladding Ni-based alloys coating [J]. Surface & Coatings Technology，2012，206 (8-9)：2064-2071.

[160] Zhao Z Y，Zhang L Z，Bai P K，et al. Tribological behavior of in situ TiC/Graphene/Graphite/Ti6Al4V matrix composite through laser cladding [J]. Acta Metallurgica Sinica-English Letters，2021，34 (10)：1317-1330.

[161] Wilson J M，Shin Y C. Microstructure and wear properties of laser-deposited functionally graded Inconel 690 reinforced with TiC [J]. Surface & Coatings Technology，2012，207：517-522.

[162] 李勇，王秋林，周青，等. 钛合金表面激光熔覆技术研究现状与展望 [J]. 成都航空职业技术学院学报，2021，37（02）：63-65＋88.

[163] 邱莹，张凤英，胡腾腾，等. 激光功率对 TC4 表面熔覆 Ti40 阻燃钛合金组织及硬度的影响 [J]. 中国激光，2019，46（11）：1-9.

[164] 胡春亮，孙荣禄，牛伟等. 激光功率对 Ti 合金表面制备 Ni 包 B4C 熔覆涂层组织性能的影响 [J]. 兵器材料科学与工程，2019，42（5）：5-9.

[165] 林沛玲，张有凤，杨湾湾，等. 扫描速度对激光熔覆钛合金复合涂层显微组织的影响 [J]. 热加工工艺，2019，48（10）：132-135.

[166] 林熙，孙荣禄，牛伟. 扫描速度对激光熔覆 TC4-Ni 包 B4C 复合涂层组织与性能的影响 [J]. 金属热处理，2018，43（7）：197-203.

[167] 李柄. 铝合金表面激光熔覆组织和性能研究 [D]. 合肥：合肥工业大学，2022.

[168] 马占山. 铝合金轮毂表面高性能涂层制备及其性能研究 [D]. 秦皇岛：燕山大学，2022.

[169] Carroll J W，Liu Y，Mazumder J，et al. Laser Surface Alloying of Aluminum 319 Alloy with Iron [J]. 20th International Congress on Applications of Lasers and Electro-Optics（ICALEO 2001），2001：885-894

[170] 彭世鑫. 铝合金表面激光熔覆 Fe 基、Ni 基合金涂层的研究 [D]. 重庆：重庆理工大学，2013.

[171] 李琦，铝合金表面激光熔覆制备颗粒增强基复合涂层 [D]. 昆明：昆明理工大学，2014.

[172] 余先涛. 铝合金表面激光熔覆 Ni 基合金及其摩擦学特性研究 [D]. 武汉：武汉理工大学，2005.

[173] He L，Tan Y，Wang X，et al. Tribological Properties of Laser Cladding TiB2 Particles Reinforced Ni-Base Alloy Composite Coatings on Aluminum Alloy [J]. Rare Metals，2015，34（11）：789-796.

[174] 魏广玲. 铝合金表面激光熔覆 Cu 基复合涂层研究 [D]. 大连：大连理工大学，2010.

[175] Liu Y，Koch J，Mazumder J，et al. Processing，Microstructure，and Properties of Laser-Clad Ni Alloy FP-5 on Al Alloy AA333 [J]. Metallurgical and Materials Transactions B，1994，25（3）：425-434.

[176] He L，Tan Y，Wang X，et al. Tribological Properties of Laser Cladding TiB2 Particles Reinforced Ni-Base Alloy Composite Coatings on Aluminum Alloy [J]. Rare Metals，2015，34（11）：789-796.

[177] Riquelme A，Escalera-Rodriguez M，Rodrigo P，et al. Effect of Alloy Elements Added on Microstructure and Hardening of Al/SiC Laser Clad Coatings [J]. Journal of Alloys and Compounds，2017，727：671-682.

[178] 张鹏飞. 7075 铝合金表面激光熔覆 Ti/TiBCN 涂层的组织与性能研究 [D]. 太原：中北大学，2018.

[179] 徐晓丹，牛成，激光熔覆技术制备新型 Al-TiC 复合涂层的研究 [J]，Plating and Finishing，2012，34（4）：10-13.

[180] 易镓. TC4 钛合金表面激光合金化原位制备 WC-Ni-Si 涂层的组织性能研究 [D]. 衡阳：南华大学，2020.

[181] 韩杰阁. 激光合金化制备 TC4 钛合金抗高温氧化及耐磨复合涂层性能研究 [D]. 武汉：华中科技大学，2017.

[182] Li Q，Ouyang J H，Lei T Q. Recent development in laser cladding of materials surface [J]. Materials and Technology，1996，（4）：22-36.

[183] Chen H，Pan C X，Pan L，et al. Development of wear-resistant laser cladding [J]. HeatTreatment of Metal，2002，27（9）：5-9.

[184] 邱星武. 45 钢表面激光合金化组织分析及硬度测试 [J]. 精密成形工程，2015，7（03）：58-61.

[185] 张光明，崔祥鹏，史红燕. 45 钢激光合金化铬钼硼组织结构及耐磨性研究 [J]. 铸造技术，2012，33（08）：939-941.

[186] 张满奎，孙桂芳，张尉，等. 不锈钢表面激光合金化 Cr-CrB2 层的腐蚀性研究 [J]. 激光技术，2014，38（02）：240-245.

[187] 崔祥鹏，刘其斌. 45 钢激光合金化铬钼硼的显微组织及抗蚀性能 [J]. 中国表面工程，2011，24（02）：57-60.

[188] 李海涛. 45 钢表面碳/氮/硼激光合金化涂层制备及性能研究 [D]. 西安：长安大学，2022.

[189] 李刚，邱玲，邱星武. 40Cr 钢激光表面加 Ni60B 合金化及其磨蚀性能研究 [J]. 腐蚀科学与防护技术，2009，21（06）：577-579.

[190] Wang Q.，Chen F. Q.，Zhang L.，et al. Microstructure evolution and high temperature corrosion behavior of FeCrBSi coatings prepared by laser cladding [J]. Ceramics International，2020，46（11）：17233-17242.

[191] 陈长军，张敏，常庆明，等. 镁合金表面激光熔覆纳米三氧化二铝 [J]. 中国激光，2009，35（11）：1752-1755.

[192] Galun R，Weisheit A，Mordike B L. Laser surface alloying of magnesium base alloys [J]. Journal of laser Applications. 1996，6（12）：229-305.

[193] Muryama，Kyouji，SuZuki，Atsuya，Kmaado，Shigeharu et al．Improvement of wear resistance of magnesium by laser-alloying with Silicon［J］．Materials Transactions，2003，44（4）：531-538.

[194] Murayma，Kyollji，Suzuki，Atsuya，Takagi，Tohru et al．Surface modification of magnesium alloys by laser alloying using Si Powder［J］．Materials Science and Forum．2003，419-422（2）：969-974.

[195] Gao Y，Wang C，Lin Q，et al．Broad-beam laser cladding of Al-Si alloy coating on AZ91HP magnesium alloy［J］．Surface and Coatings Technology，2006，201（6）：2701-2706.

[196] 李达．镁合金激光合金化与激光熔覆的研究［D］．北京：北京工业大学，2008.

[197] Hiraga，H，Inoue，T，Kojima，Y et al．Surface modification by dispersion of hard particles on magnesium alloy with laser［J］．Mater．Sci．Form，2000，350：253-258.

[198] 谭永全．镁合金激光表面合金化 Al-SiC 强化岑组织及性能研究［D］．衡阳：南华大学，2014.

[199] 蔡丽芳，张永忠，石力开，等．铸造铝合金预置 Si 粉激光表面合金化研究［J］．金属热处理，2008，33（9）：12-15.

[200] PH Chong，HC Man，TM Yue．Laser fabrication of Mo-TiC MMC on AA6061 aluminum alloy surface［J］．Surface & Coatings Technology，2002，154：268-275.

[201] Ravi Shanker Rajamure，Hitesh D．Vora，Niraj Gupta，Shivraj Karewar，S．G．Srinivasan，Narendra B．Dahotre．Laser surface alloying of molybdenum on aluminum for enhanced wear resistance［J］．Surface & Coatings Technology，2014，258：337-342.

[202] 张松，张春华，文效忠，等．原位反应合成金属间化合物激光合金层的组织及抗磨性能［J］．摩擦学学报，2005，25（2）：97-101.

[203] Gholam Reza Gordani，Reza Shojarazavi，Sayed Hamid Hashemi．Laser surface alloying of an electroless Ni-P coating with Al-356 substrate［J］．Optics and Lasers in Engineering，2008，46：550-557.

[204] 胡芳友，温景林，王茂才．铸造铝合金表面激光熔凝合金化改性［J］．东北大学学报，2002（10）：964-967.

[205] 邵德春，李鑫．激光表面合金化提高钛合金高温抗氧化性能的研究［J］．中国激光，1997，24（3）：281-285.

[206] Tian Y S，Chen C Z，Wang D Y，et al．Laser surface alloying of pure titanium with TiN-B-Si-Ni mixed powders［J］．Applied Surface Science，2005，250（1）：223-227

[207] 刘庆辉，许晓静，等．TC4 钛合金表面激光合金化 Ti-Si-C 涂层的研究［J］．稀有金属，2016（6）：546-551.

[208] Liu Xiubo，Shi Shihong，Fu Geyan，et al．Ni-Cr-C-CaF2 Composite Laser Cladding on γ-TiAl Intermetallic Alloy［J］．Chinese Journal of Lasers，2009，36（6）：1591-1594.

[209] 郑亮，李东，贺聪聪，等．钛合金表面激光熔覆 Ti-Mo-Si 涂层组织研究［J］．稀有金属，2016，40（11）：1094-1099.

[210] 吴桂兰，许晓静，戈晓岚，等．TC4 钛合金表面激光合金化制备 Ti-Si 涂层［J］．稀有金属材料与工程，2017，46（07）：1949-1953.

[211] 戈晓岚，仲奕颖，许晓静，等．TC4 钛合金表面激光合金化 Ti-Al-Nb 涂层的研究［J］．稀有金属材料与工程，2017，46（08）：2266-2270.

[212] 卢云龙，张培磊，马凯，等．激光合金化 Ni-W-Si 涂层的组织与性能研究［J］．稀有金属材料与工程，2016，45（02）：375-380.

[213] Tian Y S，Chen L X，Chen C Z．Microstructures of Composite Coatings Fabricated on Ti-6Al-4V by Laser Alloying Technique［J］．Crystal Growth & Design，2006，6（6）：1509-1513.

[214] Li Y Y，Zhu F W，Qiao Z L．Study on Mechanical Alloying of TiB2 Particulate Reinforced Titanium Matrix Composites［J］．Applied Mechanics and Materials，2018，875：41-46.

[215] YS Tian，CZ Chen，LB Chen，LX Chen．Study on the microstructure and wea rresistance of the composite coatings fabricated on Ti-6Al-4V under differe nt processing conditions［J］．Journal of Materials Processing Technology，2003，142（3）：725-737.

[216] 蒋平，张继娟，Ti-6Al-4V 合金激光表面合金化制备 Ti5Si3/Ti 耐磨复合材料涂层研究［J］．稀有金属材料与工程，2000，29（4）：269-272.

[217] 胡维娜．激光冲击强化 2060 铝锂合金微观组织和性能的研究［D］，南昌：南昌航空大学，2022.

[218] 李应红．激光冲击强化理论与技术［M］．北京：科学出版社，2013.

[219] Trdan U，Skarba M，Grum J．Laser shock peening effect on the dislocation transitions and grain refinement of Al-Mg-Si alloy［J］．Materials Characterization，2014，97：57-68.

[220] Yin M G，Cai Z B，Zhen-Yang L I，et al．Improving impact wear resistance of Ti-6Al-4V alloy treated by laser

shock peening [J]. Transactions of Nonferrous Metals Society of China, 2019, 29 (7): 1439-1448.

[221] Yang Y, Lian X, Zhou K, et al. Effects of laser shock peening on microstructures and properties of 2195 Al-Li alloy [J]. Journal of Alloys and Compounds, 2018, 781: 330-336.

[222] Zheng X, Luo P, Yue G, et al. Analysis of microstructure and high-temperature tensile properties of 2060 Al-Li alloy strengthened by laser shock peening [J]. Journal of Alloys and Compounds, 2020, 860: 158539.

[223] Chu J P, Rigsbee J M, Banaś G, et al. Effects of laser-shock processing on the microstructure and surface mechanical properties of Hadfield manganese steel [J]. Metallurgical and Materials Transactions A, 1995, 26 (6): 1507-1517.

[224] Banaś G, Elsayed-Ali H E, Lawrence Jr F V, et al. Laser shock-induced mechanical and microstructural modification of welded maraging steel [J]. Journal of Applied Physics, 1990, 67 (5): 2380-2384.

[225] Trdan U, Skarba M, Porro J A, et al. Application of massive laser shock processing for improvement of mechanical and tribological properties [J]. Surface and Coatings Technology, 2018, 342: 1-11.

[226] Guo Y, Wang S, Liu W, et al. Effect of laser shock peening on tribological properties of magnesium alloy ZK60 [J]. Tribology International, 2020, 144: 106138.

[227] Ge M Z, Xiang J Y, Tang Y, et al. Wear behavior of Mg-3Al-1Zn alloy subjected to laser shock peening [J]. Surface and Coatings Technology, 2018, 337: 501-509.

[228] Lu J Z, Luo K Y, Dai F Z, et al. Effects of multiple laser shock processing (LSP) impacts on mechanical properties and wear behaviors of AISI 8620 steel [J]. Materials Science and Engineering: A, 2012, 536: 57-63.

[229] Lim H, Kim P, Jeong H, et al. Enhancement of abrasion and corrosion resistance of duplex stainless steel by laser shock peening [J]. Journal of Materials Processing Technology, 2012, 212 (6): 1347-1354.

[230] 段海峰, 罗开玉, 鲁金忠. 激光冲击强化 H62 黄铜摩擦磨损性能研究 [J]. 光学学报, 2018, 38 (10): 197-206.

[231] Spadaro L, Hereñú S, Strubbia R, et al. Effects of laser shock processing and shot peening on 253 MA austenitic stainless steel and their consequences on fatigue properties [J]. Optics & Laser Technology, 2020, 122: 105892.

[232] Liu Q, Yang C H, Ding K, et al. The effect of laser power density on the fatigue life of laser-shock-peened 7050 aluminium alloy [J]. Fatigue & fracture of engineering materials & structures, 2007, 30 (11): 1110-1124.

[233] Trdan U, Ocaña J L, Grum J. Surface modification of aluminium alloys with laser shock processing [J]. Strojniški vestnik-Journal of Mechanical Engineering, 2011, 57 (5): 385-393.

[234] Trdan U, Žagar S, Grum J, et al. Surface modification of laser-and shot-peened 6082 aluminium alloy: Laser peening effect to pitting corrosion [J]. International Journal of Structural Integrity, 2011.

[235] Peyre P, Scherpereel X, Berthe L, et al. Surface modifications induced in 316L steel by laser peening and shot-peening. Influence on pitting corrosion resistance [J]. Materials Science and Engineering: A, 2000, 280 (2): 294-302.

[236] 张青来, 鲍士喜, 王荣, 等. 激光冲击强化对 AZ31 和 AZ91 镁合金表面形貌和电化学腐蚀性能的影响 [J]. 中国有色金属学报, 2014, 24 (10): 2465-2473.

[237] Zhang Y, You J, Lu J, et al. Effects of laser shock processing on stress corrosion cracking susceptibility of AZ31B magnesium alloy [J]. Surface and Coatings Technology, 2010, 204 (24): 3947-3953.

[238] 鲁金忠. 激光冲击强化铝合金力学性能及微观塑性变形机理研究 [D]. 镇江: 江苏大学, 2010.

[239] Lu J Z, Luo K Y, Zhang Y K, et al. Grain refinement of LY2 aluminum alloy induced by ultra-high plastic strain during multiple laser shock processing impacts [J]. Acta Materialia, 2010, 58 (11): 3984-3994. [J]. 2010.

[240] Lu J Z, Zhong J W, Luo K Y, et al. Micro-structural strengthening mechanism of multiple laser shock processing impacts on AISI 8620 steel [J]. Materials Science and Engineering: A, 2011, 528 (19-20): 6128-6133.

[241] Spadaro L, Hereñú S, Strubbia R, et al. Effects of laser shock processing and shot peening on 253 MA austenitic stainless steel and their consequences on fatigue properties [J]. Optics & Laser Technology, 2020, 122: 105892.

[242] Tong Z P, Ren X D, Zhou W F, et al. Effect of laser shock peening on wear behaviors of TC11 alloy at elevated temperature [J]. Optics & Laser Technology, 2019, 109: 139-148.

[243] Zhang X C, Zhang Y K, Lu J Z, et al. Improvement of fatigue life of Ti-6Al-4V alloy by laser shock peening [J]. Materials Science and Engineering: A, 2010, 527 (15): 3411-3415.

[244] Chi G, Yi D, Liu H. Effect of roughness on electrochemical and pitting corrosion of Ti-6Al-4V alloy in 12 wt.% HCl solution at 35°C [J]. Journal of Materials Research and Technology, 2020, 9 (2): 1162-1174.

[245] Gao Y K. Improvement of fatigue property in 7050-T7451 aluminum alloy by laser peening and shot peening [J].

Materials Science and Engineering：A，2011，528（10-11）：3823-3828.

[246] Lu J Z，Han B，Cui C Y，et al. Electrochemical and pitting corrosion resistance of AISI 4145 steel subjected to massive laser shock peening treatment with different coverage layers ［J］. Optics & Laser Technology，2017，88：250-262.

[247] Lu J Z，Luo K Y，Zhang Y K，et al. Grain refinement of LY2 aluminum alloy induced by ultra-high plastic strain during multiple laser shock processing impacts ［J］. Acta Materialia，2010，58（11）：3984-3994. ［J］. 2010.

[248] 吴俊峰，邹世坤，张永康，等. 多次激光冲击导致的 Ti17 合金层裂 ［J］. 爆炸与冲击，2018，38（5）：1091-1098.

[249] 崔通. 激光冲击强化对 GCr15 轴承钢微观组织和摩擦学行为影响研究 ［D］. 洛阳：河南科技大学，2022.

[250] 肖檬，王勤英，张兴寿，等. 激光淬火对 AISI 4130 钢微观组织结构及腐蚀、磨损行为的影响机制 ［J］. 中国腐蚀与防护学报，2023，43（4）：713-724.

[251] 骆卫东. H13 钢激光淬火与渗氮复合处理改性层组织性能研究 ［D］. 兰州：兰州理工大学，2023.

[252] 朱习栋. 激光淬火对 45 钢表面性能影响的工艺基础研究 ［D］. 乌鲁木齐：新疆大学，2022.

[253] 吴钢. 激光相变硬化工艺及参数优化研究 ［D］. 上海：同济大学，2006.

[254] 郭怡晖. 球墨铸铁 QT600-3 激光相变硬化数值模拟与试验研究 ［D］. 长沙：湖南大学，2010.

[255] 况敏. 模具材料激光表面强化技术研究 ［D］. 长沙：中南大学，2011.

[256] Sai Z D，Pan S C，Wang M，et al. Improving the fretting wear resistance of titanium alloy by laser beam quenching ［J］. Wear. 1997，213：135-139.

[257] Pedro la Cruz，magnus Oden，Torsten Ericsson. Effect of laser hardening on the fatigue strength and fracture of a B-Mn steel ［J］. International Journal of Fatigue. 1998，20（5）：389-398.

[258] Liu Q，Liu H. Experimental study of the laser quenching of 40CrNiMoA steel ［J］. Journal of Materials Processing Technology. 1999，88：77-82.

[259] Li H，Chen G，Zhang G，et al. Characteristics of the interface of a laser quenched steel substrate and chromium electroplate ［J］. Surface and Coatings Technology. 2006，201（3-4）：902-907.

[260] Van Ingelgem Y，Vandendael I，Van den Broek D，et al. Influence of laser surface hardening on the corrosion resistance of martensitic stainless steel ［J］. Electrochimica Acta. 2007，52（27）：7796-7801.

[261] Lee J H，Jang J H，Joo B D，et al. Laser surface hardening of AISI H13 tool steel ［J］. Transactions of Nonferrous Metals Society of China. 2009，19（4）：917-920.

[262] Chen Z，Zhou G，Chen Z. Microstructure and hardness investigation of 17-4PH stainless steel by laser quenching ［J］. Materials Science and Engineering A. 2012，534：536-541.

[263] 王祎雪. 中碳低合金钢渗氮与激光淬火复合改性层组织与性能 ［D］. 哈尔滨：哈尔滨工业大学，2015.

[264] 朱捷. 钢铁材料激光处理后的组织和性能 ［D］. 北京：清华大学，1990.

[265] 刘江龙，邹至荣. 激光相变硬化机理 ［J］. 金属热处理学报，1988（01）：66-72.

[266] 祝影. 40Mn 激光淬火性能的研究 ［D］. 沈阳：沈阳工业大学，2016.

第**6**章 激光3D 打印技术

6.1 3D 打印技术概述

6.1.1 3D 打印技术的概念

3D 打印技术是一种革命性的制造技术，也被称为增材制造（additive manufacturing，AM）。它以数字模型为基础，通过逐层堆叠材料的方式来构建物体，与传统的减材制造（subtractive manufacturing）相比，3D 打印是一种"增材"的过程，因为它将材料添加到产品中，而不是通过切削、铣削或其他方式将材料从块状原料中去除。

以下是 3D 打印技术的概念要点：

① 数字化设计：3D 打印的过程始于数字化设计，即将所需产品或部件设计成数字模型。这可以通过计算机辅助设计（CAD）软件创建，也可以通过 3D 扫描现有对象来获取。

② 材料选择：不同的 3D 打印技术使用不同类型的材料，包括塑料、金属、陶瓷、生物材料等。材料的选择取决于最终产品的要求，如强度、耐热性、生物相容性等。

③ 打印过程：一旦有了数字模型和选择好的材料，就可以通过 3D 打印机开始打印。在打印过程中，打印机根据数字模型的几何信息逐层将材料堆积起来，逐渐构建出最终的三维物体。

④ 层厚度：3D 打印的分辨率通常由层厚度决定，即每一层的厚度。层厚度越小，打印出的物体表面越光滑，细节表现也更好，但同时打印时间也会增加。

⑤ 后处理：完成打印后，通常需要进行后处理步骤，如去除支撑结构、表面抛光、涂层或热处理等，以达到所需的最终外观和性能。

⑥ 应用领域：3D 打印技术已经被广泛应用于多个领域，包括航空航天、医疗、汽车、消费品、教育等，它被用来制造原型、定制产品、生产工具和零部件等。

总的来说，3D 打印技术正在改变传统制造业的面貌，它为创新提供了无限可能性，促进了生产流程的数字化、个性化和灵活化，如图 6-1 为 3D 打印出的概念首饰。

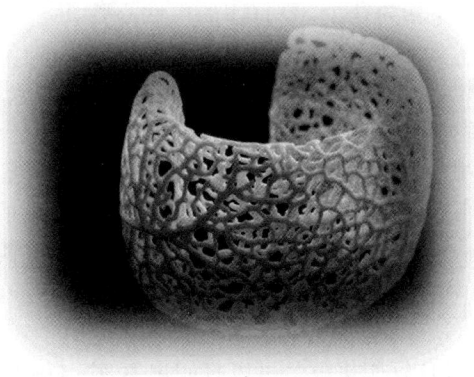

图 6-1 3D 打印出的概念首饰

6.1.2　3D 打印技术的发展史

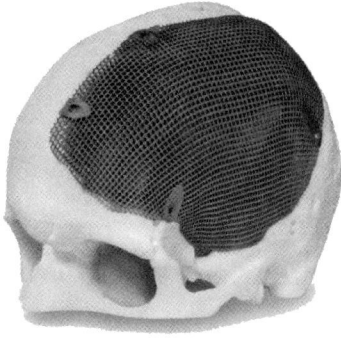

图 6-2　3D 打印应用于颅骨外科手术

3D 打印思想起源于 19 世纪末的美国，并在 20 世纪 80 年代得以发展和推广。3D 打印是科技融合体模型中最新的高"维度"的体现之一。19 世纪末，美国研究出了的照相雕塑和地貌成形技术，随后产生了打印技术的 3D 打印核心制造思想。20 世纪 80 年代以前，三维打印机数量很少，大多集中在"科学怪人"和电子产品爱好者手中，主要用来打印像珠宝、玩具、工具、厨房用品之类的东西。甚至有汽车专家打印出了汽车零部件，然后根据塑料模型去订制真正市面上买到的零部件。1979 年，美国科学家 RF Housholder 获得类似"快速成型"技术的专利，但没有被商业化，如图 6-2 为 3D 打印应用于颅骨外科手术。

20 世纪 80 年代已有雏形，其学名为"快速成型"。20 世纪 80 年代中期，SLS 被在美国得克萨斯大学奥斯汀分校的卡尔 Deckard 博士开发出来并获得专利。到 20 世纪 80 年代后期，美国科学家发明了一种可打印出三维效果的打印机，并已将其成功推向市场，3D 打印技术发展成熟并被广泛应用。1995 年，麻省理工创造了"三维打印"一词，当时的毕业生 Jim Bredt 和 Tim Anderson 修改了喷墨打印机方案，变为把约束溶剂挤压到粉末状的解决方案，而不是把墨水挤压在纸张上的方案。2003 年以来三维打印机的销售逐渐扩大，价格也开始下降。

2011 年 8 月，南安普敦大学的工程师们开发出世界上第一架 3D 打印的飞机。2012 年 11 月，苏格兰科学家利用人体细胞首次用 3D 打印机打印出人造肝脏组织。2013 年 11 月，美国得克萨斯州奥斯汀的 3D 打印公司"固体概念"（SolidConcepts）设计制造出 3D 打印金属手枪。2019 年 4 月 15 日，以色列特拉维夫大学研究人员以病人自身的组织为原材料，3D 打印出全球首颗拥有细胞、血管、心室和心房的"完整"心脏，这在全球尚属首例（3D 打印心脏），如图 6-3 为首个 3D 打印的柔性心脏。

近年来，3D 打印技术在医疗领域的应用越来越广泛，包括个性化医疗器械、人体组织和器官的打印等。此外，3D 打印还被用于建筑、食品、纺织品等领域的创新

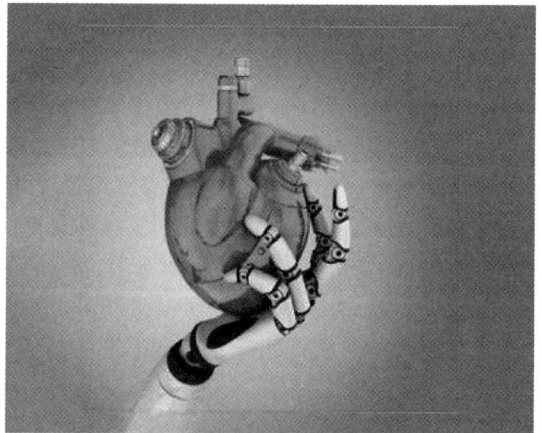

图 6-3　首个 3D 打印的柔性心脏

应用，为各行各业带来了新的可能性。总的来说，3D 打印技术经过几十年的发展，已经成为一种重要的制造技术，正在不断改变着我们的生活和工作方式。

6.1.3　3D 打印技术的工作原理

3D 打印机就是可以打印出真实 3D 物体的一种设备，功能上与激光成形技术一样，采用分层加工、叠加成形，即通过逐层增加材料来生成 3D 实体，与传统的去除材料加工技术

完全不同。如图 6-4 为 SLA 技术的原理图，该技术以光敏树脂为原料，利用光敏树脂在紫外光照射下迅速发生光化学反应硬化的特性，用计算机控制紫外激光在树脂液面上作图完成选区固化。3D 打印技术成形精度高、光洁度好，也是分层加工的一个典型加工技术。

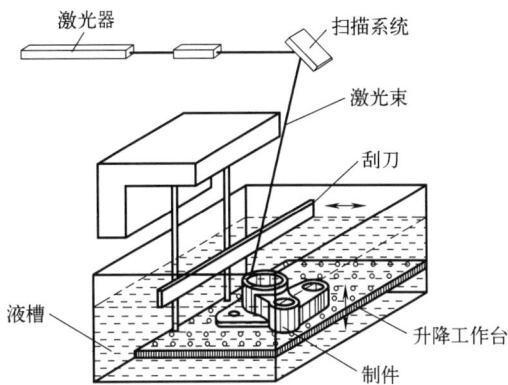

图 6-4 SLA 技术的原理图

6.1.4 3D 打印技术的特点和优势

3D 打印是一种革命性的制造技术，其特点和优势如下。

① 数字制造：借助 CAD 等软件将产品结构数字化，驱动机器设备加工制造成器件；数字化文件还可借助网络进行传递，实现异地分散化制造的生产模式。

② 降维制造（分层制造）：在计算机里把复杂的三维成形问题简化成一个二维问题，任何复杂的二维图形都能做出来，然后再堆积起来。

③ 堆积制造："从下而上"的堆积方式对于实现非匀致材料、功能梯度的器件更有优势。

④ 直接制造：任何高性能难成形的部件均可通过"打印"方式一次性直接制造出来，不需要通过组装拼接等复杂过程来实现。

⑤ 快速制造：3D 打印制造工艺流程短、全自动、可实现现场制造，因此，制造更快速、更高效。

总的来说，3D 打印技术的应用前景广阔，对于推动制造业的发展和创新具有重要意义。

6.2　3D 打印技术的全过程

3D 打印的过程大概可以分为四个阶段，如图 6-5 所示。

图 6-5 3D 打印技术的四个过程

6.2.1 工件三维 CAD 模型文件的建立

三维 CAD 模型的建立是 3D 打印技术的基础，而 3D 打印机大多的建模手段是使用辅助设计软件 CAD 来进行制作的。在计算机辅助设计中，AutoCAD 是功能比较强大的一种软件，适用范围很广，对一般建筑、机械、电子等方面的绘图设计，都是可以胜任的，是绝大多数工程设计人员都需要掌握的。

目前 3D 打印使用的文件格式多为 STL 文件，STL 文件也就是用三角形表示实体的一种文件格式，这种格式是最开始发明 3D 打印技术的人定义的，现在已经逐渐成为了图像处理领域的默认工业标准。CAD 设计主要针对需要参数化建模设计的机械零件一类的应用，一般的三维 CAD 软件都能胜任，包括有 SolidWorks、Pro-E、Catia 等，还包括相对简单易上手一些的，如 Google 的 Sketchup。

6.2.2　三维扫描仪

三维扫描仪逆向工程建模就是通过扫描仪对实物进行扫描，得到三维数据，然后加工修复。它能够精确描述物体三维结构的一系列坐标数据，这些数据能直接通过各种 CAD/CAM 软件接口输入到相应的 3D 软件中即可完整地还原出物体的 3D 模型。三维扫描仪是 3D 打印技术中不可或缺的一环，如图 6-6 所示，一种 GOM ATOS Core 三维扫描仪。

图 6-6　GOM ATOS Core 三维扫描仪

6.2.3　三维模型文件的近似处理与切片处理

当我们谈论三维打印时，通常需要将三维模型文件转换为可打印的形式。这涉及到两个主要的步骤：近似处理和切片处理。

（1）近似处理

在进行三维打印之前，通常需要对原始三维模型进行一些处理。这种处理通常涉及减少模型的复杂度，以便更好地适应打印机的能力。这一过程被称为近似处理或网格简化。近似处理的目标是减少模型中的多边形数量，同时保持模型的整体形状和细节。这有助于减少打印时间和材料的使用量，并提高打印的成功率。

通常，近似处理会使用一些算法来简化模型，如 Douglas-Peucker 算法、Laplacian 平滑等。这些算法可以根据指定的参数将模型的细节程度进行调整，从而达到最佳的打印效果。

（2）切片处理

切片处理是指将三维模型切割成一系列薄片，每个薄片被称为一个切片。这些切片将作为打印机的打印路径，控制打印头在每个层次上的移动和材料的喷射或固化。切片处理通常由专门的切片软件完成。用户可以在切片软件中设置打印参数，如层高、填充密度、支撑结构等。切片软件还会生成用于控制打印机的 G 代码，包括每个切片的打印路径、速度、温度等信息。切片软件还可以检测模型中的悬挂部分，并自动生成支撑结构，以确保打印过程中模型的稳定性和完整性。支撑结构通常是在打印完成后可轻松移除的。

通过近似处理和切片处理，我们可以将原始的三维模型文件转换为适合于三维打印的文件，并且能够在打印过程中保持模型的形状和细节。对三维模型的 STL 文件进行切片处理就是将模型以片层的方式来描述，片层的厚度通常在 $50 \sim 500 \mu m$ 之间；无论零件形状多么复杂，对每一层来说却是简单的平面矢量扫描组，如图 6-7 所示，轮廓线代表了片层的边界。

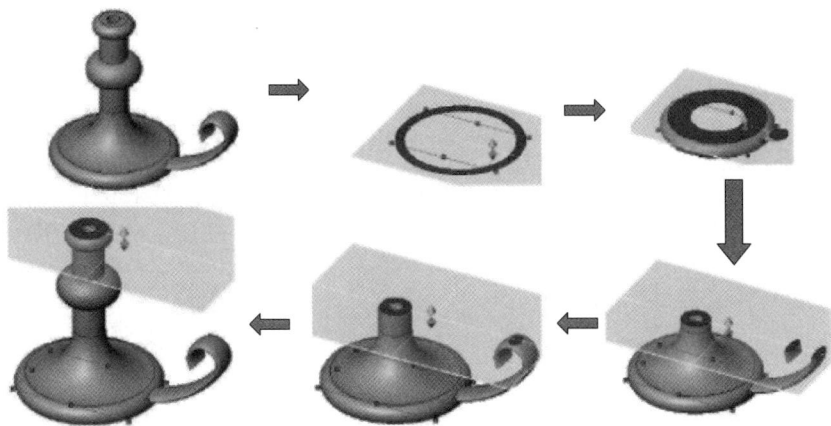

图 6-7　三维模型的切片处理过程

6.3　3D 打印机的主流机型

3D 打印技术包括多种类型的打印机，主要包括立体光固化（SLA）打印机、选择性激光烧结（SLS）打印机、熔丝制造成形（FFF）打印机、分层实体（LOM）打印机以及黏结剂喷射（3DP）打印机，每种都有其独特的工作原理和应用，下面将分别介绍这四种主流打印机机型。

6.3.1　立体光固化打印机

正如之前介绍的 SLA 技术原理中描述的那样，SLA 技术有以下几个优点：

① 是出现最早的 3D 打印技术，成熟度高；

② 表面质量佳，精度高（在 0.1mm 左右）；

③ 打印材料的多样性，拥有范围广泛的功能性材料，可根据自身需求从中挑选出最合适的材料；

④ 由 CAD 数据直接生成原型，加工速度快、生产周期短，并且无需切削工具二次加工。如图 6-8 所示，分别为 NOVA450 系列立体光固化 3D 打印机以及 ProXTM800 立体光固化 3D 打印机。

(a) NOVA450系列立体光固化3D打印机　　(b) ProXTM800立体光固化3D打印机

图 6-8　立体光固化打印机

SLA 技术的缺点也很明显，如系统造价昂贵，且维护费用很高；使用环境要求高，具有毒性和气味，需密闭环境；软件的操作复杂，需要一定的专业度。

6.3.2 选择性激光烧结打印机

选择性激光烧结（selective laser sintering，SLS）是一种先进的 3D 打印技术，常用于生产复杂形状和高强度零件。在 SLS 打印过程中，使用激光器将粉末材料（通常是塑料或金属）层层烧结在一起，从而逐层构建出所需的物体，如图 6-9 所示为 SLS 的原理图。

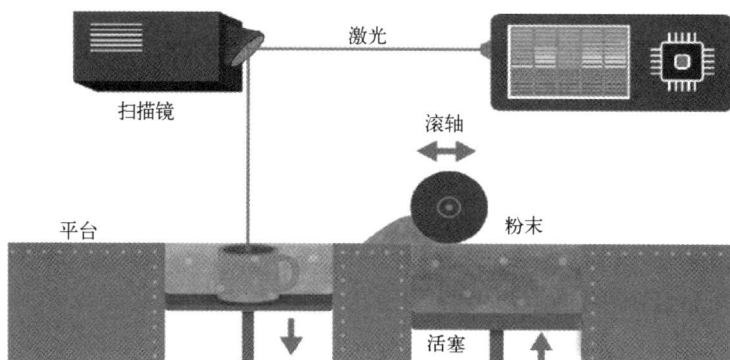

图 6-9 SLS 技术的原理图

其中 SLS 打印过程包括以下步骤：

① 粉末分层：首先，在打印床上均匀分布一层粉末材料，通常是塑料或金属的粉末。

② 激光扫描：接下来，激光器控制系统根据设计文件的指示，将激光束聚焦在粉末层的特定区域上，从而将粉末烧结成所需形状的截面。

③ 层层堆积：一旦一层被扫描完成并烧结，打印床会下降一个微小的距离（通常是几十至几百微米），以便为下一层的粉末准备新的打印表面。接着，又会重复激光扫描和烧结的过程，直到整个物体被完整地打印出来。

④ 后处理：完成打印后，通常需要进行后处理步骤，如去除未粘合的粉末、表面光滑处理、热处理等，以获得最终的零件。

SLS 技术也具有多项优势，首先是设计自由度：由于不需要支撑结构，因此 SLS 可以实现更复杂的几何形状，而不受传统制造方法的限制；其次是材料多样性：SLS 适用于多种材料，包括聚合物、金属和复合材料，为不同应用提供了灵活的选择；以及它的高强度：由于烧结过程中材料颗粒之间的结合密度高，因此 SLS 打印的零件通常具有优异的强度和耐用性；最后能够批量生产：SLS 技术可实现批量生产，因为可以一次性打印多个零件，而无需额外的工装或模具。

尽管 SLS 打印技术在制造业中已经取得了显著进展，但其设备和材料成本仍然较高，因此主要应用于高端领域，如航空航天、医疗器械和汽车工业。

6.3.3 选择性激光熔化打印机

选择性激光熔化（selective laser melting，SLM）是一种高级金属 3D 打印技术，也被称为直接金属激光烧结（direct metal laser sintering，DMLS）。它是一种逐层制造工艺，使用激光束将金属粉末逐层熔化成所需形状的零件。如图 6-10 所示为东方信捷激光选区熔化设备 SLM500。

图 6-10 东方信捷激光选区熔化设备 SLM500

其 SLM 打印机通常包括以下组件和步骤：

① 粉末供给系统：金属粉末通过供给系统被输送到打印区域，并均匀地分布在打印床上。

② 激光熔化：一台高能激光器将设计文件中每一层的轮廓信息转换成激光束，然后将激光束精确地聚焦在金属粉末层的表面上。激光的能量使粉末瞬间熔化，并在凝固后形成一层固态的金属。

③ 层层堆积：打印床会逐渐下降，以便形成新的打印层。在每一层完成后，打印床上的金属粉末会再次被均匀地分布，并且激光会根据设计要求再次熔化。

④ 后处理：打印完成后，通常需要进行后处理工艺，例如去除未熔化的粉末、支撑结构和表面处理等。

SLM 技术所具有的优势，第一高精度：激光熔化过程可以实现非常高的精度和分辨率，因此可以打印出复杂几何形状和细节。第二优异的材料性能：由于金属粉末在打印过程中完全熔化并重新结晶，因此打印件通常具有与传统制造相当甚至更高的材料性能。第三设计自由度：与传统制造方法相比，SLM 可以实现更复杂的几何形状，而无需额外的工装或模具。第四定制化生产：SLM 允许根据需要快速制造个性化和定制化的零件，因此在医疗、航空航天和汽车行业等领域有着广泛的应用。

尽管 SLM 技术在高端制造领域已经取得了显著进展，但其设备和材料成本仍然较高，且需要高度专业化的操作和后处理。

6.3.4 熔丝制造成形打印机

熔丝制造成形打印机（fused filament fabrication，FFF），也被称为熔丝沉积建模（fused filament deposition，FFD），是一种常见的 3D 打印技术，也是 FDM 技术的一个子类。它是由斯特拉塔西斯公司的发明家斯科特·克兰佩尔（Scott Crump）于 1988 年发明的，后来成为了一种流行的快速原型制造技术。FFF 打印机的工作原理如图 6-11 所示。

融化热塑流会从喷嘴中挤压出，形成一层层材料；每一层都会与前一层相连接。常见的墨水包括 ABS（丙烯腈-丁二烯-苯

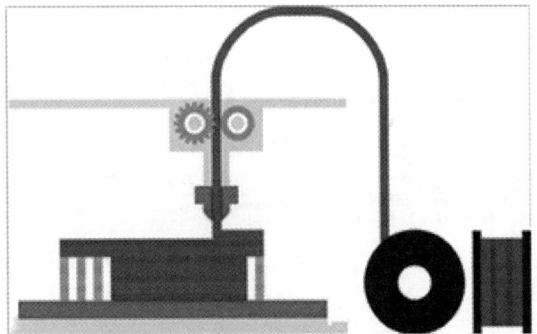

图 6-11 FFF 熔丝制造成形技术原理

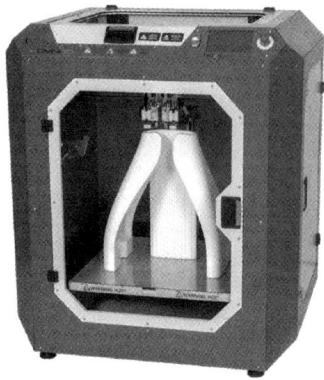

图 6-12 FFF 打印机

乙烯共聚物）和聚乳酸聚合物。融化热塑流熔丝制造（FFF）就利用了塑料、涉及光敏聚合物的立体光刻、金属激光烧结等等。所采用的材料主要为热塑性材料，如 PLA、蜡、ABS、尼龙等。

OMNI3D 公司推出 Factory 2.0 工业级 FFF 3D 打印机，如图 6-12 所示，这款 Factory 2.0 生产系统是一个熔丝制造法（FFF）3D 打印机，拥有 500mm×500mm×500mm 的超大打印尺寸，两个打印头以及一个封闭式加热室。可为机械和生产线生产零件，制造工模夹具，进行原型制作等。

FFF 打印机的工作流程与 FDM 类似，包括准备工作、打印设置、打印和后处理等步骤。FFF 技术广泛应用于原型制造、教育、医疗和个性化定制等领域。由于其相对低廉的成本、易于使用和广泛的材料选择，FFF 打印机在创客社区、学校和企业中得到了广泛的应用。知名的 FFF 打印机制造商包括 Ultimaker、Prusa Research、FlashForge 等。

6.3.5 分层实体打印机

分层实体打印机（LOM）是选择性沉积打印机的一种，不使用打印头生成层，而是将材料薄片层压成一个单独的三维实体。LOM 工艺由设计文件开始，进行打印工作的不是打印头而是刀具或激光束。在设计文件的指引下，刀具将实体外形的轮廓从纸、塑料或金属的材料薄片中切出。切完一张薄片后，LOM 打印机将切出的一部分放在一边，铺入一张新的黏合薄片开始下一层的切割，最后热粘压部件将会一层一层地把成形区域的薄膜粘合在一路，如此反复上述的步调直到工件完整成形。如图 6-13 所示，为 LOM 分层实体成形工艺。

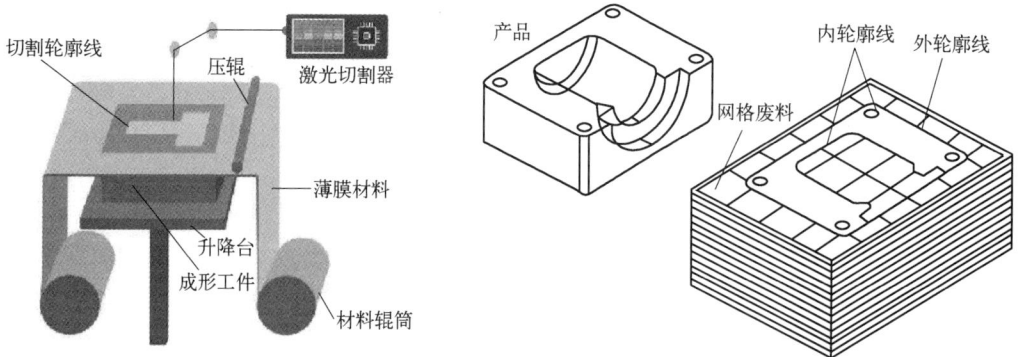

图 6-13 LOM 分层实体成形工艺

LOM 技术有以下两个优点：

① 制件精度高，这是因为在薄形材料选择性切割成形时，在原材料中，只有极薄的一层胶发生状态变化，即由固态变为熔融态，而主要的基底材料仍保持固态不变，因此翘曲变形较小，无内应力。

② 分层实体制造中激光束只需按照分层信息提供的截面轮廓线切割而无需对整个截面进行扫描，且无需设计和制作支撑，所以制作效率高、成本低。结构制件能承受高达 200℃ 的温度，有较高的硬度和较好的力学性能，可进行各种切削加工。

缺点：由于材料质地原因，加工的原型件抗拉性能和弹性不高；易吸湿膨胀，需进行表面防潮处理；薄壁件、细柱状件的废料剥离比较困难；工件表面有台阶纹，需进行打磨处理。

6.3.6　黏结剂喷射打印机

黏结剂喷射（3DP）打印技术，也被称为 Binder Jetting，是一种常见的 3D 打印方法。它与传统的熔化层析技术（如 FDM）不同，而是利用喷射系统将粉末层层叠加并用黏合剂粘合，形成所需的物体。黏结剂喷射 3D 打印技术工作原理是，先铺一层粉末，然后使用喷嘴将黏合剂喷在需要成形的区域，让材料粉末粘接，形成零件截面，然后不断重复铺粉、喷涂、粘接的过程，层层叠加，获得最终打印出来的零件，如图 6-14 所示，为 3DP 工艺的原理图。

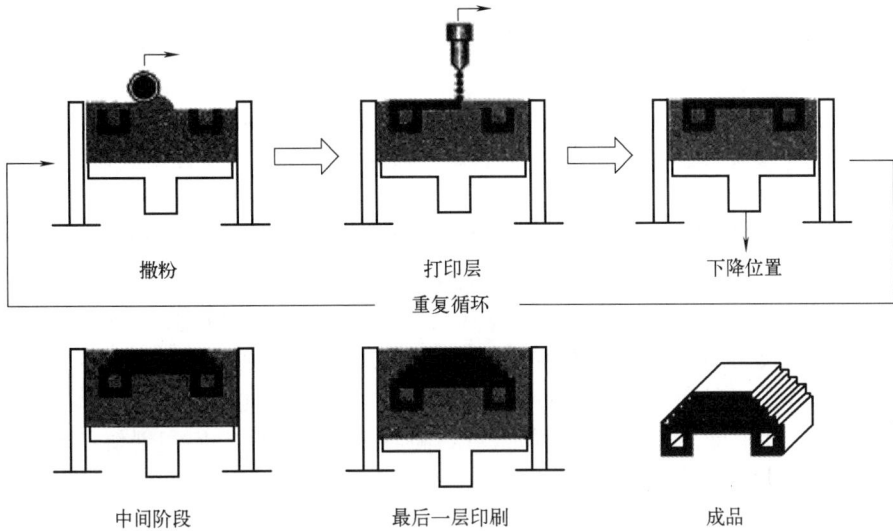

撒粉　　　　　　　打印层　　　　　　　下降位置

重复循环

中间阶段　　　　　最后一层印刷　　　　成品

图 6-14　3DP 工艺的原理图

技术优势在于成形速度快、无需支撑结构，而且能够输出彩色打印产品，这是目前其他技术都比较难以实现的。但是黏结剂喷射 3D 打印技术也有不足，首先粉末粘接的直接成品强度并不高，只能作为测试原型，其次由于粉末粘接的工作原理，成品表面不如 SLA 光洁，精细度也有劣势，所以一般为了产生拥有足够强度的产品，还需要一系列的后续处理工序。黏结剂喷射技术常用于制造原型、建筑模型、陶瓷件、砂型和砂芯等应用。知名的黏结剂喷射打印机制造商包括 ExOne 和 VoxelJet 等。如图 6-15 所示，为 Exone 的 3DP 打印机。

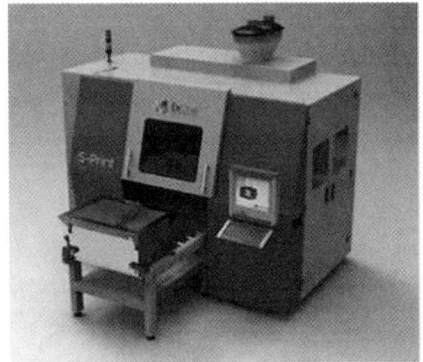

图 6-15　Exone 的 3DP 打印机

6.4　3D 打印技术的应用与发展

3D 打印技术已经在各个领域展现了广泛的应用，并且正在不断发展，下面将详细介绍其应用以及发展趋势。

6.4.1　3D 打印技术的应用

3D 打印技术的应用非常广泛，涵盖了各个领域，包括制造业、医疗领域、航空航天、汽车工业、建筑业、教育和艺术等。以下是一些主要的应用领域：

① 制造业：在制造业中，3D 打印技术被广泛应用于原型制作、定制零件生产和快速工具制造。制造商可以使用 3D 打印技术制造复杂的零件，提高生产效率，缩短产品开发周期，并且降低生产成本。

② 医疗领域：医疗领域是 3D 打印技术的重要应用领域之一。它被用于医学影像处理、生物打印、定制医疗器械和假体制造等。通过 3D 打印，可以制造出与患者解剖结构相匹配的医疗器械和假体，提高手术效果和患者舒适度。

③ 航空航天：在航空航天领域，3D 打印技术被应用于制造轻量化零部件、优化结构设计以及快速原型制作。它可以减轻飞行器重量、提高燃料效率，并且可以实现复杂的内部结构设计，以增强零部件性能。

④ 汽车工业：汽车制造业也是 3D 打印技术的主要应用领域之一。通过 3D 打印，汽车制造商可以定制化零部件、减少原型制作成本、提高生产效率，并且可以实现轻量化设计，以提高汽车性能和燃油效率。

⑤ 建筑业：在建筑业中，3D 打印技术被用于打印建筑结构、构件和模型。它可以实现快速建造、节约材料、减少建筑废弃物，并且可以实现复杂的建筑设计。

⑥ 教育和研究：3D 打印技术也在教育和研究领域得到广泛应用。它被用于教学实验、科学研究、艺术设计等方面，为学生和研究人员提供了更加直观的学习和研究工具。这些应用集中在不计成本的设计行业、尖端制造，以及一对一的个性化服务方面。

这些只是 3D 打印技术的一部分应用领域，随着技术的不断发展和创新，预计将会出现更多新的应用领域和应用方式。

6.4.2　3D 打印技术与行业结合的优势

3D 打印技术与各行各业的结合具有许多优势，这些优势使其成为许多行业的重要工具和解决方案。以下是一些主要的优势：

① 定制化生产：3D 打印技术能够实现高度定制化的生产，根据客户需求制造个性化的产品。这为制造商提供了更大的灵活性，能够满足不同客户的特定需求，而无需增加生产成本。

② 快速原型制作：传统的制造方法通常需要花费大量时间和成本来制造原型。而 3D 打印技术能够快速制作出高质量的原型，帮助企业更快地进行产品设计和验证，缩短产品开发周期。

③ 减少材料浪费：传统的制造方法通常需要将大块材料切割或加工成所需形状，导致大量的材料浪费。而 3D 打印技术可以按需添加材料，减少或消除材料浪费，提高资源利用率。

④ 复杂几何设计：传统制造方法可能无法实现复杂的几何设计，或者需要采用多个零部件组装。而 3D 打印技术能够实现复杂的内部结构和几何设计，从而提高产品性能和功能。

⑤ 轻量化设计：由于 3D 打印技术可以实现复杂的内部结构设计，因此可以轻量化产品设计，减轻产品重量，提高产品性能和燃油效率，尤其对于航空航天和汽车工业具有重要意义。

⑥ 在地化生产：通过在地化生产，即在需要的地方生产所需的产品，3D 打印技术可以减少物流成本和时间，缩短供应链，提高生产效率，特别是对于远离制造中心的地区或特定环境下的应用有着重要意义。

综上所述，3D 打印技术与行业结合的优势包括定制化生产、快速原型制作、减少材料浪费、实现复杂几何设计、轻量化设计和在地化生产等，这些优势使其成为许多行业的重要技术和工具。

6.4.3　3D 打印技术在国内的发展现状

我国在 3D 打印技术领域的发展已经取得了长足的进步，并且在全球范围内占据了重要地位。以下是我国 3D 打印技术发展的一些主要方面和现状：

① 产业发展：我国的 3D 打印产业已经形成了完整的产业链，涵盖了硬件设备制造、材料生产、软件开发、应用服务等各个环节。一些国内企业如中科创达、华天科技、长城宽带等在 3D 打印领域处于领先地位。

② 政策支持：我国政府出台了一系列支持 3D 打印技术发展的政策措施，包括资金支持、税收优惠、科研项目等，促进了 3D 打印技术的研发和产业化。

③ 应用领域：我国的 3D 打印技术已经广泛应用于航空航天、汽车、医疗、教育、文化创意等领域。特别是在航空航天领域，已经成功应用 3D 打印技术制造航天器零部件，并取得了重要进展。

④ 技术创新：我国在 3D 打印技术方面也进行了大量的技术创新和研发工作，涉及材料、打印设备、打印工艺等多个方面。一些研究机构和高校在 3D 打印技术领域取得了重要的科研成果。

⑤ 教育培训：我国的教育培训机构也开始重视 3D 打印技术的培训，培养了一大批具有 3D 打印技术应用能力的专业人才，推动了 3D 打印技术在中国的普及和应用。自从 20 世纪 90 年代以来，国内多所高校开展了 3D 打印技术的自主研发。清华大学在现代成形学理论、分层实体制造、FDM 工艺等方面都有一定的科研优势；华中科技大学在分层实体制造工艺方面有优势，并已推出了 HRP 系列成形机和成形材料；西安交通大学自主研制了三维打印机喷头，并开发了光固化成形系统及相应成形材料；中国科技大学自行研制了八喷头组合喷射装置，有望在微制造、光电器件领域得到应用。

综上所述，中国在 3D 打印技术领域已经取得了显著的进展，在产业发展、政策支持、应用领域、技术创新和人才培养等方面都表现出了活跃的态势，为未来 3D 打印技术的发展奠定了坚实的基础。

6.4.4　3D 打印技术在国外的发展趋势

国外 3D 打印技术的发展趋势主要体现在以下几个方面：

① 材料多样性：未来的趋势是不断拓展可用于 3D 打印的材料范围，包括金属、陶瓷、聚合物等。随着新材料的开发和改良，将会出现更多具有特殊性能和功能的材料，从而扩大 3D 打印技术的应用领域。

② 大型化打印：随着 3D 打印技术的成熟和发展，越来越多的厂商开始研发和推出大型化的 3D 打印设备，能够打印出更大尺寸的零件和构件，满足制造业对于大型件的需求。

③ 快速打印技术：未来的发展趋势是提高 3D 打印速度，缩短打印周期。各种快速打印技术如激光熔化成形（SLM）、选择性激光烧结（SLS）、连续液体界面生产（CLIP）等将得到进一步改进和优化，提高打印速度和效率。

④ 多功能打印设备：未来的 3D 打印设备将更加智能化和多功能化，能够实现多种打印工艺、多种材料的打印，以及自动化的操作和控制，提高生产效率和灵活性。

⑤ 个性化定制：随着人们对于个性化定制的需求不断增加，未来的趋势是进一步推动 3D 打印技术在定制化生产领域的应用，如医疗器械、汽车零部件、家居用品等。

⑥ 生物打印和医疗应用：生物打印技术是一个备受关注的领域，未来将继续推动 3D 打印技术在医疗领域的应用，如生物组织、器官等的打印，以及个性化医疗器械和假体的制造。

⑦ 可持续发展：在环境保护和可持续发展的背景下，未来的发展趋势是推动 3D 打印技术的绿色化和可循环利用，包括开发可降解的打印材料、减少打印过程中的能源消耗等。

经过十多年的探索和发展，3D 打印技术有了长足的进步，目前已经能够在 0.01mm 的单层厚度上实现 600dpi 的精细分辨率。目前，在全球 3D 打印机行业，美国的 3D Systems 和 Stratasys 两家公司的产品占据了绝大多数市场份额。此外，在此领域具有较强技术能力的企业和研发团队还有美国的 Fab@Home 和 Shapeways、英国的 Reprap 等。在欧美发达国家，3D 打印技术已经初步形成了成功的商业模式。如在消费电子业、航空业和汽车制造业等领域，3D 打印技术可以以较低的成本、较高的效率生产小批量的定制部件，完成复杂而精密的造型。

3D 打印技术的应用领域是个性化消费产业。如纽约一家创意消费品公司 Quirky 通过在线征集用户的设计方案，以 3D 打印技术制成实物产品并通过电子市场销售，每年能够推出 60 种创新产品，年收入达到 100 万美元。

综上所述，国外对于 3D 打印技术的发展趋势包括材料多样性、大型化打印、快速打印技术、多功能打印设备、个性化定制、生物打印和医疗应用，以及可持续发展等方面，这些趋势将推动 3D 打印技术在未来的发展和应用。

6.4.5　3D 打印技术发展的未来

未来，3D 打印技术将会继续呈现出许多引人注目的发展趋势和潜力，这些趋势将推动该技术在各个领域的广泛应用和进一步的创新。以下是 3D 打印技术未来发展的一些可能方向：

① 多材料打印：未来的 3D 打印技术将更加注重多材料打印的发展，包括不同性质的材料、功能性材料的结合等，以满足不同产品的特殊需求，例如具有导电性、光学性、生物相容性等特性的材料。

② 高性能材料：随着材料科学的不断进步，未来将会出现更多高性能的 3D 打印材料，包括高强度、高温耐受、耐腐蚀、耐磨损等特性，适用于航空航天、汽车工业、医疗领域等高要求的应用场景。

③ 生物打印和医疗应用：生物打印技术将继续发展，包括组织工程、器官打印、生物材料打印等方面。未来，可能实现更加复杂的生物结构和器官的打印，为医疗领域带来革命性的变革。

④ 大型化打印：未来将会出现更大型的 3D 打印设备，能够打印出更大尺寸的构件和产品，例如建筑领域的大型建筑构件、船舶零部件等，推动 3D 打印技术在大型制造领域的应用。

⑤ 快速打印技术：未来的趋势是提高 3D 打印速度和效率，包括改进打印设备、优化打印工艺、加快打印速度等，以满足制造业对快速生产的需求。

⑥ 智能化和自动化：未来的 3D 打印设备将更加智能化和自动化，包括智能设计、智能

监控、自动调整打印参数等功能，提高生产效率和产品质量。

⑦ 在地化生产和定制化：未来将进一步推动在地化生产和个性化定制的发展，利用 3D 打印技术可以实现按需生产、快速定制，为消费者提供更加个性化的产品和服务。

总体来说，未来 3D 打印技术将朝着材料多样性、高性能材料、生物打印、大型化打印、快速打印技术、智能化自动化和定制化生产等方向发展，这些趋势将推动 3D 打印技术在制造业、医疗领域、建筑业、教育等各个领域的广泛应用和持续创新。

6.5　LMD 技术发展、工作原理和特点

激光金属沉积（laser metal deposition，LMD）于 20 世纪 90 年代由美国 Sandia 国家实验室首次提出，随后在全世界很多地方相继发展起来，由许多大学和机构分别独立进行研究。例如，美国 Sandia 国家实验室的激光近净成形技术 LENS，英国伯明翰大学的直接激光成形 DLF，中国西北工业大学的激光快速成形 LRF 等。虽然名字不尽相同，但是它们的原理基本相同，即成形过程中，通过喷嘴将粉末聚集到工作平面上，同时激光束也聚集到该点，将粉光作用点重合，通过工作台或喷嘴移动，获得堆积的熔覆实体。如图 6-16 所示，分别为激光金属沉积的原理图和实物图。

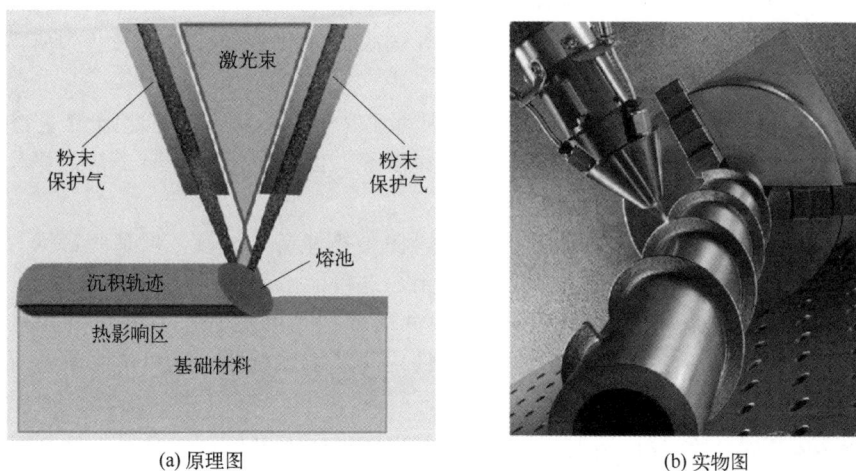

(a) 原理图　　　　　　　　　　　　　(b) 实物图

图 6-16　LMD 激光金属沉积技术

6.6　LMD 技术特点

6.6.1　LMD 技术的优点

LMD 激光金属沉积又称激光熔化沉积、激光熔覆沉积，是一种先进的金属增材制造技术，具有许多独特的特点和优势，包括：

① 高精度和高质量：LMD 技术具有非常高的加工精度和制造质量，能够实现微米级别的精确度。这使得它特别适用于制造复杂形状和精密零件。

② 低热影响区：由于激光熔化金属粉末的过程是局部加热的，因此 LMD 技术可以最大限度地减少热影响区，避免了因过度加热而导致的变形、残余应力等问题，使得加工的零件变得更加稳定和可靠。

③ 高材料利用率：LMD 技术可以实现精确的材料沉积和控制，因此能够最大限度地减少材料浪费，提高材料利用率。这对于高价值金属材料如钛合金、镍基合金等来说尤为重要。

④ 快速制造：相比传统的加工方法，LMD 技术能够大大缩短制造周期，实现快速生产。它可以直接在现有零件上进行修复和加工，避免了重新加工的时间和成本。

⑤ 材料多样性：LMD 技术可以使用各种金属粉末作为原材料，包括钢、铝、钛、镍基合金等，甚至是复合材料。这使得它适用于广泛的应用领域，并且可以满足不同材料特性的需求。

⑥ 适用于复杂结构：由于其增材制造的特性，LMD 技术可以构建出复杂形状和结构的零件，如内部空腔、薄壁结构等，而传统的加工方法往往无法做到。

⑦ 可修复性：LMD 技术可以用于修复受损或磨损的零件，无论是表面修复还是局部修复，都能够实现高质量的修复效果，延长零件的使用寿命。

6.6.2 LMD 技术的缺点

虽然激光熔覆沉积技术具有许多优点，但也存在一些挑战和局限性，包括：

① 成本较高：LMD 技术需要高功率激光器和精密的控制系统，这使得设备的购买和维护成本较高，因此初始投资比传统加工设备要高。

② 表面质量有待改善：尽管 LMD 技术可以实现高精度的制造，但在一些情况下，沉积表面可能存在一些粗糙度或不均匀性，需要额外的表面处理或后续加工来达到所需的表面质量标准。

③ 工艺参数依赖性强：LMD 技术的加工质量和效率很大程度上依赖于工艺参数的选择和控制，包括激光功率、扫描速度、粉末喷射速度等。因此，需要经验丰富的操作人员进行优化和调整。

④ 对材料适应性有限：尽管 LMD 技术可以使用各种金属材料，但某些特殊材料的适应性可能较差，例如高反射率材料或难加工的合金，这可能限制了其应用范围。

⑤ 残余应力和变形：由于 LMD 技术是一种局部加热的过程，因此在沉积过程中可能会产生残余应力和热变形，尤其是对于大型零件或高温敏感材料，这可能会影响零件的稳定性和几何精度。

⑥ 粉末处理和废料管理：LMD 技术使用金属粉末作为原材料，需要处理和管理粉末的供应、回收和再利用，以及处理废料和粉尘的问题，这需要额外的设备和成本。

虽然存在这些挑战和局限性，但随着技术的不断发展和改进，可以预期许多问题会逐渐得到解决，使得 LMD 技术在各种应用领域中发挥更大的作用。

6.7 LMD 和 SLS＼SLA＼SLM 技术的差异性

虽然激光熔覆沉积 LMD 技术和激光烧结 SLS、激光光固化 SLA、激光熔化 SLM 技术都属于激光增材制造领域，但它们在原理、应用和工艺上有着一些显著的差异。

（1）SLS 技术

SLS 即粉末烧结技术，粉末和烧结这两个关键词，就是 SLS 的特性，SLS 打印技术采用铺粉将一层粉末材料平铺在已成形零件的上表面，并加热至恰好低于该粉末烧结点的某一温度，控制系统控制激光束按照该层的截面轮廓在粉层上扫描，使粉末的温度升到熔化点，进行烧结并与下面已成形的部分实现粘结。一层完成后，工作台下降一层厚度，铺料辊在上面铺上一层均匀密实粉末，进行新一层截面的烧结，直至完成整个模型。如图 6-17 所示，为 SLS 的工作原理以及其成品零件。

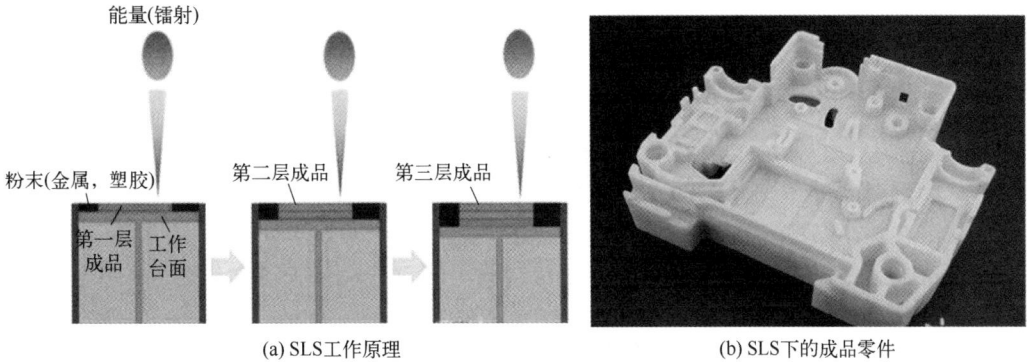

(a) SLS工作原理   (b) SLS下的成品零件

图 6-17 SLS工作原理及成品零件

SLS 技术优点：

① SLS 可使用的材料比较多，包括高分子、金属、陶瓷、石膏、尼龙等多种粉末；

② 精度，现在精度正常可做到±0.2mm 的公差范围；

③ 无须支撑，它无须支撑结构，叠层过程出现的悬空层可直接由未烧结的粉末来支撑，这应该是 SLS 最大的一个优点。

SLS 技术缺点：

① 由于原材料是粉状的，原型制造是由材料粉层经过加热熔化实现逐层粘结的，因此，原型表面严格讲是粉粒状的，因而表面质量不高；

② 烧结过程有异味。SLS 工艺中粉层需要激光使其加热达到熔化状态，高分子材料或者粉粒在激光烧结时会挥发异味气体；

③ 加工的时间会比较长，加工前，要有 2h 的预热时间；零件模型打印完后，要花 5～10h 时间冷却，才能从粉末缸中取出。

（2） SLA 技术

SLA 即光敏树脂选择性固化技术。在液槽中充满液态光敏树脂，其在激光器所发射的紫外激光束照射下，会快速固化。在成形开始时，可升降工作台处于液面以下，刚好一个截面层厚的高度。通过透镜聚焦后的激光束，按照机器指令将截面轮廓沿液面进行扫描。扫描区域的树脂快速固化，从而完成一层截面的加工过程，得到一层塑料薄片。然后，工作台下降一层截面层厚的高度，再固化另一层截面。这样层层叠加构成三维实体。如图 6-18 所示，为 SLA 的工作原理以及其成品零件。

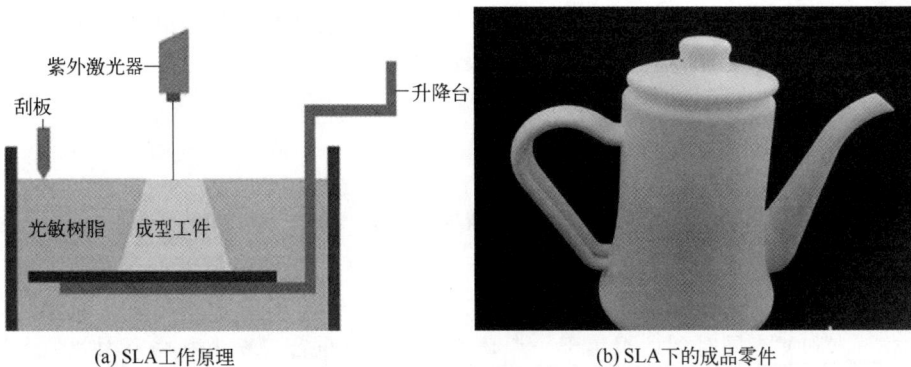

(a) SLA工作原理   (b) SLA下的成品零件

图 6-18 SLA工作原理及成品零件

SLA 技术优点：

① 发展时间最长，工艺最成熟，应用最广泛。在全世界安装的快速成形机中，光固化成形系统近 70％；

② 成形速度较快，系统工作稳定；

③ 它的精度相对来讲比 SLS 更高一些，基本上可以做到微米级别，比如说最高可以做到 0.05mm，当然模型越大，那么精度可能会受一些影响；

④ 可以打印大尺寸模型，目前市面上 SLA 的设备可以做到接近 2m。

SLA 技术缺点：

① SLA 最大的缺点就是模型是需要支撑结构的，而且这个支撑是需要在模型没有固化的时候去除，这是它跟 SLS 相比比较明显的一个缺点；

② 由于材料是树脂，温度过高会熔化，工作温度不能超过 100℃。且固化后较脆，易断裂。

（3） SLM 技术

SLM 即选择性激光烧融技术，SLM 工作流程为，打印机控制激光在铺设好的粉末上方选择性地对粉末进行照射，金属粉末加热到完全熔化后成形。然后活塞使工作台降低一个单位的高度，新的一层粉末铺撒在已成形的当前层之上，设备调入新一层截面的数据进行激光熔化，与前一层截面粘结，此过程逐层循环直至整个物体成形。SLM 的整个加工过程在惰性气体保护的加工室中进行，以避免金属在高温下氧化。如图 6-19 所示，为 SLM 技术打印过程，首先激光按当前薄层的轮廓线选区熔化粉末，其次新一层粉末铺撒在当前层后，逐层熔化，最后获得最终成品。

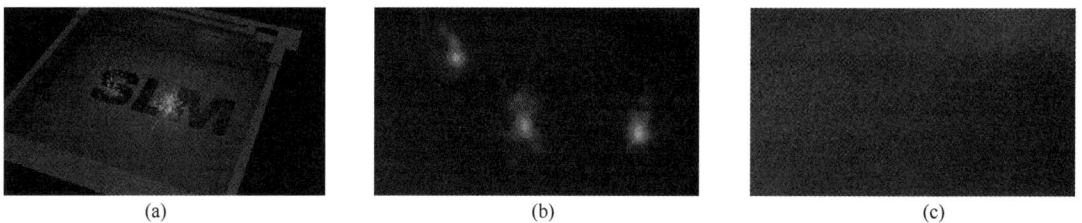

（a）   （b）   （c）

图 6-19 （a）激光按当前薄层的轮廓线选区熔化粉末；（b）新一层粉末铺撒在当前层后，逐层熔化；（c）获得最终成品

SLM 技术优点：

① SLM 工艺加工标准金属的致密度超过 99％，良好的力学性能与传统工艺相当；

② 可加工材料种类持续增加，所加工零件可后期焊接；

③ 对产品形状几乎没有限制，空腔、三维网格等复杂结构的零件都可以制作；

④ 生产过程更灵活，适用于生命周期较短的产品。

SLM 技术缺点：

① 价格昂贵，速度偏低；

② 精度和表面质量有限，可通过后期加工提高。

（4） LMD 和 SLS \ SLA \ SLM 技术差异性说明：

① SLS、SLM 技术 3D 打印过程是将粉末铺在基材上并通过激光扫描局部区域得到理想模型，这两种方法极易造成粉末的浪费，并且收集未使用的粉末增加了生产成本。而 LMD 技术粉末和激光同时到达聚焦于一点，粉光作用点重合，粉末利用率因此大大提高。

② SLS、SLA、SLM 技术只能在平面上堆积成形，而 LMD 技术将粉末和激光集成在

喷嘴上，通过控制喷嘴移动可以在多个维度成形，加工柔性大大提高。

③ LMD 技术可以很方便地对现有零件修复成形，而 SLS \ SLA \ SLM 技术实现零件修复没有那么方便。

6.8 LMD 核心器件及典型商品化设备

6.8.1 核心器件

LMD 技术的核心器件包括以下几个主要组成部分：

① LMD 熔覆激光头：LMD 技术中的核心部件，用于产生高能量的激光束。这些激光束被聚焦到金属粉末上，将其熔化并沉积到工件表面。如图 6-20 所示，为 LMD 熔覆激光头实物图以及原理图。

② 粉末喷射系统：粉末喷射系统负责将金属粉末输送到工件表面。通常使用惰性气体（如氮气）来将粉末从喷嘴中喷射出来，确保喷射的稳定性和精确性。

③ 焊丝供给系统（可选）：有些 LMD 系统使用焊丝作为原材料，而不是金属粉末。焊丝供给系统负责将焊丝送到激光束焊接区域，以便进行沉积和构建。

④ CNC 控制系统：计算机数控（CNC）系统用于控制激光束的移动路径和沉积过程，以实现精确的零件构建或修复。这些系统通常集成了 CAD/CAM 软件，可以根据设计图纸或模型来生成沉积路径。

⑤ 反射镜和透镜：这些光学元件用于将激光束聚焦到粉末喷射区域，确保激光能量的准确传递和焦点的精确定位。

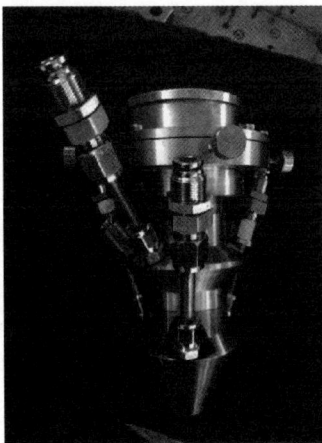

(a) LMD 熔覆激光头实物图   (b) 原理图

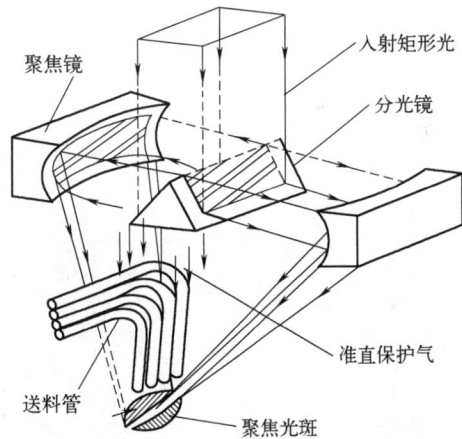

图 6-20 LMD 熔覆激光头

6.8.2 商品化 LMD 设备

典型的商用 LMD 设备通常由上述核心器件组成，并且可能包含其他附加功能或模块，以满足特定的应用需求。一些知名的 LMD 设备制造商包括 Trumpf、DMG Mori、BeAM Machines、Optomec 等。这些公司提供各种规格和配置的 LMD 系统，用于不同的应用领域，例如航空航天、汽车、船舶、医疗和能源等。这些设备通常具有高精度、高效率和高可靠性的特点，可以实现复杂零件的快速制造和修复。如图 6-21 所示，为 BeAM 金属 LMD 打印机。

6.8.3　LMD 技术的典型应用

LMD 技术在制造业中具有广泛的应用前景，可以实现高效率、高质量的金属零部件制造和修复，可以广泛应用于以下领域：

① 矿山设备及其零部件的制造与再制造：矿山煤机设备用量大、磨损快，由于其工作环境恶劣，零部件损坏速度比较快，利用 LMD 技术可对零部件损坏部位进行快速修复以及再制造。如图 6-22 所示，为掘进机截割齿以及激光熔覆后的截割齿。

图 6-21　BeAM 金属 LMD 打印机

(a) 掘进机截割齿　　　　(b) 激光熔覆后的截割齿
图 6-22　截割齿激光熔覆

② 电力设备及其零部件的制造与再制造：电力设备分布量大、不间断运转，其零部件的损坏概率高。燃气轮机由于其在高达 1300℃ 的高温条件下工作，经常会发生损伤。采用 LMD 技术将其缺陷全部修复完好，恢复其使用性能，费用仅为新机组价格的 1/10。如图 6-23 所示，为汽轮机转子修复以及电子转子轴颈激光熔覆。

(a) 汽轮机转子修复　　　　　　(b) 电子转子轴颈激光熔覆
图 6-23　汽轮机转子修复及电子转子轴颈激光熔覆

③ 石油化工设备及其零部件的制造与再制造：现代的石化工业基本上采用连续大量生产模式，在生产过程中，机器长时间在恶劣的环境下工作，导致设备内元件出现损坏，腐蚀、磨损，其中经常会出问题的零部件包括阀门、泵、叶轮、大型转子的轴颈、轮盘、轴套、轴瓦等，而且这些元件十分昂贵，涉及的零部件种类也有很多，形状大多数都很复杂，

修复起来有一定的难度,但是因为 LMD 技术的出现,这些问题就都不是问题了。如图 6-24 所示,为激光熔覆石油钻杆、钻具等硬陶瓷涂层。

④ 其他机械行业设备关键零部件的再制造:涉及的行业包括冶金、石化、矿山、化工、航空、汽车、船舶、机床等领域,针对这些领域中的精密设备、大型设备、贵重零部件磨损、冲蚀、腐蚀部位,使用激光熔覆加工技术进行修复和性能优化。如图 6-25 所示,为激光熔覆龙门镗铣床蜗母条修复以及激光熔覆的高耐磨性炼钢连铸辊。

图 6-24 激光熔覆石油钻杆、钻具等硬陶瓷涂层

(a) 激光熔覆龙门镗铣床蜗母条修复

(b) 激光熔覆的高耐磨性炼钢连铸辊

图 6-25 机械零部件的再制造

6.9 LMD 3D 打印材料与研究概述

6.9.1 LMD 3D 打印常用粉末材料种类及特性

6.9.1.1 LMD 3D 打印的金属材料

当前可用于 LMD 3D 打印的材料以金属材料为主,通常采用直径为 $45\sim150\mu m$ 的球形金属粉末或直径为 $0.8\sim3mm$ 的金属丝材作为成形材料,不同金属材料有着不同的物理和化学性质,其中铁基材料、镍基材料、钛及钛合金、钴铬合金、铜及铜合金、黄金和白银等 3D 打印材料。通过对不同打印材料的熔融与堆叠,可以生产出力学性能好、相容性强与成本低的产品。

激光熔化沉积的沉积层组织内存在激光熔化沉积的原生性缺陷,如气孔和裂纹,并且沉积层内严重的成分偏析和较高的残余应力均降低沉积层的力学性能,尽管采用激光熔化沉积技术制备的不锈钢力学性能基本上可达到铸造的退火态水平,但难以进一步提高。为消除沉积层内的缺陷,通常采用三种方法,一种是通过调整激光工艺参数来控制非平衡凝固组织的形成过程,抑制气孔和裂纹的产生。另一种是采用后处理方式消除沉积层内的缺陷。退火处理和热等静压处理能够提高沉积层的疲劳寿命,其中经热等静压处理后,沉积层内缺陷数量降低,同时晶粒由枝晶变为等轴晶,力学性能显著提升。

以上两种方法是在粉末成分确定的基础上，对工艺进行调整，当粉末成分不受限制时，可通过改变粉末的合金成分以调控激光熔化沉积不锈钢的组织及性能。最常见的方法是在粉末中加入合金化合物。其中添加 Cr_3C_2 能够提高沉积层的硬度和耐磨性。可见，硬质相能够提高沉积层的耐磨性和硬度，但会导致耐蚀性显著下降，故添加硬质相的不锈钢不宜在腐蚀性较大的工况下使用。目前，常采用合金化或调整粉末中合金元素比例的方式，以提高不锈钢的综合性能。激光熔化沉积的粉末成分和工艺均能影响不锈钢沉积层的质量，其中粉末成分对沉积层组织及性能起决定性作用。

（1）铁基材料

铁基材料是应用最广泛的金属材料，具有优异的力学性能，耐高温和抗腐蚀性能，加之性价比高，适合打印尺寸较大的产品，多用于各种工程机械、零件及模具的成形。

不锈钢具有较高的耐蚀性，适中的强度和韧性，及较好的可加工性，并且常通过调节不锈钢中各合金元素的成分，改善其性能，以保证构件满足不同的使用要求，使其广泛应用于餐具、车辆、石油化工等生产生活的各个领域。不锈钢较优的综合性能使得激光熔化沉积不锈钢技术成为目前的研究热点，国内外学者已开展了大量相关研究。

316 不锈钢是一种常见的奥氏体不锈钢，在工业生产生活中具有非常广泛的应用。在激光增材制造（包括激光熔化沉积技术和选区激光熔化技术）316L 不锈钢的过程中，存在一种独特的胞状结构，如图 6-26 所示，在这种胞状结构周围存在着合金元素的偏析。传统方式制备的 316L 不锈钢只具有单一尺度的微米级晶粒组织特征，但激光增材制造316L 不锈钢胞状结构周围的合金元素 Mo 偏析会对位错和相关的残余应力起到阻碍的作用，使得显微组织具有熔池、晶粒、胞状精细结构三重尺度的显微组织。最终 316L 不锈钢对快速凝固过程中产生的孔洞和缺陷有更高的容限度，使得激光增材制造 316L 不锈钢的屈服强度得以提高。

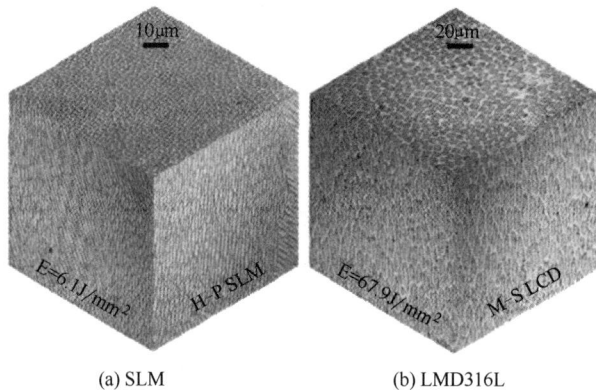

(a) SLM   (b) LMD316L

图 6-26 不锈钢中的胞状结构

马氏体不锈钢是一种可硬化不锈钢，其主要特点是淬透性好，可通过淬火、回火等热处理工艺进行强化，从而获得较高的硬度、强度及耐磨性。因此，马氏体不锈钢广泛应用于蒸汽轮机叶片、大型发动机组叶片、轴承和耐磨件等对强度和耐蚀性均有一定要求的零部件。虽然马氏体型钢本身具有优质的力学性能，但其内部通常存在较高的残余应力和脆性相，需要经过后续热处理对其组织及性能进行优化。如图 6-27 所示，常见的马氏体不锈钢热处理工艺有回火、退火、固溶+时效处理及淬火与配分处理。马氏体不锈钢的回火主要是为了释放组织内的残余应力，一般马氏体不锈钢使用前都要经过回火处理。

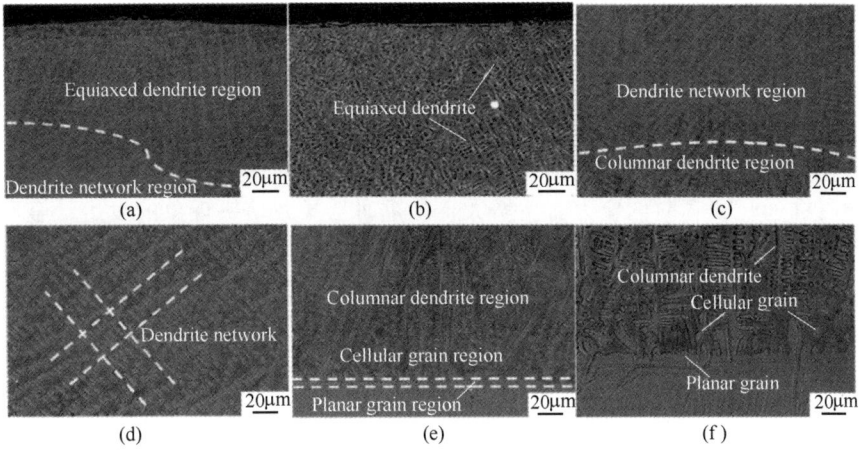

图 6-27　Cr13 马氏体不锈钢涂层 SEM 显微照片：（a）~（b）为顶部区域；
（c）~（d）为中间区域；（e）~（f）为底部区域

（2）镍基材料

镍基材料具有良好的高温力学性能、抗氧化和抗腐蚀性能，可以用于航空航天、船舶以及石油化工等领域。

镍基高温合金自发明以来就获得了较为广泛的应用，其应用范围主要包括各种工业燃气轮机、航空发动机和核反应堆中的热端部件，如涡轮叶片、导向叶片、涡轮盘以及燃烧室。随着工业的发展，高性能发动机的需求日益扩大，涡轮入口处温度不断提高，因此对涉及镍基高温合金的零部件的综合力学性能提出了更高要求。为了满足航空发动机和工业燃气轮机的发展需求，需不断提高镍基高温合金的承温能力，这就要求不断发展和改善高温合金的成分和加工工艺，并随之促使了高温合金的快速发展。高温合金诞生于 20 世纪 30 年代末期，其发展大致经历了以下四个阶段：变形高温合金，普通铸造高温合金，定向凝固高温合金以及单晶高温合金，如图 6-28 所示。

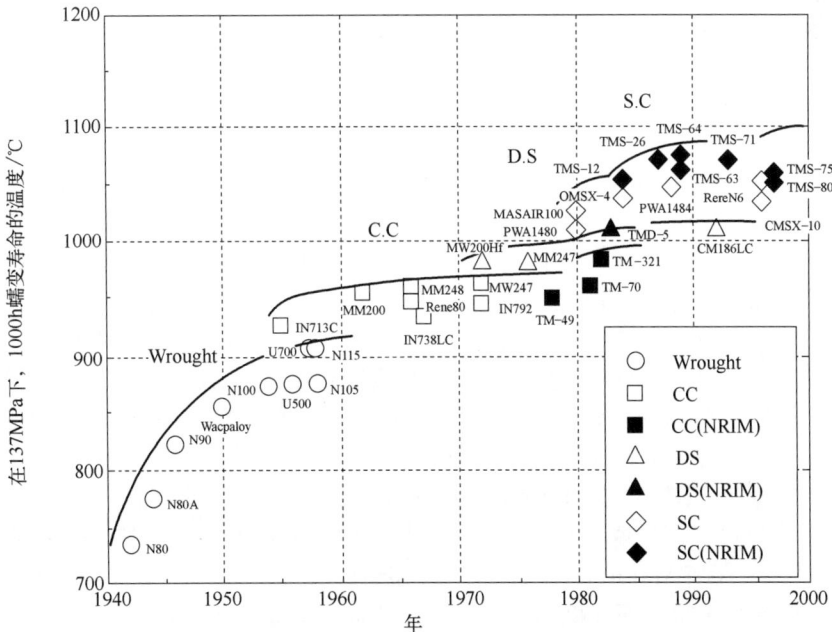

图 6-28　镍基高温合金发展历史

金属聚合物丝材主要由金属粉末和聚合物组成，用于制备金属聚合物丝材的金属粉末一般要求平均粒径（D50）小于 $65\mu m$，因为金属粉末的粒径越小，粉末颗粒的比表面积就越大，粉末颗粒间的距离越小、活性越大，越容易实现烧结的收缩和进一步的致密化，表面粗糙度也会随着颗粒粒径的减小而降低，但由于金属粉末颗粒在小粒径范围时，会因为粉末的活性和内摩擦导致颗粒间的团聚，影响粉末的流动性，进而增加丝材的黏度。丝材黏度的增加会导致丝材在通过喷嘴时内应力有所增大，严重时会导致堵头现象的发生；金属粉末的装载量也需要处于一个合适的范围之内，装载量太低，粉末无法支撑坯体的形状，会出现坍塌、零件无法成形的情况，装载量太高，丝材内部填充有大量颗粒，用于装载粉末的聚合物内部的连接力太弱，容易断裂，丝材不易成形。就金属熔丝熔融成形技术而言，自熔性合金粉末最适用于该项技术中的烧结过程。目前，自熔性合金粉末包括 Ni 基、Fe 基、Co 基等自熔性合金粉末。其中，Ni 基自熔性合金粉末的应用最为广泛。Ni 基自熔性合金是在 Ni 基合金中添加少量的 B、C 等元素，因其是一种耐热、耐腐蚀、耐磨的材料，得到非常广泛的应用。Ni 基自熔性合金一般以 Ni、Cr 为主体，在其中添加 B、C、W、Mo、Si 等，就形成了 Ni-Cr-B-Si 系、Ni-Cr-C-W 系、Ni-Cr-B-Si-Mo 系、高 Mo-Ni 系等，其中 Ni-Cr-B-Si 系自熔性合金使用较为广泛。Ni-Cr-B-Si 系自熔性合金，又名 Ni60 合金，主要成分为 Ni、Fe、Cr、B、Si、C，其中 Cr 可以与 B、C 形成非常坚硬的析出物，如硼化物和碳化物，起到沉淀强化的作用，或与 Ni 形成固溶体，可以提高合金的抗氧化性和硬度，起到固溶强化的作用，B 可以降低合金熔点，提升了合金的自熔性，与 Ni、Cr 形成硬质相提升合金的硬度和耐磨性，但 B 过多会导致合金的冲击强度和韧性降低，Si 和 B 相似，可以提高合金的自熔性，除非含量很高，Si 一般趋向于固溶于 Ni 中形成固溶体。基于上述元素，Ni60 合金具有：①自熔性好，B、Si 的氧化物可以与其他元素的氧化物形成硼硅酸盐防止氧化；②低熔点，合金中 B、Si 可以与基体元素 Ni、Fe 形成共晶组织降低合金熔点等优点。

（3）钛合金材料

钛合金材料是一种耐热性高、强度高的耐蚀合金，具有生物相容性、抗腐蚀性，可以用于飞机发动机压气机、涡轮增压器件、人体骨骼和关节的制作。

相较于传统金属材料，钛合金具有高比强度（强度与质量比）、高比刚度、高温稳定性、优异的力学性能和耐蚀性以及高的生物相容性等优势，使钛合金产品质量有了很大提升，广泛地应用到工业发展中起到巨大的推动作用，满足了工业发展对新材料、新工艺的发展要求，加速了现代工业的发展。在标准大气压下，钛元素有两个稳定相，包括密排六方（hcp）α 相和体心立方（bcc）β 相，还有一些亚稳相，包括六角形（α′）、正交晶系马氏体（α″）、亚稳 β 相（β′）和 omega（ω）相，这取决于成分和加工过程。从 β 相到 α 相的转变温度，也称为 β 转变温度（Tβ）。合金元素会影响各相的稳定性，其中 α 相稳定元素包括 Al、O、N、C，而 β 相稳定元素包括 Mo、V、Cr、Fe、Mn、Nb 和 Ta（典型的过渡金属）。不同钛合金的显微组织和特点见表 6-1。根据室温下 α 和 β 相的化学成分和相对含量，钛合金通常分为 α 合金、近 α 合金、α+β 合金、近 β 合金和 β 合金。不同的晶体结构在决定 Ti 合金的性能方面起着重要的作用，增加 α 相分数会提高蠕变强度、高温强度和可焊性；相反，增加 β 相分数增加了室温强度，提高了热处理能力，提高了成形能力。同时 β 合金也是骨科植入应用的理想选择，因为 β 稳定元素的适当组合可以提高它们与邻近骨组织的生物力学兼容性。虽然 Ti-6Al-4V（也称为 Ti64、TC4 或 5 级钛）是使用最多的，但约占所有钛合金总量的 50%，其中大量已被使用或正在开发中用于特定用途应用程序，例如 TC4、Ti-5Al-5Mo-5V-3Cr（Ti5553）、Ti-5Al5Mo-5V-1Cr-1Fe（Ti55511）、Ti-6Al-2Zr-2Sn-3Mo-1Cr-2Nb 广泛用于起落架、机身承重架、高强度弹簧；Ti-6Al-2Sn-4Zr-2Mo（Ti6242）适用于航空发动机压气机板和叶片。

表 6-1　不同钛合金的显微组织和特点

分类		显微组织特点	性能特点
α 型 钛合金	α 型钛合金	退火后除杂质元素造成的少量 β 相,几乎全为 α 相	密度小,热强度好,焊接性能好,低间隙元素含量,有好的超低温韧性
	近 α 型钛合金	退火后,除有大量的 α 相外,还有少量的 β 相	可以进行热处理强化,有很好的热稳定性,焊接性能良好
α+β 型钛合金		退火后,有不同比例的 α 相和 β 相	可通过热处理进行强化,强度以及淬透性随 β 稳定元素含量的增加而提高,可焊性较好,一般冷成形和冷加工能力差
β 型 钛合金	近 β 型钛合金	从 β 相区固溶退火后,有大量的亚稳定 β 相,还有其他少量的亚稳定相,如 α' 和 ω 相,时效后转变为 α 相和 β 相	除具有亚稳定 β 型合金的特点之外,β 相区固溶处理后,屈服强度较低,但伸长率较高;α+β 相区固溶处理后,时效后具有较好的断裂韧性和塑性;而在 α+β 相区固溶处理后,强度下降,但可获得较高的断裂韧性和塑性
	亚稳定 β 型钛合金	从 β 相区固溶处理后,几乎全部为 β 相;时效处理时,β 相中析出 α 相,时效后平衡组织为 α+β 相	固溶处理后室温强度较低,冷成形能力强,可焊性好;经过时效后,室温强度较高,在高屈服强度下具有高的断裂韧性,但是 350℃ 时热稳定性较差,此类合金淬透性好
	稳定 β 型钛合金	退火后全部为 β 相	室温强度较低,冷加工能力强,在还原性介质中耐腐蚀性好,热稳定性好,可焊性好

钛合金作为难加工金属,切削性能差、传统熔炼加工困难,尤其在热加工过程中容易吸收氢、氮等杂质,且成本高昂。钛从原矿提炼成金属的成本是铝的 5 倍左右,在金属制成合金锭、制成薄板的过程中,钛的价格大约是铝的 15 倍,更不用说昂贵的精密加工成本。因此,增材制造技术所具有的近净成形、粉末利用率高等特点,能够极大地降低钛合金的加工成本并拓宽其应用场景。

在 LMD 制备钛合金的部件内部,可以观察到三种主要的微观结构:柱状、柱状混合、等轴晶。如图 6-29(a)所示 Ti-5Al-5Mo-5V-1Cr-1Fe 单相 β 钛合金微观组织,β 晶粒分为大柱状、小柱状和等轴状三种。大的柱状晶粒分布在相邻轨道之间的重叠区,并且由于外延生长而在许多层中占主导地位,小柱状晶粒和等轴晶粒分别生成在单个轨道的底部和顶部。三种晶粒单层分布,形成竹状颗粒形态。如图 6-29(b)所示 $Ti_6Al_2Sn_2Zr_3Mo_{1.5}Cr_2Nb$ 双相 α+β 钛合金微观组织,通过适当地控制工艺参数,也可以获得等轴晶、垂直和倾斜的柱状晶和混合晶粒组织结构。熔池中残留未熔化粉末可以作为等轴枝晶生长的形核质点,在较低的激光能量密度和较小的重熔深度下,可以形成等轴晶粒的微观组织。在较高的激光能量密度很容易获得垂直和倾斜的柱状晶粒,并表现出明显的织构。LMD 制备 TC4 合金的组织

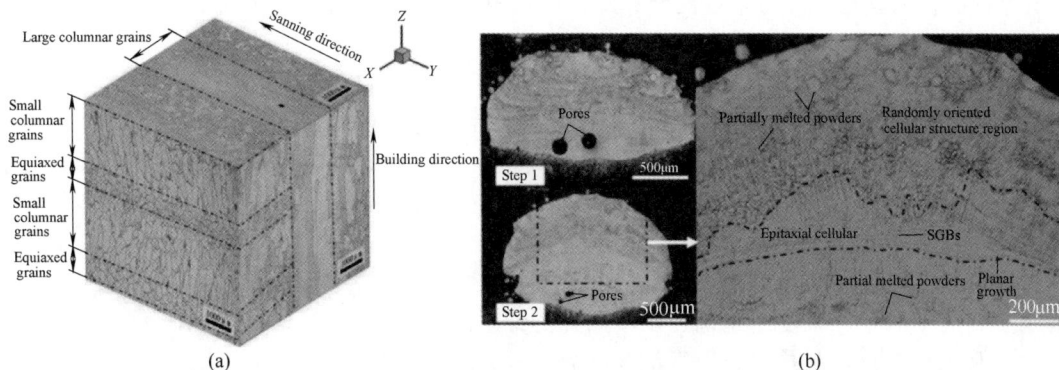

图 6-29　钛合金微观组织

结构特征表现为从基板开始外延生长的 β 柱状晶，同时出现分布均匀的层带，它是由当前层熔化时将上一层部分熔化后产生的微小热影响区造成的。低能量密度条件下获得的微观组织为针状 α′ 马氏体，高能量密度条件下获得了 α′+(α+β) 混合组织，并且在初生 β 相周围出现了厚度约为 1～2μm 的 α 层。

（4）钴铬合金材料

钴铬合金材料具有良好的高温力学性能、抗腐蚀性能，强度高、尺寸精度高。1929 年，钴铬合金首次用于可摘局部义齿（removable partial denture，RPD）修复治疗中。合金以钴、铬为主要成分，还包括钨、钼，以及少量的硅、铁、锰、硅、碳、铌等元素。在传统铸造义齿中，钴是主要成分，质量分数一般为 55%～68%，可以增加合金的强度和硬度；铬的含量为 25%～32%，可以降低合金的熔点，增加耐腐蚀性；锰和硅既可以作为脱氧剂，还可以改善合金的流动性。与贵金属材料相比，钴铬合金价格低廉、热导率低；与镍铬合金相比，不含易致敏元素（Ni、Be），生物相容性较好，同时解决了因镍离子释放造成龈缘黑线的"龈染"问题。钴铬合金抗氧化性能较好，表面不会形成附着力较差的氧化层，金瓷结合性能可以满足临床需要。因此，钴铬合金被广泛应用于口腔固定义齿修复中。如图 6-30 所示。

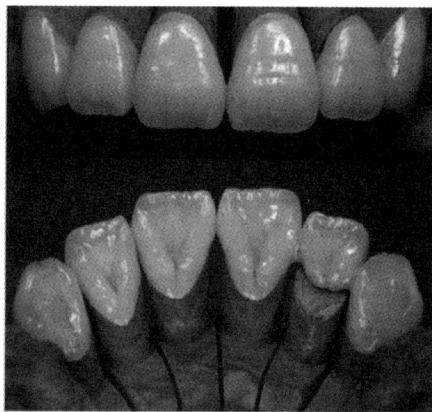

图 6-30 钴铬合金烤瓷牙立体图

6.9.1.2 LMD 3D 打印的聚合物材料

ABS 树脂：是最常用的 3D 打印材料，具有韧性高、强度高、延展性好和抗冲击性好的特性，可以用于桌面 3D 打印产品的制作。

光敏树脂（SLA）：与 ABS 类似，主要由单体聚合物、光引发剂与预聚物组成，具有表面光滑、耐高温、弹性好和成形精度高的特性，可以用于精细工艺品制作。

聚酰胺（PA）材料：也称为尼龙，是含有酰胺基团高聚物的总称，具有韧性强、耐磨性高、热变形温度高的特性，可以用于服装、工程零件、汽车零部件及电气配件的制作。

环氧树脂材料：是含有多个环氧基团聚合物的总称，具有耐热性好、绝缘性好、黏结性强的特性，可以用于玩具、手机壳、首饰饰品或艺术品的制作。

6.9.1.3 LMD 3D 打印的陶瓷材料

相比于金属、聚合物等材料，陶瓷材料具有耐高温、电阻性高、机械强度高和化学性质稳定等特征，但其也存在力学性能差、致密度低及成品率低等难题，现阶段 3D 打印中最常用的陶瓷材料为 Al_2O_3 陶瓷材料。

陶瓷材料在汽车、航空航天及医疗领域具有重要应用，最常使用的陶瓷材料为 Al_2O_3、Si_3N_4、$Ca_3(PO_4)_2$ 等，这些材料能用于平面、曲面陶瓷物品的制作。

3D 打印中的细胞生物打印，是利用多细胞材料进行三维打印的技术，可以打印出医疗中急需的形体组织、活体器官等。如图 6-31 所示。相比于传统的组织工程技术，细胞生物 3D 打印主要具有以下几方面优势：

① 建立起细胞所需的三维微环境；

② 在时间和空间维度上精确控制不同种类细胞的分布；

③ 利用计算机控制技术，进行细胞高通量排列的 3D 打印，各细胞液沉积位置都在指定位置上。

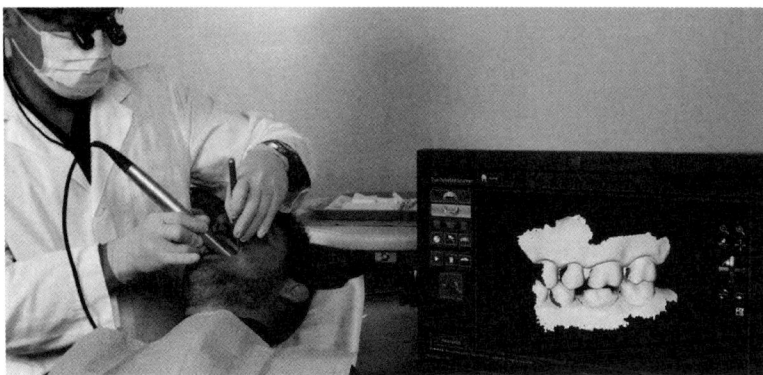

图 6-31 利用 3D 打印技术生产牙齿

6.9.2 LMD 常用材料的制备工艺及产品特点

作为金属制品 3D 打印的关键原料，金属粉末的品质质量很大程度上决定了产品最终的成形效果，因此高品质粉末对金属 3D 打印技术的发展至关重要。粉末材料作为金属 3D 打印的基础性、直接性、关键性原材料，高品质、低成本粉末材料被认为是我国金属 3D 打印技术产业摆脱受制于人、进入应用爆发期的关键要素之一。

随着金属 3D 打印技术的不断发展，为满足高质量部件的生产要求，对金属粉末的纯度、氧含量、球形度、粒度分布、流动性等提出了相对严苛的要求。目前，3D 打印用金属粉末制备工艺过程如图 6-32 所示，其方法主要包括：

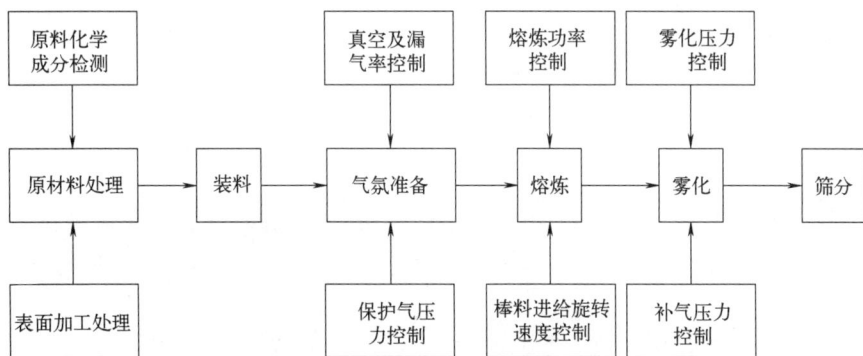

图 6-32 LMD 常用材料制备工艺过程

① 电极感应雾化法（EIGA）。电极感应雾化采用无坩埚感应熔炼技术进行制粉，有效保证了原材料的干洁度，避免了金属粉末中夹杂物及熔炼过程造成的污染问题，并且制备粉末效率高、能耗低。但制备粉末时"伞效应"会导致粉末整体粒径分布较宽，颗粒存在较多的"卫星粉"、异形粉和空心粉，存在易粘结、孔隙率高等问题，如图 6-33 所示。

② 等离子旋转电极雾化法（PREP）。PREP 法是基于熔滴在高速旋转时的离心力作用，在惰性气氛中因表面张力作用形成球形颗粒，在钛及钛合金、铁基、镍基合金粉末制备中有着较为广泛的应用。用该方法制得的粉末表面光洁、球形度高，无"卫星粉"、空心粉，粉末粒度集中，但细粉收得率略显不足，成本相对较高，如图 6-34 所示。

③ 等离子球化法（PA）。PA 法是利用等离子热源雾化制备球形金属粉末的方法，是获得致密球形颗粒的最有效手段之一。相比于 EIGA 和 PREP，PA 法具有工艺简单、粉末粒

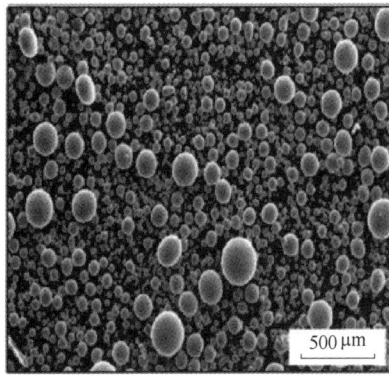

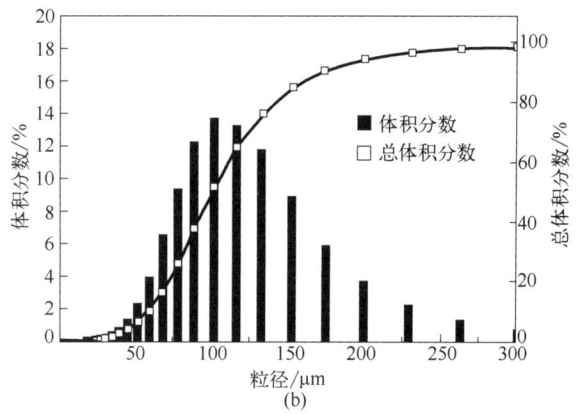

(a)

(b)

图 6-33 EIGA 法制备 TC4 合金粉末 SEM 照片及粉末粒径分布

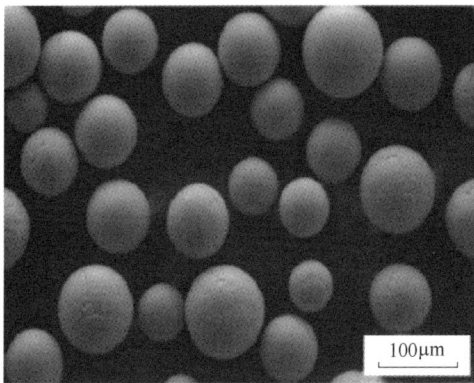

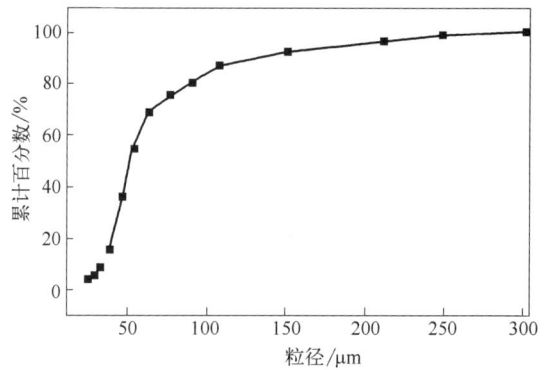

(a)

(b)

图 6-34 PREP 法制备 TiAl 合金粉末表面形貌及粉末粒径分布

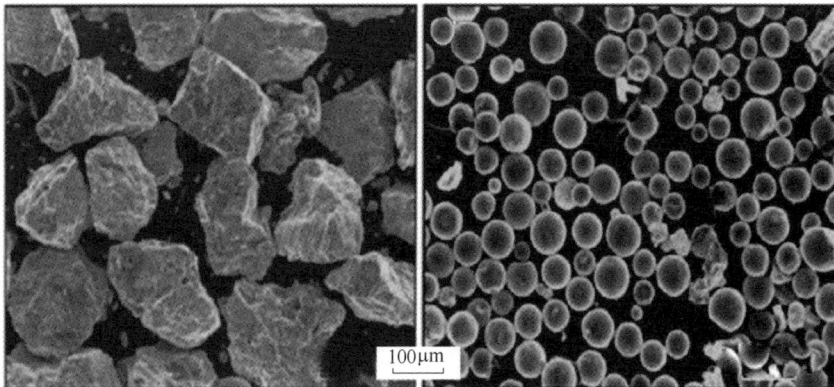

(a)

(b)

图 6-35 PA 法处理前后的 TiH2 粉末的 SEM 照片

度细小、球形度高、纯度高、流动性良好等优点，但球化后的粉末通常需要二次筛分，效率有待提高，如图 6-35 所示。

④ 真空感应熔炼气体雾化（VIGA）法。VIGA 法通过真空感应熔炼惰性气体物化法生产线进行 Fe、Ni、Co、Al、Cu 等金属及合金粉末的生产制备，并且已有较为广泛的应用。

其技术原理见图 6-36。利用 VIGA 法可制备难熔高温合金粉体时，粉体通常具有粒径分布较宽、纯度高、球形度高等特性，但制备过程易受污染，无法满足高活性、高纯净合金粉末的制备需求。

⑤ 水雾化法。优点：介质水取材方便、成本低廉，且以水作为冷却介质冷却速率比气雾化法更高，是 Fe、Co、Ni、Cu、Zn 等金属及合金粉末的重要生产方法之一；缺点：因冷凝过快致使金属熔滴形状常常不规则，粉末球形度往往难以保证，粉末粒度分布相对分散，同时部分活性较高如铝等金属和合金会与水接触并发生反应，使得粉末中的氧含量提高，高的氧含量容易劣化产品的力学性能，这在一定程度上制约了水雾化粉末在 3D 打印行业的应用和推广。

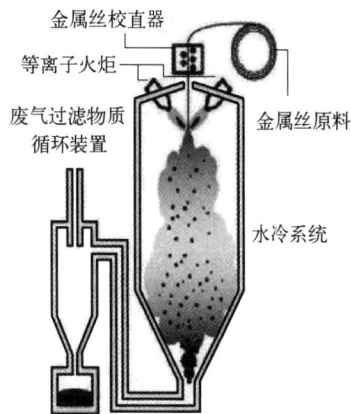

图 6-36 VIGA 技术原理

相比较而言 EIGA 法、PREP 法、PA 法制备粉末应用更为广泛。

6.9.3 生物医疗 LMD 3D 打印金属材料的种类及应用

生物医用领域的 3D 打印材料主要包括金属、陶瓷、高分子材料和活体细胞等。金属可以用于骨骼、牙齿和血管等组织器官的治疗；金属材料具有良好的强韧性、耐疲劳性以及延展性，使其成为医学上应用最广泛的一类生物医用材料，主要用于骨骼、牙齿和血管等组织器官的治疗。金属的熔融温度比较高，打印的难度较大，所以金属 3D 打印一般采用 LMD 加工，由金属粉末在紫外光或者高能激光的照射下产生的高温实现金属粉末的熔合，逐层叠加得到所需的部件。目前用于生物医学 3D 打印的金属材料主要有钛合金、钴铬合金、不锈钢和铝合金等。如图 6-37 所示为 LMD 3D 打印人体骨骼。

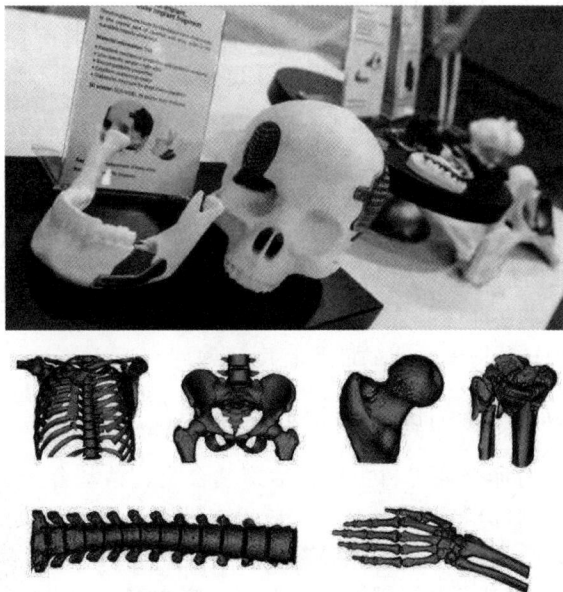

图 6-37 LMD 3D 打印人体骨骼

由于具有优异的综合性能，钛及钛合金在生物医疗领域广泛应用于植介入材料、手术及康复器械手术器械、医疗设备等，如表 6-2 所示。LMD 各金属材料的性能对比如表 6-3 所示。

表 6-2　LMD 金属材料在生物医疗领域应用

应用领域	典型产品	性能优势
骨科	各种人工骨、人工关节、人工锥体，及接骨板/聚髌器、融合器等内外固定器械	比强度高、弹性模量低、生物相容性好、力学相容性强
牙科	种植体、义齿、充填体、矫形丝、根管锉，及各种辅助治疗器械等	强度高、弹性模量低、超弹性
介入科	心脑血管支架、食道支架、导丝等	生物相容性强、形状记忆性能、超弹性、抗腐蚀性强
心外科	人工心脏、心脏瓣膜、心脏起搏器等	比强度低、疲劳强度高
神经科	颅骨修补钛合金网、脑起搏器等	加工性能较好、比强度高

表 6-3　LMD 各金属材料的性能对比

材料	相结构	弹性模量/GPa	屈服强度/MPa	极限强度/MPa
cp Ti	α	105	692	785
Ti-6Ai-4V	α+β	110	850～900	960～970
Ti-6Al-7Nb	α+β	105	921	1024
Ti-12Mo-6Zr-2Fe	亚稳态 β	74～85	1000～1060	1060～1100
Ti-13Nb-13Zr	α'/β	79	900	1030
Ti-35Nb-5Ta-7Zr	亚稳态 β	55	530	590
Ti-Ni	奥氏体	60～80	100～600	950～1200
骨(黏弹性复合材料)	—	10～40	—	90～140
Co-Cr-Mo	奥氏体	220～240	450～980	650～1500
316 不锈钢	奥氏体	80～110	170～750	465～950

钴铬合金是现今应用最为广泛的非贵金属烤瓷合金材料，应用 LMD 技术，加工钴铬合金，大大提高了制作效率，满足医生和患者快速化、自动化的治疗要求。

LMD 加工钴铬合金的生物安全性和相容性特点

① LMD 钴铬合金溶血率为 0.8%，小于国家标准值 5%，具有良好的抗溶血性能。

② 激光快速成形钴铬合金无短期全身毒性和口腔黏膜刺激性。

③ 激光快速成形钴铬合金细胞毒性为 0、1 级，无细胞毒性。

④ 体外培养的成骨细胞在 LMD 钴铬合金表面的粘附能力、增殖情况、生长形态良好，细胞碱性磷酸酶活性表达活跃，具有良好的生物相容性。

LMD 金属材料目前存在的问题：

① 金属材料的腐蚀磨损，会引发各种炎症；

② 金属中含有对人体有毒性的合金元素；

③ 金属材料植入件与生物体之间的匹配程度问题。

6.9.4　航空航天 LMD 3D 打印金属材料的种类及应用

航天航空领域的 3D 打印金属材料主要包括镍基合金、钴基合金及钛合金等。镍基合金应用在压缩机壳体、飞行器构架中；钴基合金应用在航空涡轮发动机；钛合金应用在发动机压气机部件的组成零部件、火箭研发和武器结构件之上。

相比较于镍基合金和钴基合金，钛合金在航天航空中的应用更多。钛合金具有良好的金属性质，这促使了其在航天航空中的广泛应用。

（1）钛合金在飞机架构中的应用

钛合金是航空航天工业中使用的一种新的重要结构材料，密度和使用温度介于铝和钢之间，但是其比强度高，并具有优异的抗海水腐蚀性能和超低温性能。钛合金代替了结构钢制造隔框、梁、襟翼滑轨等重要承力构件。军用飞机中钛合金用量达到 $20\%\sim25\%$，民用飞机中大量使用钛合金。

（2）合金气压机

航空发动机的推重比越来越高，达到 $8\sim10$ 的时候，压气机出口的温度也随之提高，原来由铝制造的低压压气机盘和叶子就必须用钛合金来替代。

（3）合金在燃气发动机中的应用

钛合金发动机部件就是压缩机叶片，随后钛合金压缩盘也紧跟着迅速发展。现如今，大多数喷气式的发动机所使用的风扇叶片都是新型钛合金制成的。

（4）高温钛合金的应用

高温钛合金在飞机发动机上主要运用在发动机的风扇、叶片、槽密的仪表或者是导航仪。运用钛合金来替代原有的银基高温合金，促使压气机的结构重量降低 $30\%\sim35\%$。多年以来，为了满足高性能发动机的需求，就形成了一套健全的钛合金体系。

6.9.5 模具 LMD 3D 打印金属材料的种类及应用

模具领域的 3D 打印金属材料主要包括钢粉末、树脂等材料。钢粉末应用在耐腐蚀及高硬度模具中；树脂应用在精密模具、复杂形状模具中。

新一代 3D 打印模具钢材料：CH～SDCX，此类粉末产品属于不锈模具钢，适用于 LMD 成形工艺的模具钢，设备匹配度高，成形过程稳定。这种钢粉末拥有较高的硬度和耐腐蚀性能，是制作耐腐蚀及高硬度模具的首选，同时其材料拥有良好的抛光性能，易加工，可达到高镜面的模具需求。由于 CH～SDCX 材料耐腐蚀，降低水路生锈，保证了模具的冷却效率，模具不会异常温度升高，也进一步降低了模具零件生锈概率，模具使用稳定持久。CH～SDCX 不锈模具钢不同于其他 S136 等材料，在打印成形过程中稳定性较高，通过热处理可以达到理想的力学性能，铺粉效果理想，工艺较为顺利。

在制造小批量复杂零件时，传统的模具制造需要几个月，耗费数万美元的成本。采用 ABS 树脂和环氧树脂进行小批量复杂精密零件模具制作具有十分明显的优势，模具制作周期短、成本低，具有大构件体积、极好的灵活性、极快的速度和极高的精度的特点。

ABS 树脂：具有韧性高、强度高、延展性好和抗冲击性好等优势，制造的模具表现效果非常好，后处理的时间大大减少，可以生产复杂形状的模具。

环氧树脂：是含有多个环氧基团聚合物的总称，具有耐热性好、绝缘性好、黏结性强的特性，可以用于结构精密的模具生产。

6.10 LMD 3D 打印机制造系统实例

6.10.1 LMD 金属 3D 打印机系统组成及性能

6.10.1.1 LMD 金属 3D 打印机系统原理

LMD 系统工作原理是首先获取处理待成形的物体三维虚拟模型，其次将待打印金属粉末通过桌面型设备送粉机构通过光头送入高温熔池中，在激光照射下金属粉末在高温熔池中遇热熔融，上位机（一般为 PC 机）与下位机（微型控制器 MCU）协同控制光头沿着虚拟三维模型的截面轮廓和填充路径信息步进运动，将粉末按目标位置精确从光头中喷出到高温熔池中，与下层已冷却固化平面材料粘连，周而复始逐层熔覆直至形成三维实体。如图 6-38 所示。

6.10.1.2　LMD 金属 3D 打印机系统特点

① 冷却速度快（高达 106K/s），属于快速凝固过程，容易得到细晶组织或产生平衡态所无法得到的新相，如非稳相、非晶态等。

② 涂层稀释率低（一般小于 5%），与基体呈牢固的冶金结合或界面扩散结合，通过对激光工艺参数的调整，可以获得低稀释率的良好涂层，并且涂层成分和稀释度可控。

③ 热输入和畸变较小，尤其是采用高功率密度快速熔覆时，变形可降低到零件的装配公差内。

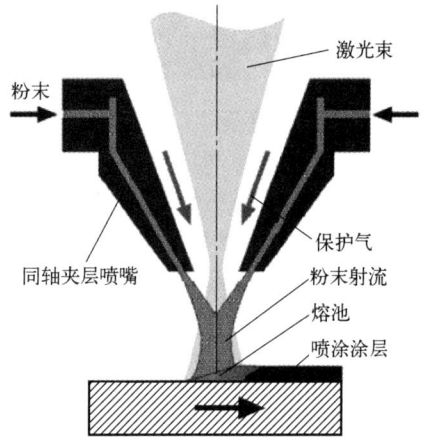

图 6-38　LMD 制件示意图

④ 粉末选择几乎没有任何限制，特别是在低熔点金属表面熔覆高熔点合金。

⑤ 熔覆层的厚度范围大，单道送粉一次涂覆厚度在 0.2～2.0mm。

⑥ 能进行选区熔覆，材料消耗少，具有卓越的性价比。

⑦ 光束瞄准可以使难以接近的区域熔覆。

⑧ 工艺过程易于实现自动化。

一台完整的熔融沉积型设备系统主要包括虚拟三维模型获取处理、工件加工载物台、送粉机构、光头、储粉设备和控制设备几个部分。如图 6-39 所示。

6.10.1.3　LMD 金属 3D 打印机系统结构

LMD 系统总体结构主要包括：

（1）机械执行系统

机械执行机构是 LMD 3D 打印控制系统的骨架。LMD 3D 打印系统的机械执行机构主要包括送粉机构和激光扫描机构。其中送粉机构和激光反射机构的运动实现是通过步进电机的转动带动滚珠丝杠完成。

LMD 机械执行系统送粉机构原理：如图 6-40，送粉机构是利用机械原理和气动原理工作的。送粉器为封闭载气式，送粉器上部为密闭空间，下部为开放空间。粉斗的出粉口与转盘的环形沟槽有一定间隙，转盘转

图 6-39　一种 LMD 设备

动，粉斗中的粉体就会均匀地分布在沟槽中，因密封的送粉腔内有从进气口进入的高压气体，所以，当沟槽内的粉末到出粉管的出粉口时，由于压差作用，粉末便从出粉管输出。

送粉器采用粉桶自由拆卸，密闭的送粉腔与开放的传动腔一体的结构。粉斗与送粉器送粉腔采用分体方式，粉斗中有一根自下向上的导气管，当密闭的送粉腔加入压缩空气时，粉斗内部便有一定压力，使粉末容易落下，以保证送粉顺畅。粉桶可以灵活拆卸，保证了更换不同粉末时的灵活，粉桶上盖留用有机玻璃制作的视窗，可以使操作者看到粉桶内粉末的剩

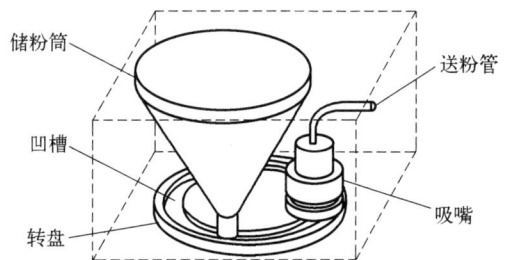

图 6-40　LMD 机械执行系统送粉机构

余量，已确定加工的停启时间，防止出现因粉体突然用完而出现加工不连续性，影响熔覆质量。蜗轮蜗杆组合不但能起到减速的作用，还能减小动力单元工作中的累积误差，以保证传动的精度，并且步进电动机与蜗杆间采用挠性联轴器连接，挠性联轴器可吸收两轴间的不平行、角度及轴向偏差。开放的传动腔，可避免因蜗轮蜗杆的长时间工作产生的热量难以释放出来，而影响送粉器的寿命。

出粉口是此送粉机构的关键，如图6-41所示，出粉管的底部与托粉盘沟槽接触部分形状是与沟槽相同形状的凸台，凸台起到导引的作用；出粉管外压弹簧和弹簧导套一直给出粉管向下的压力，这样保证了出粉口底部与托盘沟槽可以接触严密，在托盘转动时，出粉管不转动。出粉管采用聚四氟乙烯材料，它耐用、光滑，减小了转动中的摩擦力。同时，它采用了O形密封圈密封保持了送粉稳定。

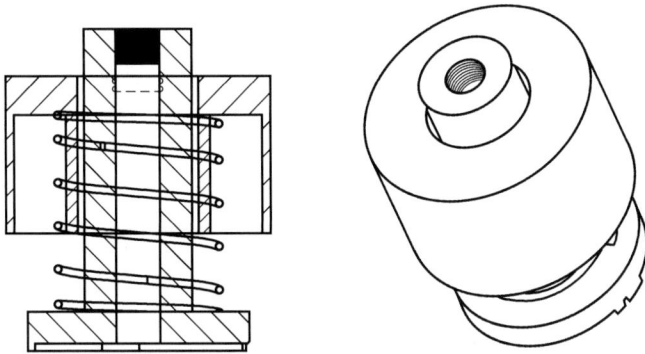

图6-41 出粉口示意图

送粉器粉末的输送由压缩气体完成，进入上部密封的送粉腔的压缩气体，形成稳定的气流并携带粉末从出粉口流出，保证送粉器平稳地送粉。虽然送粉器中的压缩气体只是起到携带粉末的作用，并不能决定送粉量的大小，但为防止粉末在送粉器与送粉头间的长导管中停流、阻塞，必须使粉末在输送中保持完全悬浮状态，因此气流速度必须大于粉末的悬浮速度。

从Ar气瓶送出的气体，直接送入密闭的送粉腔，以作为粉末输送的动力源。粉桶内的导管以保证粉桶和送粉腔的压差，便于粉末流动。送粉器在压缩气体瓶和送粉器之间加装气流量调节阀，它能有效调节并显示气体流量，以保证送粉器不同情况下的稳定工作。与送粉器连接的所有的管接头，均采用Festo快速插接元件，便于拆装。

送粉器采用混合式步进电动机提供动力，并且采用细分驱动方式，减小了步进电动机的步距角，提高分辨率，而且可以减少或消除低频振动，使电动机运行更加平稳均匀。送粉机构传动系统如图6-42所示。

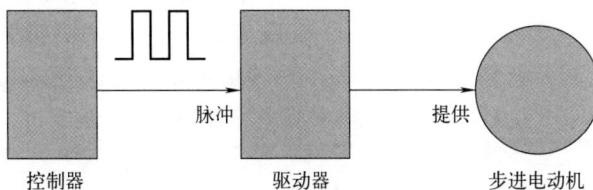

图6-42 送粉机构传动系统图

激光头机构（图6-43）包括安装在激光器输出端的激光套和设于所述激光器的出光路径上的聚焦镜，以及与聚焦镜同轴心设置的圆台反射镜和抛物反射镜，激光器输出的激光光束中的一部分经所述聚焦镜聚集形成第一激光束，激光光束的其余部分先经圆台反射镜反射，再经抛物反射镜反射形成投射在第一激光束周向外侧的环形的第二激光束。通过光头中的光学转换系统，将平行激光束分割为一束强激光，一束弱激光。利用其中一强激光束先对粉末进行熔覆，采用另一弱环形激光束对熔池预热，从而大大提高熔覆效率。

激光头通过在激光器的输出端附加光头装置，使得激光器发出的激光光束被分束形成两股功率不同的激光束，从而能够投射形成不同功率与直径的光斑，这样可以大大提高激光熔覆的效率。激光头光路如图 6-44 所示。

（2） LMD 电子控制系统

LMD 3D 打印设备控制系统微控器采用基于 ARM 内核的控制器，并采用模块化硬件电路设计。各模块相关电路原理图均在 Altium 公司推出的 Altium Designer10 软件中设计。其硬件模块组成如下。

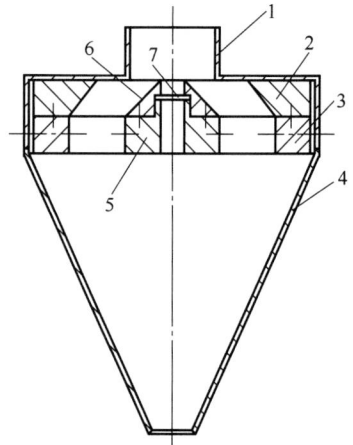

图 6-43 激光头结构示意图
1—连接件；2—抛物镜；3—抛物镜镜座；4—保护套；5—圆台镜座；6—空心圆台镜；7—聚焦镜

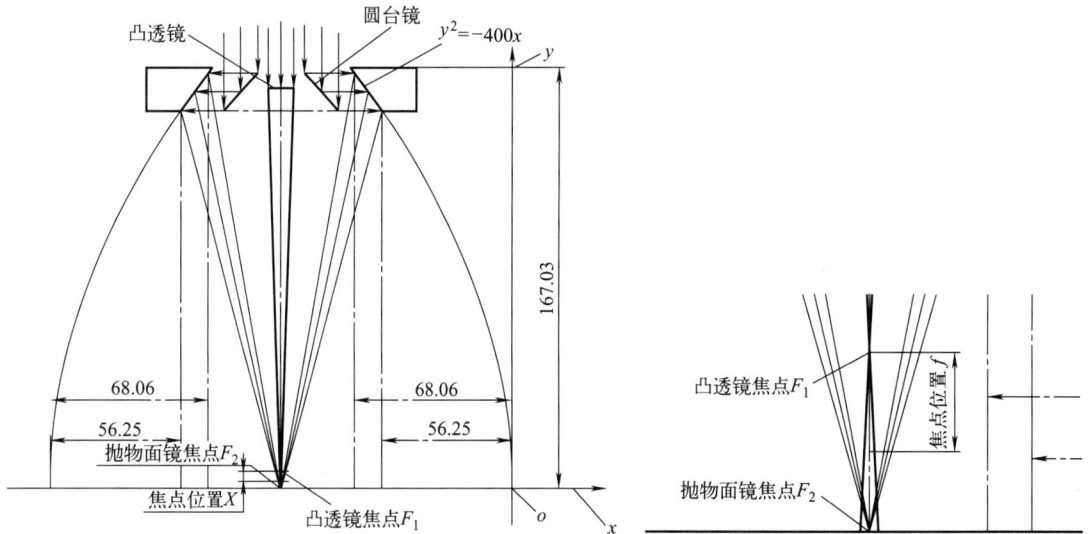

图 6-44 激光头光路图

① 主控模块。主控模块采用 ARM 芯片作为控制系统的 MCU，MCU 有外设组件 UART、SPI、定时器、中断以及普通 I/O 引脚等，外围电路的设计是围绕 ARM 核芯片展开的，主要有：电源电路、复位电路、时钟电路和 JTAG 接口。ARM 通过这些外设组件以及外部电路即可以满足整个控制系统的主体功能。恩智浦 ARM 芯片如图 6-45 所示。

② 步进电机驱动模块。系统中 X 轴、Y 轴、Z 轴、材料送给均应用步进电机旋转实现控制配套运动部件的运动，使其驱动激光头和出粉口相配合实现在规定路径上打印。步进电机应使其具有定位精确、正反转、加减速、紧急制动等功能。如图 6-46 所示，主控芯片通过驱动器来控制步进电机，步进电机的驱动器放大脉冲信号驱动步进电机，驱动电流经过对

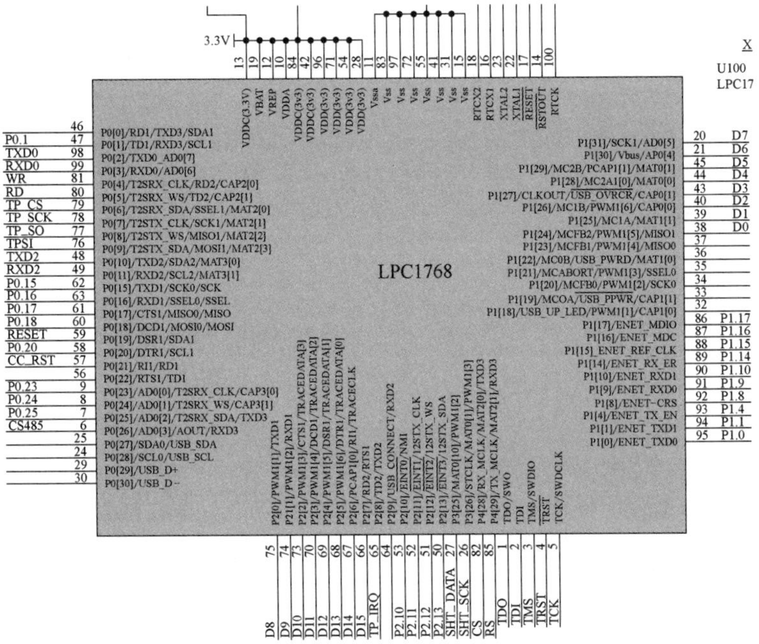

图 6-45 恩智浦 ARM 芯片 LPC1768

应步进电机的内部线圈，按照顺序切换激磁相序使电机按指定方向进行旋转。步进电机的驱动器能够进行细分以控制减小步进电机的步距角，即提高对步进电机的旋转控制。

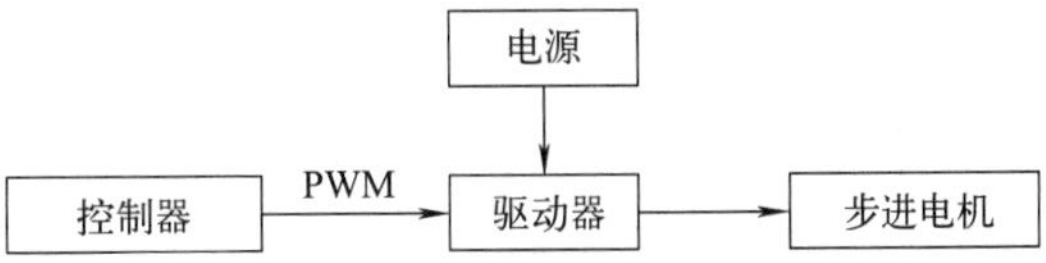

图 6-46 步进电机控制原理

③ 串口通信模块。串口通信模块设计是为了实现控制芯片和上位机进行通信以及与外设进行数据交换的目的。UART 是用硬件实现异步串行通信接口电路，能够满足全双工传输与接收，可用于上位机与外设进行数据通信。

④ 人机接口。人机接口模块由液晶显示、用户按键、LED 指示灯及蜂鸣器组成。液晶显示用于实现打印状态与状态的显示，用户按键用于实现人机交互，LED 指示灯与蜂鸣器用来表示控制器的一些关键运行的信息。在三维打印控制系统中，是需要将系统信息和数据进行显示，包括显示当前打印喷头的三轴坐标值、激光功率、打印机工作状态等参数。

依照设计系统的需求，设计相应的按键模块以实现人机交互，其按键控制功能为复位、开始、暂停等。所有按键用各自可编程控制的 GPIO 端口来检查其状态，若按键被按下即为低电平，相反即为高电平，主控模块会根据按键的操作去完成相应中断程序。

（3）LMD 软件控制系统

控制系统软件设计要体现整个控制系统的功能，控制器系统的功能参数以及性能参数受软件设计的质量影响最大。软件设计模块包括如下几类。

① 主控程序，如图 6-47 所示。

② 步进电机驱动程序，如图 6-48 所示。

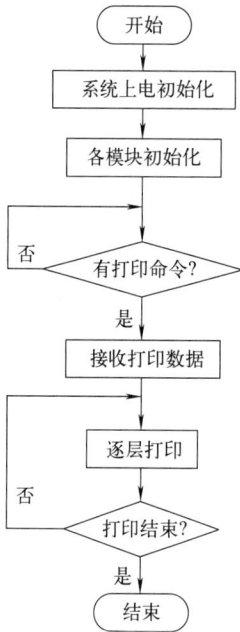

图 6-47 主程序流程

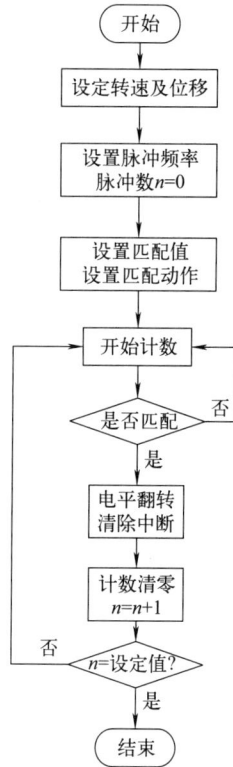

图 6-48 步进电机驱动程序流程

③ 显示程序，如图 6-49 所示。

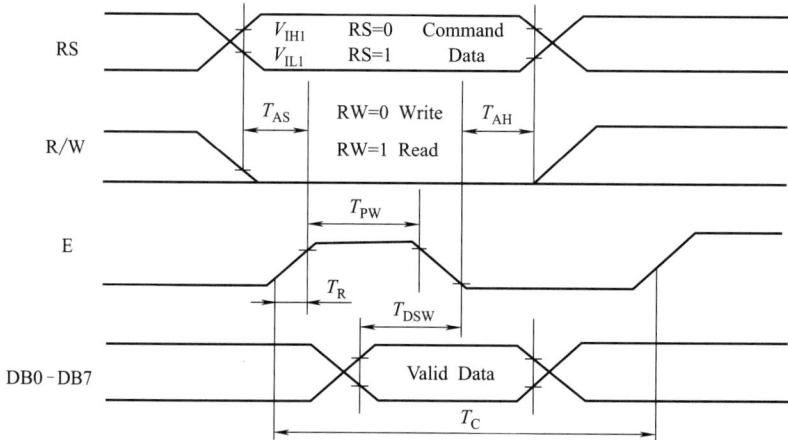

图 6-49 显示程序

④ 串行通信程序，如图 6-50 所示。

6.10.2 LMD 成形系统的防护及安全

6.10.2.1 LMD 3D 打印金属粉末的防护及安全

（1）粉末储存

平时，粉末储存在未开封的罐子里，当罐子被打开后，最好将开封的罐子存放在粉末储存柜（图 6-51）中，这对于非反应性合金不是必需的，但对于活性金属合金是必需的。

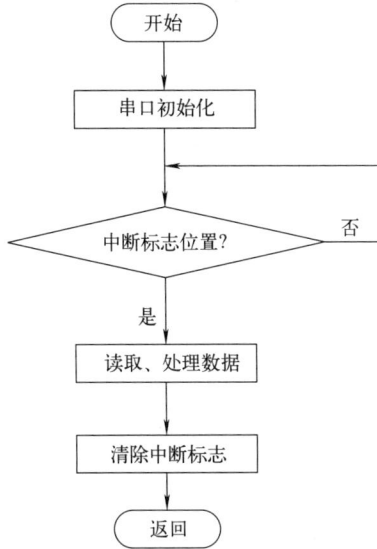

图 6-50 串行通信程序流程

图 6-51 粉末储存柜

（2）粉末吸入与接触

减少粉末吸入风险的主要方法是使用呼吸器。这些方法有多种形式，但是对于这一过程而言，最为推荐的两种是带内置面罩的呼吸器和更优选的 PAPR 呼吸器。PAPR 呼吸器提供正压空气，推荐使用 N95 以上的呼吸器过滤器，但 N100 是最理想的选择。

在操作机器时，需要注意始终佩戴手套，避免与粉末接触。这对于在金属 3D 打印机区域外携带粉尘的风险最小化也是有用的。

开始工作之前，需要注意存放手表、腕表首饰和手机。

完成工作后，需要脱掉保护外套，然后在处理任何其他物品之前将手和手臂肘部轻轻擦拭。

需要考虑安装一层粘合地板垫，以便操作人员在走出房间时踩踏。

需要确保粉末供应商提供所订购的所有粉末的 SDS（安全数据表见图 6-52），并将这些表格存放在容易找到的地方，以方便检索。

惰性气体（氮气或氩气）用于为粉末加工提供防止氧化的环境，这些气体被存储在气瓶（氩气）中或从发生器（氮气）中输送。无泄漏的设施和稳定的设备性能是至关重要的，当发现在建造室中无法降低所需的氧气 PPM 水平，或者气体成分发生比较大的波动，这些可能与惰性气体发生泄漏有关。设备的用户必须知道气体阀的位置，必要时需要自行关闭。气体警示器如图 6-53 所示。

6. 10. 2. 2　LMD 3D 打印设备的防护及安全

由于金属 3D 打印是新兴的行业，目前没有精确的行业分类，在设备的安全性方面也没有可遵循的标准。其安全性与工作腔体内的含氧量密切相关，在打印过程中，轻微的氧含量升高会导致成形后零件强度降低，而由于零部件异常、控制失效等导致的密闭环境损坏、氧含量急剧升高，会导致密闭气路、粉路内金属烟气、金属粉末发生爆燃等风险。目前，市面上大多数 3D 打印设备对气路、粉路密闭环境的监控，是通过 LMD 设备主控系统检测氧传感器信号值间接判定的，而氧传感器、LMD 设备主控系统本身存在失效和逻辑异常的概率，极端情况下会造成氧含量监测失效，并给设备安全和人员安全带来安全隐患。同时，金属 3D 打印设备一般都需要惰性保护气体，比如氩气或氮气，防止加工过程中粉末氧化。这些惰性气体在相对封闭空间内的大量泄漏，使操作人员存在窒息的危险。

图 6-52 安全数据表

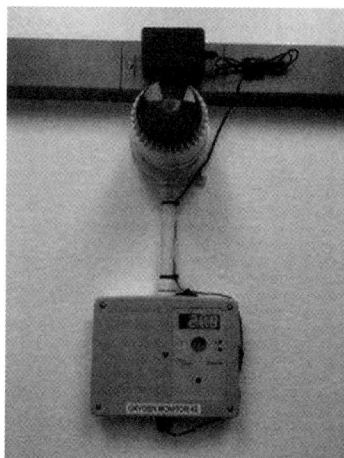

图 6-53 气体警示器

在主控系统安全回路之外，采用安全器件额外设计一套针对密闭腔体和管路内氧气含量的安全阈值监测系统，一旦检测到传感器异常、氧含量异常，则安全停止设备；由于独立于 LMD 主控制器，即使主控制器发生逻辑异常、甚至失效，安全系统依然可发挥作用，避免出现重大设备及人员损失。

如图 6-54 所示，LMD 设备有通信模块、基础单元和扩展模块。其中，扩展模块的 4 个安全输出，得电同时导通、同时断开，用于控制需要同时动作的阀或接触器。而基础单元的 4 个安全输出可对扩展模块的输出做单独的设置，可以实现阀或接触器的顺序或特殊要求的控制。

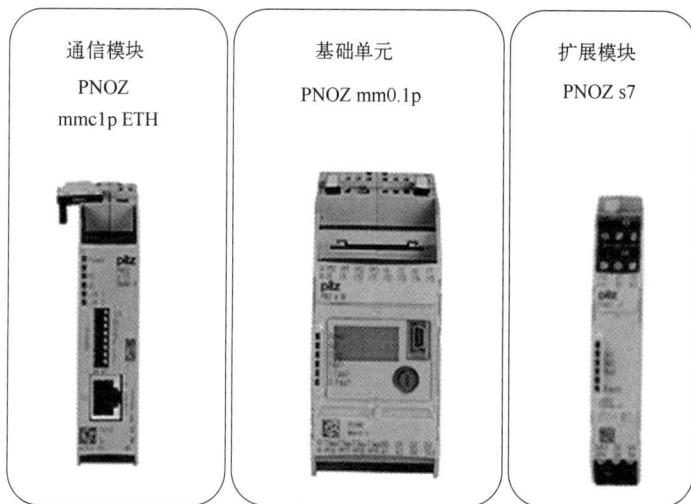

通信模块
PNOZ
mmc1p ETH

基础单元
PNOZ mm0.1p

扩展模块
PNOZ s7

图 6-54 LMD 设备 3 个模块

6.10.2.3 LMD 成形系统的开机操作

首次开机前确认：

① 电缆接线正确，无短路、断路；

② 所有断路器处于断开状态；

③ 打开总电源，测量电压；

④ 逐一推上断路器；

⑤ 电压测量无误。

开机操作步骤如下。

（1）机床的启动

① 配电柜通电。

② 打开电柜负荷开关。

③ 观察面板电源指示，显示正常后，点击"电源开"按钮。等待系统启动。

④ 系统启动完成后，确认松开所有"紧急停止"按钮，顺序点击"复位"及"RE-SET"按钮。

⑤ 系统在重新开机之后，需优先进行机床回零操作：点击"原点复归"后点击"程式启动"即可自动返回各轴的机械原点。开机后若无执行原点返回，则系统将限制程式执行的功能。也可点击"原点复归"后，依次点击各轴的轴向按键，同样可以实现回零操作。

⑥ 观察无报警后，即可选择需要的模式，操作机床运动。

（2）激光器启动

① 打开激光器总电。

② 点击"激光上下电"按钮，该按钮灯亮即主电源已启动。

③ 确认水路接管正常，无折弯扭曲现象。

④ 在激光器通电5min（冬天10min）后，打开激光水冷机电源，将水冷机开关按至挡位"1"。

⑤ 观察水冷机，无红色报警灯亮起，则为正常运行。

（3） DPSF-2型送粉器启动

① 打开电源开关及急停按钮。

② 将面板上的电源开关拨到"通"的位置，指示灯亮表示电源已经接通。

③ 将送粉器壳右侧的"本地-远程"控制开关拨到"本地"挡。

④ 将面板状态选择旋钮扳到合适的位置。1和2分别表示选择左边或右边的送粉筒，3表示两个送粉筒同时工作。

⑤ 按下启动按钮，电磁阀打开，此时可以调节流量计上的调节旋钮，得到合适的载气流量。同时送粉盘开始转动，此时可以调节送粉速度调节旋钮，得到合适的送粉速度后即可开始熔覆。

参考文献

[1] 傅骏，王泽忠，方辉，等. 3D打印技术及其在铸造中应用现状与发展展望 [J]. 中小企业管理与科技，2014（9）：2.

[2] 于霄，吕多，赵孟，等. 3D打印技术在航空发动机换热器研制中的应用展望 [J]. 航空制造技术，2014（22）：4.

[3] 陈旭. 选择性激光烧结技术在机械制造领域中的应用 [J]. 制造技术与机床，2022（12）：4.

[4] 王磊. 3D打印技术的发展与应用 [J]. 内燃机与配件，2017（22）：3.

[5] 李丽红，王家鑫. 浅谈三维激光扫描技术与3D打印技术在云冈石窟复制中的应用 [J]. 经纬天地，2020（5）：5.

[6] 尹齐川，郑万玲，王苹苹，等. 三维激光扫描及3D打印技术在鼻缺损修复术中的应用 [J]. 徐州医科大学学报，2018，38（5）：4.

[7] 杨焕，曹宇，刘军，等. 一种面向3D打印金属构件的激光与电化学复合抛光装置：202211003857 [P] [2024-05-22].

[8] 李勇杰，黄治俭，廖荆. 激光3D打印技术最新进展及发展趋势 [C] //全国第十六届红外加热暨红外医学发展研

讨会. 0 [2024-05-22].

［9］ Sunil Kumar Panda, Kali Charan Rath, Sujit Mishra, Alex Khang. Revolutionizing product development: The growing importance of 3D printing technology, Materials Today: Proceedings, 2023.

［10］ Yongzhi Song, Y. Ghafari, A. Asefnejad, D. Toghraie. An overview of selective laser sintering 3D printing technology for biomedical and sports device applications: Processes, materials, and applications, Optics & Laser Technology, Volume 171, 2024, 110459, ISSN 0030-3992.

［11］ Ming C. Leu, Hoda A. ElMaraghy, Andrew Y. C. Nee, Soh Khim Ong, Michele Lanzetta, Matthias Putz, Wenjuan Zhu, Alain Bernard, CAD model based virtual assembly simulation, planning and training, CIRP Annals, Volume 62, Issue 2, 2013, Pages 799-822, ISSN 0007-8506.

［12］ Sushil Kar, Arvind Tripathi, Juhi Singh. J. Ramkumar, Comparison of dimensional accuracy of elastomeric impression materials using 3D laser scanner, Medical Journal Armed Forces India, Volume 78, Supplement 1, 2022, Pages S55-S60, ISSN 0377-1237.

［13］ Bin Dong, Yan Wang, Yanglong Lu. A slicing and path generation method for 3D printing of periodic surface structure, Journal of Manufacturing Processes, Volume 120, 2024, Pages 694-702, ISSN 1526-6125.

［14］ 官俊. 桌面级电路结构3D打印机的开发与应用研究 [D]. 无锡：江南大学，2023.

［15］ 金瑗瑗. 桌面级陶泥3D打印机设计 [D]. 昆明：昆明理工大学，2023.

［16］ 梁辉，孔祥旭，高云涛，等. 一种 H-bot 极坐标3D打印机的结构设计 [J]. 机械与电子，2019，37（11）：15-20.

［17］ 成初. 联想新推3D打印机新品 [J]. 广东印刷，2016，（03）：5.

［18］ 小林. 3D打印机新产品问世 [J]. 印刷杂志，2013，（02）：74.

［19］ Carlo Curti, Daniel J. Kirby, Craig A. Russell, Systematic screening of photopolymer resins for stereolithography (SLA) 3D printing of solid oral dosage forms: Investigation of formulation factors on printability outcomes, International Journal of Pharmaceutics, Volume 653, 2024, 123862, ISSN 0378-5173.

［20］ Ganesh Pandav, Tukaram Karanwad, Subham Banerjee, Sketching feasibility of additively manufactured different size gradient conventional hollow capsular shells (HCSs) by selective laser sintering (SLS): From design to applications, Journal of the Mechanical Behavior of Biomedical Materials, Volume 151, 2024, 106393, ISSN 1751-6161.

［21］ Herzog, D., Seyda, V., Wycisk, E., Emmelmann, C., & Herzog, D. (2016). Additive manufacturing of metals. Acta Materialia, 117, 371-392.

［22］ Tofail, S. A. M., Koumoulos, E. P., Bandyopadhyay, A., Bose, S., O'Donoghue, L., & Charitidis, C. (2018). Additive manufacturing: scientific and technological challenges, market uptake and opportunities. Materials Today, 21 (1), 22-37.

［23］ Ligon, S. C., Liska, R., Stampfl, J., Gurr, M., & Mülhaupt, R. (2017). Polymers for 3D printing and customized additive manufacturing. Chemical Reviews, 117 (15), 10212-10290.

［24］ Gibson, I., Rosen, D. W., & Stucker, B. (2010). Additive Manufacturing Technologies: Rapid Prototyping to Direct Digital Manufacturing. Springer.

［25］ Chua, C. K., Leong, K. F., & Lim, C. S. (2017). Rapid prototyping: principles and applications. World Scientific Publishing Company.

［26］ Kuznetsov, V., & Solonin, A. (2017). Overview of 3D printing technology: current achievements in the field of additive manufacturing. Journal of Engineering Physics and Thermophysics, 90 (5), 1165-1173.

［27］ Zhang, Y., Wu, J., & Chen, H. (2016). 3D printing of ceramics: A review. Journal of the European Ceramic Society, 36 (10), 2543-2560.

［28］ Lee, J. M., & An, J. (2016). Hybrid strategy of 3D printing and injection molding to fabricate functional parts. Journal of Materials Processing Technology, 238, 218-230.

［29］ 欧进，殷国斌. (2020) 3D打印技术在中国制造业中的应用与发展现状 [J]. 科技创新导刊，(08)，94-95.

［30］ Wohlers, T., Caffrey, T., & Campbell, I. (2020). Wohlers Report 2020: 3D Printing and Additive Manufacturing State of the Industry. Wohlers Associates, Inc.

［31］ Zhang, Y., Fei, X., Zhang, D., & Jiang, L. (2019). Advances in additive manufacturing: status, opportunities and challenges. Journal of Manufacturing Systems, 53, 261-288.

［32］ Gu, D., Meiners, W., & Wissenbach, K. (2013). Laser additive manufacturing of metallic components: materials, processes and mechanisms. International Materials Reviews, 57 (3), 133-164.

[33] Vilar, R., Vilar, G., & Costa, L. (2018). Laser cladding and direct metal deposition. In Handbook of Laser Welding Technologies (pp. 491-526). Woodhead Publishing.

[34] Pinkerton, A. J. (2016). Lasers in additive manufacturing. Optics & Laser Technology, 78, 25-32.

[35] DebRoy, T., Wei, H. L., Zuback, J. S., Mukherjee, T., Elmer, J. W., Milewski, J. O., ... & Zhang, W. (2018). Additive manufacturing of metallic components - process, structure and properties. Progress in Materials Science, 92, 112-224.

[36] Gu, D., & Dai, D. (2019). Review of powder-based additive manufacturing processes for metallic biomaterials. Powder Technology, 349, 68-84.

[37] Herzog, D., Seyda, V., Wycisk, E., & Emmelmann, C. (2016). Additive manufacturing of metals. Acta Materialia, 117, 371-392.

[38] Zhang, S., Dong, S., Chen, J., & Sun, S. (2020). Recent advances in the laser metal deposition additive manufacturing technology: A review. Optics & Laser Technology, 131, 106470.

[39] Azarniya A, Colera XG, Mirzaali MJ, Sovizi S, Bartolomeu F, Wits WW, Yap CY, Ahn J, Miranda G, Silva FS, Hosseini HR. Additive manufacturing of Ti - 6Al - 4V parts through laser metal deposition (LMD): Process, microstructure, and mechanical properties. Journal of Alloys and Compounds. 2019 Oct 5; 804: 163-91.

[40] 李杰帅. 激光熔化沉积 GH4169 合金的工艺与力学性能研究 [D]. 吉林: 东北电力大学, 2023.

[41] 李锐. Mn、Fe 元素添加对激光熔化沉积 CrFeCoNi 系高熵合金组织与性能的影响 [D]. 成都: 成都理工大学, 2021.

[42] 柴鹏涛. 激光熔化沉积钒合金及 316L 不锈钢的微观组织调控研究 [D]. 绵阳: 中国工程物理研究院, 2020.

[43] 崔然. 激光熔化沉积马氏体不锈钢组织及性能研究 [D]. 徐州: 中国矿业大学, 2018.

[44] 刘雨雨. 激光熔化沉积原位自生钛基复合材料的多尺度调控与强化 [D]. 徐州: 中国矿业大学, 2023.

[45] Yan L, Chen Y, Liou F. Additive Manufacturing of Functionally Graded Metallic Materials Using Laser Metal Deposition [J]. Additive Manufacturing, 2019, 31 (4): 100901. DOI: 10. 1016/j. addma. 2019. 100901.

第**7**章　激光微细加工技术

7.1　准分子激光微细加工

7.1.1　准分子激光加工的原理及特点

7.1.1.1　准分子紫外激光加工特点

短波长准分子紫外激光器与其他类型激光器比较，其特点是波长短（从 193～351nm）；光子能量大，加工材料过程中的低热效应以及激光微加工穿透深度小，激光可在几个微米深度范围进行表面改性处理。准分子激光首次在微电子工业中应用是在聚合物薄层上打微孔。

由于准分子激光波长短，利用准分子激光熔化材料能使其快速凝固的特点，可利用它对材料进行表面改性，利用光化学原理可进行材料的去除（包括微加工、激光刻蚀等），而且利用准分子激光处理预沉积涂层可改善其涂层的连接质量。此外还可利用准分子激光对工件进行清洗、抛光。

利用准分子激光熔化和退火可改善不锈钢的抗腐蚀性。准分子激光的快速固化作用可以用来在 Fe-B 合金表面形成非晶结构提高材料的力学和化学性能。利用准分子激光加热材料产生等离子体，对材料形成很大的冲击压力，故可利用准分子激光对 Al-Si 合金进行冲击强化处理。

7.1.1.2　准分子激光作用材料的光热过程

短波长的紫外准分子激光与材料相互作用过程与常规 CO_2 激光、Nd：YAG 激光与材料相互作用过程有显著的不同，且准分子激光与材料相互作用过程很复杂。准分子激光作用于材料，与材料吸收层的电子相互作用使材料产生离化，打断材料的分子键，能将材料内的电子从低能级激发到高能级，导致材料的迅速加热而不产生塑性变形。

准分子激光作用材料表面，使材料表面在极短时间内升至极高的温度，而对材料产生烧蚀去除，其主要作用机制是光化学过程。由于准分子激光具有很高的光子能量，在激光辐射区内，材料吸收的光子流量超过阈值后，发生光解并打断材料分子（或原子）的化学键。当断键数量不断增加，碎片达到一定浓度时，被烧蚀材料的次表层的温度和压力急剧升高并发生微爆炸，使得碎片离开基体，导致材料产生烧蚀去除。

Brannon 等人从激光吸收和光烧蚀的理论基础上得到了激光烧蚀速率的公式：

$$\delta_e = \frac{1}{\alpha} \ln\left(\frac{F}{F_{th}}\right) \tag{7-1}$$

式中，δ_e 为激光烧蚀速率；α 为材料的吸收系数；F 为激光烧蚀能量；F_{th} 为激光烧蚀阈值能量。

上面这个公式描述激光烧蚀过程是在激光脉冲作用于材料之后才发生的，而且是在与激光照射材料的时间无关的假设基础上。

Sutclifle 等人在此基础上考虑到烧蚀过程与材料被辐照的时间及烧蚀阈值能量因素后，得到一个新的理论模型。在这个模型中将被烧蚀的基片分成 $10^3 \sim 10^4$ 个连续层，将激光脉冲也以 20ps 为单位进行分解，然后计算出每一个时间段 t_1 内传递到基体中的脉冲能量，并利用比尔定律计算 x_j 处每层吸收的光子流量：

$$\prod(x,t) = I(x,t)(\alpha\lambda/hc) \tag{7-2}$$

有效光子浓度为：

$$\rho(t_k, x_j) = \sum_{j=1}^{k} \theta\left[\prod(t_1, x_j) - \prod_{th}\right]\Delta t_1 \tag{7-3}$$

当光子流量超过阈值流量 $\prod_{th}$ 时，则可发生聚合物的有效分解。当吸收的有效光子浓度超过阈值光子浓度 ρ_{th} 就可以发生烧蚀。对于给定的材料，$\prod_{th}$ 和 ρ_{th} 均为常数。根据这个理论，如果激光辐射的能量在激光烧蚀阈值之下，则材料吸收的能量都转变成热能，这时，激光与材料相互作用主要表现为热效应机制。这个理论模型与激光辐射聚合物实验结果吻合，但与高能量烧蚀的烧蚀速率有误差，有待进一步完善。许多学者研究结果表明，准分子激光作用材料时，光热过程还是起主导作用。材料由于吸收紫外光光子能量产生振动和激励，导致温度急剧升高并使材料产生蒸发微爆炸，使材料产生烧蚀去除。这时激光对材料的迅速加热，使材料气化并产生等离子体。

文献 [1] 提供了一个材料表面粗糙度改变模型。在等离子体形成阈值之下，材料的微粗糙度降低，而宏观粗糙度并未发生改变。当达到形成阈值之后，即采用另一种称为缺陷密度改性模型的方法。在这个临界值之下，材料产生重新晶化，当达到临界值之上，则缺陷密度再一次增加。从另一个角度出发，准分子激光作用材料，由于迅速的热作用，使材料产生热烧蚀。D. Couto 等人推导出热烧蚀速率，如下：

$$d = k_0 e^{-E/RT} \tag{7-4}$$

式中，d 为热烧蚀速率；k_0 为 Arrhenious 指数因子；E 为激活能；R 为气体常数；T 为激光作用区温度。

根据一维热传导方程得到激光烧蚀速率与入射激光能量的关系：

$$\ln d = \ln k_0 - \frac{E_0^* \ln(F/F_{th}')}{\alpha_{eff}(F - F_{th}')} \tag{7-5}$$

式中，$E_0^* \propto ECp/R$；F 为入射激光能量；F_{th}' 为阈值能量密度；α_{eff} 为材料有效吸收系数。

这个模型在较大入射能量密度范围（$0 \sim 11 J/cm^2$）与几种混合聚合物的准分子激光作用实验值有较好的吻合。

V. Srinivasan 等人在综合了光热作用过程和光化学过程的基础上，建立了一个新的激光烧蚀模型。在这个模型中既考虑到激光热作用，又考虑到激光化学过程，认为入射激光能量刚刚超过烧蚀阈值能量时，光化学过程起主导作用，随着入射激光能量的增加，光热作用开始增强，在两种机制的共同作用下，随着入射激光能量进一步提高，这时光化学作用过程又重新起主导作用。

7.1.1.3　准分子激光作用材料的单光子吸收过程

　　单光子吸收的理论模型主要是从激光辐射传播及材料对光子吸收的角度出发得到的，在这个模型中并没有考虑到激光烧蚀的光热过程和光化学过程。该理论认为当材料内吸收的光子浓度与材料的发色团浓度相等时，即可达到材料的烧蚀阈值。并得到了单光子吸收以及考虑激光烧蚀过程中形成的等离子体羽对激光的吸收影响下的激光烧蚀速率。

7.1.1.4　流体动力学过程

　　准分子激光作用材料，有的学者从流体力学角度研究了蒸气羽的形成及变化过程，对于强吸收（$\alpha \propto 10^5 \mathrm{cm}^{-1}$）的聚合物，激光烧蚀速率与激光能量的关系服从 $d \propto F \ln (F_0 / F)$（$F_0$ 是与材料的脉冲宽度有关的常数）的规律。对于弱吸收聚合物 $\alpha \propto 10^2 \sim 10^3 \mathrm{cm}^{-1}$，两者关系满足 $d \propto F^{1/3}$。当考虑到等离子体羽辉吸收时，可得到 $d \propto F^{1/3} \tau^{2/3}$（$\tau$ 为激光脉冲宽度）的对应关系。

7.1.2　准分子激光微细加工技术

7.1.2.1　准分子激光打孔、准分子激光切割

（1）准分子激光打孔的作用机理

　　激光照射到工件表面时会发生反射、吸收和透射等三种现象，其中，只有被吸收的光才会产生作用，而对板材所产生的作用又分为光热与光化两种不同的反应，可分为：

　　光热烧蚀：激光束照射到板材表面时，其红外光和可见光中夹带的热能被吸收，导致板材烧熔，产生气化与气浆等分解产物，并最终蒸发，这种成孔的原理，称为"光热烧蚀"。此烧蚀的副作用是在孔壁上有被烧黑的炭化残渣（甚至孔缘、铜箔上也会出现一圈高热造成的黑氧化铜屑），在镀覆孔前需经清除，才可形成牢固的金属孔孔壁。

　　光化学裂蚀：紫外激光具有高光子能量，可将长键状高分子有机物的化学键打断，再将众多碎粒用外力吸去而成孔，此反应不用热烧蚀，故孔壁上不会产生炭化残渣。

（2）准分子激光打孔应用

　　紫外准分子激光在集成电路板上的应用主要是在聚合物和铜的层布式电路板上打小孔，切割柔性电路，制作检测、修复集成电路。与传统的 CO_2 激光打孔相比，CO_2 激光打孔直径为 $75 \sim 150 \mu m$，且小孔容易错位，而准分子激光打孔，可以打出直径小于 $25 \mu m$ 的小孔，同时 CO_2 激光不能穿透一些高反射率的表面（如铜），而紫外激光能在多种材料上打孔、切割和焊接。图 7-1 示出了准分子激光在铜上打出的 $18 \mu m$ 小孔，图 7-2 示出了准分子激光在多层 PI 膜/环氧树脂黏结剂上打的 $100 \mu m$ 盲孔截面图。

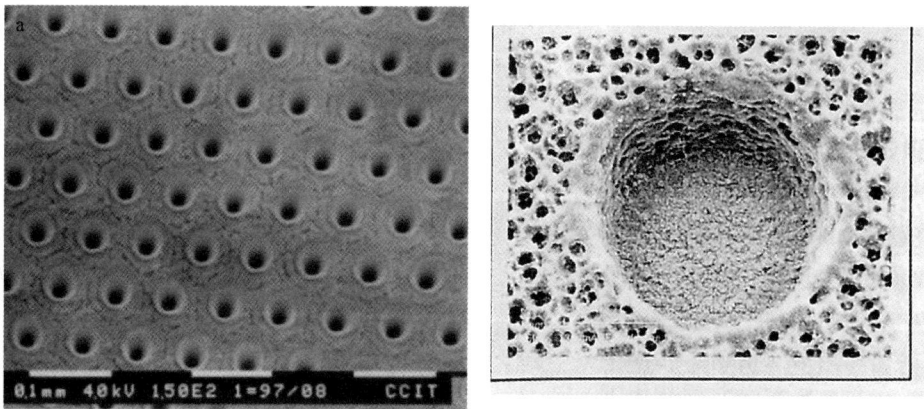

图7-1　准分子激光在铜上打出 $18 \mu m$ 的小孔

准分子激光可对印制电路板（PCB）打微小孔。

（3）紫外激光切割原理

激光经过聚焦后照射到材料上，使被切割材料温度急速升高，然后使之熔化或气化。随着激光与被切割材料的相对运动，在切割材料上形成切缝，从而达到切割的目的。在切割晶圆时通常选择紫外激光作为切割光源，与 YAG 和 CO_2 激光通过热效应来切割不同，紫外激光直接破坏被加工材料的化学键，从而达到切割目的，这是一个"冷"过程，热影响区域小；另外紫外激光的波长短、能量集中且切缝宽度小，因此在精密切割和微加工领域具有广泛的应用。另外，在实际应用中，激光切割晶圆

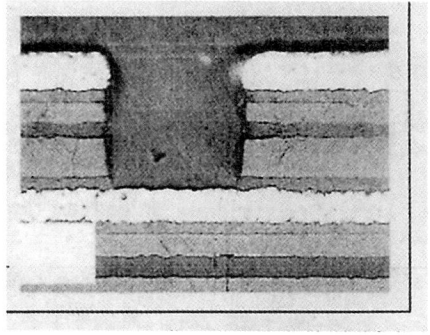

图 7-2　准分子激光在多层 PI 膜/环氧树脂黏结剂上打 100 μm 盲孔的截面图

有两种：一是划片切割，即切割深度只需硅片厚度的 $1/3 \sim 1/4$，由于应力作用只需稍加外力，晶圆就可以很容易地沿切缝裂开；二是穿透切割，要求将晶圆切穿并分离。晶圆切割首先进行晶圆黏片，它是在晶圆背面贴上黏性薄膜并用钢制框架支撑，然后进行切割。

（4）紫外激光切割硅圆晶片的实验

杨伟、彭信翰等人开展了紫外激光切割硅圆晶片的实验，所使用的设备为深圳市木森科技的 Wafer2Cut350，其主要性能参数见表 7-1。

表 7-1　实验设备的主要参数

激光系统	JDSU Q301 - HD
激光波长 λ/nm	355
光束模式	TEM00
最大功率 P/W	10
脉冲范围 f/kHz	$0 \sim 250$
工作面积 S/mm^2	300×300
XY 平台定位精度 L/μm	± 3
XY 平台重复精度 L'/μm	± 1
平台旋转精度 θ/（°）	± 0.001
定位检测分辨率 b/μm	0.5

紫外激光切割硅圆晶片质量与激光功率、激光重复频率、切割速度及辅助吹气等因素有关。

实际中由于材料的导热性、熔点、沸点等参数的不同，以及激光功率的变化，激光切缝宽度是不等于光斑直径的，它们的关系要依据激光能量的输入和材料性质而定。但在绝大多数情况下，切缝宽度是略大于光斑直径，要减小切缝宽度就要减小光斑直径。

7.1.2.2　准分子激光表面处理

准分子激光能被用来进行各种类型表面处理，包括固态相变处理、重熔处理、蒸发处理、非晶化处理以及薄膜的剥离沉积及合金化。

（1）固态相变处理

准分子激光辐射钢的表面，由于迅速加热和快速凝固，可使钢的组织结构发生改变，实现钢的固态相变。通过激光与材料相互作用，可以在钢表面得到几微米深的马氏体组织结构，从而使材料表面产生相变，达到激光强化处理，提高表面耐磨和抗腐蚀性能。同时可利用准分子激光进行表面退火处理，使之在微电学领域得到应用。

（2）重熔处理

准分子紫外激光辐射材料表面，可使材料表面产生重熔。利用激光对材料表面重熔，可实现激光清洗。由于准分子加热速度快，凝固速度高，利用激光快速重熔处理，可实现激光非晶化处理。同时利用准分子激光可合成高耐磨和高腐蚀阻抗的纳米晶材料。

（3）蒸发处理

当激光作用材料达到一个临界值后，使材料蒸发，于是在材料表面产生一个蒸气羽，随着激光强度的进一步增加，激光与蒸气的相互作用进一步增强，随即产生等离子体。激光等离子体内包括离子、电子、分子及分子簇等。然后激光等离子体对后续入射激光产生强烈吸收而屏蔽激光，同时通过等离子体又将激光能量耦合给材料。随着入射激光强度进一步增加，等离子体向外膨胀、扩展，并使等离子体不稳定，使材料表面产生冲击波，导致材料表面产生很多波纹状的烧蚀坑，使材料表面粗糙度增加。对于一个更强的激光束入射，等离子体膨胀扩展到材料作用区之外。根据准分子激光对材料的烧蚀去除机制，可利用准分子激光进行直写、打标、清洗等激光应用。

（4）非晶化

利用准分子激光的高强度、短脉冲和极好的聚焦特性以及凝固等特性，可在材料表面获得非晶结构。材料表面的非晶结构类似玻璃结构，它具有极好的机械耐磨性和高抗腐蚀性能。例如利用准分子激光在 Fe-B 合金材料表面实现非晶化处理。

（5）薄膜沉积

利用准分子激光通过对薄膜成分的靶材剥离，可在各种不同基体材料表面沉积结构薄膜和多种功能薄膜。例如热电薄膜、铁电薄膜、光电薄膜及超导薄膜等。

（6）合金化

准分子激光能流密度超过 $100mJ/mm^2$，可在材料表面实现合金化。例如准分子激光在不锈钢表面进行合金化处理。

7.1.3　准分子激光微细加工的应用

7.1.3.1　准分子激光处理不锈钢

对 AISI304 不锈钢进行准分子激光处理，经激光处理后提高了材料的抗腐蚀性能。

激光处理参数为：每个脉冲能量为 $130\sim250mJ$；矩形光斑尺寸为 $0.1cm^2$；脉冲能量密度为 $1.3\sim2.5J/cm^2$；激光处理速度为 $0\sim3mm/s$；准分子激光频率为 $1Hz$。采用俄歇电子能谱检测，结果表明：激光处理区的氧化层内含铬量增加，而镍的含量相对减少。电化学研究已经证明这点。

7.1.3.2　准分子激光处理铝合金

有文献已经报道高强度准分子激光辐照铝及铝合金对表面粗糙度的影响。决定表面形貌的激光参数主要是激光能量密度和激光脉冲数（脉宽 $\approx22ns$）。在采用 $2.7J/cm^2$ 能量密度时，表面观察到熔化现象。当激光能量密度增至 $3.6J/cm^2$ 时，熔化区呈现出复杂的地形结构。

7.1.3.3　准分子激光处理镀锰钢板

由于镀锰钢板常存在裂纹和气孔等缺陷，镀锰层与钢基体结合不太牢等原因，研究准分子激光对镀锰钢板的表面处理，能达到减少裂纹等缺陷和提高镀锰层与钢的结合强度以及减少改性区的破坏的目的。

采用最佳的激光处理参数：激光功率密度为 $150MW/cm^2$，频率 $100Hz$，激光脉冲数为 100。

图 7-3 示出准分子激光处理镀锰钢板的截面扫描电镜图。

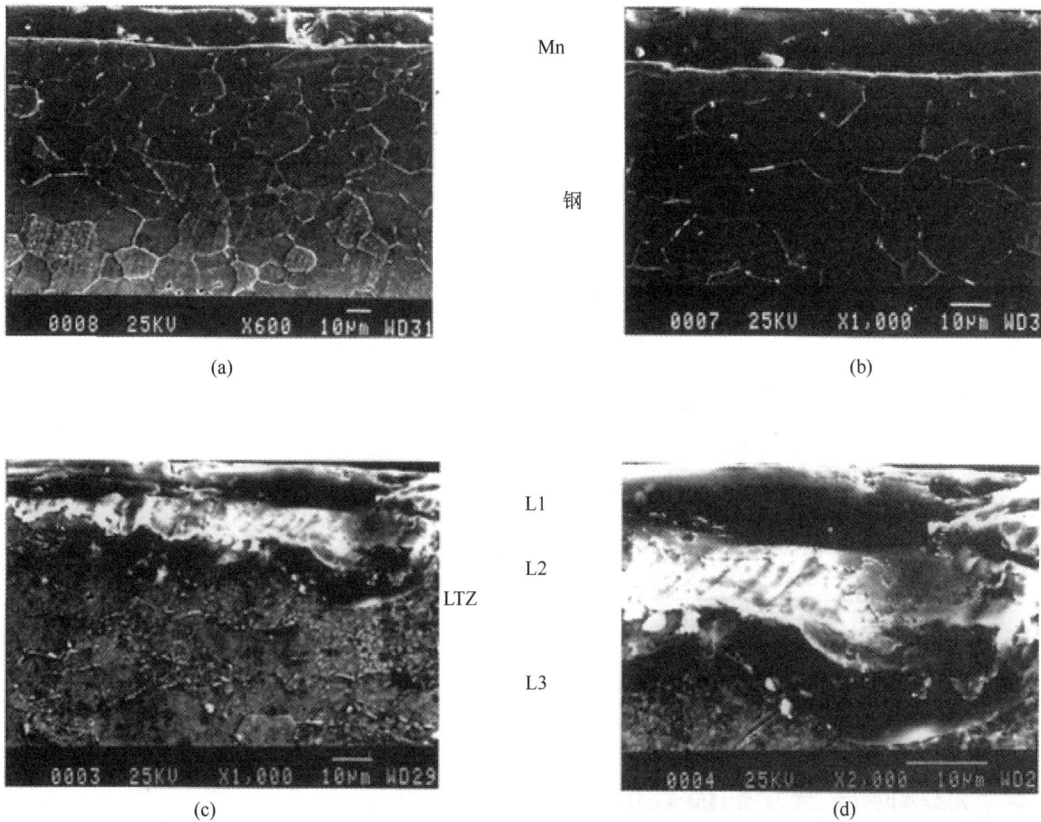

图 7-3 准分子激光处理镀锰钢板的截面扫描电镜图

激光加热钢板涂层表面至熔点温度以下，产生固态界面扩散过程，并且使涂层原子和基体原子相互发生反应，导致在激光处理区形成几个扩散区即 L_1、L_2 和 L_3 区 [见图 7-3 (d)]。从图中看到，涂层与基体实现了冶金结合，从而改善了涂层的机械结合强度和摩擦性能。激光处理深度为 $35\mu m$，整个激光处理区域分成三个区（L_1、L_2 和 L_3 区），在第一个区域，深度约 $10\mu m$，这个区域的主要成分与原来涂层成分相同，能谱仪（EDS）在 L_1 区和 L_2 区的交界处探测到 Fe 的含量为 2%，见图 7-3 （a）。这是激光处理中的固态扩散引起的。第二个区域（L_2）是白亮层，深度约 $11\mu m$，EDS 检测表明锰的含量达到 1.0%，见图 7-3 （b）。第三个区域（L_3）呈现黑色，深度为 $14\mu m$，在 L_2 与 L_3 交界区检测到少许锰的扩散痕迹，锰的浓度为 0.8%，而其余的部分均是铁。

图 7-4 示出准分子激光处理区 XRD 分析。从图中看到，在预沉积的镀锰钢板的涂层区呈现 α-Mn 面心立方相结构（bcc）和 α-Fe 相（从基体扩散来的）[见图 7-4 （a）]。激光处理与未处理区的组织结构的重要差别是：在激光处理区出现 β-Mn 相结构（复杂立方结构），见图 7-4 （b）。

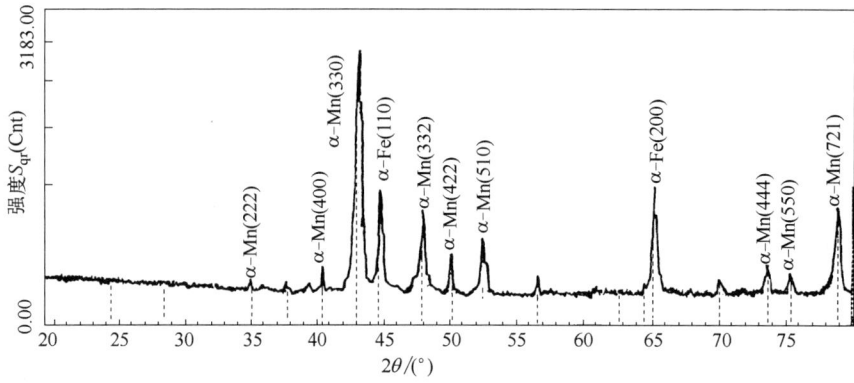

(a) 预沉积

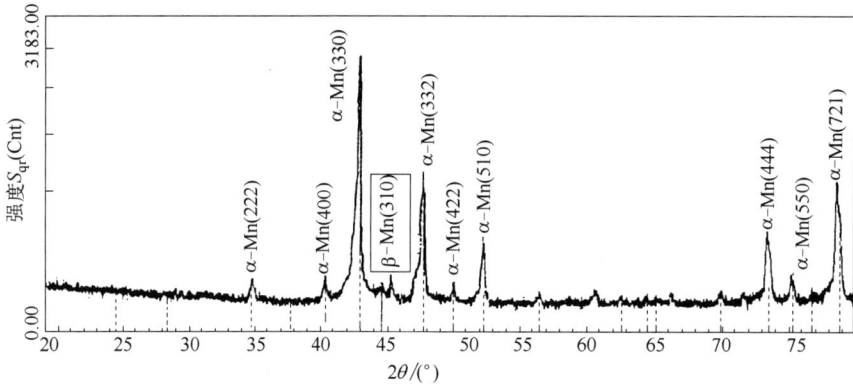

(b) 优化参数下的准分子激光处理后

图 7-4 准分子激光处理区 XRD 分析

7.2 超短脉冲激光的微细加工

7.2.1 超短脉冲激光的发展

在激光中，超短脉冲光的产生之所以重要是因为可以通过控制激光的相干光波产生脉冲光，其时间宽度超出电子学所控制的范畴。从广义上讲，超短脉冲光是指小 1ns 的脉冲光。20 世纪 60 年代中期，科学家们对由闪光灯进行脉冲振荡的红宝石激光器和掺 Nd 激光器产生的锁模超短脉冲光展开了实验性研究。从此，短脉冲光的产生技术从锁模亚皮秒脉冲步入到飞秒脉冲。近年来，超短脉冲光技术得到了普及，自 20 世纪 90 年代以来，各种可调谐超短脉冲锁模固体激光器达到了实用化。可调谐激光器是一种激光下能级处于振动激发状态，使振荡频带加宽的光子限定激光器（photon terminatedlaser）。典型的钛宝石激光器的工作稳定，实现了平均输出功率为 1W 的超短（最短约为 5fs）脉冲光。若采用掺 Yb 离子的激光晶体，则可获得更高平均输出功率的亚皮秒脉冲输出。半导体激光器具有弛豫快，可对泵浦（电流）进行高速调制的特点，因此即使不用锁模，利用增益过渡现象也可产生皮秒区（$10^{-10} \sim 10^{-12}$s）的超短脉冲光。

最近开发成功的小型皮秒和飞秒脉冲激光器使超短脉冲光源有了长足发展。从光的利用角度考虑，对超短脉冲光源，是有效利用时域（超高速性）的特点还是利用短时间集中光能量的高峰值强度是两大研究方向。在实际应用中，这两个方向密切相关。从上述观点出发，最大限度地追求光源性能，实现更短脉冲光的产生和更高峰值强度是促进这一技术发展的原动力。另外，对新光源的性能进行改进，对发现的新功能或新现象进行普及并使其达到实际应用，提高光源的可靠性、稳定性和寿命及降低成本也是技术开发的关键。除提高脉冲宽度和脉冲能量外，提高光束质量也是极为重要的研究课题。这对该技术领域的发展影响极大，如从时间和空间上最大限度地提高相干性就属于这种情况。

人们在研究超短脉冲激光技术的过程中积累了许多经验，如有效地产生高强度脉冲并在产生脉冲阶段尽量获得高能量脉冲；对直接产生的高强度超短脉冲等进行各种尝试，并获得了研究成果，为该领域的发展做出了贡献。然而在产生和利用高强度脉冲过程中，却出现了光脉冲的相干性或波形、波长等的重复性和可靠性不理想等问题。因此，所选择的锁模激光振荡器的高重复脉冲输出，并进行高倍率放大的方式已成为主流。虽然每个脉冲的能量小，但脉冲发生源利用连续振荡锁模激光器很容易获得相干性好的脉冲。

表 7-2 给出了近年来常用的超短脉冲激光器的特点和主要应用领域。超短脉冲激光器在医疗和光记录等方面具有广阔的应用前景，目前很多应用均处于实用化的试验阶段，其中包括在物理科学研究中的应用。

表 7-2　各种超短脉冲激光器的特点和主要应用领域

激光器(光源)的种类	特点	性能	主要应用领域
固体激光器(短脉冲宽度用 Ti^{3+}：宝石等)	可输出短脉冲 通过放大可输出高能量脉冲	脉冲宽度：10fs～2ps(Ti^{3+}、Cr^{3+}，Cr^{4+}) 平均功率：1W	加工、测量和物理科学的研究
固体激光器〔大功率用：Yb^{3+}，Nd^{3+}：激光器)	半导体激光直接泵浦 通过放大可输出高能量脉冲	脉冲宽度：亚皮秒(Yb) 10～100ps(Nd^{3+}) 平均功率：10W	加工、测量
光纤激光器(通信领域用：振荡波长为 1.3mm，1.5mm)	小型、耐环境、可靠性	脉冲宽度：约 1ps 重复频率：510GHz 平均功率：150mW	光通信系统、测量
光纤激光器(测量加工用：波长为 $1.06\mu m$ 的掺 Nd 或 Yb 激光器)	小型，由长介质产生的热负载的色散	脉冲宽度：200s～10ps 重复频率：5～50MHz 平均功率：200mW	加工、测量
半导体激光器	高功率，超小型	脉冲宽度：约 1ps 重复频率：10～160Gbit/s 平均功率：3mW	光通信系统

该项技术的另一个特点是所用脉冲范围很宽，如在信息通信应用中，能量小的单脉冲（pJ 级）的超高重复频率为 100GHz 以上；在测量等应用中，在 nJ 到 mJ 级的能量范围以高重复频率工作；在高强度量子科学研究应用中，用单频脉冲可达到 PW 级的高峰值强度。就波长而言，通过超短脉冲激光输出波长的转换，可以处理从数纳米的软 X 射线区到相当于亚毫米波产生的 THz 级脉冲。从应用角度考虑超短脉冲激光器的现状，大致可分为以下三类。

物理科学研究用激光器。这是最早确立的超短脉冲激光装置的应用领域。因为这种应用对脉冲特性提出了各种要求，如波长、脉冲宽度和脉冲能量等，因此可采用多种激光器包括染料激光器和准分子激光器。在注重性能，不考虑成本的情况下，多采用固体激光器。固体激光器性能灵活（脉冲能量或重复频率等参数的可调谐范围比较宽），如用于核聚变点火的激光器或在各种研究设备中开发利用的大规模激光系统均归于此类。

有望作为工业设备应用的激光器。主要考虑用于测量和加工领域。利用短脉冲激光可获得理想的加工结果，但要考虑设备的可靠性或维修性和成本等。近年来，随着锁模固体激光器可靠性的提高和高功率光纤激光器的出现，人们对该领域的发展寄予厚望。

作为光信息通信系统器件的半导体激光器和光纤激光器，就这一产业应用而言，社会效益最大，但同时也易受市场行情、信息通信政策等社会状况的影响。除器件的性能外，还必须考虑其可靠性、成本和环保等问题，且技术要求严格。从长远看，通信领域是一个期望值最高的领域。

7.2.2 飞秒激光器的分类

定义：发射的脉冲的时间间隔在几飞秒和几百飞秒之间的激光器。

飞秒激光器是可以发射光脉冲持续时间小于 1ps（超短脉冲）光脉冲的激光器，也就是说在飞秒时间域内（$1fs = 10^{-15}s$）。因此这种激光器也被归于超快激光器或超短脉冲激光器的分类中。产生这种短脉冲，常常用到一种叫作被动模式锁定的技术。

（1）固体激光器

被动锁模的固体激光器能发出高质量的超短脉冲激光，拥有典型的持续时间 30fs 和 30ps。各种二极管抽运激光器，如基于掺钕或掺镱的增益媒介，在这种体系中，典型的平均输出功率在 100mW 和 1W 之间。应用先进的色散补偿的钛蓝宝石激光器甚至可适用于持续时间小于 10fs 的脉冲，极限情况下可以达到约 5fs。脉冲重复率在大多数情况下为 50MHz 到 500MHz，对于较大的脉冲功率，重复率会变小一些，大概几兆赫兹，而一些微型激光器则有几十兆赫兹。

（2）光纤激光器

各种类型的超快光纤激光器，在大多数情况下也是被动锁模的，提供的典型脉冲持续时间在 50fs 到 500fs，重复率 10MHz 到 100MHz，平均功率为几毫瓦。大体上，拥有更高的平均功率和脉冲能量的激光器是可行的，如与展宽脉冲光纤激光器或自相似脉冲激光器，或与一个光纤放大器结合。全光纤的解决方案在大规模生产中是相当划算的，当然，所需的努力是开发出一种光纤产品，高性能和高运行可靠性，应能承受各种技术挑战。

（3）染料激光器

钛蓝宝石激光器出现之前，超短脉冲产生领域由染料激光器主导。染料激光器的增益带宽允许脉冲持续时间为 10fs 级别，不同的激光染料适用于不同发射波长，且常在可见光谱的范围内。由于染料激光器一些处理中的缺点，飞秒染料激光器不再经常使用。

（4）半导体激光器

一些锁模二极管激光器可以产生飞秒级别的脉冲。在激光器的直接输出端，脉冲持续时间通常至少几百飞秒，但利用外部脉冲压缩，可以获得持续时间更短的脉冲。被动锁模的垂直外腔面发射激光器（VECSELs）也是可能实现的，这种类型的激光器受关注，主要是因为它的短脉冲持续时间、脉冲重复率高，时而有很高的平均输出功率，但是它不适合于很高的脉冲能量。

（5）其他类型

其他类型飞秒激光器如色心激光器和自由电子激光器，后者可以发射飞秒脉冲甚至 X 射线形式的脉冲。

7.2.3 飞秒激光加工的原理及特征

飞秒激光技术是随着锁模技术发展起来的。1965 年，人们首次利用被动锁模技术在红宝石激光器上直接产生了皮秒（ps）级激光脉冲，随后 1976 年利用对撞锁模技术实现了

0.3ps 激光输出，1981 年美国贝尔实验室 FORK 等首次利用碰撞锁模原理获得了飞秒（fs）脉冲。从此激光技术进入了飞秒时代。1987 年该实验室又利用自相位调制获得 6ps 脉冲。但由于染料激光器结构复杂，染料一般采用喷流成膜的方式，所以其操作性差，并且不利于小型化和实用化。

20 世纪 80 年代，出现了以掺钛蓝宝石（Ti：sapphire）晶体为代表的多种性能的固体激光晶体（输出波长～800nm），为飞秒激光器的固体化、实用化奠定了基础。在 20 世纪 80 年代末期，钛宝石作为增益介质具有优越的物理性质，例如非常宽的发射带宽，增益带宽达到 230nm，理论上可获得 3fs 脉冲输出，在超短飞秒脉冲激光器中发挥了重要作用。

7.2.3.1 飞秒激光加工的原理

飞秒脉冲的强度，采用多级啁啾脉冲放大（CPA）技术获得的最大峰值功率可达 10^{12} W（TW）甚至 10^{15} W 拍瓦（PW）量级，其峰值功率密度达到 10^{22} W/cm^2 以上。飞秒激光可以产生极短的时间尺度和极强的光场，为人类提供了崭新的实验手段和极端的物理条件。飞秒激光与物质相互作用领域也包括处于当今技术前沿的超快激光精细加工，飞秒激光以其自身特征和创造的极端条件，使其在材料加工方面拥有独特的优势和广泛的应用前景。飞秒激光的加工机理不同于以往的长脉冲激光（CO_2 激光、Nd：YAG 激光）加工，它能以极快的速度将其全部能量注入到很小的作用区域，瞬间高能量密度的沉积将使电子的吸收和运动方式发生变化，可以避免线性吸收、能量转移和扩散过程等的影响，从根本上改变了激光与物质相互作用的机制，使其加工方式成为高精度、超高空间分辨率和超高广泛性的冷加工过程。这在微电子、光子学、微光机电系统（MOEMS）等高技术领域应用前景巨大。飞秒激光可进行精细微加工，与准分子激光表面微加工不同，准分子激光波长短，大能量的光子可切断材料中的分子或原子结合键，在表面形成等离子体，属于光化学过程，因而热影响区较小，同时由于波长短，光束可聚焦到很小范围，因此加工精度也得到相应的提高。但准分子激光加工有其固有的缺陷，由于其加工过程基于材料对光子的共振吸收，因而加工对象依波长对材料有选择性，加工处理的材料与范围有限制。准分子激光由于激光辐射可被透明材表面吸收，故只能进行表面微加工，而飞秒激光能量密度高，脉宽极短使得飞秒激光不仅能进行表面微加工，而且可在透明材料内部进行加工，且飞秒激光加工尺寸更小，加工精度更高。

7.2.3.2 飞秒激光加工的特点

与常规激光相比飞秒激光的超微精细加工具有如下特点：

（1）加工尺度小，可实现超微细加工

一般激光加工的横向尺度大于激光波长，这是由于受衍射极限的限制，尽管飞秒激光的聚焦光斑尺寸也不可能小于半个波长，但飞秒激光由于峰值功率极高，与物质相互作用不是单光子过程，而主要是多光子过程。假设光束直径为 $1\mu m$（如图 7-5 所示），由于聚焦后的激光强度在空间上呈高斯分布，如果调节激光入射能量，使得只有计算光致中心的强度达到多光子离解阈值，则加工过程的能量吸收和作用范围被仅限于焦点中心位置的很小一部分体积内，而非整个聚焦光斑辐照的区域，则加工尺寸可远远小于聚焦光斑尺寸，达到亚微米级甚至纳米级。

（2）加工热影响区小，可实现高精度的非热熔性加工

飞秒激光加工过程的能量吸收和作用范围被仅限于焦点中心位置的很小一部分体积内，而非整个聚焦光斑辐照的区域，则加工尺寸可远远小于聚焦光斑尺寸，达到亚微米级甚至纳米级，且激光加工热影响区极小，几乎不对周边材料造成热损害，加工精度高。由于飞秒激光可以在极短的时间和极小的空间内以激光的功率密度作用材料，其能量吸收严格控制在极小范围内，没有热扩散，并且在极短时间内使电子温度达到极高，使物质从固态瞬间变为高温、高压的等离子体态，迅速以喷射形式脱离加工体，其周围的物质仍处于"冷状态"，因此与长脉冲激光加工相比，飞秒激光没有热扩散，加工边缘整齐和精度高，实现了所谓的"非热熔性"加工。

（3）能克服等离子体屏蔽，具有稳定的加工阈值，加工效率高

在长脉冲激光加工中等离子体屏蔽是一个重要问题。由于入射光包含等离子体散射与吸收，激光与材料的耦合效率会减弱。激光加工过程中等离子体温度一般在几十个电子伏特，等离子体的膨胀速度为 10^6 cm/s。当采用 100fs 超短脉冲激光加工时，飞秒激光作用的脉冲时间比等离子体膨胀的时间还要短很多，因此，在等离子体临界密度达到之前，脉冲

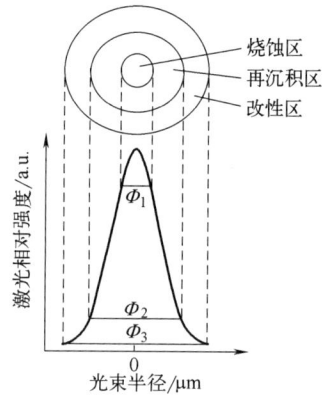

图 7-5 飞秒激光微加工突破衍射极限

能量已结束沉积，即在等离子体向外膨胀之前，飞秒激光的辐射已结束，这样就避免了在常规激光加工中出现的等离子体屏蔽，有利于提高飞秒激光的能量耦合效率，从而也提高飞秒激光的加工效率。

此外，在长脉冲激光加工中，由于材料的掺杂和缺陷常常影响激光加工的稳定。而飞秒超短脉冲激光加工材料时，由于多光子电离作用，材料的掺杂和缺陷对激光烧熔阈值影响很小，所以能使加工阈值趋向稳定。

（4）可实现精密的三维加工

将聚焦强度位于烧熔阈值附近的飞秒激光入射到透明材料内部，激光束可以毫无衰减地到达透明材料内的聚焦点，只有在焦点位置才能获得很高的激光功率密度，产生多光子吸收和电离，使飞秒激光加工过程具有严格的空间定位能力，实现透明材料内部的任意位置的三维超精细加工。

（5）加工材料范围广

飞秒激光加工过程中，超高峰值强度的激光脉冲导致激光中出现极高的局部强度，从而产生多光子吸收（非共振吸收）和电离现象，这就造成加工过程高度依赖激光强度的变化，具有确定的烧熔阈值特征。由于多光子吸收程度和电离阈值仅依赖于材料中的原子特征，而与其中的自由电子浓度无关。因此当脉冲持续时间足够短、峰值功率足够高时，飞秒激光可实现对任何材料的精细加工，而与材料的种类和特性无关。飞秒激光可以精密微细加工玻璃、陶瓷、各种电介质材料、各种半导体、聚合物以及各种生物材料甚至生物组织。特别是对熔点相对较低，且因导热性好而易产生热扩散的金属材料进行的精密微细加工，飞秒激光以其非热熔性的"冷"加工，更展示出它的极大优势和广阔的应用前景。

7.2.4 飞秒脉冲激光的精细加工应用

自从飞秒激光开始用于材料加工以来，由于其独特的加工优势，得到了国内外学者的极大关注。研究者们已广泛开展了飞秒激光对玻璃、陶瓷、金刚石、半导体、各种聚合物与金属材料的微加工研究。

7.2.4.1 打孔

研究人员已报道采用飞秒激光在多种金属材料打紧密微型孔。1996 年，B. N. Chichko 等进行了飞秒、皮秒、纳秒激光烧熔钢片，进行打孔的对比实验，结果显示飞秒激光加工的金属表面没有熔化的痕迹，孔的边缘光滑、清洁，如图 7-6 所示。图 7-7 示出飞秒激光在

$500\mu m$ 硅片上加工的微孔；图 7-8 示出飞秒激光在硅片上加工的微孔与微齿轮样品。

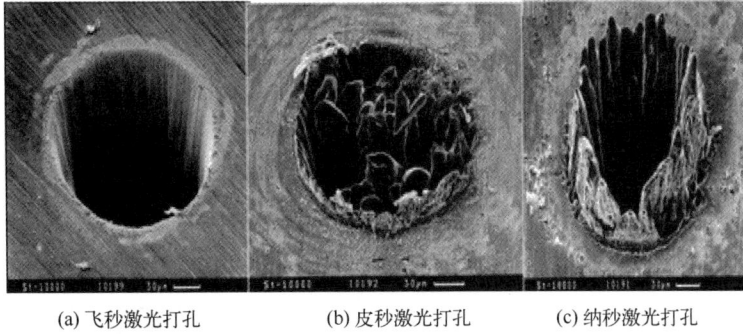

(a) 飞秒激光打孔　　　(b) 皮秒激光打孔　　　(c) 纳秒激光打孔

图 7-6　不同类型激光在钢板上打孔的形状

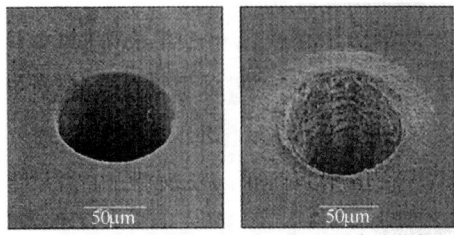

(a) 采用飞秒激光　　(b) 采用皮秒激光

图 7-7　在 $500\mu m$ 硅片上加工的微孔

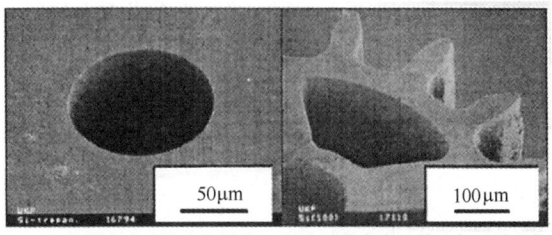

(a)飞秒激光在硅片上打微孔　(b)飞秒激光在硅片上加工微齿轮

图 7-8　飞秒激光在硅片上加工的微孔与微齿轮样品

为了减少光电倍增管的尺寸，德国研究人员研究了在薄镍片上的飞秒微加工。图 7-9（a）所示为利用飞秒激光加工的光电倍增管筛网结构，其加工的最小尺寸可达 $10\sim20\mu m$〔如图 7-9（b）所示〕，而且可在较大直径上加工，见图 7-9（c）。

2003 年，B. N. Chichkov 等采用 150fs 的飞秒激光在 1mm 厚的不锈钢板进行打孔实验，得到了极好的微加工质量，如图 7-10 所示，并对高能密度飞秒激光打深孔的机制进行了研究。

2004 年，P. Simon 等采用紫外飞秒激光在各种材料上制备亚微米级特征尺寸的图案，在不锈钢和金属钛薄片上制备出由亚微米小孔构成的规则图案。图 7-11 示出在钛薄片上制备的亚微米结构的扫描电镜图；图 7-12 示出飞秒激光在蓝宝石晶体表面制作的亚微米图案。

(a) 在7μm厚镍箔上加工的六角筛网结构

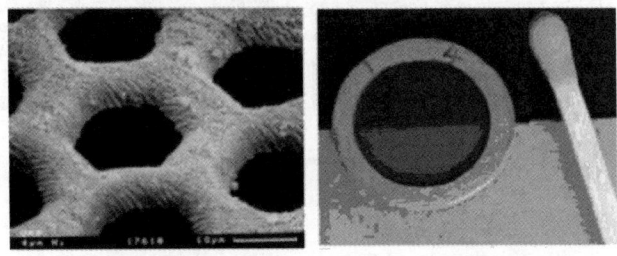

(b) 六角形筛网的详细结构(周期23μm)　　(c) 加工好的镍筛网(直径12mm)

图 7-9　飞秒激光在镍箔上加工的微结构

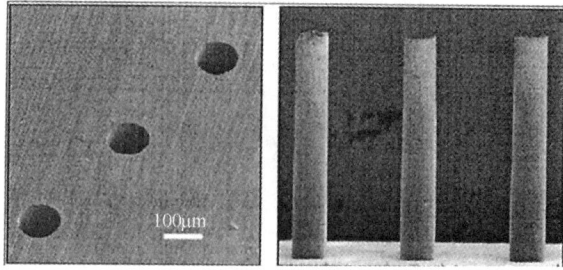

图 7-10 飞秒激光在 1mm 厚的不锈钢板进行打深孔及孔体复制样品

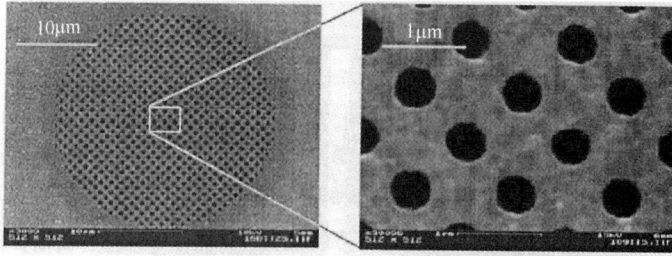

图 7-11 在钛薄片上制备的亚微米结构的扫描电镜图

7.2.4.2 切割

飞秒脉冲激光被用于加工易爆易燃物，对易爆装置进行切割加工（例如拆除炸弹、雷管）。如果用长脉冲激光加工，可能点燃易爆装置对操作者有安全危害，这对安全性是一个极大挑战。而采用飞秒激光，激光作用区瞬间温度上升非常快，等离子体的形成和物质去除的速度也很快，且在加工过程中对加工件的输入能量小，作用区周围呈冷态，故较为安全。图 7-13 示出飞秒脉冲激光切割图。

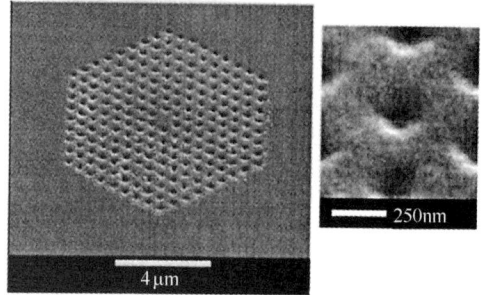

图 7-12 飞秒激光在蓝宝石晶体
表面制作的亚微米图案

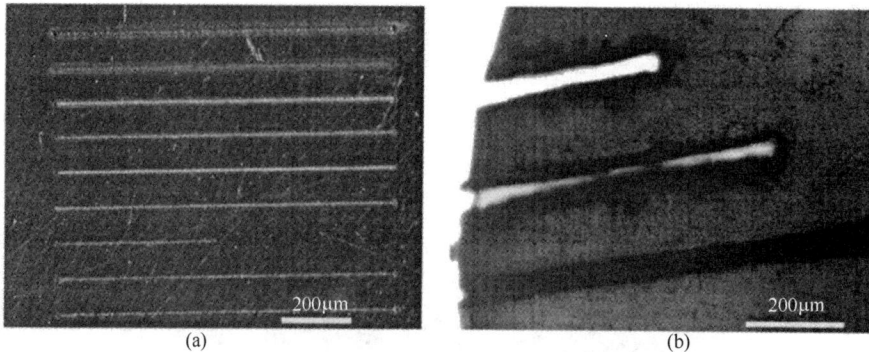

(a)   (b)

图 7-13 飞秒脉冲激光切割图

7.2.4.3 直写微加工与制作技术

将飞秒激光束聚焦为很小光斑，然后按一定的运动控制（光束运动或工作台运动），使激光束和被加工元件做相互运动，则可加工出所需的图形和结构。

（1）直写制作光波导

利用飞秒激光在电介质材料中加工光波导和光耦合器在光通信方面有很大的应用前景。飞秒激光制作光波导和光耦合器对基片的材料选取不受严格的限制，可以是硅酸盐玻璃、硼酸盐玻璃、硫族化合物以及色心晶体（KCl、LiF 等）、非线性晶体等。光波导也可以位于材料内部的三维空间的任意位置，而且还可以制作任意形状的二维波导和三维波导、分束器以及连接器等光子器件，这对集成光学具有非常重要的意义。

日本的 Davis 等首次利用再生放大的钛宝石飞秒激光在各种玻璃上加工了如图 7-14 所示的光波导。哈佛大学 Schaffer 等人直接聚焦没有放大的飞秒激光振荡器输出的纳焦耳能量的飞秒脉冲，在 Coruing 0211 玻璃上写入光波导，大大提高了加工速度并降低了加工成本。德国的 M. Will 等利用飞秒激光在熔融二氧化硅内获得了 2.5cm 长的光波导，对514nm 传输光的损耗低于 1dB/cm，并且可以通过控制写入速度来控制光波导的模数目。J. W. Chan 等人利用飞秒激光在磷酸铝玻璃中写入椭圆形波导，并发现与熔融二氧化硅玻璃明显不同的现象，波导在飞秒激光束的焦点周围形成，而缺陷例如色 15 则在焦点中心区域，且该区域的折射率较低。

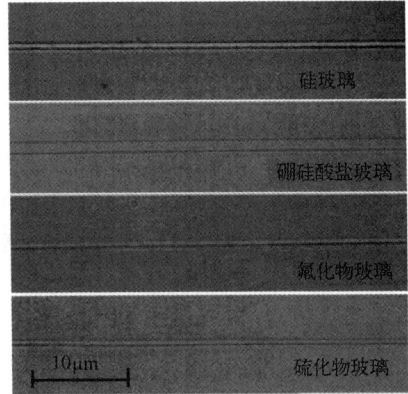

图 7-14　几种玻璃中用飞秒激光写入的光波导

（2）制作微光栅

近年来，用飞秒激光制备纳米颗粒和微纳周期结构的研究已成为飞秒激光应用技术的又一重要方向。采用飞秒激光在电介质材料表面和内部产生纳米量级光栅结构国内外均有报道，特别是 Jia 等，详细研究了单光束飞秒激光照射到半导体材料表面时纳米周期结构的形成机制，得出二次谐波的产生决定了纳米结构的周期和方向的结论。

倪晓昌等人研究了飞秒激光烧蚀材料表面产生纳米波纹结构，实验中使用的是 Ti：sapphire 飞秒激光加工平台，其系统参数如下：脉冲宽度 150fs，中心波长 775nm，重复频率 1kHz，单脉冲能量可控（在 0～1mJ 范围内），为线偏振光垂直入射，脉冲空间能量密度近似为高斯形状，靶标被固定在三维（XYZ 为正交坐标系）移动平台（X 和 Y 方向精度为 10nm，Z 方向精度为 $1.0\mu m$），Z 轴方向安装了一个 5 倍物镜，聚焦光斑半径近似为 $11\mu m$。所有加工过程均由计算机控制。实验加工 5 种薄片材料 Cu、Al、Ni、Ti 和 Si。每种样品均在其损伤阈值附近被加工，当增加脉冲的个数时，观察波纹的生长过程，并分别采用原子力显微镜和扫描电镜来测试实验结果。然后以单晶硅为例，实验得到了周期性波纹光栅矢量和电磁场方向的关系，最后将得到的规律应用到长周期微纳光栅结构的制备中。图 7-15 示出了飞秒激光在几种金属表面加工产生的 SEM 波纹图。

从图 7-15 中观察到 Cu、Al、Ni 和 Ti 的被加工区域均出现了自发性的周期波纹，其基本特征如下：波纹所形成的光栅矢量 k 与基本入射电场方向相平行，条纹间距均匀，测得的周期的具体数值与每种材料的波纹周期都不相同，但都是辐射光波长的亚波长量级。因此可把周期波纹看作是把激光光波"固化"在材料表面，具体数值取决于材料复杂的介质参数。每种金属波纹生长过程大致相同，下面以 Ni 为例（见图 7-16），详细说明表面周期性波纹的生长过程。其激光能量密度 $\Phi_0 = 0.23J/cm^2$，增加烧蚀脉冲个数，脉冲数 $N = 50$，100，200，500 和 1000，分别对应于图 7-16 中（a）～（e）。图 7-16（a）中，当脉冲数为50 时，波纹结构还没有形成，即没有形成不可逆的形变。随着作用时间的增加，开始出现

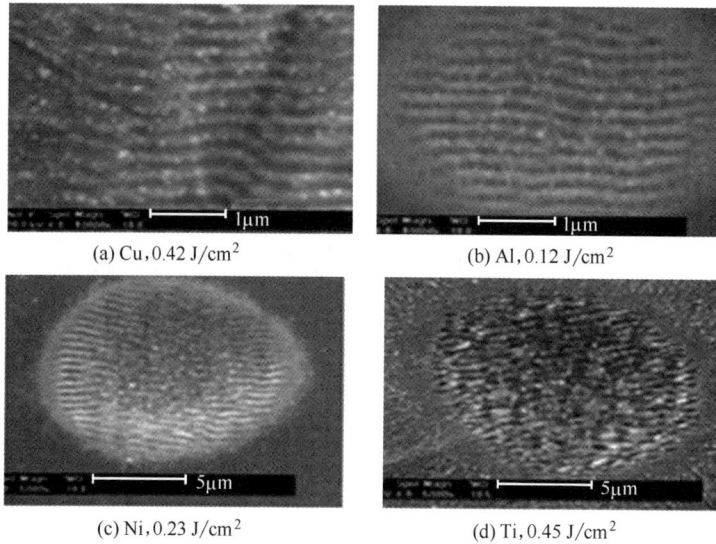

(a) Cu, 0.42 J/cm²   (b) Al, 0.12 J/cm²

(c) Ni, 0.23 J/cm²   (d) Ti, 0.45 J/cm²

图 7-15　飞秒激光加工在金属表面产生的波纹

了与电场 E 方向垂直的波纹，即波纹开始形成，如图 7-16（b）所示。这里所有周期波纹光栅矢量 k 平行于线偏振的入射电场方向，且波纹周期为入射光波长的亚波长量级。随着脉冲数的增加，波纹周期不变，但波纹的顶峰与凹槽加深，整体加工区域出现烧蚀孔，且孔壁上出现了相互垂直的波纹，如图 7-16（d）和图 7-16（e）所示。这是因为，在线偏振光垂直辐照下，强的平行波纹（光栅矢量 k 平行于电场偏振方向）将首先发展；如果用重复率脉冲激光继续辐照表面，随着烧蚀孔的形成，来自不同散射源的散射场方向发生改变，且总要发生相互作用，波纹的衍射又产生二次波纹，最后的图形包含在几个间隔频率上的傅里叶分量中。这样，一旦一种条纹被刻在材料表面，它就能长久地与后续光波相干，使入射激光完全地或部分地叠加在上面，因而在平行波纹上会叠加垂直波纹。经实验验证，只改变激光能流密度和脉冲个数，对波纹的走向没有任何影响。为证明波纹走向与飞秒激光偏振态的关系，以单晶硅为例，进行了一些改变激光偏振态的实验。首先在光路中加入了 1/2 波片，使入射光的偏振方向与波片的快光轴夹角呈 45°，则出射光的偏振方向相应旋转 90°，辐照在硅表面形成的波纹方向也相应地旋转了 45°，实验结果如图 7-17（b）所示。然后在光路中加入了 1/4 波片，实现线偏振光转变为椭圆偏振光，使入射光的偏振方向与波片的快光轴夹角呈 45°，则出射光的偏振态从线偏振光转变成圆偏振光，而辐照在硅表面形成的波纹方向也相应地旋转了 45°，且烧蚀区域呈椭圆形，如图 7-17（d）所示。由此可见，表面波纹的周期性方向取决于入射光的偏振方向，而与材料本身无关。所以只要利用波纹走向规律，理论上可以制备大面积纳米光栅结构。

　　在 Cu 表面上的长周期光栅结构，这种周期性的自发波纹虽然有很多应用，但对这种高度非线性自发波纹形成过程进行控制还很困难，特别是在大面积的范围内获得高度规则的光栅结构。笔者利用上述得到的波纹生长规律，进行了制备长周期光栅结构的探索。图 7-18 的 SEM 照片显示的是飞秒激光在铜表面上制备微纳光栅的实验结果。激光烧蚀的能量密度为 0.42J/cm²，可以看到在飞秒激光辐射过的区域出现了非常规则的光栅结构，随着激光移动速度的增加，光栅的结构变化规律为：激光扫描速度越慢，每个位置沉积脉冲数越多，光栅宽度越宽；但是激光扫描中心，即光栅中心呈现凹槽状，如图 7-18（a）中间黑线区；随

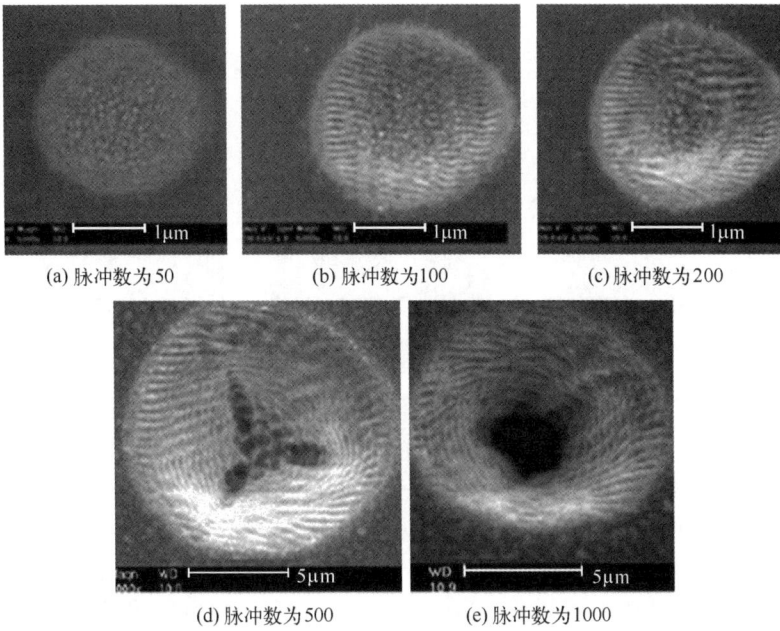

(a) 脉冲数为 50   (b) 脉冲数为 100   (c) 脉冲数为 200

(d) 脉冲数为 500   (e) 脉冲数为 1000

图 7-16 Ni 在 $\Phi_0 = 0.23J/cm^2$ 辐照下的表面波纹

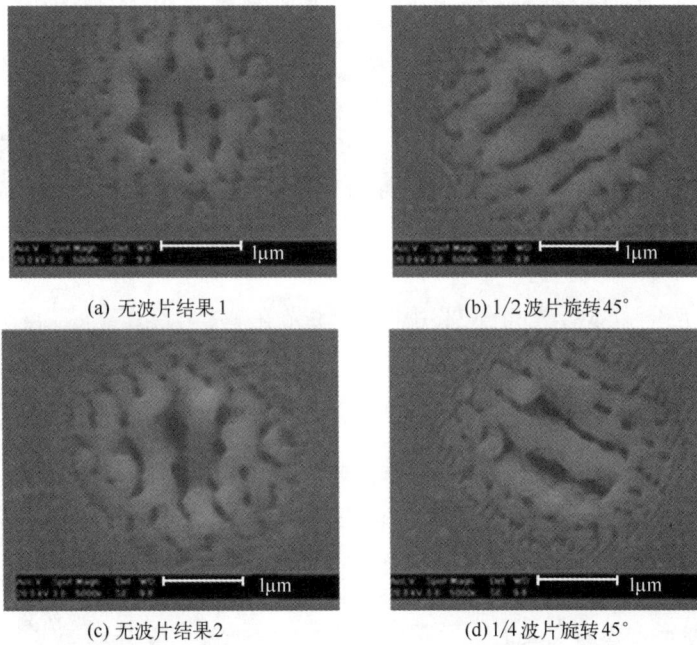

(a) 无波片结果 1   (b) 1/2 波片旋转 45°

(c) 无波片结果 2   (d) 1/4 波片旋转 45°

图 7-17 1/2 与 1/4 波片对波纹走向的影响

着激光扫描划线速度的增加，光栅的凹槽逐渐变浅［图 7-18（b）和图 7-18（c）］，当速度大于某值时，不会获得清晰光栅结构。所以只要适当选择辐射速度就能得到理想的光栅结构，如图 7-18（b）所示，波纹清晰，周期值为 551 nm，并且凹槽深度不太明显，约为387nm，波纹凸峰与凹槽的宽度比近似为 1∶1。

多年以来，人们一直在利用各种方法研究和提高光栅的各种性能。由于飞秒激光对物质进行处理的过程具有热作用区域小、加工精度高等优点，因此成为制作高性能光栅的新工

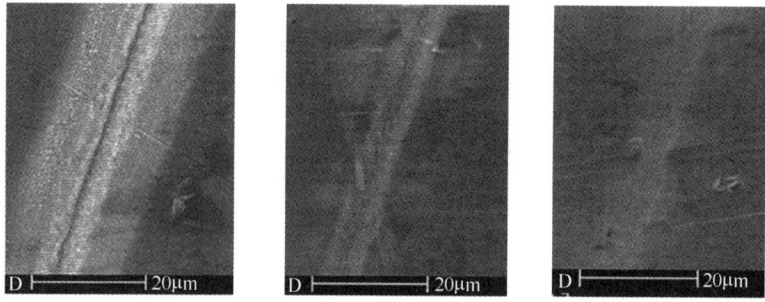

(a) 划线速度为0.05mm/s (b) 划线速度为0.1mm/s (c) 划线速度为0.3 mm/s

图 7-18 表面纳米光栅的制备（激光能量密度为 0.42J/cm² ）深度为 654nm

具。图 7-19 是 800nm 飞秒激光在 BBO 晶体表面刻写的衍射光栅。L. Sudri 等用重复频率为 200kHz 的飞秒激光在熔融石英中制造了透射式相位光栅，发现飞秒激光照射后的熔融石英发生折射率的改变，并伴随双折射现象。S. H. Cho 等人利用 790nm、150fs 的飞秒激光在平面硅片内部制作了衍射光栅，发现在折射率改变的同时伴随低密度等离子体的出现。上海光机所使用飞秒激光在硅玻璃表面刻画的达曼光栅具有非常好的衍射效果，如图 7-20 所示。

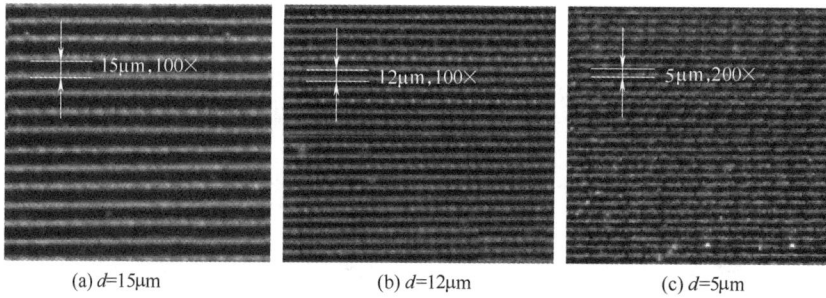

(a) *d*=15μm (b) *d*=12μm (c) *d*=5μm

图 7-19 采用 800nm 飞秒激光在 BBO 样品表面制作的衍射光栅 CCD 显微图像

余本海、陆培祥、郑启光等人采用飞秒激光在 LiNbO₃ 晶体表面制备微光栅，图 7-21 示出微光栅的 CCD、SEM 照片和衍射图像。

7.2.4.4　三维微制造技术

聚合物与高分子材料由于具有很强的可适应性和热稳定性，在很多方面有很重要的应用。某些高分子材料还具有很好的生物相容性与可降解性，在生物医学上是植入人体的首选材料，因而聚合物材料的精密微加工与制造有特别重要的意义。

飞秒激光在微细加工聚合物材料方面有两种加工机制：双光子聚合（two photopolymeization）制备三维微纳结构和激光烧蚀微细加工。

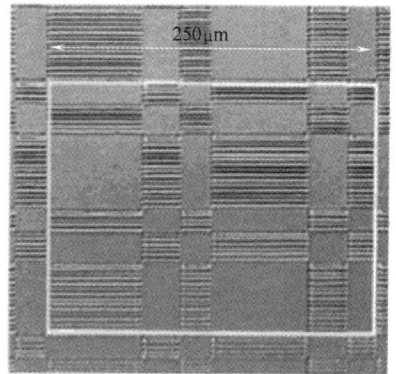

图 7-20 硅玻璃表面的达曼光栅

利用激光除了制作微光波导、微光栅外，还可制作反射镜、微透镜、微光分束镜和科尔快门以及菲涅耳波带片等。

7.2.4.5　特殊材料的飞秒激光微细加工

一些高硬度、高熔点等难加工金属材料，如硬质合金采用飞秒激光加工具有更大的优

(a) 光栅CCD照片　　　　　(b) 光栅SEM照片

(c) 光栅衍射图像

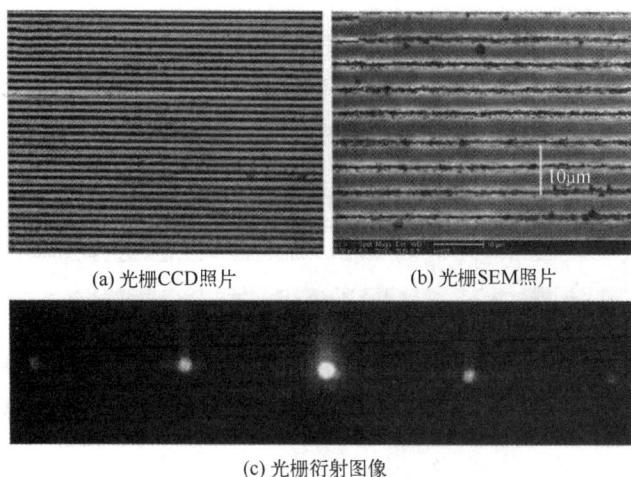

图 7-21 微光栅的 CCD, SEM 照片和衍射图像

势，而对一些特殊的金属材料如单晶超级合金，其加工过程要求不破坏零件基体本身的微观结构，否则其性能将大大降低。由于飞秒激光加工的非热熔机制，其加工可满足上述要求，是加工此类合金的有效方法。

（1）飞秒激光加工非晶合金

非晶态金属与结晶态不同，原子排列无序，没有晶界、层错和偏析等缺陷，硬度高、强度大，电阻率是晶态金属的 5～6 倍，它的涡流损耗很小，具有低矫顽力、高磁导率及高频特性好等优良特性，展示出极大的应用前景。尤其是其微观结构的长程无序导致的力学与组织均匀性，使得它在被加工到很小尺寸时不会产生尺寸效应与结构缺陷，在当前发展极快的微机电系统（MEMS）领域，被认为是新的、极具前途的材料。由于非晶合金处于亚稳态，其物理、化学和力学性能会随着非晶合金的结构弛豫和晶化发生变化，一旦在加工过程中发生晶化，其独特性能将消失，所以高效、无晶化的加工技术对非晶合金的应用至关重要。对传统的机械加工，加工过程中，加工材料往往处于高温或高应力状态；对连续与长脉冲（>10ps）的激光加工，热效应和热应力不可避免。这些因素将引起非晶合金加工过程中产生晶化、溅污和毛刺等缺陷，必将极大地影响块体非晶合金的应用性能。王新林、陆培祥、郑启光等探索研究采用飞秒激光加工非晶合金。采用的实验材料为 Zr 基非晶合金，其成分（at%）为：65%Zr-17.5%Cu-10%Ni-7.5%Al。图 7-22 为飞秒激光在非晶合金上打微细孔的显微照片。

图 7-23 为不同脉冲能量密度单脉冲烧蚀区域的 SEM 照片和 XRD 分析图。从图 7-23（a）中可看到，在高脉冲能量密度（如 100J·cm^{-2}）条件下，激光烧蚀区有明显的熔融痕迹与溅射产物，烧蚀弹坑的直径相对增大许多，可见在如此高的峰值能量密度下，飞秒激光烧蚀的热效应是不能忽视的，这个实验结果与以前的研究报道相吻合。如前面所分析的飞秒激光烧蚀材料存在非热烧蚀与热烧蚀两种机制，这两种机制可依烧蚀脉冲能量密度与脉冲宽度的组合不同而转换。较低的能量密度与较

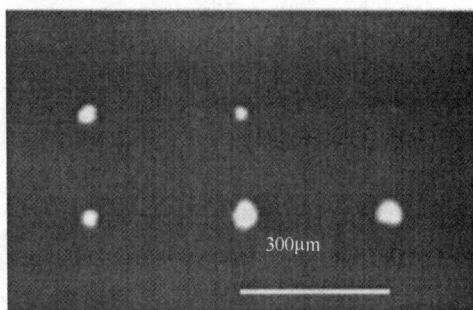

图 7-22 飞秒激光在非晶合金上打微细孔的显微照片

窄的脉冲宽度依从非热烧蚀机制，对一定的热烧蚀能量密度，存在临界脉冲宽度，能量密度越高，临界脉冲宽度越小。当激光能量密度过高时，热烧蚀机制会占主导地位而且烧蚀带来的热效应也许会使烧蚀区域边缘的材料微结构发生变化，这时飞秒激光的"冷"加工优势便会失效。为了保证加工中非晶合金不发生结构晶化，并且尽量减少加工缺陷提高加工质量，选择适量的加工参数是非常重要的。

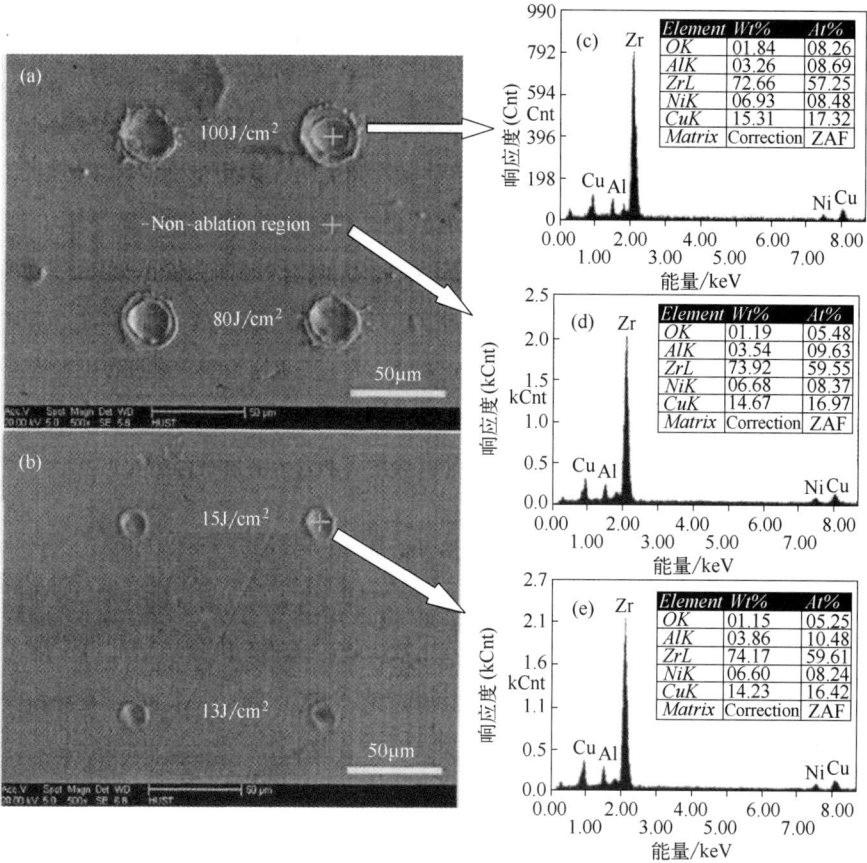

图 7-23 不同脉冲能量密度单脉冲烧蚀区域的 SEM 照片和 XRD 分析图

图 7-24 显示的是在脉冲能量密度为 $10J/cm^2$ 的较高脉冲能量下，飞秒激光在非晶合金上经 3000 个脉冲（作用时间为 3s）形成的通孔烧蚀形貌与烧蚀区能谱分析图。

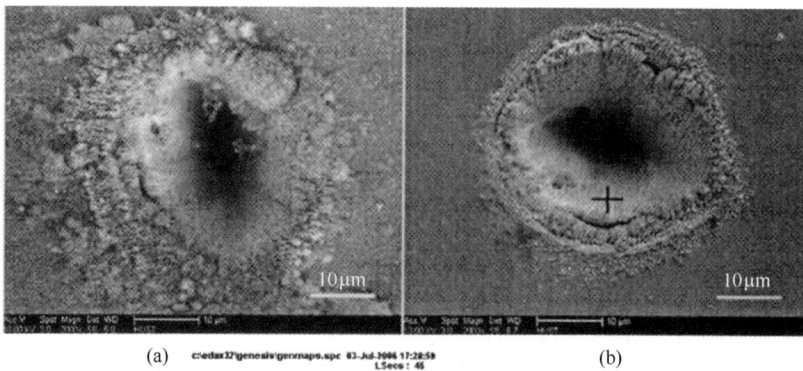

Element	Wt%	At%
OK	08.91	29.48
AlK	03.23	06.34
ZrL	38.94	22.60
NiK	12.13	10.93
CuK	36.79	30.65
Matrix	Correction	ZAF

(c)

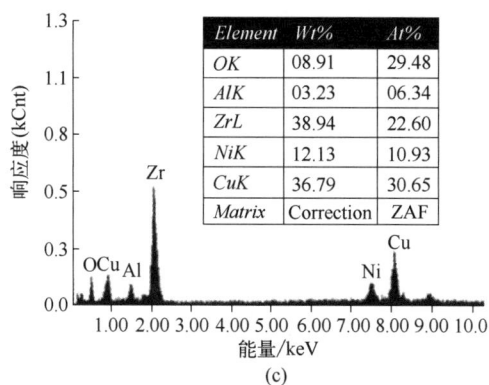

图 7-24 脉冲能量密度为 10J/cm^2，经 3000 个脉冲（作用时间为 3s）形成的
通孔烧蚀形貌与烧蚀区能谱分析图

图 7-25 为不同能量密度、脉冲数时用多脉冲烧蚀的扫描电镜图和相应位置的能谱分析结果。

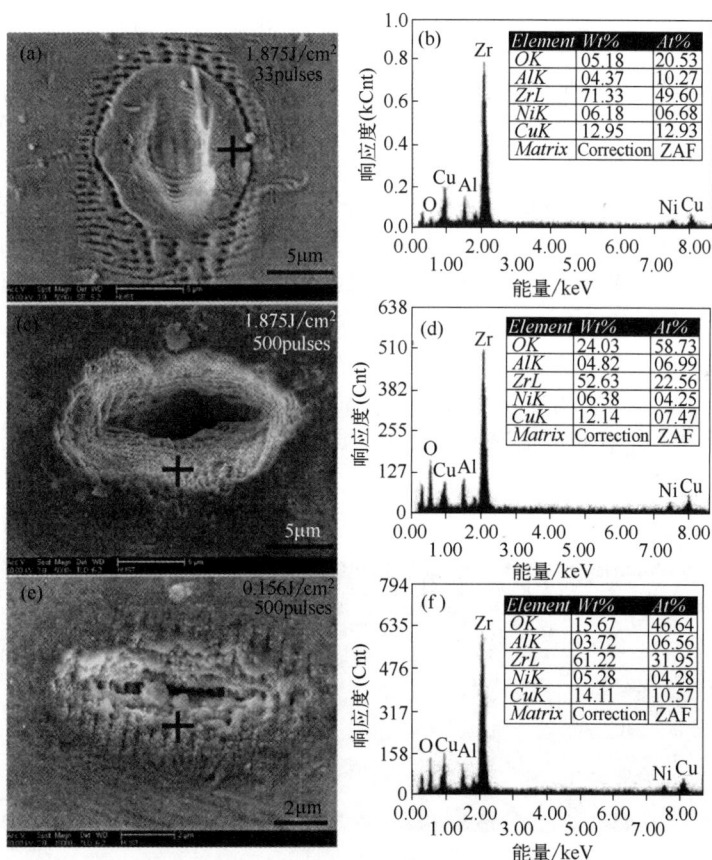

Element	Wt%	At%
OK	05.18	20.53
AlK	04.37	10.27
ZrL	71.33	49.60
NiK	06.18	06.68
CuK	12.95	12.93
Matrix	Correction	ZAF

Element	Wt%	At%
OK	24.03	58.73
AlK	04.82	06.99
ZrL	52.63	22.56
NiK	06.38	04.25
CuK	12.14	07.47
Matrix	Correction	ZAF

Element	Wt%	At%
OK	15.67	46.64
AlK	03.72	06.56
ZrL	61.22	31.95
NiK	05.28	04.28
CuK	14.11	10.57
Matrix	Correction	ZAF

图 7-25 不同能量密度、脉冲数时多脉冲烧蚀的扫描电镜图和相应位置的能谱分析

图 7-25（a）、图 7-25（c）、图 7-25（e）对应的激光参数分别为 1.875J·cm^{-2}、33 个脉冲，1.875J·cm^{-2}、500 个脉冲和 0.156J·cm^{-2}、500 个脉冲。从图 7-25（a）和图 7-25（b）可以看出，33 个激光脉冲连续烧蚀并且能量密度（$F = 1.875$J·cm^{-2}）略高于烧蚀阈值，烧蚀区域材料的元素组成和基体处基本无差异。而图 7-25（c）和图 7-25（d）中激光能

量密度相等（$F=1.875\mathrm{J}\cdot\mathrm{cm}^{-2}$），脉冲数增加到 500，可以观察到激光烧蚀区域氧含量大幅上升。与此对比，图 7-25（e）和图 7-25（f）中激光脉冲数维持在 500，激光能量密度选择了一个较低值（$F=0.156\mathrm{J}\cdot\mathrm{cm}^{-2}$），能谱分析结果显示当激光脉冲数相等时，高能量密度烧蚀区域的氧含量更高。

图 7-26 为飞秒激光对非晶合金表面在较低能量密度下微细刻线后，再经过超声清洗的烧蚀形貌与烧蚀区能谱分析图。

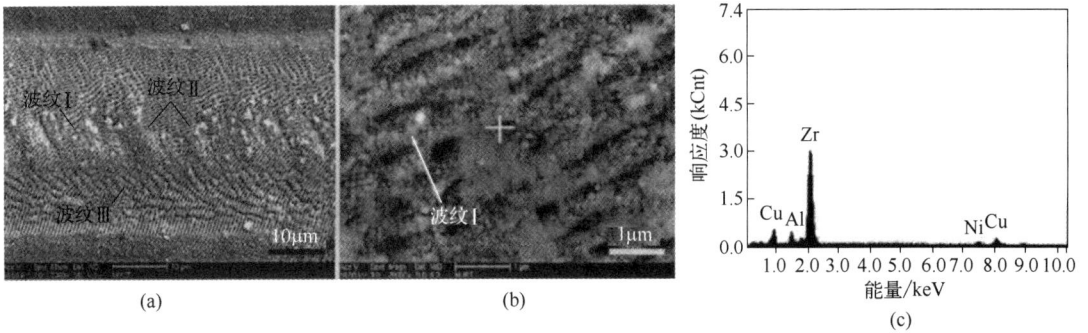

图 7-26　飞秒激光对非晶合金表面在较低能量密度下的烧蚀形貌与烧蚀区能谱分析图

所选试验参数脉：冲能量密度为 $1\mathrm{J}\cdot\mathrm{cm}^{-2}$，激光加工速度为 $100\mu\mathrm{m/s}$，单道扫描。图 7-26（a）的扫描电镜照片显示了有趣的周期性波纹图案，在刻线的中央部分是与激光束扫描方向平行的极细小的条纹结构，经高倍放大后，如图 7-26（b）所示，条纹粗细在 100nm 量级，定义为波纹Ⅰ。这些极细小的条纹在刻线中央又构成了数微米大小的排列方向与激光束扫描方向垂直的周期性波纹结构，定义为波纹Ⅱ。在刻线的边缘部分则是由极细小条纹组成的与扫描方向垂直或成某一角度的约 $1\mu\mathrm{m}$ 粗细的较粗条纹，定义为波纹Ⅲ。除条纹排列的方向性外，局部条纹的形貌与飞秒激光固定点烧蚀其他金属相似，也可认为是入射激光束与散射光干涉造成的。在图 7-26（b）中基本看不到积雪状表面形貌。图 7-26（c）是刻线中央表面的能谱分析图，表明在相对较低的能量密度烧蚀下基本没有发生氧化现象，但同时从图 7-25 还可看出，此时的烧蚀深度是细小的，表明烧蚀率低。

图 7-27 为飞秒激光对非晶合金进行微切割后，未经超声清洗的烧蚀区的形貌与能谱分析图。

图 7-27　飞秒激光对非晶合金进行微切割后，未经超声清洗的烧蚀区的形貌与能谱分析图

所选试验参数为：脉冲能量密度 $25\mathrm{J/cm}^{2}$，激光扫描速度为 $100\mu\mathrm{m/s}$，共进行了 7 道扫描，切缝宽 $30\mu\mathrm{m}$。图 7-27（a）可见明显的灰尘状物质与积雪状表面形貌及周期性波纹结构。图 7-27（b）是图 7-26（a）中十字区域的高倍图，同样也发现典型的积雪状表面形貌。

图 7-27 (c) 是图 7-32 (b) 中十字区域的能谱分析图，表明该区域表面已有氧化现象发生。

需要指出的是，尽管飞秒激光烧蚀材料时有热烧蚀与非热烧蚀两种机制，而在我们的试验中，在采用相对较高的能量密度参数下，未见熔融与液滴溅射的痕迹，说明在这种参数下飞秒激光烧蚀的热影响仍然较低。

图 7-28 为飞秒激光在非晶合金上微细打孔后形成的 TEM 样品的照片及图中矩形区域的 EDD 图。图 7-28 (a) 显示，在离子减薄形成的大孔的周围有 5 排飞秒激光加工的微孔，标记成 A、B、C、D、E，对应的脉冲能量密度为 20、10、5、15、25J/cm^2，每排孔都采用 2000 个脉冲（曝光 2s）加工形成。图 7-28 (b) 是未经飞秒激光烧蚀的区域，可以看到典型的无定形均匀组织和典型非晶结构电子衍射，这也说明在透射电镜试样制备过程中，离子束减薄没有破坏试样的微观组织结构。图 7-28 (d) 显示采用能量密度为 25J/cm^2 激光钻的孔的边缘区域，有不均匀的纳米级的微结构产生，但是其电子衍射图与图 7-27 中的纳米晶结构的电子衍射图比较，结果仍表明该处为非晶态结构。这种纳米级的非均匀亚显微结构变化可以认为是 25J/cm^2 的能量密度下，激光烧蚀过程中该区域的成分分布发生了轻微变化造成的。这个结果表明在该实验参数条件下虽然未发生晶化现象，但是其无定形均匀结构有被破坏的趋势。因此，选择合适的加工参数是飞秒激光无晶化微加工非晶合金的保证。同时，所有的 TEM 图中也未看到明显的氧化层，说明烧蚀区域表面的氧化层在极薄的纳米量级。

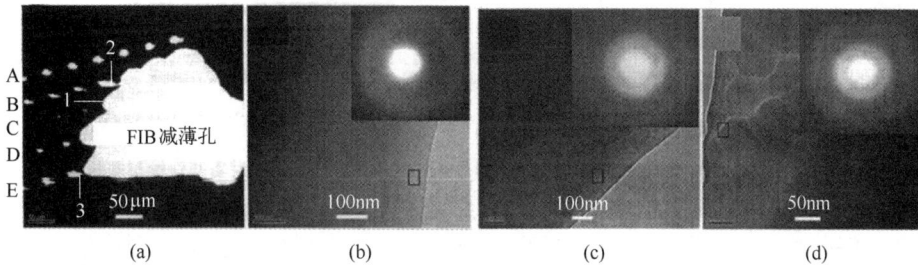

图 7-28　飞秒激光在非晶合金上微细打孔后形成的 TEM 样品的
照片及图中矩形区域的 EDD 图

（2）飞秒激光烧蚀铌酸锂（LiNbO$_3$）晶体

铌酸锂（LiNbO$_3$）晶体具有很大的压电、热电、铁电和声光系数，是导波光学的重要材料。可利用 LiNbO$_3$ 晶体的特性，制作压电换能器、声表面波器件、光波导器件、全息存储器件、传感器件等。随着 LiNbO$_3$ 微光器件应用范围的扩大，利用飞秒激光烧蚀改性 LiNbO$_3$ 晶体已成为研究热点。图 7-29 为场发射扫描电镜（SEM）观察到 LiNbO$_3$ 样品的烧蚀形貌。由图 7-29 (a)、(b) 可看出，在单脉冲激光作用下，能量较高时烧蚀点的面积较大，而且烧蚀区有明显的裂纹。

随着激光能量的降低，烧蚀点的面积逐渐减少，在能量为 470nJ 单脉冲飞秒激光作用下的烧蚀点直径与飞秒激光加工系统的衍射极限近似相同［见图 7-29 (d)］。当能量为 170nJ 时，烧蚀点的直径为 400nm［见图 7-29 (f)］，已经远小于飞秒激光加工系统 800nm 的衍射极限值。

图 7-30 为 230nJ，单脉冲作用 LiNbO$_3$ 的烧蚀形貌与烧蚀点轮廓原子力显微镜图，烧蚀点的直径约为 720nm，深度约为 60nm。对烧蚀点作能谱分析，如图 7-31 所示，未烧蚀点、烧蚀点边沿和烧蚀点中心 Nb 的摩尔含量分别为 30.79％、23.10％ 和 50.88％，因此可以说明高能流密度飞秒激光烧蚀铌酸锂晶体使其拉曼在 880cm^{-1} 处的峰值急剧降低的原因并不是 Nb 成分降低了。

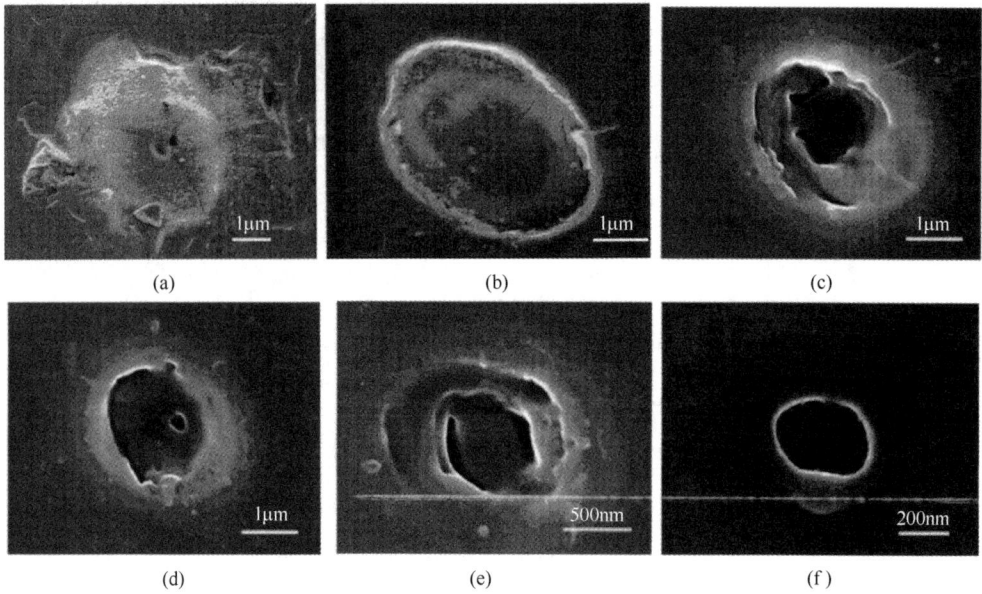

(a)   (b)   (c)

(d)   (e)   (f)

图 7-29 场发射扫描电镜（SEM）观察到的样品损伤形貌

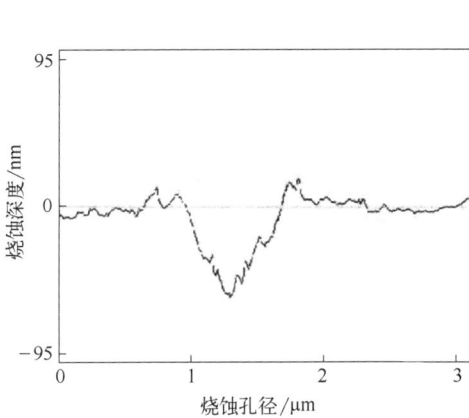

图 7-30 230nJ，单脉冲作用 LiNbO$_3$
的烧蚀形貌与烧蚀点轮廓原子力显微镜图

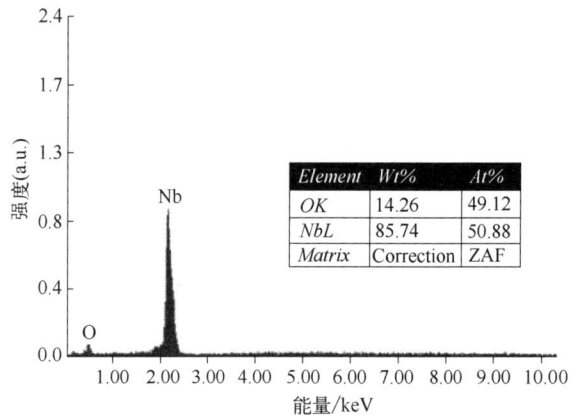

Element	Wt%	At%
OK	14.26	49.12
NbL	85.74	50.88
Matrix	Correction	ZAF

图 7-31 飞秒激光烧蚀 LiNbO$_3$ 晶体的 XRD 分析

7.2.4.6 飞秒激光用于光储存

光存储的存储密度最终受制于电磁波衍射。当前的二维存储技术，例如高密度磁盘和磁光存储，几乎达到了衍射极限，进一步增加存储密度需要用三维存储。将强激光聚焦到透明材料内部，可以在焦点附近形成超高温、高压等离子体，从而引起体内微爆炸，在焦点处形成极小的空洞，微腔周围的材料因为压缩而致密。飞秒激光能够通过多光子吸收产生超衍射极限的微结构，故研究人员将此应用到光存储。Mazur 小组最早报道了在熔融石英内部产生 2μm 点间距、15μm 层间距的点阵，同时推荐了两种读出方法：一种是相位对比成像读出；另一种是利用焦点区域玻璃结构烧蚀产生对光的衍射。随后许多研究人员对飞秒激光存储开展了研究，国内中国科学院西安光机所程光华等人采用高数值孔径物镜聚焦飞秒激光，在熔融石英内部写入密度达到 3 Gbit/cm^3，而且完成了激光器的数字调制、数码和解码。图 7-32 为 bit 单元的照片。

7.2.4.7 制作医用微结构

F. Korte 等人利用飞秒激光可降解高分子材料制作医用微型支架,图 7-33 为飞秒激光加工的医用高分子材料样品。

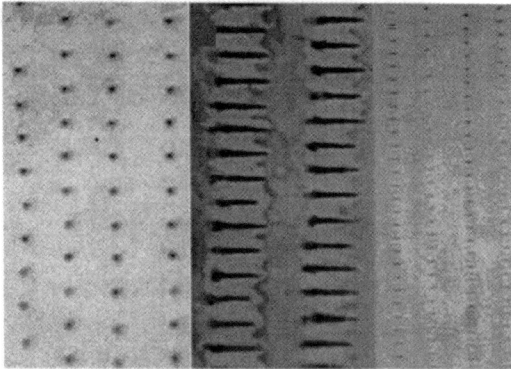

(a) 平行于1μJ,200fs入射脉冲所看到的bit,最紧邻的两个bit间距为2.5μm
(b) 垂直入射脉冲所看到的bit,脉冲能量2μJ,平面内bit间距为5μm,层间距为14μm
(c) 脉冲能量 1μJ,平面内 bit 间距为2.5μm,间距为7μm

图 7-32　NA= 0.65 物镜聚焦的单脉冲在熔融玻璃中写入的 bit 单元的照片

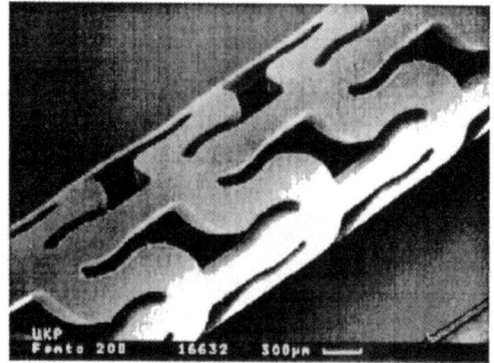

图 7-33　飞秒激光加工的医用高分子材料样品

7.2.4.8　飞秒激光制备纳米颗粒

研究人员利用飞秒激光脉冲极短的时间特性,在烧融金属材料的过程中,控制烧融产物的形态和特征尺寸来制备金属纳米颗粒。Jia 等研究了单光束飞秒激光照射到半导体材料表面时纳米周期结构的形成机制,得出二次谐波的产生决定了纳米结构的周期和方向的结论。倪晓昌、孙琦等人利用飞秒激光烧蚀材料表面,产生纳米波纹结构。

此外,采用多飞秒激光束干涉法,与扫描近场光学显微术在金属表面达到纳米级尺寸加工。

7.2.4.9　飞秒激光制备功能薄膜

研究人员现已采用飞秒脉冲激光沉积制备 ZnO 薄膜,$\beta \sim FeSi_2$ 薄膜。采用飞秒激光制备薄膜,薄膜组织结构均匀,没有纳秒准分子脉冲激光沉积薄膜的微滴等缺陷,且飞秒激光制备薄膜的沉积效率是准分子的 1000 倍以上,是将来采用激光沉积制备薄膜的优选方法之一。

7.2.4.10　激光制备 $\beta \sim FeSi_2$ 薄膜

周幼华、郑启光等分别采用钛宝石飞秒超快脉冲激光沉积法制备 $\beta \sim FeSi_2$ 薄膜。

（1）钛宝石飞秒脉冲激光沉积 $\beta \sim FeSi_2$ 薄膜

在脉冲准分子激光沉积的薄膜过程中,微爆炸是微滴起源,在这一过程中,既有电离,也伴随着熔化、气化等热过程,实验中难以消除这类微滴状的颗粒,故引入飞秒激光来沉积 $\beta \sim FeSi_2$ 薄膜。采用钛宝石飞秒脉冲激光器,输出波长 800nm,脉冲宽度 50ns,重复频率 1000Hz,最大单脉冲输出能量 2mJ。采用 $FeSi_2$ 合金作为靶材,靶材中 Fe:Si=1:2,误差小于 1‰;沉积中作用靶材的单脉冲能量为 0.5 mJ。作用到靶材表面的激光光斑约为 0.5mm×0.7mm,相应的能量密度为 $1.45J/cm^2$;激光束与靶面成 45°角,平均沉积速度为 15nm/min。

采用 P 型 Si（111）和 Si（100）作为基片,真空气压小于 $4.0 \times 10^{-3}Pa$,基片保持在设

定温度范围内，温度波动在±0.5℃以内，以10r/min的速度旋转基片，沉积时间为20min，对飞秒脉冲激光沉积β～FeSi₂薄膜样品分别作XRD（X射线衍射）和FSEM（场发射扫描电子显微镜）分析。

（2）薄膜的组分分析

采用EDX（能量色散X射线分析）分析500℃基片温度下飞秒激光沉积的β～FeSi₂薄膜组分，见表7-3。

表7-3 β～FeSi₂薄膜的各元素含量

元素	A区原子分数	B区原子分数	C区原子分数	D区原子分数
Sik	85.11	100.00	89.12	70.18
Fek	14.89	<1	10.48	29.82

表7-3中A、B、C、D区域的示意图见图7-34。

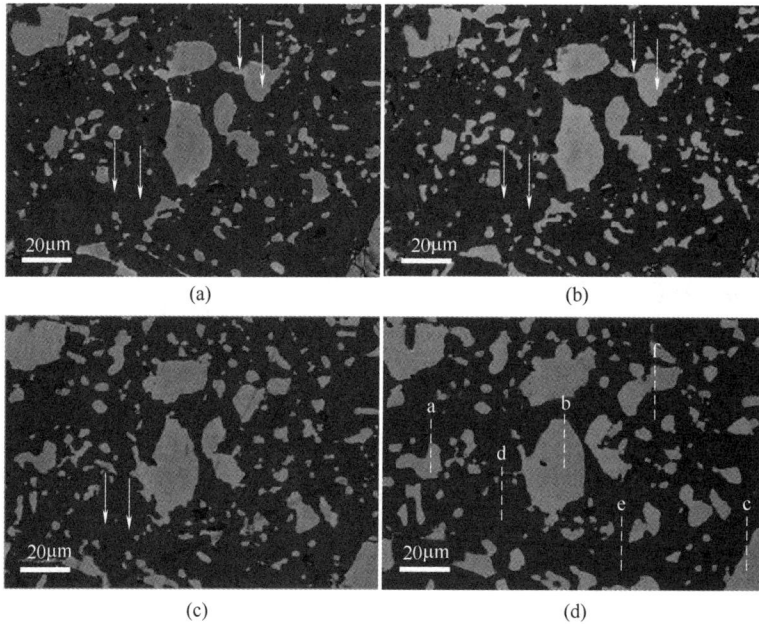

图7-34 显示表7-3的EDX测试区域示意图

EDX测量结果表明深灰色区为Si基片，明亮区域含有靶材中才有的Fe元素，对照图7-34可以判断明亮区域是β～FeSi₂薄膜或晶粒。EDX的测量结果中Si与Fe的原子比大于2，这是由衬底的Si元素引起的，没有检测到O元素的特征峰，说明沉积物中氧含量低。

（3）不同沉积温度下的β～FeSi₂薄膜的XRD分析

不同沉积温度下的β～FeSi₂薄膜的XRD分析结果如图7-35所示。从图7-35中可见，全部样品的X衍射图中最强的峰是（202）、（220）的β～FeSi₂衍射峰。此外，也近似清晰看到β～FeSi₂的（133）、（040）和（422）峰，上述结果与准分子脉冲沉积的β～FeSi₂薄膜类似。

（4）不同退火时间的β～FeSi₂薄膜的XRD分析

图7-36示出不同退火温度的β～FeSi₂薄膜的XRD分析图。从图7-35和图7-36中看到最强的衍射峰仍是（202）和（220）β～FeSi₂峰。没发现Si和Fe的单质衍射峰，也没有发现其他中间相的硅铁化合物的衍射峰。说明采用飞秒激光可沉积出单相β～FeSi₂薄膜。

图7-37为β～FeSi₂薄膜的SPM（扫描探针显微镜）形貌。从图7-37中可看到β～Fe-

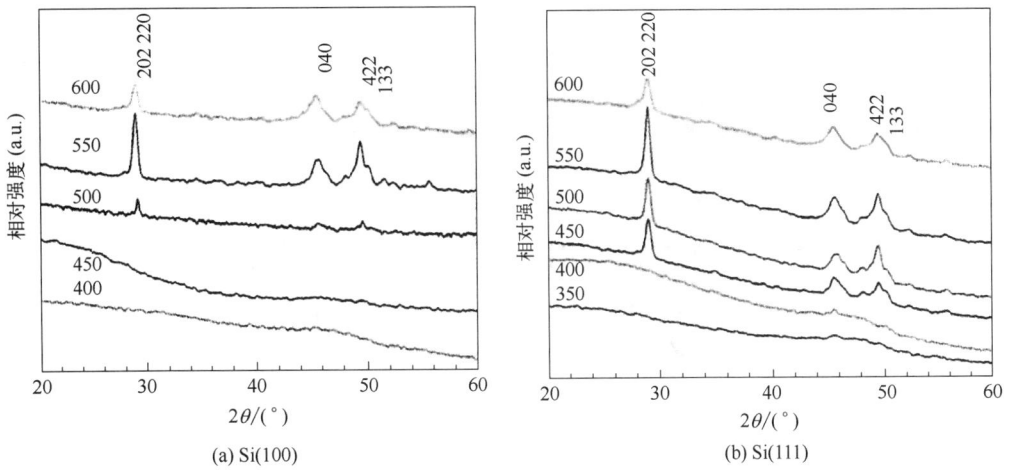

图 7-35 不同沉积温度下的薄膜样品 XRD 图

Si$_2$（100）表面有三种形状的晶粒：方形、梯形和一些小于 30nm 的更小颗粒。对应于图中 1、2、3。在图 7-37（b）中看到两种形状的晶粒，用 4 和 5 标明。这一结果表明薄膜的晶粒生长方向与 Si 衬底一致。

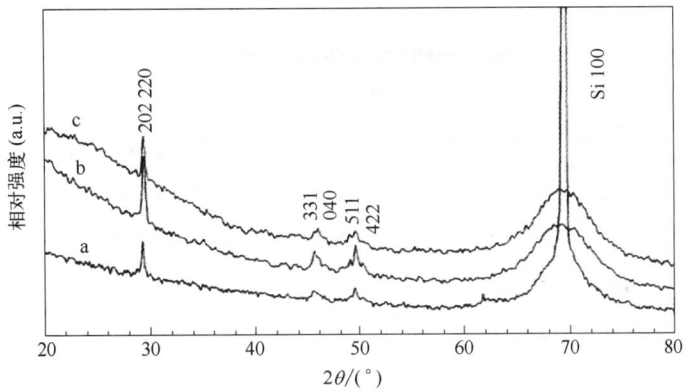

图 7-36 Si（111）基片上的 β～FeSi$_2$ 薄膜衍射图

a—30min；b—300min；c—600min

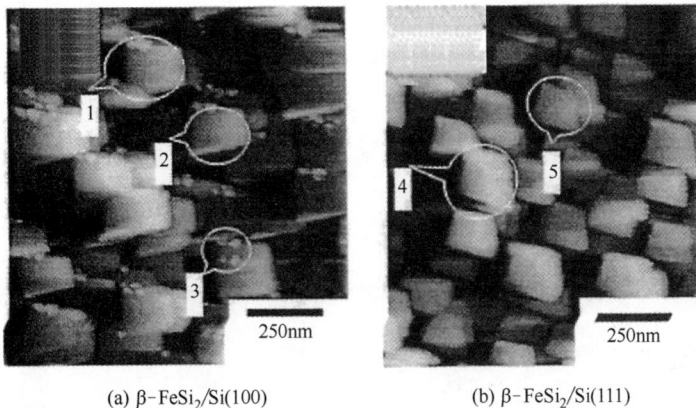

(a) β-FeSi$_2$/Si(100)　　　　(b) β-FeSi$_2$/Si(111)

图 7-37 β～FeSi$_2$ 薄膜的 SPM 形貌

（5）飞秒脉冲激光沉积薄膜（PLD）和纳秒脉冲激光沉积薄膜方法的比较

为了便于将飞秒激光沉积的 $\beta\sim FeSi_2$ 薄膜与第 8 章的 KrF 准分子脉冲激光比较，两者采用相同的沉积工艺参数。图 7-38 为飞秒激光沉积 $\beta\sim FeSi_2/Si$（111）薄膜的 X 射线衍射图。从图中可看到 $\beta\sim FeSi_2$（202）、（220）、（040）、（511）和（422）衍射峰；均没有发现 Si 和 Fe 单质衍射峰和硅铁化合物相。说明基片温度在 400℃ 的低温下，采用飞秒激光沉积可获得单相 $\beta\sim FeSi_2$ 薄膜，比准分激光沉积制备的 $\beta\sim FeSi_2$ 薄膜要低 50～100℃。

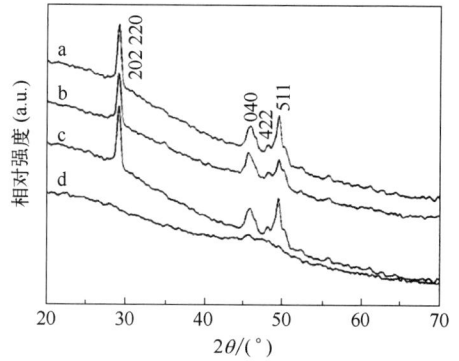

图 7-38　飞秒激光沉积 $\beta\sim FeSi_2/Si$（111）薄膜的 X 射线衍射图
a—350℃；b—400℃；c—500℃；d—550℃

7.2.4.11　飞秒激光制备 ZnO 薄膜

飞秒激光是一种具有超快脉冲宽度（在飞秒级别）的激光技术。它在锌氧薄膜制备中有很多优势，包括高能量密度、高光束质量和非线性光学效应，使其成为一种有效的工具。

下面是飞秒激光制备 ZnO 薄膜的一般步骤：

① 基片准备：选择适合的基片，例如单晶硅、石英或其他适合的材料。确保表面光洁平整，并进行必要的清洗处理，以去除杂质和污染物。

②激光参数设置：调整飞秒激光的参数，包括脉冲能量、重复频率和聚焦方式。这些参数将影响薄膜的形态和性质。

③ 预处理：在制备薄膜之前，可以进行一些预处理步骤，例如在基片表面形成一层氧化锌种子层。这有助于提高薄膜的附着性和均匀性。

④ 激光制备：将飞秒激光照射到基片表面上，形成 ZnO 薄膜。激光的能量将被吸收并转化为热能，使基片表面物质蒸发和沉积形成薄膜。

⑤ 表征和优化：制备完成后，需要对薄膜进行表征和优化。使用各种表征技术，如扫描电子显微镜（SEM）、X 射线衍射（XRD）和光学表征，来评估薄膜的形貌、晶体结构和光学性质。

此外，还要考虑其他因素，如激光的聚焦方式（例如直写或光刻技术）和材料供应方式（例如溅射法或化学气相沉积法）。这些因素将进一步影响薄膜的生长速度、均匀性和性能。

7.2.4.12　飞秒激光诱导光化学反应

在飞秒激光对透明电介质材料的改性过程中，伴随着大量的各种形式的光化学反应。最常见的如色心形成、光致发光等，还有一些较为特殊的光致还原、光致氧化等，它们往往是伴随多光子过程发生的，机理比较复杂。实验结果表明，光致色心具有热擦除性，且暗化区域的光吸收具有稳定性。玻璃在飞秒激光照射后，在可见光波段的平均吸收大大增加，是由于玻璃内部产生了色心。这种色心是通过多光子吸收实现的。

7.3　激光微型机械加工

7.3.1　微型机械加工

微型机械加工或称微型机电系统或微型系统是只可以批量制作的，集微型机构、微型传感器、微型执行器以及信号处理和控制电路，甚至外围接口、通信电路和电源等于一体的微型器件或系统。其主要特点有：体积小（特征尺寸范围为：$1\mu m \sim 10mm$）、重量轻、耗能低、性能稳定；有利于大批量生产，降低生产成本；惯性小、谐振频率高、响应时间短；集约高技术成果，附加值高。微型机械的目的不仅仅在于缩小尺寸和体积，其目标更在于通过微型化、集成化，来搜索新原理、新功能的元件和系统，开辟一个新技术领域，形成批量化产业。

微型机械加工技术是指制作机械装置的微细加工技术。微细加工的出现和发展与大规模集成电路密切相关，集成电路要求在微小面积的半导体上能容纳更多的电子元件，以形成功能复杂而完善的电路。电路微细图案中的最小线条宽度是提高集成电路集成度的关键技术标志。微细加工对微电子工业而言就是一种加工尺度从微米到纳米量级的制造微小尺寸元器件或薄膜图形的先进制造技术。目前微型加工技术主要有从半导体集成电路微细加工工艺中发展起来的硅平面加工和体加工工艺。20世纪80年代中期以后在LIGA加工（微型铸模电镀工艺）、准LIGA加工、超微细加工、微细电火花加工（EDM）、等离子束加工、电子束加工、快速原型制造（RPM）以及键合技术等微细加工工艺方面取得相当大的进展。

微型机械系统可以完成大型机电系统所不能完成的任务。微型机械与电子技术紧密结合，使种类繁多的微型器件问世，这些微器件采用大批量集成制造，价格低廉，将广泛地应用于人类生活众多领域。可以预料，在21世纪内，微型机械将逐步从实验室走向实用化，对工农业、信息、环境、生物医疗、空间、国防等领域的发展将产生重大影响。微细机械加工技术是微型机械技术领域的一个非常重要而又非常活跃的技术领域，其发展不仅可带动许多相关学科的发展，更是与国家科技发展、经济和国防建设息息相关。微型机械加工技术的发展有着巨大的产业化应用前景。

7.3.2　准分子激光直写微细加工

准分子激光直写技术是一种用于制作微型器件的先进工艺。它利用准分子激光在材料表面产生微小的孔洞，然后通过控制激光的位置和强度，使这些孔洞形成特定的形状和尺寸，从而实现对材料的加工和制造。

准分子激光直写技术的原理是利用准分子激光在材料表面产生微小的孔洞。准分子激光是一种波长为纳米级别的激光，其能量高，通过控制激光的位置和强度，可以使这些孔洞形成特定的形状和尺寸。这样就可以实现对材料的加工和制造。

准分子激光直写技术的优点在于加工精度高、加工速度快、加工效率高、成本低廉等。其加工精度可以达到亚微米级别，可以满足各种微型器件的制造需求。同时，准分子激光直写技术的加工速度比传统的微型加工技术快得多，可以大大提高生产效率。此外，准分子激光直写技术的成本较低，可以大幅降低制造成本。

准分子激光直写技术的应用范围非常广泛，可以用于制作微型光学元件、微电子元件、生物芯片、MEMS器件等各种微型器件。其中微型光学元件是准分子激光直写技术的主要应用领域之一。通过准分子激光直写技术，可以制造出各种形状和尺寸的微型光学元件，如微透镜、微棱镜、微光栅等。这些微型光学元件可以应用于光通信、生物医学、光学传感等领域。

除了微型光学元件之外，准分子激光直写技术还可以用于制作微电子元件。通过准分子激光直写技术，可以制造出微型电极、微型晶体管、微型电容等微电子元件。这些微电子元件可以应用于集成电路、传感器、医疗器械等领域。

准分子激光直写技术还可以用于生物芯片的制造。生物芯片是一种用于生物分子检测和分析的微型芯片。通过准分子激光直写技术，可以制造出各种形状和尺寸的微型通道、微型阀门、微型反应器等生物芯片元件。这些生物芯片元件可以应用于基因检测、蛋白质分析、细胞培养等领域。

准分子激光直写技术是一种非常重要的微型加工技术，其应用范围非常广泛，可以用于制作各种微型器件。未来，随着科技的不断进步，准分子激光直写技术将会得到更广泛的应用，并发挥更加重要的作用。

7.3.3 激光 LIGA 技术

LIGA 工艺是一种基于 X 射线光刻技术的 MEMS 加工技术，主要包括 X 光深度同步辐射光刻、电铸制模和注模复制三个工艺步骤。图 7-39 为 LIGA 工艺流程。

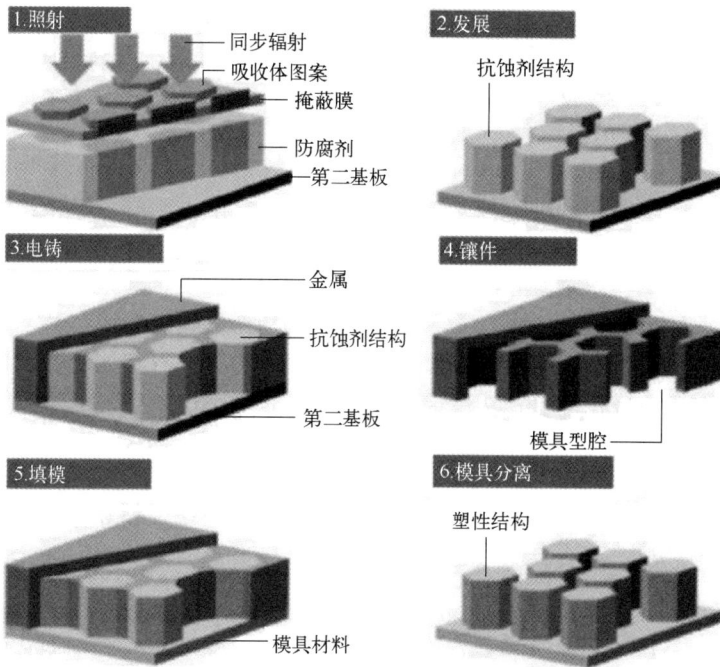

图 7-39 LIGA 工艺流程

7.3.3.1 定义

LIGA 是德文 Lithographie、Galvanoformung 和 Abformung 三个词，即光刻、电铸和注塑的缩写。

由于 X 射线有非常高的平行度、极强的辐射强度、连续的光谱，使 LIGA 技术能够制造出高宽比达到 500、厚度大于 $1500\mu m$、结构侧壁光滑且平行度偏差在亚微米范围内的三维立体结构。这是其他微制造技术所无法实现的。LIGA 技术被视为微纳米制造技术中最有生命力、最有前途的加工技术。利用 LIGA 技术，不仅可制造微纳尺度结构，而且还能加工尺度为毫米级的 Meso 结构。

7.3.3.2 产品特点

与其他微细加工方法相比，LIGA 技术具有如下特点：

① 可制造较大高宽比的结构；

② 取材广泛，可以是金属、陶瓷、聚合物、玻璃等；

③ 可制作任意截面形状图形结构，加工精度高；

④ 可重复复制，符合工业上大批量生产要求，制造成本相对较低等。

7.3.3.3 作用

LIGA 技术从首次报道（1982）至今，已经经过了四十多年的发展，引起人们极大的关注，发达国家纷纷投入人力、物力、财力开展研究。已研制成功或正在研制的 LIGA 产品有微传感器、微电机、微执行器、微机械零件和微光学元件、微型医疗器械和装置、微流体元件、纳米尺度元件及系统等。为了制造含有叠状、斜面、曲面等结构特征的三维微小元器件，通常采用多掩膜套刻、光刻时在线规律性移动掩膜板、倾斜/移动承片台、背面倾斜光刻等措施来实现。

国内新兴发展起来的使用 SU-8 负型胶代替 PMMA 正胶作光敏材料，以减少曝光时间和提高加工效率，是 LIGA 技术新的发展动向。但是，由于 LIGA 技术需要极其昂贵的 X 射线光源和制作复杂的掩膜板，使其工艺成本非常高，限制该技术在工业上推广应用。于是出现了一类应用低成本光刻光源和（或）掩膜制造工艺，而制造性能与 LIGA 技术相当的新的加工技术，通称为准 LIGA 技术或 LIGA-like 技术。如，用紫外光源曝光的 UV-LIGA 技术、准分子激光光源的 Laser-LIGA 技术和用微细电火花加工技术制作掩膜的 MicroEDM－LIGA 技术，用 DRIE（深反应离子刻蚀）工艺制作掩膜的 DEM（多层激光熔覆）技术，等等。其中，以 SU-8 光刻胶为光敏材料，紫外光为曝光源的 UV-LIGA 技术因有诸多优点而被广泛采用。

7.3.4 激光化学技术

激光化学技术是一种利用激光与化学反应相结合的技术，它可以在化学反应中提供高能量的激光光源，从而促进反应的进行。这种技术在化学合成、材料加工、生物医学等领域都有广泛的应用。

在化学合成方面，激光化学技术可以用于催化剂的制备、有机合成反应的促进、高分子材料的合成等。例如，利用激光化学技术可以制备出高效的催化剂，这些催化剂可以在低温下催化反应，从而提高反应的选择性和产率。此外，激光化学技术还可以促进有机合成反应的进行，例如利用激光辐射可以使有机物分子发生光解反应，从而得到新的有机化合物。

在材料加工方面，激光化学技术可以用于制备微纳米结构材料、表面改性、光刻等。例如，利用激光化学技术可以制备出具有特殊形状和结构的微纳米材料，这些材料具有特殊的物理和化学性质，可以应用于光电子学、生物医学等领域。此外，激光化学技术还可以用于表面改性，例如利用激光辐射可以使材料表面发生化学反应，从而改变其表面性质。

在生物医学方面，激光化学技术可以用于生物分子的检测、药物传递、组织修复等。例如，利用激光化学技术可以制备出具有特殊功能的生物分子探针，这些探针可以用于生物分子的检测和定量分析。此外，激光化学技术还可以用于药物传递，例如利用激光辐射可以使药物分子穿透细胞膜，从而实现药物的高效传递。

激光化学技术是一种非常有前途的技术，它可以在化学反应、材料加工、生物医学等领域中发挥重要作用。随着技术的不断发展，相信激光化学技术将会有更广泛的应用。

7.3.5 微型机电系统的激光辅助操控与装配

微型机电系统（micro electro mechanical system，MEMS）是指那些外形轮廓尺寸在毫米量级以下，构成元件是微米量级的，可控制、可运动的微型机电装置。它是自微电子技术问世以来，人们不断追求高新技术微型化的必然结果。

7.3.5.1　研究过程

在 20 世纪 70 年代初人们就开始 MEMS 的探索研究，直到 80 年代，这个领域才有了实质性的进展。它使用最新的纳米材料技术，使得电机的体积惊人地减小。这样的技术在军事上无疑将有很大的用处，这些应用主要包括微型机器人电子失能系统、蚂蚁机器人、分布式战场微型传感器网络、有害化学战剂报警系统、微型敌我识别等。

7.3.5.2　主要应用

微型机器人电子失能系统是一种特定的 MEMS，它具有六个部分，包括传感器系统、信息处理系统、自主导航系统、机动系统、破坏系统和驱动电源。这种 MEMS 具有一定的自主能力，并拥有初步的机动能力，当需要攻击敌方的电子系统时，无人驾驶飞机就投放这些 MEMS。其中的一种方案是利用昆虫作为平台，通过刺激昆虫的神经来控制昆虫完成接近目标的过程。通过这样的 MEMS 可以无声无息地破坏敌方的主要目标，有相当的战略意义。

蚂蚁机器人，是一种可以通过声音来控制的 MEMS。蚂蚁机器人的驱动能量来自一个能把声音转换成为能量的微型话筒，人们利用它潜伏到敌方的关键设备中，当需要启动时，控制中心发出遥控信号，蚂蚁机器人就开始吞噬对方的关键设备。蚂蚁机器人可以非常小，能够在人的血管中进出自由，这样在民用方面，也可以完成非常复杂和精细的医学手术。

分布式战场微型传感器网络是通过大量散播廉价的、可随意使用的微型传感器系统来完成对敌方系统更加严密的调查和监视。MEMS 本身非常小，无法被肉眼观察到，就是仪器也很难精确地测定其位置，所以就很难受到攻击了。这样的系统组成一个庞大的网络，敌方的一举一动都能够非常清楚地了解到，因此对战争的监视理论是一个新的发展。

特定的 MEMS 加上一个计算机芯片就能够构成一个袖珍质谱仪，可以在战场上检测化学制剂。一个这样的传感器系统只有一个纽扣大小，能够最大地减少价格昂贵的触媒剂或者生物媒介的用量，还可以配备合适的解毒剂来扩展功能。在化学武器日益发达的未来战场，检测化学制剂的 MEMS 必将能够起到关键的预测、监控和预报作用。

7.3.5.3　作用

微型敌我识别装置能够在纷繁杂乱的战场上，通过传感器和智能识别技术，判断出敌我目标，避免错误。大量的廉价的识别装置的共同使用更加能够增加判断的可靠性。

综合上面所述，MEMS 之所以能够完成大量的功能是因为它的廉价、微小、智能化、可控性的特点。MEMS 的技术现在还远远没有发展成熟，在未来的发展中，军事上的需求将是 MEMS 的一个主要发展方向，也必然能在未来推动军事的不断发展，向军事微观化迈出关键的一步。

7.3.5.4　制造工艺

微米/纳米技术包括了从亚毫米到亚微米范围内的材料、工艺和装置的加工制造、综合集成。微米制造技术包括对微米材料的加工和制造。它的制造工艺包括光刻、刻蚀、淀积、外延生长、扩散、离子注入、测试、监测与封装。纳米制造技术和工艺除了包括微米制造的一些技术（如离子束光刻等）与工艺外，还包括为了利用材料的本质特性而对材料进行分子和原子量级的加工与排列技术和工艺等。

目前，研究人员正致力于探索微型机电系统的制造方法与途径。制造大规模集成电路的制造技术与工艺自然是最容易实现的方法与途径。这样就有技术成熟、设备可以利用、批量生产容易、经费相对节省等优点，但是，目前对这一途径的认识并非完全一致。首先，与大规模集成电路一样，微型机电系统与专用集成微型仪器是可以利用微电子制造技术和工艺方法来批量制造出来的。大规模集成电路的制造技术一直在不断地追求高集成度的芯片，但当计算机芯片线宽尺寸进一步缩小的时候，就出现了一个转折点。如当芯片线宽尺寸为 150 μm 以下时，由于量子力学效应的增强，原先把电子看作粒子的微电子技术的理论将不再有效，而需要研制利用电子波动的量子效应原理而制作的器件，即所谓量子器件或称作纳米器件。也就是说，当制造装置小到一定尺寸的时候，就必须按照分子工程的理论（即量子力学理论）来构筑分子部件，纳米技术的核心就是装配分子。或者说，是按照人们的意愿直接操纵原子、分子，或原子团、分子团，来制造出符合人们需要的具备特殊功能的部件和系统。此外，特别是在加工三维微型结构和系统组装时，传统的方法也很受限制。简而言之，争论的焦点就在于，是继续沿袭传统的硅基制造方法，还是另辟蹊径，寻找其他制造方法。其他制造方法包括 LIGA 工艺（光刻、电镀成形、铸塑）、非平面电子束光刻、真空镀膜（溅射）、硅直接键合、电火花加工、金刚石微量切削加工，甚至于使用了传统的钟表加工技术，等等。目前，国际上比较重视的微型机电系统的制造技术有牺牲层硅工艺、体微切削加工技术、LIGA 工艺和准 LIGA 工艺等。新的微型机械加工方法还在不断涌现，涵盖从微电机加工到钟表加工技术，以及多晶硅的熔炼和声激光刻蚀等工艺。

7.3.5.5 加工材料

MEMS 技术采用的材料一般可分为衬底材料和附加材料两类。目前微机械加工采用的衬底材料以硅为主。选用晶态半导体材料是因为它具有性能优异、容易得到、有多种成熟的加工工艺、与晶面有关的各向异性使之适于微机械加工及具有集成有源电路的潜力等诸多优点。衬底材料则可以是其他非半导体材料，包括金属、玻璃、石英、其他晶态绝缘体、陶瓷、塑料、高聚物以及其他有机和无机材料。起换能器作用的功能材料可以加在衬底上或作为衬底。

沉积在衬底上的材料（薄膜）包括硅（单晶硅、多晶硅、非晶态硅）、硅化合物（SiO_2、SiC 等）、金属和金属化合物（如 Au、Cu、Ni、Al、ZnO、GaAs、CDS）、多种陶瓷材料、金刚石和有机材料（如高聚物、酶、抗体、DNA、RNA）等。将这些材料附加到半导体衬底材料上，还可以集成有源电路。

7.4 激光诱导原子加工技术

7.4.1 原子层外延生长

原子层外延法（atom layer deposition，ALD）或分子层外延法（molecular layer epitaxy，MLE），又被称为"数字外延"，它是将参与反应的元素蒸气源或化合物蒸气源依次分别导入生长室，使其交替在衬底表面淀积成膜，具有以原子层为单位的厚度可控性、原子尺度的平坦度、大面积及低温生长等特点，是其他生长方法不具备的。原子层外延是利用了原子在外延表面上物理吸附与化学吸附的区别，使得能精确控制得到单层外延生长。

ALE（atomic layer epitaxy）是以单原子层为单位进行的外延生长，可以较精确地控制外延层厚度和异质结界面，是制作超晶格、量子阱等低维结构的化合物薄膜材料较好的生长方法。

（1）原理

这里以砷化镓（GaAs）为例，说明原子层外延技术原理。

ALE 的基本特点是交替供应两种源气体，使反应物在衬底表面形成化学吸附的单层，再通过化学反应使另一种反应物源也单层覆盖，如此交替。

当每一步表面覆盖层精确为一层时，生长厚度才等于单层厚度乘以循环数。在 GaAs

（100）方向上一次循环所得到的生长厚度为 0.283nm。

经过多年的研究，ALE 的实验装置有水平的，也有垂直的，有衬底旋转的，也有气流中断方式的，有的还有光照或激光诱导等装置。

主要实现方式是旋转衬底，使之依次通过镓源区、氢气区、砷源区。

如图 7-40 为立式 ALE 反应装置。

（2）优缺点

① 优点。由生长原理可以知道，ALE 是通过反应物与衬底之间的表面吸附进行反应的。当反应物与衬底经过充分长的时间进行反应吸附后，即使再供应此种反应物，也不会出现晶体生长。因此决定生长厚度的参数是 ALE 的循环次数，因此 ALE 也被称为"数字外延"。

数字外延有较高的重复性，可以由循环次数精确地知道生长厚度。对于数字外延来说，由于它是化学吸附的单层反应物的逐层生长，此模式与气流分布、温度均匀性等关系不大，不需要特别注意边界层厚度、衬底附近的温度分布等参数。只要衬底表面完全吸附了一层反应物，则厚度的高度均匀性就必然会达到，得到高质量的镜面表面，消除由于表面的势能不同而造成的生长表面的不均匀性。

② 缺点。ALE 生长方式的主要缺点是生长速度慢，循环时间长，每个循环 10s 左右。当然也有很多人采用其他办法来降低循环时间，提高生长速度，比如进行光照，但还是较慢。

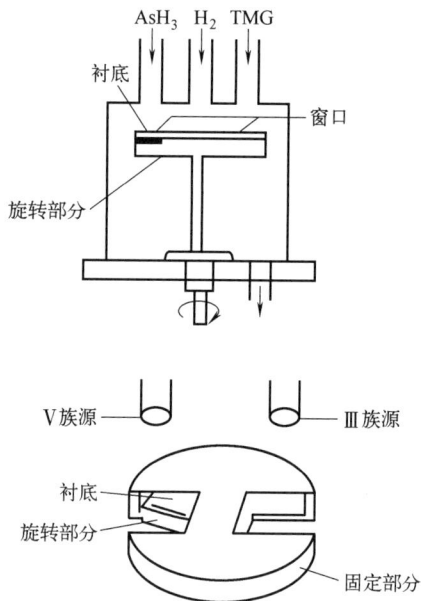

图 7-40 立式 ALE 反应装置

7.4.2 原子层蚀刻

原子层蚀刻（简写 ALE 或 ALET），经化学修饰的晶片表面，通过交替的步骤，利用原子层蚀刻的技术去除修饰部分。这是半导体制造工艺中用于以原子层为单位进行蚀刻的技术。其基本原理是：首先在衬底表面上吸附反应气体分子，然后采用光、电子束或者离子束去激发气体分子，使得气体分子与衬底表面原子发生反应，从而去掉衬底表面的一个原子层；重复进行吸附—激发—反应，即可去掉衬底表面的多个原子层。

例如，在 Si 衬底表面上首先吸附一层 F 自由基（通过 CF_4 和 O_2 的混合气体进行微波放电得到），然后采用 Ar 离子（可通过 ECR 等离子体来获得）照射衬底表面，使得 F 与 Si 反应，从而去掉衬底表面的一个 Si 原子层；接着，再让 Si 衬底表面吸附一层 F 自由基，再用 Ar 离子照射，这又通过形成 F-Si 反应物而去掉一层 Si 原子；如此反复进行，即可去掉 Si 衬底表面的数个原子层。

7.4.3 原子层掺杂

掺杂是将少量杂原子（掺杂剂）引入半导体中，以改变其电学性质的一种方法。常见的掺杂方式有四种：

离子注入：使用加速器将高能离子注入半导体晶片中；

扩散法：将含有所需杂原子的气体或液体在高温下与半导体反应，使杂原子扩散到半导体内部形成浓度分布；

气相外延法：将所需杂原子的气体混合在载气中，通过热解反应使杂原子沉积在半导体表面上形成薄膜；

分子束外延法：使用分子束而非气体来沉积杂原子。

常用的掺杂元素有五种：硼、磷、锑、铝和镓。它们的掺杂可形成 P 型或 N 型半导体。掺杂对器件性能的影响因具体情况而异，但通常会改变半导体的导电性、载流子浓度、电导率等重要参数，从而影响半导体器件的电特性。

7.5 激光制备纳米材料

7.5.1 激光制备纳米材料的特点

（1）纳米概念的提出

"纳米"概念是美国物理学家理查德·费曼于 1959 年首次提出的。他说："我们为什么不能用原子来组装物质呢？"1964 年，他又首次从微加工的角度提出了"纳米"概念。随着机械加工精度要求的提高，机械加工需要进入纳米级加工范围（以前机械加工精度为微米级），即加工精度可达到纳米级。

1974 年，科学家们又从生物学角度提出了"纳米"概念，即"自我复制"，20 世纪 80 年代末至 90 年代初对纳米材料进行了微观上的表征。格莱特教授预言，如果将构成金属材料的晶粒的尺寸缩小到纳米数量级，材料将在室温下具备很好的塑性变形性能。这之后，科学家们已研制出扫描隧道显微镜（STM）和原子力显微镜（ATM），从而确认了"纳米"的存在。扫描隧道显微镜（STM）和原子力显微镜（ATM）等微观表征和操纵技术对纳米科技的发展起到了积极促进作用。故现在有些科学家将 STM 问世之时当作纳米科技创业之时。

综观纳米概念的发展历史，纳米技术可从以下四个方面来叙述：

① 从机械微加工角度看，可将零件加工到纳米量级。尤其是现在的微电子等领域，许多场合需加工至纳米级。

② 从材料角度看，可制备能检测出的纳米材料，例如碳纳米管、纳米多孔硅以及低维纳米材料。

③ 从物理学角度看，可从原子、分子出发构建特殊的结构，例如纳米量子点、一维量子体和二维量子阱等。

④ 从微生物角度看，可从仿制生物体系的纳米结构发展到利用生物的自我识别、自我组织、自我复制的功能来制造特定的纳米产品。这使得人们在微生物学的研究方面更深入一步。

综上所述，纳米技术或称纳米科学，不能从单一学科上去理解。目前科技界普遍认为：纳米技术是一种在纳米尺度（1～100nm）上研究物质（包括原子、分子的操纵）的特性和相互作用，以及利用这些特性的、多学科交叉的科学和技术。

（2）纳米技术的应用前景

纳米技术具有创造新的生产工艺、新的物质和新的产品的巨大潜能，涉及纳米电子学、纳米材料学、纳米化学、纳米生物学等学科。自从"纳米"概念出现后，人们发现了许多新理论、新现象，如量子尺寸效应、比表面效应、界面效应等。

当颗粒尺寸与其玻耳半径可比拟时，会产生量子尺寸效应，即会引起材料宏观、微观，化学、光学等方面的改变，如电子平均自由程变短、自由电子密度增大、半导体的带隙变宽、物质波相干性增强、发光波长蓝移等。

纳米材料的比表面积增大时，硬度可比常规的大 3～5 倍，热扩散增加 1 倍。纳米表面原子十分活跃，可用作催化剂。纳米材料的延展性比较好。中国科学院沈阳金属研究所卢柯研究员等已制备出 30nm 的纳米铜材料，纳米铜在室温下的延展性比非纳米材料提高近50 倍。

纳米技术是当今世界尖端技术之一，世界发达国家一直把纳米材料和由纳米材料组成的纳米器件作为科学研究和技术开发的重点。纳米材料，就像 20 世纪的抗生素、集成电路和人造聚合物一样给人类社会生产和生活方式带来革命性的变化。

由纳米器件制成的计算机运行速度将比现有器件制成的计算机的提高 1000 倍。此外，半导体纳米材料可用作各种类型的发光材料，波长区域覆盖红、绿、蓝光范围，将在平面显示、光集成和光计算机研究诸方面具有广阔的应用前景。此外，纳米材料还在制备超微型光电器件（如微光栅、超微型传感器等）以及太阳能电池方面具有广阔的应用前景。

（3）制备特点

激光制备纳米材料是一种用激光技术制备纳米级材料的方法。与传统的制备方法相比，激光制备纳米材料具有一些独特的特点，下面将介绍其中几个重要的特点。

高精度控制：激光技术能够提供高度精确的能量聚焦和位置控制，使得纳米材料的制备可以实现精确的尺寸和形状控制。通过调节激光参数和扫描方式，可以实现纳米级别的尺寸调控，满足各种应用的需求。

非接触性和无损加工：激光制备纳米材料是一种非接触式的加工方法，可以在不破坏基底材料的情况下进行。这种特点使得激光制备的纳米材料能够保持原材料的特性和稳定性，避免了传统制备方法中可能存在的污染和损伤问题。

快速高效：激光制备纳米材料的过程通常非常快速，能够在很短的时间内完成。激光的高功率和高能量密度使得材料可以快速加热和冷却，从而实现高效率的制备过程。这种快速高效的特点使得激光制备成为一种在工业生产中广泛应用的制备方法。

可调控的材料性能：激光制备纳米材料可以通过调节激光参数和加工条件来调控材料的性能。例如，激光能够控制纳米颗粒的形态、晶型、表面结构等，从而对材料的光学、电学、磁学等性能进行调控。这种可调控性使得激光制备的纳米材料具有广泛的应用前景，涵盖了诸多领域。

上述这些特点使得激光制备成为一种十分有前景的纳米材料制备方法。随着激光技术的不断发展和创新，我们可以期待激光制备纳米材料在各个领域中的广泛应用。

7.5.2 激光诱导化学气相沉积法

激光诱导化学气相沉积（laser-induced chemical vapor deposition，LICVD）是一种基于激光和化学反应相结合的纳米材料制备方法。该方法结合了激光技术的高精度和化学气相沉积的反应选择性，能够实现对纳米材料形貌和组成的精确控制。下面将介绍激光诱导化学气相沉积法的原理和特点。

7.5.2.1 原理

激光诱导化学气相沉积法利用激光束对反应气体进行局部加热，使得气相中的反应物发生化学反应，并在基底表面生成所需的纳米结构。激光作为能量源，能够高效地激发反应气体中的化学键，从而促进反应的进行。通过适当选择激光参数和反应气体，可以实现对纳米结构形貌、尺寸和组分的精确控制，有望在纳米科技和材料领域中得到广泛的应用。

7.5.2.2 特点

激光诱导化学气相沉积法具有高度可控性、过程可视化、非接触性和无损加工以及广泛适用性的特点。

① 高度可控性：激光诱导化学气相沉积法具有非常高的制备可控性。通过调节激光功率、焦斑大小和扫描速度等参数，可以实现对纳米结构形貌和尺寸的精确控制。这使得LICVD成为一种优秀的纳米材料制备技术。

② 过程可视化：激光诱导化学气相沉积法的制备过程通常可以通过光学显微镜或原位观察系统进行实时观测。这种实时观测能够帮助研究人员了解和监控纳米结构的生长过程，从而探索反应机理和优化工艺参数。

③ 非接触性和无损加工：LICVD是一种非接触式的加工方法，能够在不破坏基底材料的情况下进行。这使得它特别适用于对脆性材料或灵敏基底的制备。

④ 广泛适用性：激光诱导化学气相沉积法适用于多种材料的制备，包括金属、半导体、氧化物等。通过选择不同的反应气体和激光参数，可以制备出具有不同性质和应用的纳米结构。

7.5.2.3 应用实例

利用激光诱导化学气相沉积（LICVD）超细粉的研究始于20世纪70年代，用连续CO_2激光制备Si、SiN_4、SiC等超细粉使LICVD研究开始进入一个崭新的阶段，其中发展最快的是硅粉和超细陶瓷粉的制备技术。利用激光制备超细陶瓷粉具有清洁、无壁效应、粒度小（达到纳米级）、粒度分布均匀、无黏结、成分可控、比表面积大、应用范围广、产量高和可连续生产等一系列优点，比较容易制备出晶态和非晶态纳米粒子，是制备纳米粉末的最有效方法之一。1986年前后，美国MIT研制成功大型激光制粉装置。近几年，日本在激光制粉工艺和技术研究方面也有了新进展。国内的激光制粉研究经过了基本工艺的研究阶段，也正在向中试阶段迈进。

激光制备超细粉技术具有很大的应用前景，例如激光制备的陶瓷超细粉末不仅可作为高温、高强度陶瓷原料，而且在其他领域，如催化剂、多功能传感器、生物医学方面均有很大的应用前景。

利用激光诱导化学气相反应合成Si_3N_4、SiC超细粉方法较多，一般采用连续CO_2激光气相反应合成法，但由于该法要求激光波长与反应气体的吸收波长相匹配，从而限制了激光器和反应气体的选择。有些学者研究采用脉冲CO_2激光器诱导气相等离子体反应，具有反应时间短、速度快等特点，且作用过程不受气体的光学选择性吸收的限制，他们认为更有利于合成制备纳米级超细粉末。图7-41为连续CO_2激光气相反应合成Si_3N_4超细粉末的示意图。

扫描的重叠区，烧结体较为致密，在合成Si_3N_4超细粉末时，首先将原料反应气体SiH_4和NH_3充入反应室（采用Ar作运载气体），然后采用高强度CO_2激光束通过窗口辐照反应气体，使其吸收激光能量，升温达到发生化学反应的温度（激光加热速度达到$10^6 \sim 10^8 \, ℃/s$）。由于发生化学反应，气

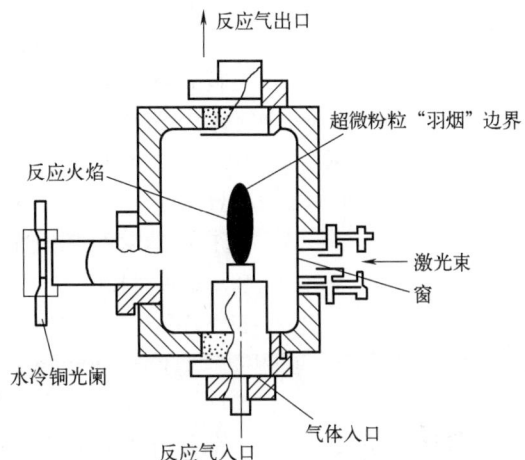

图7-41 激光催化合成超微粉粒装置示意图

流中均匀地形成许多超微粉粒核胚；随着气体流动，在激光作用下核胚不断形成和长大。当气体中超微粉粒流动离开激光作用区时，参加反应的原料气也刚好用完，超微粉粒停止长大。整个反应只在 $0.1 \sim 1ms$ 时间内完成。超微粉粒的长大不仅取决于作用时间，而且也取决于超微粉粒之间 SiH_4 的消耗情况。

上述过程的气体反应方程如下：

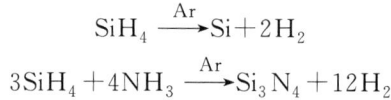

$$SiH_4 \xrightarrow{Ar} Si + 2H_2$$

$$3SiH_4 + 4NH_3 \xrightarrow{Ar} Si_3N_4 + 12H_2$$

由于 SiH_4 和 NH_3 对 CO_2 激光有较强的吸收，而反应产物 H_2 和超微粉粒都不吸收 CO_2 激光，这就保证了上述反应过程能够单向进行。在这里值得指出的是，超微粉粒不吸收激光，是因为粉粒粒径比 CO_2 激光波长（$10.6\mu m$）要小得多。采用 CO_2 激光气相反应合成制备的超微粉粒的直径为 $10 \sim 100nm$。

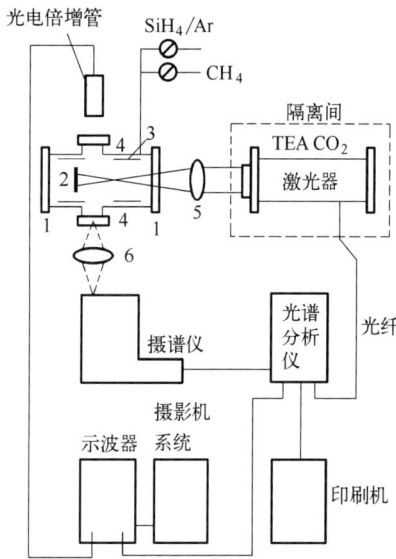

采用 CO_2 激光气相反应制备的 Si 超微粉粒一般为棕黄色，平均粒径为 $47nm$，比传统的气相法或固相法制备的粒径要小得多。SiH_4 超微粉粒为淡白的棕色，其粒径一般为 $10 \sim 25nm$，比 Si 超微粉粒的粒径还要小，具有非晶结构。

采用连续 CO_2 激光气相反应合成制备纳米级 Si_3N_4 超微粉粒的工艺参数如下：连续 CO_2 激光功率为 $150W$；聚焦光斑直径为 $2mm$；反应气体与激光相互作用区距反应气体出口为 $2mm$；采用与反应气体流向同轴的 Ar 气流，其流量为 $1400cm^3/min$。为了保护入射 CO_2 激光器的 KCl 窗口，采用压力为 $8.1 \times 10^3 \sim 1.0 \times 10^5 Pa$ 的 Ar 气从窗口通入反应室，以免超微粉粒积聚在窗口，导致窗口炸裂。

为了提高超微粉粒激光制备的速率，采用 $1500W$ CO_2 激光器，按此法连续制备超微粉粒，年产量可达 $40 \sim 60t$。

图 7-42 为脉冲 CO_2 激光制取纳米级 SiC 粉末的实验装置示意图。实验中采用脉冲 TEA CO_2 激光，

图 7-42 实验装置示意图

1—氯化钠窗片；2—铜靶标；3—粉末收集器；
4—石英窗口；5—氯化钠透镜；6—石英透镜

脉冲能量在 $0.4 \sim 1.4J$ 内可调，脉宽为 $100ns$，反应室为直径 $60mm$、长 $120mm$ 的玻璃管，两端用 NaCl 密封，反应气体为 SiH_4（2.5%）＋Ar 和 CH_4，按比例送入真空室，真空度为 $7.98Pa$。激光束经 $f = 10cm$ 的 NaCl 透镜聚焦入射，以诱发等离子反应如下：

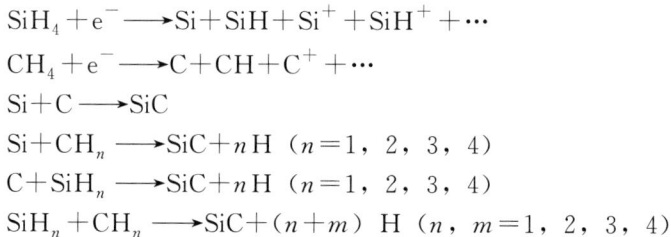

$$SiH_4 + e^- \longrightarrow Si + SiH + Si^+ + SiH^+ + \cdots$$

$$CH_4 + e^- \longrightarrow C + CH + C^+ + \cdots$$

$$Si + C \longrightarrow SiC$$

$$Si + CH_n \longrightarrow SiC + nH \quad (n = 1, 2, 3, 4)$$

$$C + SiH_n \longrightarrow SiC + nH \quad (n = 1, 2, 3, 4)$$

$$SiH_n + CH_n \longrightarrow SiC + (n+m)H \quad (n, m = 1, 2, 3, 4)$$

在最佳激光气相合成工业条件下，脉冲能量为 $1 \sim 1.2J$，总气压为 $23.94kPa$，气压分比为 $RCH_4/SiH_4 = 4 : 1$ 时，可制备出平均粒径为 $12nm$ 的 SiC 纳米级粉末。

王智等研究采用激光诱导化学气相法制取 SiO_2 纳米粉末的工艺。由于 SiO_2 是光纤的

主要成分，如果将激光诱导化学气相反应制备 SiO_2 粉体应用到光纤制备工艺上，将有重要意义。传统的光纤气相工艺（MCVD、OVD、VAD 等）采用氢氧焰加热反应，都会在石英光纤预制棒中加入大量 OH^-，这会增大通信波段（$1.39\mu m$）处的损耗，为除去 OH^-，需要消耗大量 Cl_2 和 He，且大大增加了工艺的复杂程度。采用激光加热，不会导致 OH^- 产生，因而激光制备方法在这方面优于传统工艺。

在激光制取 SiO_2 粉末工艺过程中，$SiCl_4$ 气体和 O_2 以一定比例混合，从喷嘴进入反应室，在 CO_2 激光辐照下，发生化学反应：

$$SiCl_4 + O_2 \longrightarrow SiO_2 + 2Cl_2 \uparrow$$

在用 LICVD 法制取 SiO_2 超细粉的工艺过程中，可采用 CO_2 激光辐射混合气体，其功率为 300W。$SiCl_4$ 与 O_2 的气体混合比为 4:1，$SiCl_4$ 的流量为 0.345L/min。当 O_2 流量为 1.0L/min 时，可制备出结晶形态良好、颗粒大小及分布比较均匀、粒径一般在 100nm 左右的球形纳米 SiO_2 粉末。

华中科技大学（原华中理工大学）左都罗、李适民等研究采用激光合成 SiC 超细粉，图 7-43 给出了激光合成制粉的实验装置示意图。

喷嘴由两个不锈钢圆筒组成，反应气体经混合后由内径 3mm 的内环流入，运载气体 Ar 由内径 15mm 的外环流入，载气 Ar 主要起压缩反应区，输送反应生成物的作用，同时对反应区的温度也有较大影响。反应气体 SiH_4、C_2H_4 及载气和窗口保护气体 Ar 皆为高纯级。

实验采用封离型 $10.6\mu m$ CW 的 CO_2 激光器，输出功率为 270W，激光束经聚焦后进入反应腔，反应腔的出射窗口安置一反射镜，使激光束两次经过反应区，

图 7-43 激光合成制粉的实验装置示意图

以得到充分利用。激光束位于喷嘴上方 3~5mm，反应区的激光功率密度约为 $1.5kW/cm^2$，并可根据需要移动球面反射镜进行调节。反应室压力约 500bar（50MPa），窗口保护气体恒为 2600sccm（标准立方厘米每分钟），表 7-4 给出了激光实验参数及粉末特征。

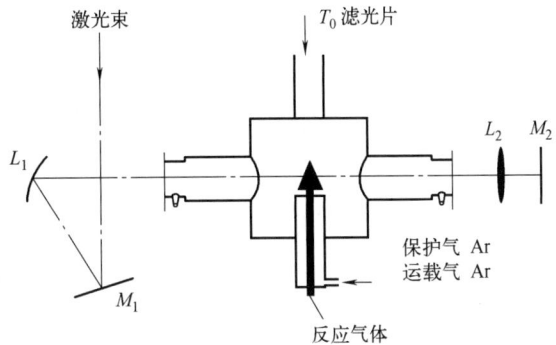

表 7-4　激光实验参数及粉末特征

样品	SiH_4/sccm	C_2H_4/sccm	运载气体 Ar/sccm	反应温度/℃	粉末颜色
SC01	35.4	41.3		910	黑色
SC02	35.4	20.7		1500	浅绿色和灰色
SC03	35.4	20.7	1152	1040	灰色
SC04	59.0	16.5	720	1120	棕黄色
SC05	59.0	14.8	648	1020	灰色

对实验样品分别进行 TEM、TED、XRD、XTIR 和拉曼光谱分析，TEM 照片显示出激光合成的 SiC 超细粉颗粒均匀，粒度约在 40nm，TED 照片表明样品是 β-SiC 微晶。

研究发现，β-SiC 是多晶结构，这与 SiH_4/ C_2H_4 体系合成 SiC 的反应生成热较高，反应区冷却速度较慢有关，较高反应生成热也是造成较多链状连接的原因之一。

从 XRD 图能更好地判断合成后产物的晶型。图 7-44 示出了 SC01、SC02、SC03 和 SC04 样品的 XRD 曲线，XRD 只出现了单纯的 β-SiC 相，XRD 峰较宽，说明粉末为多晶结

构，晶粒很细，SC02 和 SC04 都包含立方硅晶体的衍射峰。这两种样品外观呈黄色，也证实了这一点。另外从这些曲线看到，当反应温度为 1500℃时，为了获得化学计量比 SiC，必须有较高的源气 C/Si 比。当反应温度（如 1000℃）较低时，源气 C/Si 比在 1～2。表 7-5 示出了几种样品的 XPS（X 射线光电子能谱法的检测）结果。

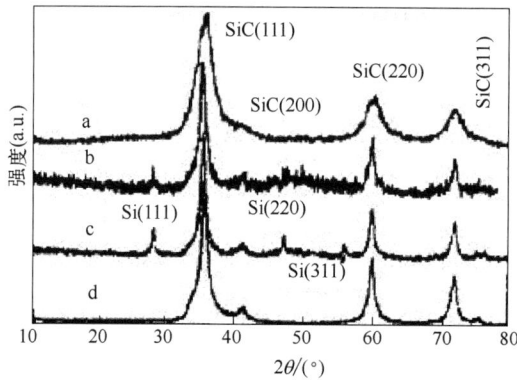

图 7-44 4 种样品的 XRD 曲线
a—SC01；b—SC02；c—SC04；d—SC03

表 7-5　几种样品的 XPS 的检测结果

样品	粉末 C/Si 比	粉末的 XPS 结果	粉末的 XPS 结果	粉末的 XPS 结果	粉末的 XPS 结果
		Si	游离 C	C-Si	C/Si
SC01	2.30	1.00	3.71	0.35	4.06
SC03	1.17	1.00	3.58	0.28	3.86
SC04	0.56	1.00	0.33	0.79	1.12

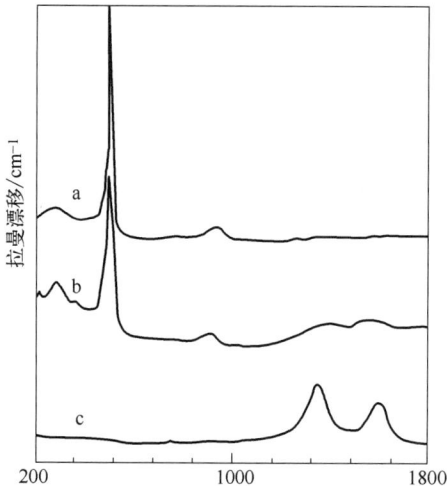

图 7-45 几种样品的拉曼光谱分析
a—SC01；b—SC03；c—SC04

图 7-45 示出了几种样品的拉曼光谱分析。

利用拉曼光谱和粉末的 XPS 分析结果，能了解激光合成 SiC 超细粉的生长过程。其生长过程可分为两部分：硅成核和碳化。只要硅颗粒的温度没达到熔点（1410℃），并且反应速度较慢，则合成的产物为 SiC 空心颗粒，如果颗粒的温度超过熔点，则合成产物是实心颗粒。一般来说，激光诱导 SiH_4/C_2H_4 体系的合成反应，硅成核生长及碳化同样是分离的，由于 C_2H_4 对激光有较强的吸收，分解快，硅颗粒生长和碳化基本上是同时进行，分离仅表现为 Si-Si 键优先结合，因此一般情况下得到实心颗粒的纳米粉末。实心颗粒的 SiC 超细粉可作为结构材料，而空心颗粒 SiC 超细纳米粉可用作某些功能材料，例如用作热电材料。试验说明，通过采取措施分离 Si 成核生长和碳化过程，可利用激光制粉方法得到高质量的空心 SiC 超细纳米粉。

沈以赴等人研究采用激光烧结纳米 WC/Co 后使晶粒再细化。激光烧结试验用 2.5kW

的横流式 CO_2 激光器，波长为 $10.6\mu m$，激光模式为零阶模，激光束光斑直径为 1mm，扫描间距为 0.8mm，输出功率 50～1000W，扫描速度从 100～2000mm/min 连续可调。

对不同工艺参数的单层面扫描试样熔区显微组织进行了 SEM 微区组织形貌等分析。图 7-46 为纳米 WC/Co 硬质合金超微粒子在功率为 1600W，扫描速度为 2m/min 的激光作用后的烧结试样的表面低倍形貌和高倍微观形貌。从图 7-46 可以清晰地看出高功率激光的致密烧结体的结构多层次性。即烧结体由尺度相对较大的团聚颗粒组成，而每个颗粒又是由原纳米 WC/Co 硬质合金超微粒子表面熔化粘接而成，且原 120～150 nm 的 WC/Co 硬质合金超微粒子在高能激光作用下又发生了晶粒破碎，破碎的晶粒大小显然小于 100 nm。

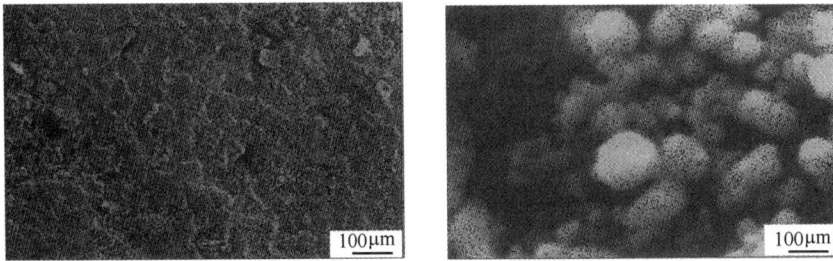

图 7-46 激光烧结样的表面低倍形貌和高倍微观形貌

采用不同功率、相同扫描速度对预压纳米 WC/Co 试样进行烧结，烧结片的 X 射线晶粒大小分析结果表明：原晶粒大小在 120～150nm 左右的 WC/Co 超微粒子，经激光烧结后平均在 15～40nm。图 7-47 示出原始粉末 TEM 分析的照片。

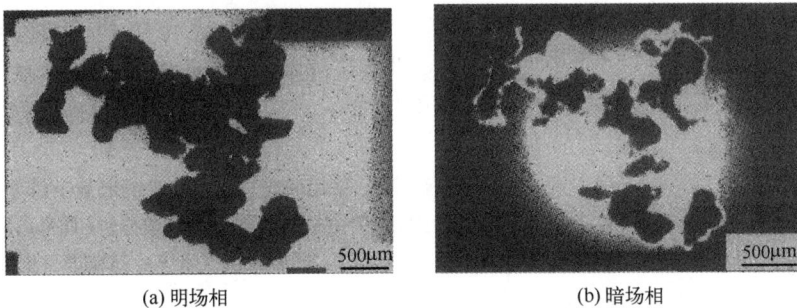

(a) 明场相　　　　　　　　　　　(b) 暗场相

图 7-47 原始粉末纳米 WC/Co 的 TEM 明、暗场相

图 7-48 为激光烧结后的纳米 WC/Co 的 TEM 明、暗场相。由图 7-48 可以看出，预压 120～150nm 的 WC/Co，经激光烧结后样品中的 WC 的晶粒尺寸约为 35nm。比较经激光烧结样品的 TEM 结果和 X 射线衍射分析结果，发现激光烧结不仅能够保持纳米 WC/Co 中的 WC 为纳米晶结构，还有望使纳米 WC 晶粒进一步细化。如原平均尺寸为 150 nm 的 WC/Co，经一定功率密度的激光烧结后（激光功率为 1000～1400W，扫描速度为 2～2.5m/min），其晶粒平均尺寸变为 30～45 nm。必须指出的是类似的结果在平均尺寸为 50nm 的 Al_2O_3 烧结中也有发现。即 50 nm 的 Al_2O_3 经一定功率密度的激光烧结后（激光功率为 100～800W，扫描速度为 0.8～1m/min），其晶粒细化平均尺寸变为 25nm。

利用激光诱导化学气相法可制备超细金刚石微粒。其方法是采用准分子激光照射 C_2H_2 和 H_2 混合气体（C_2H_2 含量为 0.5%～2%）。只需激光辐照 2h，即可在 Si 基片上形成粒径为 0.2～1μm 的金刚石微粒。在反应室中加入大量的 H_2 是为了去除激光化学反应过程中的石墨微粒，H_2 能使石墨微粒重新生成 C_2H_2，确保最终产物都是金刚石微粒。

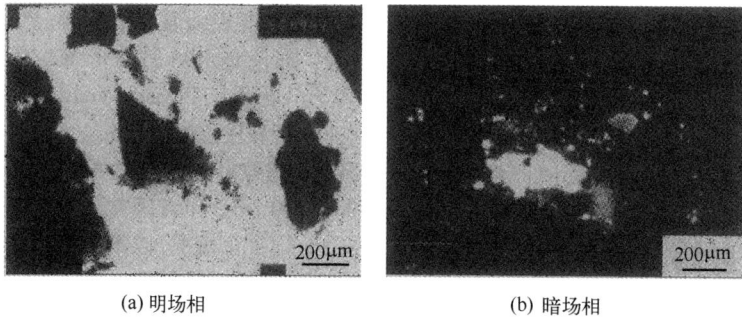

(a) 明场相　　　　　　　　　　　　　(b) 暗场相

图 7-48　激光烧结后的纳米 WC/Co 的 TEM 明、暗场相（P= 1400W，v= 2.5m/min）

此外，有些学者研究用激光烧蚀方法制备纳米金刚石。美国得克萨斯大学的 C. B. Collins 等人采用的是激光烧蚀法制备纳米金刚石（也称非晶陶瓷金刚石）。他们采用 1.4J 脉冲的 Nd∶YAG 激光器（在焦点处，激光功率密度达到 $10^{11}\,W/cm^2$），使纯碳原料在超高真空下烧蚀而得到纳米金刚石结构。此方法与上述激光诱导化学气相沉积方法制备金刚石薄膜不同。

德国席勒大学某科研组采用 4kW 横流 CO_2 激光器制备氧化锆纳米微粒。他们采用双 Q 开关技术产生 $1\sim500\mu s$ 脉冲激光，引起蒸发，产生氧化锆纳米微粒。他们发现，激光蒸发制备的速率、粉体的直径和分布取决于激光功率、脉冲形状和运载气体的特性等。

7.5.3　激光烧蚀法

激光烧蚀法（laser ablation）是一种基于激光的材料去除和加工技术。通过激光束的高能量浓缩，激光烧蚀法能够迅速蒸发和去除材料表面层，从而实现材料的加工、刻蚀和形貌改变。下面将介绍激光烧蚀法的原理、应用和特点。

7.5.3.1　原理

激光烧蚀法利用激光束的高能量密度，使材料表面吸收激光能量后快速蒸发，产生等离子体和高温等效应。随后，由于蒸气和爆炸力的作用，材料表面层会被去除。这个过程可以通过调节激光能量、脉冲持续时间和扫描速度等参数来控制，实现对材料的精确刻蚀和形貌改变。

7.5.3.2　应用

① 电子器件制造：激光烧蚀法可以用于制造微电子器件中的导电线路、微结构和微加工等。通过精确控制激光加工参数，可以在微米和纳米尺度上刻蚀出复杂的器件结构。

② 材料加工与修饰：激光烧蚀法可以用于材料表面的加工、刻蚀和纹理处理。例如，可以利用激光烧蚀法在金属表面制造纳米结构、微米孔洞或纹理，以改变材料的表面性质和增强特定功能。

③ 生物医学应用：激光烧蚀法在生物医学领域也具有广泛的应用，如用于细胞和组织的刻蚀、孔隙制备、表面改性等。这些应用可以在生物医学研究、组织工程和医学器械制造中发挥重要作用。

7.5.3.3　特点

① 非接触性加工：激光烧蚀法是一种非接触性加工方法，不需要直接接触材料表面，避免了传统机械加工中可能引起的表面损伤和污染问题。

② 高精度加工：通过调节激光参数，激光烧蚀法可以实现高精度和可控的加工。这使得它适用于制备微米和纳米尺度的结构，满足各种应用的需求。

③ 可选择性和定向性加工：激光烧蚀法的加工效果可以通过调节激光参数和扫描方式进行选择性和定向性控制。这使得它在制备复杂结构和器件组件时具有较大的灵活性和适应性。

7.5.3.4 结论

激光烧蚀法是一种基于激光的材料去除和加工技术，具有非接触性加工、高精度加工和可选择性控制的特点。它在电子器件制造、材料加工与修饰以及生物医学应用等领域具有广泛的应用前景。通过合理选择激光参数和加工条件，可以实现对材料的精确刻蚀和形貌改变，满足不同应用领域的需求。

7.6 脉冲激光沉积薄膜技术

7.6.1 脉冲激光沉积薄膜技术的特点

脉冲激光沉积薄膜技术（pulsed laser deposition，简称 PLD）是一种基于激光脉冲辐照的薄膜生长技术。通过激光的高能量浓缩和脉冲方式的控制，PLD 可以在基底上沉积纳米级别的薄膜。下面将介绍脉冲激光沉积薄膜技术的特点和优势。

（1）高薄膜质量

脉冲激光沉积薄膜技术以其高能量密度和短时脉冲的特点，能够使材料在基底表面快速熔化和重新凝固，形成高质量的薄膜。相比于其他沉积方法，PLD 可以在较低的温度下实现晶体薄膜的生长，减少了热扩散导致的杂质和缺陷的引入，得到更高质量的薄膜。

（2）多材料兼容性

PLD 适用于各种类型的材料，包括金属、氧化物、半导体和超导体等。通过选择合适的靶材和优化激光参数，可以在基底上沉积出具有不同化学成分和晶体结构的复合薄膜。这使得 PLD 成为一种非常灵活和多功能的薄膜制备方法。

（3）精准控制能力

PLD 可以通过调节激光能量、脉冲数目、脉冲频率和靶材的转动速度等参数来精确控制薄膜的厚度、成分和结构。这种精确控制能力使得 PLD 非常适合制备纳米结构薄膜，满足不同应用的需求。

（4）灵活的基底选择

PLD 对基底的要求较低，可以在各种材料的基底上进行薄膜沉积。无论是金属、半导体还是绝缘体基底，都可以通过适当的表面处理来实现优良的薄膜附着和结合。

（5）多尺度和多维度控制

PLD 不仅可以实现纳米级的薄膜控制，还可以通过多层沉积和掺杂等手段实现多维度和多尺度的结构调控。这使得 PLD 在功能薄膜、纳米器件和光学薄膜等领域有着广泛的应用。

脉冲激光沉积薄膜技术具有高薄膜质量、多材料兼容性、精准控制能力、灵活的基底选择以及多尺度和多维度控制的特点。作为一种高效的薄膜制备方法，PLD 在材料科学、纳米技术和器件加工等领域具有广泛的应用前景。

7.6.2 脉冲激光沉积薄膜的原理

脉冲激光沉积薄膜的原理和工作过程如下：

（1）激光辐照

PLD 使用高能量脉冲激光作为沉积能源，当激光束瞄准靶材表面时，激光能量被吸收并转化为靶材表面的热能。

（2）靶材蒸发

高能量的激光脉冲瞬间加热靶材表面，使其局部温度升高并超过材料的蒸发温度。因此，靶材表面的部分物质会脱离靶材并以气态的形式释放出来。

（3）成膜过程

脱离的靶材物质以高速运动的原子或离子的形式穿过真空区域，并沿着一个释放通道传输到基底表面。在基底上，这些物质重新排列并凝固，形成一个新的薄膜。

（4）基底选择

基底是接收沉积物质的表面，它对成膜质量和性能具有重要影响。PLD 可以在多种基底上进行沉积，包括金属、绝缘体和半导体材料。

（5）控制参数

PLD 的沉积过程可以通过调节多个参数来控制，包括激光能量、脉冲数目、脉冲频率、沉积速率等。这些参数的优化可以用于调节薄膜的厚度、成分和结构等性质。

7.6.3 脉冲激光沉积薄膜的装置

脉冲激光沉积薄膜（PLD）技术的装置通常包括以下主要组件和部件：

激光系统：激光系统是 PLD 装置的核心部分。它通常由一个高能量、短脉冲宽度的激光器组成，产生适合沉积过程的激光束。常见的激光器类型包括氮化镓（Nd：YAG）激光器和二极管泵浦固体激光器（DPSS）等。

靶材加热系统：靶材加热系统用于提供能量以加热靶材表面，使其达到蒸发温度。这通常是通过一个辐射加热装置或激光束直接加热来实现的。加热系统需要提供足够的能量和控制能力，使靶材表面能够达到所需的温度。

真空系统：PLD 装置需要在高真空环境下进行操作，以便材料蒸发和沉积过程能够在无氧和无污染的条件下进行。真空系统通常包括真空腔室、真空泵、阀门和测量仪器等。高真空环境可以通过机械泵、离子泵、涡轮分子泵等组件实现。

基底台：基底台是放置基底的平台，它需要提供精确的定位和旋转控制，以便沉积薄膜的均匀性、厚度和组成等特性的控制。

气体控制系统：在特定的 PLD 沉积过程中，可以添加不同的气体环境以调节薄膜的性质。气体控制系统通常包括气体供应和控制阀门等组件，用于管理和调节气氛组成。

监测和分析系统：为了实时监测和分析沉积过程中的各种参数，PLD 装置通常配备各种监测和分析技术，例如激光干涉仪、光谱仪、质谱仪、压力计等。

以上是一些常见的 PLD 装置组件和部件，具体的配置和设计可能因应用需求而不同。PLD 装置经过精心设计和调试，可以实现高精度。

7.6.4 脉冲激光沉积薄膜工艺

PLD 工艺的基本步骤如下：

靶材选择：选择适合实验目的的材料作为靶材，并对其进行准备和处理，例如清洁和抛光，确保靶材表面的质量和纯度。

激光辐照：使用一个高能量、短脉冲的激光器照射靶材表面。激光能量会被吸收并转化为靶材表面的热能。

靶材蒸发：通过激光辐照，靶材表面被加热到高温，并超过材料的蒸发温度。部分物质会脱离靶材并以气态的形式释放出来。这些蒸发的原子、离子或分子形成了一个由靶材物质组成的等离子体云。

成膜过程：蒸发的物质以高速运动的形式穿过真空区域，并冲击到基底表面。在基底上，这些原子或离子重新排列并凝固，形成一个薄膜。沉积过程的控制参数包括激光能量、脉冲数目、脉冲频率和基底温度等。

薄膜结构和特性：通过调节工艺参数和优化实验条件，可以控制薄膜的厚度、晶体结构、成分和性质等。对于多层结构或复合材料的沉积，可以进行多次沉积步骤，并在每次沉积之间进行处理和修饰。

PLD工艺具有多材料兼容性、高薄膜质量、精准控制能力和灵活的基底选择等优点，使其在纳米科技、薄膜制备、材料研究和器件制造等领域得到广泛应用。

7.6.5 脉冲激光沉积薄膜技术制备新材料应用

（1）脉冲激光制备 AlN 薄膜

汪洪海、郑启光等人采用准分子激光制备 AlN。脉冲激光反应式气相沉积 AlN 薄膜试验装置如图 7-49 所示。研究证明，如果采用脉冲 XeCl 准分子激光，最佳工艺参数为：波长 $\lambda = 308nm$，脉冲宽度 $\tau = 28ns$，脉冲频率为 5Hz，脉冲能量密度在 $1J/cm^2$ 左右，脉冲峰值功率在 10^8 W 数量级，基片温度在 200℃，气压为 1.33×10^4 Pa，基片距靶材的距离为 4cm。为了增加气体分子、原子的活性粒子的电离化速度，可引入气体直流放电以增加 AlN 和 N 的反应能力。在上述最佳参数条件下，采用脉冲激光制膜可获得高质量的、膜层均匀的薄膜，而且薄膜的生长速率大于 6nm/min。

对脉冲激光反应式沉积 AlN 薄膜进行 X 射线衍射（XRD）分析，结果如图 7-50 所示。对脉冲激光制备的 AlN 薄膜进行光电特性检测，结果表明脉冲激光制备的 AlN 薄膜具有良好的光学特性（在红外线区和紫外线区均有良好的透明性，薄膜的折射率为 2.05），并具有很好的电绝缘性（电阻率和耐压强度分别为 $2 \times 10^{13} \Omega \cdot cm$ 和 3×10^6 V/cm，薄膜的介电常数为 8.3）。此外，脉冲激光反应式沉积 AlN 膜还具有良好的抗氧化性、热稳定性（200～500℃范围）及化学稳定性。

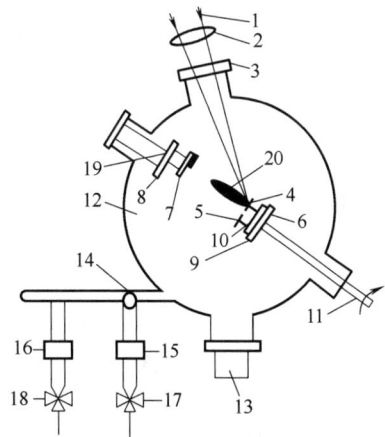

图 7-49 激光等离子体制膜法
装置示意图

1—XeCl 激光束；2—聚焦透镜；
3—XeCl 窗口；4—靶体 1；5—靶体 2；
6—靶体支架；7—基片；8—加热器；
9—热电偶 1；10—热电偶 2；
11—靶体转动轴；12—真空室；
13—抽真空系统；14—总阀门；
15—流量计 1；16—流量计 2；
17—N₂（或 NH₃）阀门；
18—其他气源阀门；19—直流电源；
20—等离子体

（2）纳米材料制备

通过控制 PLD 过程中的工艺参数，可以制备纳米尺寸的材料，例如纳米颗粒、纳米线和纳米薄膜。这些纳米材料具有独特的结构和性质，可用于纳米科技、生物医学和能源存储等领域。

（3）复合材料制备

PLD 可以用于制备复合材料，即将两种或多种材料沉积在一起形成复合结构。这种方法可以实现不同材料之间的界面控制，从而调节材料的性能和特性，例如增强材料的力学性能、改善材料的光学性质等。

（4）稀有金属和合金制备

PLD 可用于制备稀有金属和合金材料，如铂、银、

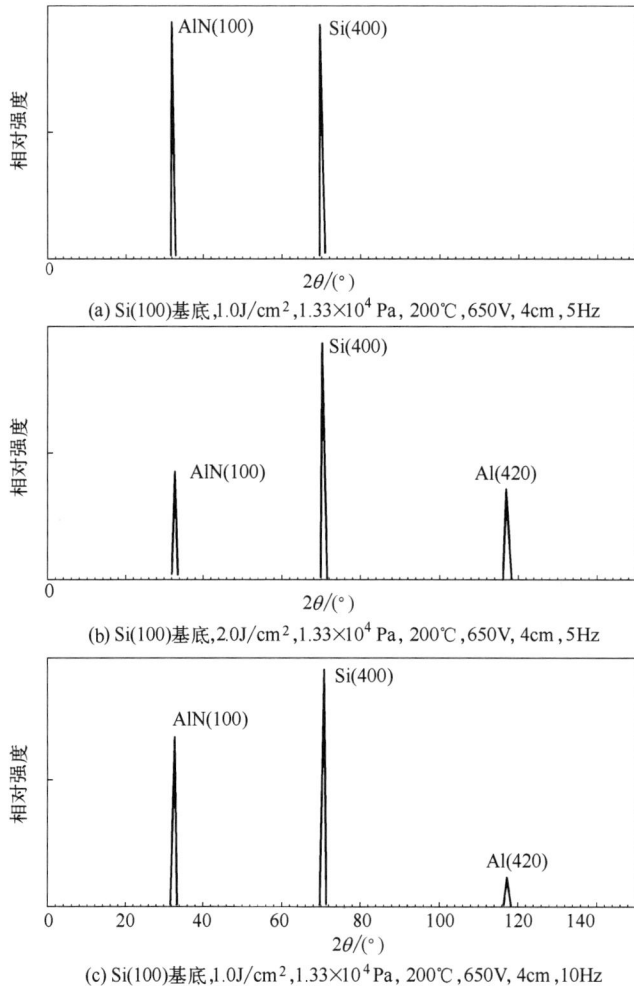

(a) Si(100)基底,1.0J/cm², 1.33×10⁴Pa, 200℃,650V,4cm,5Hz

(b) Si(100)基底,2.0J/cm², 1.33×10⁴Pa, 200℃,650V,4cm,5Hz

(c) Si(100)基底,1.0J/cm², 1.33×10⁴Pa, 200℃,650V,4cm,10Hz

图 7-50 脉冲激光反应式沉积 AlN 薄膜的 XRD 分析

镍及其合金。这些材料在催化剂、电子器件和传感器等领域具有重要应用,PLD 可以实现对合金成分和结构的精确控制。

（5）生物医学应用

PLD 可以用于制备生物相容性材料、药物释放载体和生物医学传感器等。通过调节PLD 制备的材料的表面性质和结构,可以实现与生物组织和细胞的良好相容性,从而促进生物医学应用的发展。

总的来说,PLD 沉积工艺在制备新材料方面具有灵活性和多样性,适用于各种应用领域,包括能源、光电子、生物医学、纳米科技等,为材料研究和应用提供了新的可能性。

7.6.6 脉冲激光沉积薄膜技术的发展方向

脉冲激光沉积薄膜技术（PLD）在材料研究和应用方面一直处于不断发展的状态。以下是一些脉冲激光沉积薄膜技术的发展方向:

薄膜质量和均匀性的改进:研究人员致力于改善 PLD 薄膜的质量和均匀性。通过优化激光参数、靶材制备、气压和温度等工艺条件,可以降低薄膜中的缺陷密度、提高晶体质量,实现更均匀和高质量的薄膜沉积。

多元化材料的制备：PLD 不仅可以制备单一材料的薄膜，还可以实现多元化材料的沉积。研究人员正在开发新的多元化材料系统，并探索不同材料的复合和层状结构，以获得具有特定功能和性能的复合材料和异质结构。

纳米结构的控制：随着对纳米尺度材料的需求增加，研究人员在 PLD 中寻求更精确的纳米结构控制。通过调整激光参数、基底温度、气氛控制等因素，可以制备具有精确纳米尺寸、纳米线、纳米颗粒和纳米多层结构的材料。

3D 打印和微纳加工：将 PLD 与 3D 打印技术相结合，可实现直接沉积三维结构的功能性材料。此外，PLD 还可以应用于微纳加工，制备微米尺度的结构和器件。

基于 PLD 的新型应用：除了传统的薄膜制备，研究人员也在探索其他应用领域。例如，利用 PLD 制备微纳光子器件、光电子器件、传感器、生物医学材料和能源存储材料等。

总体来说，脉冲激光沉积薄膜技术的发展方向包括提高薄膜质量和均匀性、多元化材料制备、纳米结构的控制、与 3D 打印和微纳加工的结合，以及寻求新型应用领域。这些方向将推动 PLD 的进步和广泛应用。

7.7 激光-扫描电子探针技术

7.7.1 激光-扫描电子探针技术的基本原理

激光-扫描电子探针技术（laser-scanning electron probe microscopy，简称 LSEPM）是一种高分辨率表征材料表面形貌和化学成分的技术。其基本原理涉及激光的激发和电子束的扫描。

以下是 LSEPM 的基本原理：

激光激发：LSEPM 利用激光对材料表面进行激发。激光束通常是集成在系统中的一个固定部件。激光的功率和波长通常会根据实验需要进行调整。激光能量的吸收和反射会导致材料表面的局部加热，进而引起电子发射或者质谱等效应。

电子束扫描：LSEPM 中的电子束由电子枪产生，并通过电场或磁场进行聚焦和控制。电子束在扫描过程中通过电子镜系统进行导引，最终聚焦在待测材料表面的一个点上。电子束的扫描是通过改变电子束的轨迹和位置实现的，从而可以在材料表面扫描出一个区域。

信号检测：LSEPM 在电子束扫描过程中测量所产生的各种信号。这些信号可能包括所发射的电子、X 射线、荧光、二次电子、反射电子等。这些信号的测量可以提供关于材料表面形貌、元素组成以及电子能级结构等信息。

数据处理与成像：LSEPM 通过获取并处理信号数据来生成图像和化学分析结果。数据处理过程中可以进行图像增强、噪声过滤以及信号定量分析等。最终，LSEPM 可以提供高分辨率的表面形貌图像和相关的化学信息。

LSEPM 技术可用于材料科学、纳米器件研究、半导体制造、生物医学等领域。它能够实现表面形貌和化学成分的高度精确和全面的表征，对于材料性质研究、故障分析、器件性能评估等方面具有重要意义。

7.7.2 纳米加工的应用

纳米加工是一种制备和处理纳米尺度下结构和器件的技术。它利用纳米级的精确控制和调控，对材料进行加工、制备和组装，从而实现纳米尺度下的功能性材料和器件。纳米加工在各个领域都具有广泛的应用，以下是一些常见的应用领域：

纳米电子器件：纳米加工在电子器件领域具有重要应用。例如，通过纳米加工技术可制备纳米晶体管、纳米存储器件、纳米传感器和纳米电子逻辑器件等。这些纳米电子器件具有更高的性能和更小的尺寸，从而使电子设备更快速、功能更强大。

生物医学应用：纳米加工在生物医学领域有广泛的应用。例如，通过纳米加工可以制备纳米药物传递系统、纳米生物传感器、纳米隔离膜和纳米组织工程等。这些纳米结构可以用于药物递送、疾病检测、组织修复和生物成像等方面，有助于推动生物医学领域的研究和发展。

纳米光学和光子学：纳米加工在光学和光子学领域有广泛的应用。通过制备纳米结构，可以实现光的增强和操控。例如，通过纳米加工可以制备纳米光子晶体、纳米光波导、纳米光学透镜和纳米光子探针等。这些纳米结构在信息技术、光电子学和光传感等领域具有重要应用。

纳米材料制备：纳米加工可用于制备各种纳米材料。例如，通过纳米加工技术可以制备纳米颗粒、纳米线、纳米片和纳米薄膜等纳米结构。这些纳米材料在能源存储、催化剂、传感器、光电器件和纳米电子学等领域有着广泛的应用。

纳米结构表征和分析：纳米加工可以实现纳米结构的制备和组装，并对其进行表征和分析。例如，通过纳米加工技术可制备纳米探针用于原子力显微镜（AFM）和扫描电子显微镜（SEM）等纳米级表征技术。这有助于研究和理解纳米材料的性质和行为。

纳米加工在电子器件、生物医学、光学和光子学、纳米材料制备以及纳米结构表征等领域具有广泛的应用。它为纳米科技和纳米材料研究提供了重要的工具和手段，推动了许多领域的发展和创新。

7.7.3　激光光谱

激光光谱（laser spectra）是指激光辐射在不同波长范围内的光强分布情况。激光是一种具有高度单色性、相干性和方向性的光源，其输出光的波长、频率和能量通常非常集中和狭窄。通过对激光光谱的测量和分析，可以获得关于光的特性、激光器性能的重要信息。

激光光谱通常可以通过光谱仪等光学仪器来测量和记录。光谱仪能够将输入光分解成不同波长的光成分，并进一步测量该波长范围内的光功率或光强。对于激光光谱的测量，通常使用高分辨率的光谱仪，以确保准确地分辨和测量不同波长的光线。

激光光谱在激光研究和应用中具有多种重要的用途：

波长特性分析：通过测量激光的光谱，可以获得激光的波长范围和分布情况。这对于确定激光的光学特性、调谐激光器和检测激光器的工作状态非常关键。

激光频率稳定性评估：激光的频率稳定性是指激光输出频率随时间的变化程度。通过对激光光谱的监测和分析，可以评估激光器的频率稳定性，并监测任何频率漂移或模式跳变的情况。

色散特性研究：激光的光谱可以提供关于光在介质中传播时的色散特性的信息。通过测量和分析激光光谱的波长依赖性，可以评估和研究不同材料或光传输路径中的色散效应，从而对光信号的传输和调制进行优化。

激光谐振腔分析：激光的输出光谱可以揭示激光共振腔内的光学谐振模式。通过对激光的光谱进行研究，可以了解激光器谐振腔的模式结构、频率间距和频率选择性等特性，对激光的输出和稳定性进行优化和控制。

总之，激光光谱提供了激光器辐射特性、波长分布和频率稳定性等重要信息，对于激光研究、激光器设计和激光应用具有重要意义。

参考文献

[1] Santos S N C，Paula K T，Couto F A，et al. Femtosecond laser micromachining optical waveguides on transparent silica xerogels [J]. Optical materials，2022.

[2] Srinivasan V，Weidner J W. ChemInform abstract：an electrochemical route for making porous nickel oxide electrochemical capacitors [J]. ChemInform，1997，28（48）.

[3] 杨伟，彭信翰，张骏. 紫外激光切割晶圆的工艺研究 [J]. 电子工艺技术，2009，30（1）：5.

[4] B. N. Chichkov，C. Momma，S，Nolte，et al. Femtosecond，picosecond and nanosecond laser ablation of solids [J]. Applied Physics A，1996，63（2）：109～115.

[5] Merenkov A V，Chichkov V I，Ermakov A B，et al. Microwave impedance readout of a hafnium microbridge detector. 2018 [2024-03-19].

[6] Numerical simulation of femtosecond laser interaction with silicon [J]. Journal of Laser Applications，2005，17（2）：110～117.

[7] 倪晓昌，王清明. 飞秒、皮秒激光烧蚀金属表面的有限差分热分析 [J]. 中国激光，2004，31（3）：4.

[8] Yun S H，Cho D，Kim J，et al. Effect of silane coupling agents with different organo-functional groups on the interfacial shear strength of glass fiber/Nylon 6 composites [J]. Journal of Materials Science Letters，2003，22（22）：1591-1594.

[9] 余本海，戴能利，王英，等. 飞秒激光烧蚀 $LiNbO_3$ 晶体的形貌特征与机理研究 [J]. 物理学报，2007，56（10）：6.

[10] 王新林，戴能利，李玉华，等. 金属玻璃飞秒激光烧蚀特性的实验研究. 中国激光，2007，34（9）：1297～1302.

[11] 程光华，刘青，杨玲珍，等. 飞秒激光脉冲诱导透明介质的非线性吸收和折射率改变轮廓研究 [J]. 光子学报，2003（11）：1281-1285.

[12] Korte F，Bauer T，Nolte S，et al. Microstructuring of periodic patterns with femtosecond laser pulses [C]//Lasers and Electro-Optics Europe，2000. Conference Digest. 2000 Conference on. IEEE，2000.

[13] 倪晓昌，孙琦，陈永耀，等. 飞秒激光烧蚀材料表面产生纳米波纹结构的实验 [J]. 纳米技术与精密工程，2009，7（1）：4.

[14] 周幼华，陆培祥，龙华，等. 脉冲激光沉积 $\beta\text{-}FeSi_2/Si$（111）薄膜的工艺条件 [J]. 中国激光，2006，33（9）：5.

[15] 王智，金光，杨简. 激光主动照明成像技术：分析和实验证明 [J]. 长春理工大学学报，2004（04）：101-104.

[16] 左都罗，李适民，许振鄂，等. SiH_4/C_2H_4 体系激光合成 SiC 超细粉 [J]. 无机材料学报，1995（3）：301-306.

[17] 沈以赴，冯尚龙，李景新，等. 纳米 WC/Co 经激光烧结后的晶粒再细化 [J]. 焊接学报，2005，26（1）：9-11.

[18] Collins C B，Carroll J J，Taylor K N，et al. Status and Issues in the Development of a Gamma-Ray Laser [C]// San Diego，91，San Diego，Ca. International Society for Optics and Photonics，1992.

[19] 汪洪海，郑启光，魏学勤，等. 反应式脉冲激光溅射淀积 AlN 薄膜化学稳定性研究 [J]. 激光杂志，1998（06）：29-32，47.

第 **8** 章   其他激光加工技术

8.1 激光清洗技术

清洗技术是指利用各种方法和工具对物体表面的污垢、沉积物或杂质进行清除和清洁的技术。传统的清洗手段主要有机械打磨法、化学清洗法、超声波清洗法和水射流法等。机械打磨法存在效率低、成本高、基材损伤大和劳动强度高等问题；化学清洗处理时间长，操作复杂，清洗一致性差，污染严重，易损伤基材且清洗废液难处理，特别是在当今绿色制造的背景下，已被严格限制；超声波清洗综合运行成本较低，但是清洗过程需要采用介质，当超声波清洗 30min 以上，零件和焊缝将产生微观针孔，降低零件的使用寿命；水射流法成本较高，废水污染严重。激光清洗技术是近年来飞速发展的新型清洗技术，它以自身的诸多优点在许多领域中逐步取代传统清洗工艺，展示了广阔的应用前景。

8.1.1 激光清洗基础

激光清洗技术是一种利用激光束对目标表面进行清洗的高效、精确的技术。它的基础和工作原理主要涉及激光的物理特性、光与物质的相互作用，以及激光清洗系统的构成和工作流程。

（1）激光的物理特性

激光是一种特殊的光束，具有以下特性。单色性：激光是单色光，具有非常窄的频谱线宽。相干性：激光的光波是相干的，具有良好的定向性和相位性。集中性：激光束能够通过光学系统实现高度聚焦，形成高能量密度的光斑。高能量密度：激光束具有极高的能量密度，可在局部区域产生高温。

光与物质的相互作用通常包括以下几种形式。吸收：物质吸收激光束的能量，导致物质温度升高。反射：一部分激光能量被物质表面反射，反射率取决于物质的表面性质和激光波长。透射：透射是指激光穿过物质而不被吸收或反射，取决于物质的透明度和光学性质。散射：物质表面粗糙或不均匀时，激光束会发生散射，影响光的传播方向和强度。

（2）激光清洗系统的工作原理

激光清洗系统通常由激光源、光学系统、控制系统和辅助设备等组成，其工作原理如图8-1 所示。①激光源产生激光束：激光源（如激光器）产生激光束，通常选择波长适中的激光，以便在目标表面产生良好的相互作用。②光学系统聚焦激光束：激光束经过光学系统

（包括透镜、反射镜等），将其聚焦成一个高能量密度的光斑，以确保光斑能够有效地与目标表面相互作用。③激光与污染物相互作用：激光束照射到目标表面上，与污染物发生相互作用。污染物表面吸收激光能量后，局部升温，可能导致污染物的热膨胀、蒸发或燃烧，从而将其清除。④清洗效果检测与控制：清洗系统通常配备传感器和监测装置，用于检测清洗效果。控制系统根据检测结果实时调节激光功率、聚焦度等参数，以确保清洗效果的一致性和稳定性。⑤辅助设备

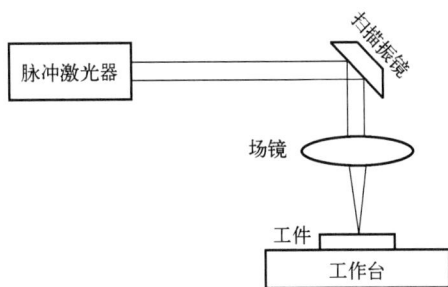

图 8-1 激光清洗系统工作原理示意图

支持清洗过程：辅助设备如冷却系统、气体喷射系统等，用于支持清洗过程。例如，冷却系统可以防止激光器和光学元件过热，气体喷射系统可以帮助清除清洗过程中产生的烟尘和气体。激光清洗系统通过以上工作原理，能够实现高效、精确、无损伤的目标表面清洗，广泛应用于工业生产、文物保护、医疗卫生等领域。

8.1.2 激光清洗特点和分类

8.1.2.1 激光清洗的特点

激光清洗作为一种先进的清洗技术，具有以下几个显著的特点：

① 非接触性清洗：激光清洗是一种非接触式的清洗方法，激光束直接照射到被清洗表面，通过激光的能量作用去除污物，而无需物理接触。这种特点使得激光清洗适用于各种复杂形状的工件表面，包括凹凸不平、细小结构等，可以实现全面清洁而不影响工件的形态。

② 高效精准：激光清洗具有高能量密度和高控制性，能够快速、精确地清除表面上的污物和杂质。激光束的聚焦能力使得清洗过程更加集中，清洗效果更加彻底，同时能够精确控制清洗的范围和深度，避免对工件表面造成不必要的损伤。

③ 无化学物质使用：激光清洗不需要额外的清洗剂或化学溶剂，仅依靠激光能量就能完成清洗过程。这不仅减少了对环境的污染，也降低了清洗过程中的化学物质残留对工件的影响，符合环保要求。

④ 适用广泛：激光清洗适用于各种材料和表面，包括金属、塑料、陶瓷等，且可以用于多种行业，如汽车制造、航空航天、电子制造等。无论是去除油污、氧化层、涂层还是粉尘，激光清洗都能够有效应对。

⑤ 自动化集成：激光清洗系统可以与其他生产设备实现高度集成，实现自动化生产线，提高生产效率和质量稳定性。这种自动化特点使得激光清洗适用于大规模生产和高精度加工的场景。

总的来说，激光清洗具有非接触性、高效精准、无化学物质使用、适用广泛以及自动化集成等特点，使其成为现代工业生产中不可或缺的清洗技术。

8.1.2.2 激光清洗的分类

（1）激光干式清洗

干式激光清洗即脉冲激光直接照射清洗工件，使基底或表面污染物吸收能量温度升高，产生热膨胀或基底热振动，进而使二者分离。该方法大致分为 2 种情况：如图 8-2 所示，一种是表面污染物吸收激光膨胀；另一种是基底吸收激光产生热振动。1969 年，S. M. Bedair 等人发现包括热处理、化学腐蚀、喷砂清洗等表面处理方法均存在不同的缺点，同时，利用激光聚焦后的高能量密度可以使材料表面蒸发的现象存在无损清洗材料表面的可能，通过实

验发现，使用功率密度为 $30\mathrm{MW/cm^2}$ 的红宝石调 Q 激光可以实现不损伤基底的情况清洗硅材表面污染物，首次实现了利用激光清洗材料表面污染物，即激光干式清洗。整体速率可以通过膜层碎片脱离率进行表达，如下式：

$$V = \sqrt{\frac{E}{\rho}} \times \frac{\alpha\varepsilon}{pch}$$

式中，ε 为激光脉冲能量指标，h 为污染物膜层厚度指标，E 为膜层的弹性模量指标。

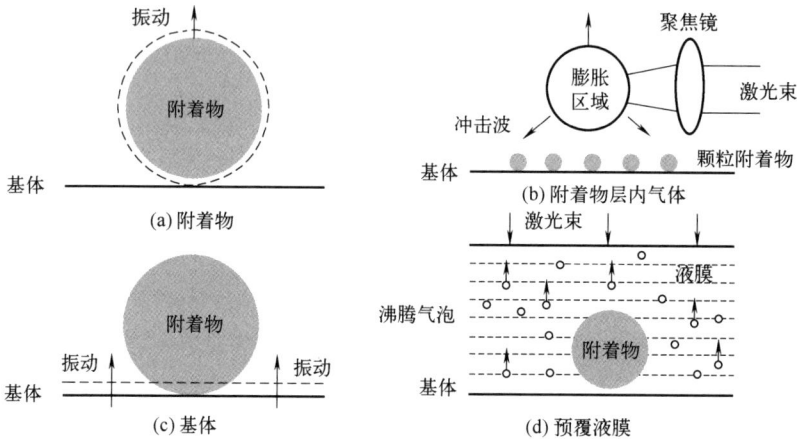

图 8-2 激光清洗不同作用对象示意图

（2）激光湿式清洗

如图 8-2（d）所示，在脉冲激光照射待洗工件前，先进行表面预涂液膜，在激光的作用下液膜温度快速升高而气化，气化的瞬间产生冲击波，作用在污染物颗粒中，使其从基体上脱落。此方法要求基体与液膜不能发生反应，故限制了应用材料的范围。

1991 年，K. Imen 等人针对使用传统清洗方法处理后半导体晶圆、金属材料等表面有亚微米颗粒污染物残留的问题，研究了在材料基体表面涂覆一种可高效吸收激光的薄膜，随后使用 CO_2 激光器进行照射，薄膜吸收激光能量后温度迅速升高并沸腾，产生爆炸性汽化，将基体表面的污染物带走。这种清洗方式即为激光湿式清洗。

（3）激光等离子体冲击波清洗

激光等离子体冲击波是在激光照射过程中击穿空气介质而产生球状等离子体冲击波，冲击波作用在待洗基体表面并且释放能量将污染物去除；激光未作用于基体，因此对基体不产生伤害。激光等离子体冲击波清洗技术现已可以清洗几十纳米粒径的颗粒污染物，并且对激光波长没有限制。

等离子清洗的物理原理可概括如下：

① 激光器发射的光束被需处理表面上的污染层所吸收。
② 大能量的吸收形成急剧膨胀的等离子体（高度电离的不稳定气体），产生冲击波。
③ 冲击波使污染物变成碎片并被剔除。
④ 光脉冲宽度必须足够短，以避免使被处理表面遭到破坏的热积累。
⑤ 实验表明当金属表面上有氧化物时，等离子体产生于金属表面。

等离子体只在能量密度高于阈值的情况下产生，这个阈值取决于被去除的污染层或氧化层。这个阈值效应对在保证基底材料安全的情况下进行有效清洁非常重要。等离子体的出现还存在第二个阈值。如果能量密度超过这一阈值，则基底材料将被破坏。为在保证基底材料安全的前提下进行有效的清洁，必须根据情况调整激光参数，使光脉冲的能量密度严格处于两个阈值之间。2001 年，J. M. Lee 等人利用高功率激光聚焦时会产生等离子体冲击波的特点，使用能量密度为 2.0 J/cm^2（远大于硅片的损伤阈值）的脉冲激光平行于硅片进行照射，成功清洗了吸附在硅片表面的 1μm 钨颗粒。这种清洗方式即为激光等离子体冲击波清洗，严格意义上说，激光等离子体冲击波清洗是干式激光清洗的一种。

8.1.3　激光清洗用激光器

激光器可以分为多种类型，常见的包括：①固体激光器：固体激光器使用固态材料（如 Nd：YAG 晶体）作为激发介质，产生高能量、高稳定性的激光束。它们在工业领域中广泛用于切割、焊接、打标和清洗等应用。②半导体激光器：半导体激光器利用半导体材料（如 GaAs）作为激发介质，产生激光束。它们通常较小巧，功率较低，用于医疗、通信和传感等领域。③光纤激光器：光纤激光器利用光纤作为放大介质，可以产生高功率、高光束质量的激光束。它们广泛应用于切割、焊接、打标和材料加工等领域。不同类型的激光器在不同的应用领域具有各自的优缺点，选择合适的激光器需要考虑到具体的应用需求、功率要求、空间限制以及成本等因素。

8.1.4　激光清洗的应用

激光清洗是一种高效、环保的表面清洁技术，已经在多个领域得到广泛应用。以下是激光清洗的几个主要应用领域。

汽车制造和维修：在汽车制造和维修过程中，激光清洗可以用来去除汽车表面的油漆、油脂、氧化物和污垢等。相比传统的化学清洗方法，激光清洗更加环保，能够减少化学废物的产生，并且不会对车辆表面造成损伤。同时，激光清洗也可以在焊接前清除焊接表面的氧化层，提高焊接质量和效率。

航空航天：在航空航天领域，激光清洗被广泛用于清洁飞机表面、引擎部件和航天器表面等。由于航空航天部件通常要求高精度和高可靠性，传统清洁方法可能会引入杂质或损伤表面，而激光清洗能够准确控制清洗范围和深度，保证表面的质量和完整性。

电子制造：在电子制造行业，激光清洗可以用来去除印刷电路板（PCB）表面的焊渣、污垢和氧化物，以提高焊接质量和电子器件的可靠性。激光清洗还可以用于清洗半导体器件、激光二极管（LD）、光纤和光学元件等高精密部件的表面。

文物保护和艺术品修复：在文物保护和艺术品修复领域，激光清洗被用来清除古代文物表面的污垢、油漆、黄变物质等，以恢复其原始的外观和材质。由于激光清洗具有非接触性和高精度的特点，能够在不损伤文物表面的情况下完成清洗工作，因此受到了广泛的重视和应用。

食品加工：在食品加工行业，激光清洗可以用来去除食品表面的细菌、残留农药和化学物质等。激光清洗不需要使用化学清洁剂，能够避免化学残留物对食品安全的影响，同时保持食品的原始味道和营养成分。

综上所述，激光清洗技术在汽车制造、航空航天、电子制造、文物保护和食品加工等多个领域都有重要应用，能够提高生产效率、保证产品质量，并且符合环保要求，是一种具有广阔发展前景的清洁技术。

8.1.5　激光清洗技术的发展

随着激光技术的发展逐步成熟，激光清洗技术经历了多个阶段的演进和改进，具有以下发展特点。

起步阶段：激光清洗技术的起步阶段可以追溯到20世纪60年代。当时，激光技术刚刚问世，人们开始探索将激光应用于表面处理领域。最初的激光清洗设备主要采用氩离子激光器，用于清除表面污染物和涂层，但受限于设备体积大、功率低、效率低等因素。

技术改进：随着激光技术的不断进步和发展，激光清洗技术逐渐得到改进和优化。新型激光器的出现，如固体激光器、半导体激光器等，使得激光清洗设备的功率和效率大幅提高。同时，光学系统和控制系统的改进也使得激光束的聚焦和控制更加精确，提高了清洗效果和稳定性。

广泛应用：随着技术的不断进步和成熟，激光清洗技术开始在各个领域得到广泛应用。它被应用于航空航天、汽车制造、电子器件、文物保护等行业，用于清洗各种材料的表面，包括金属、塑料、陶瓷、玻璃等，为生产和维护提供了便利。

环保优势：激光清洗技术相比传统清洗方法具有明显的环保优势。它无需使用化学清洗剂，不产生废水、废气和固体废物，不会污染环境，符合清洁生产要求，受到环保部门和企业的青睐。

智能化发展：近年来，随着人工智能和自动化技术的发展，激光清洗技术也呈现智能化发展趋势。智能化控制系统可以实现对清洗过程的实时监测和调节，提高清洗效率和一致性，并且可以根据不同材料和污染物的特性进行自适应调节，进一步提高清洗质量。

总的来说，激光清洗技术经过多年的发展，已经成为一种高效、环保的表面清洁技术，在各个领域得到了广泛应用，并且在智能化方向上持续发展，为实现清洁生产和可持续发展做出了积极贡献。

8.2 激光抛光技术

激光抛光技术是一种高精度表面处理技术，常被应用于各种材料的加工与制造过程中。它利用激光束对材料表面进行照射，通过高能量密度的光束使表面材料迅速融化或气化，进而实现表面的平整化、去除杂质、提高光洁度等效果。

8.2.1 激光抛光的特点

激光抛光技术具有以下特点。

高精度：激光抛光技术具有非常高的加工精度，可实现微米级甚至纳米级的表面精度，适用于对表面质量要求极高的工件加工。

非接触加工：激光抛光是一种非接触性加工技术，激光束直接作用于材料表面，无需机械接触，避免了因接触而引起的表面损伤和变形。

局部加热效应：激光抛光技术具有局部加热效应，只对激光束照射到的区域产生加热作用，可以实现局部区域的表面处理，减少对整体结构的影响。

快速加工速度：激光抛光具有快速的加工速度，可以在短时间内完成对大面积或复杂形状的工件表面处理，提高生产效率。

适用于多种材料：激光抛光技术适用于几乎所有的工程材料，包括金属、塑料、玻璃、陶瓷等，具有广泛的应用范围。

可控性强：激光抛光过程中的参数可通过控制激光功率、照射时间、照射角度等进行调节，实现对加工过程的精确控制，满足不同工件的加工需求。

无污染环保：激光抛光是一种无化学污染、无废气排放的加工技术，符合环保要求，有利于工厂的清洁生产。

自动化程度高：激光抛光技术可以与计算机控制系统相结合，实现自动化生产，减少人工干预，提高生产线的自动化程度。

总的来说，激光抛光技术以其高精度、快速、无污染等特点，在现代制造业中具有重要的应用价值，被广泛应用于汽车、航空航天、电子、医疗器械等领域。

8.2.2 激光抛光的原理

激光抛光技术是一种利用激光束对材料表面进行加工的高精度表面处理技术，其原理主要涉及以下几个方面。激光与材料相互作用：激光抛光的原理首先涉及激光与材料之间的相互作用。激光是一种高能量密度的光束，当激光束照射到材料表面时，光能被吸收并转化为热能，导致局部区域温度升高。热效应：激光束的高能量密度导致被照射的表面区域迅速升温，达到甚至超过材料的熔点或汽化点。在这种高温条件下，材料会部分融化或气化，形成一层熔融或气化层。热传导：熔融或气化层形成后，热量会通过热传导迅速向材料内部传播，使得周围未直接受到激光照射的区域也受到加热作用。表面张力作用：在高温下，熔融或气化的材料会表现出较低的表面张力，这使得熔融或气化层表面形成较为平整的液态或气态表面。气体喷射清除：在气化过程中，部分材料以气体形式释放，形成气体喷射。这些气体流动会将表面的杂质、气泡等清除，进一步提高表面质量。凝固固化：当激光束移开或停止照射时，熔融或气化的材料会迅速冷却并凝固固化，形成一个平整、光滑的表面。

综上所述，激光抛光的原理是利用激光束的高能量密度对材料表面进行加热处理，使表面部分融化或气化，形成熔融或气化层，然后通过热传导和表面张力作用使其形成平整的表面，最终得到高质量的抛光效果。

8.2.3 激光抛光系统的主要构成

激光抛光系统是一种用于实现激光抛光加工的设备，它由多个部分组成，包括激光源、光学系统、加工台、控制系统等。以下是激光抛光系统的主要构成：

① 激光源：激光源是激光抛光系统的核心部件，提供高能量密度的激光束。常见的激光源包括固体激光器、气体激光器和半导体激光器等。不同类型的激光源具有不同的功率、波长和脉冲特性，可根据加工需求选择合适的激光源。

② 光学系统：光学系统由透镜、反射镜、光束整形器等组成，用于对激光束进行调节和控制。光学系统可以实现激光束的聚焦、聚光、扩束等功能，确保激光束的能量密度和焦点位置符合加工要求。

③ 加工台：加工台是支撑工件并提供加工运动的部件，通常包括工件夹持装置、运动控制系统等。加工台可以实现工件的旋转、移动、倾斜等运动，以便于激光束对工件表面进行全方位的加工。

④ 控制系统：控制系统是激光抛光系统的智能核心，用于对激光源、光学系统、加工台等各个部件进行精确控制。控制系统可以根据加工需求设定激光功率、光束聚焦参数、加工速度等参数，并监测加工过程中的各项指标，保证加工质量和稳定性。

⑤ 辅助装置：辅助装置包括冷却系统、气体喷射系统、除尘系统等，用于确保激光抛光过程中的稳定性和安全性。冷却系统可对激光器和光学元件进行冷却，防止因过热导致的性能下降；气体喷射系统可清除加工区域的熔融材料和杂质，提高加工效率和表面质量；除尘系统可将加工过程中产生的粉尘和废料进行清除，保持加工环境清洁。

综上所述，激光抛光系统主要由激光源、光学系统、加工台、控制系统和辅助装置等组成，各部件之间协调配合，共同完成对工件表面的高精度抛光加工任务。

8.3 激光复合加工技术

激光具有加工宏观至微观尺度简单或复杂形状零件的能力，几乎可用于所有的工程材料，但是激光加工工艺还有一些不足，如加工的热应力、加工毛刺与热损伤。其他的制造工艺如切削加工、电火花加工与电解加工等，加工难加工材料时存在加工效率低、刀具磨损严重等缺点。研究人员一直在寻求解决上述问题的方法，复合加工就是一种解决策略。激光复合加工是在激光加工的基础上复合一种或几种加工工艺而形成的一种新工艺。或者在烧蚀去除材料的过程中通过复合能场提高去除率、改善表面完整性、降低热损伤等；或者激光作为辅助能场，帮助改善材料的可加工性能，从而提升表面质量、增加材料去除率、降低工具的磨损等。提高的工艺效率、降低的加工成本与提升的加工零件质量证明了激光复合加工的巨大应用潜力。

8.3.1 激光辅助车削技术

激光辅助加工是一种利用激光预热过程对工件进行加工的加工方法。将激光辅助加工与利用激光束的数控车床相结合，可称为激光辅助车削（LAT）。激光辅助车削技术是一种先进的制造技术，结合了激光技术和传统车削加工技术，它利用激光束来辅助或改善车削加工过程中的一些关键步骤，以提高加工效率、提高表面质量和增强加工精度。

这项技术的主要原理是利用激光束照射在工件表面，通过激光能量的热效应来实现对工件材料的局部加热或熔化。通过控制激光束的焦点位置、功率和照射时间等参数，可以实现对工件表面的精确控制，例如去除毛刺、减少表面粗糙度、提高加工精度等。

激光辅助车削技术的优点包括：

① 提高加工效率：激光辅助加热可以降低工件材料的硬度，使其更容易被切削，从而提高车削加工的速度。

② 改善表面质量：激光辅助加热可以消除表面缺陷、毛刺和残留应力，使得加工表面更加光滑和均匀。

③ 增强加工精度：激光辅助加热可以控制加工区域的温度分布，从而减少热变形和工件变形，提高加工精度和尺寸控制能力。

④ 拓展加工材料范围：激光辅助车削技术适用于各种金属和非金属材料，包括高硬度合金、陶瓷和复合材料等。

⑤ 节能环保：相比传统热处理方法，激光辅助车削技术能量消耗更低，减少了能源浪费，符合节能环保的要求。

⑥ 增强工件性能：通过激光辅助车削可以实现对工件表面的强化处理，提高其硬度、耐磨性和抗腐蚀性能。

尽管激光辅助车削技术具有许多优点，但也面临着一些挑战，例如激光束与车刀的协调控制、加工参数的优化和成本等方面的问题。然而，随着技术的不断进步和应用经验的积累，激光辅助车削技术将会在制造业中发挥越来越重要的作用。

8.3.2 激光辅助电镀技术

激光辅助电镀技术是一种利用激光技术辅助传统电镀过程的先进制造技术。在传统的电镀过程中，金属涂层被沉积在基材表面上，通常通过在电解质溶液中使用电流使金属离子还原成金属沉积在基材表面。而激光辅助电镀技术则通过激光辐射对基材表面进行清洁、活化或微结构化处理等方式，以改善电镀涂层的质量、附着力和均匀性。

激光辅助电镀技术的主要原理包括以下几个方面：

① 表面清洁和活化：激光辐照可以去除基材表面的氧化物、油污和其他污染物，同时激活表面活性位点，提高电镀涂层的附着力。

② 微结构化处理：通过激光微加工技术，可以在基材表面形成微观结构，如微孔、微凹凸或微纹理，从而增加涂层的表面积和接触面，提高涂层的附着力和耐腐蚀性能。

③ 温度控制：激光辐照可以实现局部加热或冷却，控制基材表面的温度分布，避免因过高温度引起的基材结构变化或涂层质量下降。

④ 化学反应促进：激光辐照可以诱导基材表面发生化学反应，如表面合金化、化学键的形成等，进一步增强涂层与基材之间的结合力。

激光辅助电镀技术可以提高涂层的附着力，通过激光辐照对基材表面进行预处理，可以有效清除表面污染物，提高涂层与基材之间的结合强度。同时还可以改善涂层质量，激光微加工技术可以实现对涂层表面的微结构化处理，使涂层具有更好的表面质量和更均匀的厚度分布。除此之外，激光辅助电镀技术也非常节能环保，与传统的化学预处理方法相比，激光辅助电镀技术无需使用大量的化学试剂，减少了环境污染和能源消耗。

尽管激光辅助电镀技术具有许多优点，但也需要解决一些挑战，如激光参数的优化、工艺稳定性和成本控制等问题。然而，随着激光技术和电镀技术的不断发展，激光辅助电镀技术在表面处理和涂层加工领域具有广阔的应用前景。

8.3.3　激光与步冲复合技术

激光与步冲复合技术是将激光加工技术与步进冲压技术相结合，以实现复杂零件的高效加工和成形的一种先进制造技术。这种技术通常应用于金属板材加工领域，可以用于汽车生产、航空航天、电子设备等行业的零部件。

激光与步冲复合技术的工作过程首先利用激光切割技术对金属板材进行精确切割，得到所需形状的工件毛坯。然后将激光切割后的工件毛坯放置在步进冲压设备上，利用冲压模具对工件进行进一步成形和加工。步进冲压过程中可以实现复杂形状的成形、孔洞冲制等操作。最后在需要的位置，可以利用激光焊接技术对工件进行焊接，将不同部件组装在一起。

激光与步冲复合技术的优点包括：

高效加工：激光切割和步进冲压技术的结合可以实现高速、高精度的加工，提高生产效率。

灵活性强：激光切割和步进冲压技术都具有较高的灵活性，可以适应各种形状和尺寸的工件加工需求。

精度高：激光切割和步进冲压技术的加工精度都很高，可以实现复杂形状的工件加工，并保持良好的尺寸控制。

可靠性好：由于激光与步冲复合技术是多种加工工艺的结合，工件的质量稳定性和可靠性较高。

这种复合技术的应用范围广泛，可以用于加工各种金属材料，包括钢、铝、不锈钢等，适用于生产复杂结构和精密零件的工件加工。

8.3.4　激光与水射流复合切割技术

激光与水射流复合切割技术是一种先进的加工方法，结合了激光切割技术和水射流切割技术的优势，以实现对金属材料的高效、高精度切割。这种复合技术常用于加工金属板材、管材和复杂形状的工件。

激光切割利用高能量密度的激光束对金属材料进行加热和熔化，然后利用气体喷嘴将熔化的金属吹走，从而实现对金属材料的切割。激光切割具有高速、高精度和适用于各种金属材料的特点。水射流切割利用高压水射流对金属材料进行切割，水射流具有高速、冷却效果好和适用于各种复杂形状的特点。将激光切割和水射流切割技术相结合，通常是先利用激光切割对金属材料进行预切割，然后利用水射流对切割缝进行清洗和修整，从而实现对切割质量的进一步提升。

激光与水射流复合切割技术的优点综合了两种方法的长处：高效率，激光切割和水射流切割技术相结合，可以实现对金属材料的高效、高速切割，提高生产效率；高精度，激光切割和水射流切割技术都具有很高的切割精度，复合使用可以实现更高精度的切割，适用于对尺寸和形状要求较高的工件加工；切割质量好，水射流切割可以清洗和修整切割缝，消除切割过程中产生的毛刺和熔渣，从而保证切割质量；适用范围广，激光与水射流复合切割技术适用于各种金属材料的切割，包括钢、铝、不锈钢等，同时也适用于各种形状和厚度的工件加工。

这种复合切割技术在汽车制造、航空航天、船舶制造、金属加工等领域具有广泛的应用前景，可以满足对高效率、高精度切割的需求。

8.3.5 激光复合焊接技术

激光复合焊接技术是一种先进的焊接方法，结合了激光焊接技术与其他焊接方式，如电弧焊、等离子弧焊或电子束焊等。这种技术通常应用于金属材料的焊接，可以实现高效、高质量的焊接接头。

激光焊接是利用高能量密度的激光束对焊接接头进行加热和熔化，然后利用惯性或外部力施加压力将焊接材料熔池结合起来，从而实现焊接的。激光焊接具有焊缝窄、热影响区小、焊接速度快等优点。而复合焊接就是将激光焊接与其他焊接方式相结合，如电弧焊、等离子弧焊或电子束焊等。复合焊接可以克服单一焊接方式的局限性，提高焊接速度、焊接质量和工艺稳定性。

激光复合焊接技术常见的应用形式包括以下几种：

激光-电弧复合焊接：利用激光焊接和电弧焊接相结合，可以提高焊接速度和焊缝质量，适用于焊接厚度较大的金属材料。

激光-等离子复合焊接：将激光焊接与等离子弧焊相结合，可以提高焊接速度和焊接质量，适用于焊接对接、角焊、角接等不同形式的接头。

激光-电子束复合焊接：将激光焊接与电子束焊接相结合，可以提高焊接速度和焊接深度，适用于焊接厚度较大的金属材料或高要求的接头。

激光复合焊接技术可以提高焊接速度和生产效率，降低生产成本。激光焊接的高能量密度可以实现焊接接头的高质量焊接，焊接缝形态好，熔池稳定。而且激光复合焊接可以根据不同的焊接要求选择合适的焊接方式，适用于各种形状和厚度的工件焊接，具有效率高、质量好、灵活性强等优点。

激光复合焊接技术在汽车制造、航空航天、船舶制造、金属加工等领域具有广泛的应用前景，可以满足对高效率、高质量焊接的需求。

8.3.6 激光与电火花复合加工技术

在过去的几十年中，激光在材料加工中的应用越来越引起人们的重视，激光被广泛应用于材料加工行业、通信行业以及数据存储行业。激光加工技术利用激光与材料的相互作用对材料进行去除、连接和表面处理，几乎可以加工任何材料。

电火花加工又称放电加工，也叫电蚀加工，是利用浸在工作液中的双极间脉冲放电时的电蚀作用去除材料的特种加工方法，英文简称 EDM。电火花加工可分为电火花成形加工、电火花线切割加工、电火花穿孔成形加工、电火花高速小孔加工、电火花铣削加工等诸多方式，在工业生产中，使用最多的是电火花成形加工和电火花线切割加工。

激光与电火花复合加工技术就是将激光加工技术与电火花加工技术相结合，激光与电火花复合加工可分为同步复合加工和不同步复合加工两种方式，目前的研究多数集中在不同步复合加工，而对于同步复合加工的研究还比较少。日本桥川制作所的桥川荣二研制出了电火花-激光复合精密微细加工系统。首先使用激光在工件上加工贯穿的预孔，使其具备良好的排屑条件，然后再使用电火花进行精加工。采用这种两步加工方法，可以实现高效率、精密微细孔的加工。

激光与电火花的同步复合加工多为激光作为辅助，以脉冲放电为主要切削方式的加工。激光辅助切削是通过激光与材料的相互作用在正式进行切割之前改变金属组织结构及其性能的一种加工方法。激光照射往往可以降低材料的屈服强度，当其降低至材料断裂强度以下时，便可以大大减少切削裂纹的产生。激光照射金属时，金属一般会发生软化，在切削时会产生粘塑性流动，从而使切削力变小，有利于提高加工表面质量、提升加工效率，降低刀具磨损。

在激光辅助切削过程中，激光、刀具和工件之间的相互作用涉及的物理过程十分复杂，影响参数较多，尤其对于一些高强材料，加工工艺参数是否合理直接关系到能否得到优良的加工精度和表面完整性，所以需要大量的试验总结规律。不过激光与电火花复合加工技术因其高精度、高效率、适用范围广等优点，在工业加工领域仍具有广阔的应用前景。

8.3.7　激光与机器人复合加工技术

激光与机器人复合加工技术是将激光技术和机器人技术进行有效的融合，充分利用设备的工作原理，进而更好地满足生产和建设的需求，两种技术融合后所组成的新的机器人主要分为光纤耦合和传输洗系统、高功率可光纤传输激光器、激光加工头、六自由度机器人本体等多个部分。多个部件进行有效组合之后，按照自身的性能和工作原理来从事不同的工作内容，进而保证机械设备的安全、有效、高速运转。例如电源模块为系统提供电源、CPU 对系统进行控制、传感器收集并传输数据信息等。

为了满足不同的生产需求，机器人的系统有着较大的差别，所以机器人的类型也不同。在研究的过程中将机器人按照结构的不同来进行划分，一是框架式机器人，框架式机器人最大的优点是有三坐标高精度龙门框架，并且含有高功率激光机、传输光纤等多个组成部分，满足机械设备智能化的需求；二是关节式机器人，此种机器人最大的优点是组成部分较多，满足多种工作的应用需求。例如在机器人设备中含有六自由度本体系统、检测系统、高功率激光器等多个系统，由于关节式机器人加工能力较强，所以将其主要应用到生产线上，替代人工来从事繁复的工作内容。

激光与机器人复合加工技术在工业中的应用有机器人激光焊接、机器人激光切割、机器人激光再制造等，相比于传统的人工操作，机器人加工技术具有效率高、质量好、精度高、操作安全等优点。

随着科学的发展与进步，人们认识到机器人替代人工生产和操作所具有的优越性。在工业生产的同时不断提高其生产工艺，促使机器人技术广泛地应用到生产和制造领域。技术随着生产需求的变化而变化，传统的机器人技术无法满足现阶段的生产需求之后，将其与激光技术进行融合，推动激光加工机器人的发展与应用。在现阶段的汽车制造、冶金工业中应用激光切割、制造、焊接等多项技术，极大地提高了生产力。

参考文献

［1］ 朱国栋，张东赫，李志超，等．激光清洗技术研究进展及挑战（特邀）［J］．中国激光，2024，51（04）：97-120.

［2］ 张飞，陈泽伟，张智宁，等．激光清洗技术原理及其应用进展［J］．有色金属加工，2024，53（01）：38-42.

［3］ 刘鹏宇，王宪伦，张则荣．激光清洗的机理研究进展［J］．工业加热，2022，51（10）：50-53.

［4］ Buccolieri G，Nassisi V，Torrisi L，et al. Analysis of selective laser cleaning of patina on bronze coins［J］．Journal of Physics：Conference Series，2014，508（1）：012032-012032.

［5］ 张鑫，陈玉华．各类型激光器在激光清洗技术应用中发展现状及展望［J］．热加工工艺，2016，45（08）：37-40.

［6］ 刘二举，徐杰，陈曦，等．激光抛光技术研究进展与发展趋势［J］．中国激光，2023，50（16）：100-118.

［7］ 赵珂．基于多道次激光烧蚀与激光抛光的表面织构构建［D］．镇江：江苏大学，2021.

［8］ 林谦．适合于金属材料的激光微抛光系统设计与研究［D］．天津：天津大学，2012.

［9］ 温秋玲，杨野，黄辉，等．激光复合加工硬脆性材料研究进展综述［J/OL］．机械工程学报，1-21［2024-05-23］．http：//kns.cnki.net/kcms/detail/11.2187.TH.20240321.0832.010.html.

［10］ 吴淑晶，王大中，谷顾全，等．多种能场高性能加工复杂曲面关键技术研究进展［J/OL］．机械工程学报，1-16［2024-05-23］．http：//kns.cnki.net/kcms/detail/11.2187.TH.20240123.1116.html.

［11］ 刘敬明，曹凤国．激光复合加工技术的应用及发展趋势［J］．电加工与模具，2006，（04）：5-9.

［12］ 温秋玲，杨野，黄辉，等．激光复合加工硬脆性材料研究进展综述［J/OL］．机械工程学报，1-21［2024-05-23］．http：//kns.cnki.net/kcms/detail/11.2187.TH.20240321.0832.010.html.

［13］ 李文毅，苏飞，郑雷，等．AFRP激光-铣削组合加工及其工艺参数优化研究［J］．宇航材料工艺，2023，53（05）：68-77.

［14］ 于福瑞．激光复合车铣加工关键技术研究［D］．哈尔滨：哈尔滨理工大学，2023.

［15］ Qingyu M，Bing G，Guicheng W，et al. Precision truing of electroplated diamond grinding wheels via spray-mist-assisted laser technology［J］．Materials & Design，2022，224.

［16］ Indranil M，B D．State of the Art on Laser Assisted Electrochemical Machining［J］．IOP Conference Series：Materials Science and Engineering，2019，653 012030-012030.

［17］ Alvisi M，Nunzio D G，Giulio D M．Deposition of SiO_2 films with high laser damage thresholds by ion-assisted electron-beam evaporation［J］．Applied optics，1999，38（7）：1237-1243.

［18］ Fathi M，M. S S，Mohd A K M A，et al. Experimental Analysis of Kerf Taper Angle in Cutting Process of Sugar Palm Fiber Reinforced Unsaturated Polyester Composites with Laser Beam and Abrasive Water Jet Cutting Technologies［J］．Polymers，2021，13（15）：2543-2543.

［19］ 吴耀文．基于水导激光的CFRP加工机理与试验研究［D］．包头：内蒙古科技大学，2021.

［20］ 陈春映．水射流激光复合切割陶瓷技术的研究［D］．无锡：江南大学，2014.

［21］ 宣建伟．火力发电厂激光-电弧复合焊接技术研究［J］．中国机械，2024，（09）：88-91.

［22］ 张继东，原阳．高强度激光-电弧复合焊接技术在船体焊接中的性能研究［J］．中国水运（下半月），2023，23（11）：25-27.

［23］ 李雪峰．钛合金功能表面激光—电火花复合制造技术研究［D］．长春：长春理工大学，2018.

［24］ 杭雨森．航空发动机单晶材料微小孔电火花-电解复合加工技术研究［D］．南京：南京航空航天大学，2018.

［25］ 陈阳，朱红钢，王增坤，等．发动机动、静叶片激光电火花复合制孔加工工艺技术研究［J］．电加工与模具，2016，（S1）：56-59.

［26］ 张宏，胡富强，陈焕春，等．SiC_p/Al复合材料电火花加工技术研究现状及发展［J］．机械制造，2009，47（04）：44-46.

［27］ Xie B，Guo Y，Chen Y，et al. Dual-indicators machine learning assisted processing high-quality laser-induced fluorine-doped graphene and its application on droplet velocity monitoring sensor［J］．Carbon，2024，226 119231.

［28］ Thomas R，Westphal E，Schnell G，et al. Machine Learning Classification of Self-Organized Surface Structures in Ultrashort-Pulse Laser Processing Based on Light Microscopic Images.［J］．Micromachines，2024，15（4）.

［29］ Kroh R．机器人-激光复合加工技术［J］．现代制造，2004，（21）：28-29.